建筑施工专业技术人员职业资格培训教材

建筑质量员
专业与实操

Jianzhu Zhiliangyuan
Zhuanye Yu Shicao

游 浩 主编

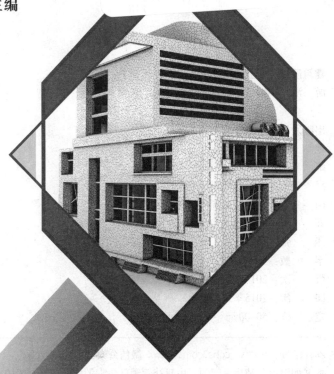

中国建材工业出版社

图书在版编目(**CIP**)数据

建筑质量员专业与实操/游浩主编.—北京:中国建材工业出版社,2015.1
建筑施工专业技术人员职业资格培训教材
ISBN 978-7-5160-1038-9

Ⅰ.①建… Ⅱ.①游… Ⅲ.①建筑工程-质量管理-职业培训-教材 Ⅳ.①TU712

中国版本图书馆CIP数据核字(2014)第274083号

建筑质量员专业与实操
游 浩 主编

出版发行:	中国建材工业出版社
地　　址:	北京市海淀区三里河路1号
邮　　编:	100044
经　　销:	全国各地新华书店
印　　刷:	北京紫瑞利印刷有限公司
开　　本:	850mm×1168mm　1/32
印　　张:	18.5
字　　数:	515千字
版　　次:	2015年1月第1版
印　　次:	2015年1月第1次
定　　价:	50.00元

本社网址:www.jccbs.com.cn　　微信公众号:zgjcgycbs
本书如出现印装质量问题,由我社营销部负责调换。电话:(010)88386906
对本书内容有任何疑问及建议,请与本书责编联系。邮箱:dayi51@sina.com

内 容 提 要

本书以《建筑工程施工质量验收统一标准》（GB 50300-2013）及与其配套使用的各分部工程施工质量验收规范的最新版本为依据进行编写，详细介绍了建筑工程施工现场质量员的基本要求与工作职责，并对建筑工程各部分分项施工的材料要求、施工工序质量控制要点、质量检查与验收等内容重点进行了阐述。全书主要内容包括绪论、建筑识图基础、建筑力学基础知识、建筑构造与结构体系、工程质量控制数量统计分析方法、地基基础工程质量控制及检验、砌体工程质量控制及检验、混凝土结构工程质量控制及检验、钢结构工程质量控制及检验、屋面及地下防水工程质量控制及检验、建筑装饰装修工程质量控制及检验、建筑工程质量管理概述、质量管理体系、建筑工程施工质量计划、建筑工程施工质量控制、建筑工程质量验收、建筑工程质量问题分析及处理等。

本书内容翔实，充分体现了"专业与实操"的理念，具有较强的实用价值，既可作为建筑工程质量员职业资格培训的教材，也可供建筑工程施工现场其他技术及管理人员工作时参考。

前言

职业资格是对从事某一职业所必备的学识、技术和能力的基本要求,反映了劳动者为适应职业劳动需要而运用特定的知识、技术和技能的能力。职业资格与学历文凭是不同的,学历文凭主要反映学生学习的经历,是文化理论知识水平的证明,而职业资格与职业劳动的具体要求密切结合,能更直接、更准确地反映特定职业的实际工作标准和操作规范,以及劳动者从事该职业所达到的实际工作能力水平。

职业资格证书是表明劳动者具有从事某一职业所必备的学识和技能的证明,是劳动者求职、任职、开业的资格凭证,是用人单位招聘、录用劳动者的主要依据。职业资格证书认证制度是劳动就业制度的一项重要内容,是指按照国家制定的职业技能标准或任职资格条件,通过政府认定的考核鉴定机构,对劳动者的技能水平或职业资格进行客观公正、科学规范的评价和鉴定,对合格者授予相应的国家职业资格证书的一种制度。

建筑业是国民经济发展的支柱性产业,在建筑业的生产操作人员中实行职业资格证书制度具有十分重要的现实意义与作用,同时也是适应社会主义市场经济和国际形势的需要,是全面提高劳动者素质和企业竞争能力、实现建筑行业长远发展的保证,是规范劳动管理、提高建设工程质量的有效途径。建筑工程施工现场常见的施工员、质量员、安全员、造价员、资料员、监理员等,他们既是项目经理进行工程项目管理的执行者,也是广大建筑施工工人的领导者,其管理能力和技术水平的高低,直接关系到千千万万个建设项目能否有序、高效、高质量地完成,关系到建筑施工企业的信誉、前途和发展,甚至是整个建筑业的发展。由此可以看出,加强对建筑工程施工现场管理人员的职业技能培训工作，对于确保建筑工程施工现场管理人员持证上岗，提升工程项目的管理水平，保证工程项目的施工质量具有十分重要的意义。

为更好地促进建筑行业的发展，广泛开展建筑业职业资格培训工作，全面提升建筑工程施工企业专业技术与管理人员的素质，我们根据建筑行业岗位与形势发展的需要，组织有关方面的专家学者，编写了本套《建筑施工专业技术人员职业资格培训教材》。本套教材从专业岗位的需要出发，既重视理论知识的讲述，又注重实际工作能力的培养，是建筑工程施工专业技术人员职业资格培训的理想教材。全套教材包括《建筑施工员专业与实操》《建筑质量员专业与实操》《建筑材料员专业与实操》《建筑安全员专业与实操》《建筑测量员专业与实操》《建筑监理员专业与实操》《建筑造价员专业与实操》《安装造价员专业与实操》《建筑资料员专业与实操》《建筑合同员专业与实操》《现场电工专业与实操》《项目经理专业与实操》《甲方代表专业与实操》等分册。

为配合和满足专业技术人员职业资格培训工作的需要，教材各分册均配有一定量的课后练习题和模拟试卷，从而方便学员课后复习参考和检验测评学习效果。

为保证教材内容的先进性和完整性，在教材编写过程中，我们参考了国内同行的部分著作，部分专家学者还对我们的编写工作提出了很多宝贵意见，在此我们一并表示衷心地感谢！由于编写时间仓促，加之编者水平所限，教材内容能否满足建筑工程施工专业技术人员职业资格培训工作的需要，还望广大读者多提出宝贵的意见，以利于教材能得以不断修订完善。

编 者

目 录

上篇　专业基础知识

第一章　绪论 …………………………………………… (1)

　第一节　建筑质量员素质要求与基本工作 ………………… (1)
　　一、建筑质量员素质要求 ………………………………… (1)
　　二、建筑质量员基本工作 ………………………………… (1)
　　三、建筑质量员的重点工作范围 ………………………… (2)
　第二节　建筑质量员职业能力标准 ………………………… (4)
　　一、建筑质量员的工作职责 ……………………………… (4)
　　二、建筑质量员应具备的专业技能 ……………………… (5)
　　三、建筑质量员应具备的专业知识 ……………………… (6)

第二章　建筑识图基础 ………………………………… (7)

　第一节　施工图的分类及产生 ……………………………… (7)
　　一、施工图的分类 ………………………………………… (7)
　　二、施工图的产生 ………………………………………… (7)
　第二节　建筑施工图识读 …………………………………… (8)
　　一、图纸目录与设计说明 ………………………………… (8)
　　二、总平面图 ……………………………………………… (9)
　　三、建筑平面图 …………………………………………… (13)
　　四、建筑立面图 …………………………………………… (17)

五、建筑剖面图 ································ (18)
　　六、建筑详图 ···································· (20)
 第三节　结构施工图识读 ···························· (26)
　　一、结构施工图的内容 ···························· (26)
　　二、钢筋混凝土结构图 ···························· (26)
　　三、基础结构施工图 ······························ (35)
　　四、楼层结构布置平面图 ·························· (37)

第三章　建筑力学基础知识 ··························· (40)

 第一节　静力学基本知识 ···························· (40)
　　一、静力学的基本概念 ···························· (40)
　　二、静力学基本公理 ······························ (42)
　　三、荷载的概念与分类 ···························· (45)
　　四、约束与约束反力 ······························ (47)
 第二节　轴向拉伸与压缩 ···························· (51)
　　一、轴向拉伸与压缩的概念 ························ (51)
　　二、轴向拉(压)杆的内力和应力 ···················· (52)
　　三、轴向拉(压)杆的变形 ·························· (54)
 第三节　剪切与扭转 ································ (55)
　　一、剪切 ·· (55)
　　二、扭转 ·· (56)
 第四节　梁的弯曲 ·································· (58)
　　一、梁弯曲变形的概念 ···························· (58)
　　二、梁的弯曲内力——剪力和弯矩 ·················· (59)
　　三、提高梁弯曲强度的主要途径 ···················· (63)

第四章　建筑构造与结构体系 ························· (69)

 第一节　房屋建筑构造 ······························ (69)
　　一、房屋建筑构造组成 ···························· (69)
　　二、基础 ·· (70)
　　三、墙体 ·· (74)

四、门窗 ………………………………………………… (83)
　　五、屋顶 ………………………………………………… (85)
　　六、楼板与楼地面 ……………………………………… (88)
　　七、楼梯 ………………………………………………… (94)
　第二节　建筑结构 ………………………………………… (96)
　　一、建筑结构的概念及分类 …………………………… (96)
　　二、常见建筑结构体系 ………………………………… (97)

第五章　工程质量控制数量统计分析方法 ………… (106)

　第一节　数理统计基础知识 ……………………………… (106)
　　一、数理统计的基本概念 ……………………………… (106)
　　二、数理统计的内容 …………………………………… (106)
　　三、质量数据的分类 …………………………………… (108)
　　四、质量数据的收集方法 ……………………………… (109)
　第二节　质量控制中常用的统计分析方法 ……………… (111)
　　一、统计调查表法 ……………………………………… (111)
　　二、分层法 ……………………………………………… (112)
　　三、排列图法 …………………………………………… (114)
　　四、因果分析图法 ……………………………………… (118)
　　五、直方图法 …………………………………………… (122)
　　六、控制图法 …………………………………………… (128)
　　七、相关图法 …………………………………………… (132)
　第三节　抽样检验方案 …………………………………… (135)
　　一、抽样检验方案的分类 ……………………………… (135)
　　二、常用的抽样检验方案 ……………………………… (135)

中篇　建筑工程质量控制与检验

第六章　地基基础工程质量控制及检验 …………… (140)

　第一节　土方工程质量控制及检验 ……………………… (140)

一、土方开挖 …………………………………………… (140)
　　二、土方回填 …………………………………………… (142)
　第二节　地基处理质量控制及检验 ……………………… (147)
　　一、灰土地基 …………………………………………… (147)
　　二、砂和砂石地基 ……………………………………… (150)
　　三、水泥土搅拌桩地基 ………………………………… (153)
　　四、水泥粉煤灰碎石桩复合地基 ……………………… (156)
　第三节　桩基工程质量控制及检验 ……………………… (160)
　　一、钢筋混凝土预制桩 ………………………………… (160)
　　二、钢筋混凝土灌注桩 ………………………………… (164)
　　三、钢桩 ………………………………………………… (169)

第七章　砌体工程质量控制及检验 (173)

　第一节　砖砌体工程质量控制及检验 …………………… (173)
　　一、砖砌体工程施工质量控制点 ……………………… (173)
　　二、砖砌体工程质量控制措施 ………………………… (173)
　　三、砖砌体工程质量检验标准 ………………………… (178)
　第二节　混凝土小型空心砌块砌体工程质量控制及检验 … (181)
　　一、混凝土小型空心砌块砌体工程施工质量控制点 …… (181)
　　二、混凝土小型空心砌块砌体工程质量控制措施 ……… (182)
　　三、混凝土小型空心砌块砌体工程质量检验标准 ……… (183)
　第三节　填充墙砌体工程质量控制及检验 ……………… (185)
　　一、填充墙砌体工程施工质量控制点 ………………… (185)
　　二、填充墙砌体工程质量控制措施 …………………… (185)
　　三、填充墙砌体工程质量检验标准 …………………… (187)

第八章　混凝土结构工程质量控制及检验 (192)

　第一节　模板工程质量控制及检验 ……………………… (192)
　　一、模板工程施工质量控制点 ………………………… (192)
　　二、模板工程质量控制措施 …………………………… (192)
　　三、模板工程质量检验标准 …………………………… (195)

第二节　钢筋工程质量控制及检验 ……………………… (200)
　　一、钢筋原材料及加工质量控制与检验 ……………… (200)
　　二、钢筋连接质量控制与检验 ………………………… (205)
　　三、钢筋安装质量控制与检验 ………………………… (210)
第三节　混凝土工程质量控制及检验 …………………… (212)
　　一、混凝土工程质量控制点 …………………………… (212)
　　二、混凝土工程质量控制措施 ………………………… (213)
　　三、混凝土工程质量检验标准 ………………………… (220)
第四节　预应力工程质量控制及检验 …………………… (224)
　　一、预应力原材料质量控制 …………………………… (224)
　　二、预应力施工过程质量控制 ………………………… (224)
　　三、预应力工程质量检验标准 ………………………… (226)

第九章　钢结构工程质量控制及检验 ……………… (235)
第一节　钢零件及钢部件加工质量控制及检验 ………… (235)
　　一、钢零件及钢部件材料质量控制 …………………… (235)
　　二、钢零件及钢部件加工过程质量控制 ……………… (235)
　　三、钢零件及钢部件加工质量检验标准 ……………… (237)
第二节　钢结构焊接质量控制及检验 …………………… (244)
　　一、焊接材料质量控制 ………………………………… (244)
　　二、钢结构焊接施工过程质量控制 …………………… (245)
　　三、钢结构焊接质量检验标准 ………………………… (248)
第三节　紧固件连接质量控制及检验 …………………… (256)
　　一、紧固件材料质量控制 ……………………………… (256)
　　二、紧固件连接施工过程质量控制 …………………… (257)
　　三、紧固件连接质量检验标准 ………………………… (258)
第四节　钢结构安装质量控制及检验 …………………… (263)
　　一、钢结构材料质量控制 ……………………………… (263)
　　二、钢结构安装施工过程质量控制 …………………… (264)
　　三、钢结构安装质量检验标准 ………………………… (272)

第十章 屋面及地下防水工程质量控制及检验 (289)

第一节 屋面工程质量控制及检验 (289)
一、屋面工程施工质量控制点 (289)
二、屋面工程质量控制措施 (289)
三、屋面工程质量检验标准 (296)

第二节 地下防水工程质量控制及检验 (306)
一、防水混凝土工程质量控制及检验 (306)
二、卷材防水层质量控制及检验 (310)
三、涂料防水层质量控制及检验 (312)
四、水泥砂浆防水层质量控制及检验 (315)

第十一章 建筑装饰装修工程质量控制及检验 (320)

第一节 建筑地面工程质量控制及检验 (320)
一、基层工程质量控制及检验 (320)
二、整体面层工程质量控制及检验 (332)
三、块状面层施工质量控制及检验 (344)

第二节 抹灰工程质量控制及检验 (356)
一、一般抹灰工程质量控制及检验 (356)
二、装饰抹灰工程质量控制及检验 (360)

第三节 饰面工程质量控制及检验 (364)
一、饰面材料质量控制 (364)
二、饰面工程施工过程质量控制措施 (365)
三、饰面工程质量检验标准 (370)

第四节 门窗工程质量控制及检验 (373)
一、木门窗制作和安装质量控制及检验 (373)
二、金属门窗安装质量控制及检验 (379)
三、塑料门窗安装质量控制及检验 (384)
四、特种门安装质量控制及检验 (387)

第五节 轻质隔墙工程质量控制及检验 (391)
一、轻质隔墙材料质量控制 (391)

二、轻质隔墙施工过程质量控制 …………………………… (392)
三、轻质隔墙质量检验标准 ………………………………… (395)

第六节　吊顶工程质量控制及检验 ……………………………… (400)
一、吊顶材料质量控制 ……………………………………… (400)
二、吊顶施工过程质量控制 ………………………………… (401)
三、吊顶质量检验标准 ……………………………………… (401)

第七节　幕墙工程质量控制及检验 ……………………………… (405)
一、玻璃幕墙质量控制及检验 ……………………………… (405)
二、金属幕墙质量控制及检验 ……………………………… (414)
三、石材幕墙质量控制及检验 ……………………………… (418)

第八节　涂饰工程质量控制及检验 ……………………………… (422)
一、涂饰材料质量控制 ……………………………………… (422)
二、涂饰施工过程质量控制 ………………………………… (423)
三、涂饰质量检验标准 ……………………………………… (426)

第九节　裱糊与软包工程 ………………………………………… (431)
一、裱糊质量控制及检验 …………………………………… (431)
二、软包质量控制及检验 …………………………………… (435)

下篇　建筑工程项目质量管理

第十二章　建筑工程质量管理概述 ……………………………… (438)

第一节　工程质量管理的基本概念 ……………………………… (438)
一、质量的概念 ……………………………………………… (438)
二、工程质量的概念 ………………………………………… (439)
三、质量管理的概念 ………………………………………… (440)

第二节　工程项目质量管理 ……………………………………… (441)
一、工程项目质量管理基本特征 …………………………… (441)
二、工程项目质量管理原则 ………………………………… (442)
三、工程项目质量管理过程 ………………………………… (443)
四、工程项目质量管理程序 ………………………………… (443)

第三节 工程质量的政府监督管理 …………………… (445)
　一、工程质量政府监督管理体制与职能 ………………… (445)
　二、工程质量监督管理法规 ……………………………… (447)
　三、工程质量监督管理制度 ……………………………… (448)

第十三章　质量管理体系 …………………………………… (451)

第一节　质量管理体系的建立 ……………………………… (451)
　一、质量管理体系要素 …………………………………… (451)
　二、质量管理体系的建立程序 …………………………… (452)
第二节　质量管理体系的运行和改进 ……………………… (455)
　一、质量管理体系的实施运行 …………………………… (455)
　二、质量管理体系的持续改进 …………………………… (457)

第十四章　建筑工程施工质量计划 ……………………… (460)

第一节　质量策划概述 ……………………………………… (460)
　一、质量策划的概念 ……………………………………… (460)
　二、质量策划的依据 ……………………………………… (461)
　三、质量策划的步骤 ……………………………………… (461)
　四、质量策划的方法 ……………………………………… (463)
　五、质量策划的实施 ……………………………………… (464)
第二节　施工项目质量计划 ………………………………… (465)
　一、施工项目质量计划的概念 …………………………… (465)
　二、施工项目质量计划编制依据 ………………………… (466)
　三、施工项目质量计划编制要求 ………………………… (466)
　四、施工项目质量计划编制内容 ………………………… (471)

第十五章　建筑工程施工质量控制 ……………………… (474)

第一节　施工质量控制概述 ………………………………… (474)
　一、施工质量控制的概念 ………………………………… (474)
　二、施工质量控制的依据 ………………………………… (474)
　三、施工质量控制的系统过程 …………………………… (477)

四、施工质量控制的方法 …………………………………… (478)
　第二节　施工准备阶段的质量控制 ……………………………… (481)
　　一、技术准备 ………………………………………………… (481)
　　二、物质准备 ………………………………………………… (482)
　　三、组织准备 ………………………………………………… (485)
　　四、施工现场准备 …………………………………………… (485)
　　五、择优选择分包商并对其进行分包培训 ………………… (486)
　第三节　施工过程的质量控制 …………………………………… (486)
　　一、施工工序质量控制 ……………………………………… (486)
　　二、质量控制点的设置 ……………………………………… (491)
　　三、施工过程质量检查 ……………………………………… (493)
　　四、成品的质量保护 ………………………………………… (494)

第十六章　建筑工程质量验收 ………………………………… (498)

　第一节　建筑工程质量验收概述 ………………………………… (498)
　　一、建筑工程质量验收的概念 ……………………………… (498)
　　二、建筑工程质量验收的要求 ……………………………… (498)
　　三、建筑工程质量验收的依据 ……………………………… (499)
　　四、建筑工程质量验收基本规定 …………………………… (500)
　　五、建筑工程质量验收的程序和组织 ……………………… (503)
　第二节　建筑工程质量验收的划分 ……………………………… (504)
　　一、单位工程的划分 ………………………………………… (504)
　　二、分部与分项工程的划分 ………………………………… (504)
　　三、检验批的划分 …………………………………………… (514)
　　四、室外工程的划分 ………………………………………… (514)
　第三节　建筑工程质量验收标准 ………………………………… (515)
　　一、建筑工程质量验收合格条件 …………………………… (515)
　　二、工程质量不符合要求时的处理规定 …………………… (530)

第十七章　建筑工程质量问题分析及处理 ………………… (533)

　第一节　建筑工程质量问题分析 ………………………………… (533)

一、工程质量问题的概念及质量事故分类 …………… (533)
二、工程质量问题的成因 …………………………… (534)
三、工程质量问题分析方法 ………………………… (536)
第二节　工程质量事故处理 ………………………… (538)
一、工程质量事故处理的依据 ……………………… (538)
二、工程质量事故的处理程序 ……………………… (540)
三、工程质量事故性质的确定方法 ………………… (541)
四、工程质量事故处理方法及验收 ………………… (542)
五、工程质量事故处理资料 ………………………… (544)

附录　《建筑质量员专业与实操》模拟试卷 …………… (547)

参考文献 …………………………………………………… (573)

上篇 专业基础知识

第一章 绪 论

第一节 建筑质量员素质要求与基本工作

一、建筑质量员素质要求

工程质量是施工单位各部门、各环节、各项工作质量的综合反映,质量保证工作的中心是各部门各级人员认真履行各自的质量职能。对于一个建筑工程来说,施工项目质量员应对现场质量管理的实施全面负责,其必须具备如下素质,才能担当重任。

(1)要求有足够的专业知识。质量员的工作具有很强的专业性和技术性,必须由专业技术人员来承担,要求对设计、施工、材料、机械、测量、计量、检测、评定等各方面专业知识都应了解并精通。

(2)要求有很强的工作责任心。质量员负责工程的全部质量控制工作,要求其必须对工作认真负责,批批检验,层层把关,及时发现问题,解决问题,确保工程质量。

(3)要求有较强的管理能力和一定的管理经验。质量员是现场质量监控体系的组织者和负责人,要求有一定的组织协调能力和管理经验,确保质量控制工作和质量验收工作有条不紊、井然有序地进行。

二、建筑质量员基本工作

质量员负责工程的全部质量控制工作,负责指导和保证质量控制

制度的实施,保证工程建设满足技术规范和合同规定的质量要求,具体工作如下:

(1)负责现行建筑工程适用标准的识别和解释。

(2)负责质量控制制度和质量控制手段的介绍与具体实施,指导质量控制工作的顺利进行。

(3)建立文件和报告制度。主要是工程建设各方关于质量控制的申请和要求,针对施工过程中的质量问题而形成的各种报告、文件的汇总,也包括向各有关部门传达的必要的质量措施。

(4)组织现场试验室和质监部门实施质量控制,监督实验工作。

(5)组织工程质量检查,并针对检查内容,主持召开质量分析会。

(6)指导现场质量监督工作。在施工过程中巡查施工现场,发现并纠正错误操作,并协助工长搞好工程质量自检、互检和交接检,随时掌握各分项工程的质量情况。

(7)负责整理分项、分部和单位工程检查评定的原始记录,及时填报各种质量报表,建立质量档案。

三、建筑质量员的重点工作范围

建筑质量员的工作贯穿于整个建筑工程项目施工全过程,各个阶段的重点工作范围见表 1-1。

表 1-1　　　　　　　　建筑质量员重点工作范围

项次	施工阶段	工作范围
1	施工准备阶段	在正式施工活动开始前进行的质量控制称为事前控制。主要包括以下内容: (1)建立质量控制系统。建立质量控制系统,制订本项目的现场质量管理制度,包括现场会议制度、现场质量检验制度、质量统计报表制度、质量事故报告处理制度,完善计量及质量检测技术和手段。协助分包单位完善其现场质量管理制度,并组织整个工程项目的质量保证活动

第一章 绪 论

续一

项次	施工阶段	工作范围
1	施工准备阶段	(2)进行质量检查与控制。对工程项目施工所需的原材料、半成品、构配件进行质量检查与控制。通过一系列检验手段,将所取得的数据与厂商所提供的技术证明文件相对照,验证原材料、半成品、构配件质量是否满足工程项目的质量要求,及时处置不合格品。 (3)组织或参与组织图纸会审。熟悉图纸内容、要求和特点,并由设计单位进行设计交底,以明确要求,彻底弄清设计意图,发现问题,消灭差错的目的。以保证建筑物的质量为出发点,对图纸中有关影响建筑物性能、寿命、安全、可靠、经济等问题提出修改意见
2	施工阶段	施工阶段进行质量控制称为事中控制。主要包括以下内容: (1)完善工序质量控制,建立质量控制点。在于把影响工序质量的因素都纳入管理范围,以科学方法来提高人的工作质量,以保证工序质量,并通过工序质量来保证工程项目实体的质量。对需要重点控制的质量特性、工程关键部位或质量薄弱环节,在一定的时期内,一定条件下强化管理,使工序处于良好的控制状态。 (2)组织参与技术交底和技术复核。 1)技术交底是参与施工的人员在施工前了解设计与施工的技术要求,以便科学地组织施工,按合理的工序、工艺进行作业的重要制度。在单位工程、分部工程、分项工程正式施工前,都必须认真做好技术交底工作。 2)技术复核一方面是在分项工程施工前指导、帮助施工人员正确掌握技术要求;另一方面是在施工过程中再次督促检查施工人员是否已按施工图纸、技术交底及技术操作规程施工,避免发生重大差错。 (3)严格工序间交接检查。主要作业工序,包括隐蔽作业,应按有关验收规定的要求由质量员检查,签字验收。 如出现下述情况,质量员有权向项目经理建议下达停工令: 1)施工中出现异常情况。 2)隐蔽工程未经检查擅自封闭、掩盖。 3)使用了无质量合格证的工程材料,或擅自变更、替换工程材料等

续二

项次	施工阶段	工作范围
3	竣工阶段	对施工完的产品进行质量控制称为事后控制。事后控制的目的是对工程产品进行验收把关,以避免不合格产品投入使用。 (1)按照建筑安装工程质量检验评定标准评定分项工程、分部工程和单位工程的质量等级。 (2)办理工程竣工验收手续,填写验收记录。 (3)整理有关的工程项目质量的技术文件,并编目建档

第二节 建筑质量员职业能力标准

一、建筑质量员的工作职责

建筑质量员的工作职责应符合表1-2的规定。

表1-2　　　　　建筑质量员的工作职责

项次	分类	主要工作职责
1	质量计划准备	(1)参与进行施工质量策划。 (2)参与制定质量管理制度
2	材料质量控制	(1)参与材料、设备的采购。 (2)负责核查进场材料、设备的质量保证资料,监督进场材料的抽样复验。 (3)负责监督、跟踪施工试验,负责计量器具的符合性审查
3	工序质量控制	(1)参与施工图会审和施工方案审查。 (2)参与制定工序质量控制措施。 (3)负责工序质量检查和关键工序、特殊工序的旁站检查,参与交接检验、隐蔽验收、技术复核。 (4)负责检验批和分项工程的质量验收、评定,参与分部工程和单位工程的质量验收、评定

续表

项次	分类	主要工作职责
4	质量问题处置	(1)参与制定质量通病预防和纠正措施。 (2)负责监督质量缺陷的处理。 (3)参与质量事故的调查、分析和处理
5	质量资料管理	(1)负责质量检查的记录,编制质量资料。 (2)负责汇总、整理、移交质量资料

二、建筑质量员应具备的专业技能

建筑质量员应具备表1-3规定的专业技能。

表1-3　　　　　　　质量员应具备的专业技能

项次	分类	专业技能
1	质量计划准备	能够参与编制施工项目质量计划
2	材料质量控制	(1)能够评价材料、设备质量。 (2)能够判断施工试验结果
3	工序质量控制	(1)能够识读施工图。 (2)能够确定施工质量控制点。 (3)能够参与编写质量控制措施等质量控制文件,实施质量交底。 (4)能够进行工程质量检查、验收、评定
4	质量问题处置	(1)能够识别质量缺陷,并进行分析和处理。 (2)能够参与调查、分析质量事故,提出处理意见
5	质量资料管理	能够编制、收集、整理质量资料

三、建筑质量员应具备的专业知识

建筑质量员应具备表1-4规定的专业知识。

表1-4　　　　　　　　质量员应具备的专业知识

项次	分类	专业知识
1	通用知识	(1)熟悉国家工程建设相关法律法规。 (2)熟悉工程材料的基本知识。 (3)掌握施工图识读、绘制的基本知识。 (4)熟悉工程施工工艺和方法。 (5)熟悉工程项目管理的基本知识。
2	基础知识	(1)熟悉相关专业力学知识。 (2)熟悉建筑构造、建筑结构和建筑设备的基本知识。 (3)熟悉施工测量的基本知识。 (4)掌握抽样统计分析的基本知识。
3	岗位知识	(1)熟悉与本岗位相关的标准和管理规定。 (2)掌握工程质量管理的基本知识。 (3)掌握施工质量计划的内容和编制方法。 (4)熟悉工程质量控制的方法。 (5)了解施工试验的内容、方法和判定标准。 (6)掌握工程质量问题的分析、预防及处理方法

课后练习

1. 建筑质量员的素质要求有哪些?
2. 建筑质量员的基本工作主要包括哪些内容?
3. 建筑质量员的工作职责有哪些?
4. 建筑质量员应具备哪些专业技能?
5. 建筑质量员应具备哪些专业知识?

第二章 建筑识图基础

第一节 施工图的分类及产生

一、施工图的分类

房屋施工图要能准确地反映出房屋的平面形状、功能布局、外貌特征、各项尺寸和构造做法等。按专业分工的不同,房屋施工图一般可分为:建筑施工图,简称建施;结构施工图,简称结施;给水排水施工图,简称水施;采暖通风施工图,简称暖施;电气施工图,简称电施。有时也把水施、暖施、电施统称为设施(即设备施工图)。

一套完整的房屋施工图应按专业顺序编排。一般应为:图纸目录、建筑设计总说明、总平面图、建施、结施、水施、暖施、电施等。各专业的图纸,应按图纸内容的主次关系、逻辑关系有序排列。

二、施工图的产生

一般建设项目要按两个阶段进行设计,即初步设计阶段和施工图设计阶段。对于技术要求复杂的项目,可在两设计阶段之间,增加技术设计阶段,用来深入解决各工种之间的协调等技术问题。

1. 初步设计阶段

设计人员接受任务书后,首先要根据业主建造要求和有关政策性文件、地质条件等进行初步设计,画出比较简单的初步设计图,简称方案图纸。它包括简略的平面、立面、剖面等图样,文字说明及工程概算。有时还要向业主提供建筑效果图、建筑模型及电脑动画效果图,以便于直观地反映建筑的真实情况。方案图应报业主征求意见,并报规划、消防、卫生、交通、人防等部门审批。

2. 施工图设计阶段

此阶段设计人员在已经批准的方案图纸的基础上,综合建筑、结构、设备等工种之间的相互配合、协调和调整,从施工要求的角度对设计方案予以具体化,为施工企业提供完整的、正确的施工图和必要的有关计算的技术资料。

房屋施工图的作用

房屋施工图是按照国家工程建设标准有关规定,用投影的方法来表达工程物体的建筑、结构和设备等设计的内容和技术要求的一套图纸。

房屋施工图是房屋建筑施工时的依据,施工人员必须按图施工,不得任意变更图纸或无规则施工。看懂图纸,记住图纸内容和要求,是搞好施工必须具备的先决条件,同时学好图纸、审核图纸也是施工准备阶段的一项重要工作。

第二节 建筑施工图识读

建筑施工图是由目录、设计说明、总平面图、建筑平面图、建筑立面图、建筑剖面图以及建筑详图等内容组成的,是房屋工程施工图中具有全局性地位的图纸,反映房屋的平面形状、功能布局、外观特征、各项尺寸和构造做法等,是房屋施工放线、砌筑、安装门窗、室内外装修和编制施工概算及施工组织计划的主要依据。通常编排在整套图纸的最前位置,其后有结构图、设备施工图、装饰施工图。

一、图纸目录与设计说明

1. 图纸目录

除图纸的封面外,图纸目录安排在一套图纸的最前面,用来说明本工程的图纸类别、图号编排、图纸名称和备注等,以方便图纸的查阅和排序。

2. 设计说明

设计说明位于图纸目录之后,是对房屋建筑工程中不易用图样表达的内容而采用文字加以说明,主要包括工程的设计概况、工程做法中所采用的标准图集代号,以及在施工图中不宜用图样而必须采用文字加以表达的内容,如材料的内容、饰面的颜色,环保要求,施工注意事项,采用新材料、新工艺的情况说明等。

> 在建筑施工图中,还应包括防火专篇等一些有关部门要求明确说明的内容。设计说明一般放在一套施工图的首页。

二、总平面图

总平面图是描绘新建房屋所在的建设地段或建设小区的地理位置以及周围环境的水平投影图,是新建房屋定位、布置施工总平面图的依据,也是室外水、暖、电等设备管线布置的依据。

1. 总平面图的图示内容

建筑工程总平面图的图示内容应包括以下几个方面:

(1)新建建筑的定位。新建建筑的定位有三种方式:第一种是利用新建建筑与原有建筑或道路中心线的距离确定新建建筑的位置;第二种是利用施工坐标确定新建建筑的位置;第三种是利用大地测量坐标确定新建建筑的位置。

(2)相邻建筑、拆除建筑的位置或范围。

(3)附近的地形、地物情况。

(4)道路的位置、走向以及与新建建筑的联系等。

(5)用指北针或风向频率玫瑰图指出建筑区域的朝向。

(6)绿化规划。

(7)补充图例。若图中采用了建筑制图规范中没有的图例时,则应在总平面图下方详细补充图例,并予以说明。

2. 总平面图的阅读方法

图 2-1 所示为某学校拟建教师住宅楼的总平面图。图中用粗实线画出的图形表示新建住宅楼，用中实线画出的图形表示原有建筑物，各个平面图形内的小黑点数表示房屋的层数。

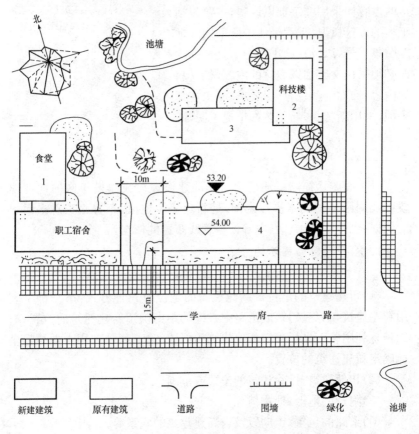

图 2-1 某学校拟建教师住宅楼总平面图

(1)先查看总平面图的图名、比例及有关文字说明。由于总平面图包括的区域较大，所以绘制时都用较小比例，常用的比例有 1∶500、1∶1000、1∶2000 等。总图中的尺寸(如标高、距离、坐标等)宜以米(m)为单位,并应至少取至小数点后两位,不足时以"0"补齐。

(2)了解新建工程的性质和总体布局,如各种建筑物及构筑物的位置、道路和绿化的布置等。由于总平面图的比例较小,各种有关物体均不能按照投影关系如实反映出来,只能用图例的形式进行绘制。要读懂总平面图,必须熟悉总平面图中常用的各种图例。

在总平面图中,为了说明房屋的用途,在房屋的图例内应标注出名称。当图样比例小或图面无足够位置时,也可编号列表编注在图内。当图形过小时,可标注在图形外侧附近。同时,还要在图形的右上角标注房屋的层数符号,一般以数字表示,如 14 表示该房屋为 14 层,当层数不多时,也可用小圆点数量来表示,如"∷"表示为 4 层。

(3)看新建房屋的定位尺寸。新建房屋的定位方式基本上有两种:一种是以周围其他建筑物或构筑物为参照物。实际绘图时,标明新建房屋与其相邻的原有建筑物或道路中心线的相对位置尺寸。另一种是以坐标表示新建筑物或构筑物的位置。

拓展阅读

坐标定位

当新建建筑区域所在地形较为复杂时,为了保证施工放线的准确,常用坐标定位。坐标定位分为测量坐标和施工坐标两种。

1)测量坐标。在地形图上用细实线画成交叉十字线的坐标网,南北方向的轴线为 X,东西方向的轴线为 Y,这样的坐标为测量坐标。坐标网常采用 100m×100m 或 50m×50m 的方格网。一般建筑物的定位宜注写其三个角的坐标,如建筑物与坐标轴平行,可注写其对角坐标,如图 2-2 所示。

2)建筑坐标。建筑坐标就是将建设地区的某一点定为"0",采用 100m×100m 或 50m×50m 的方格网,沿建筑物主轴方向用细实线画成方格网通线,垂直方向为 A 轴,水平方向为 B 轴,适用于房屋朝向与测量坐标方向不一致的情况。其标注形式如图 2-3 所示。

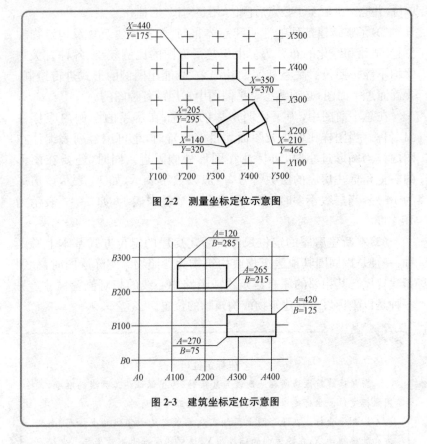

图 2-2 测量坐标定位示意图

图 2-3 建筑坐标定位示意图

(4) 了解新建建筑附近的室外地面标高,明确室内外高差。总平面图中的标高均为绝对标高,如标注相对标高,则应注明相对标高与绝对标高的换算关系。建筑物室内地坪,标准建筑图中±0.000 处的标高,对不同高度的地坪分别标注其标高,如图 2-4 所示。

(5) 看总平面图中的指北针,明确建筑物及构筑物的朝向;有时还要画上风向频率玫瑰图,来表示该地区的常年风向频率。风向频率玫瑰图的画法如图 2-5 所示。风玫瑰图用于反映建筑场地范围内常年的主导风向和六、七、八三个月的主导风向(用虚线表示),共有 16 个方向。风向是指从外侧刮向中心。刮风次数多的风,在图上离中心远,称为主导风。明确风向有助于建筑构造的选用及材料的堆场,如有粉尘污染的材料应堆放在下风向等。

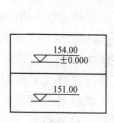

图 2-4 标高注写法

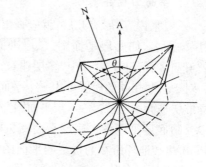

图 2-5 风向频率玫瑰图的画法

拓展阅读

总平面图的用途

总平面图是将新建工程四周一定范围内的新建、拟建、原有和拆除的建筑物、构筑物连同其周围的地形、地物状况用正投影的方法和相应的图例所画出的 H 面投影图。总平面图主要表示新建房屋的位置、朝向,与原有建筑物的关系,以及周围道路、绿化和给水、排水、供电条件等方面的情况,及其作为新建房屋施工定位、土方施工、设备管网平面布置,安排施工时进入现场的材料和构配件堆放场地以及运输道路布置等的依据。

三、建筑平面图

用一个假想的水平剖切平面沿略高于窗台的位置剖切房屋后,移去上面部分,对剩下部分向 H 面做正投影,所得的水平剖面图,称为建筑平面图,简称平面图。平面图反映新建房屋的平面形状、房间的大小、功能布局、墙柱选用的材料、截面形状和尺寸、门窗的类型及位置等,作为施工时放线、砌墙、安装门窗、室内外装修及编制预算等的重要依据,是建筑施工中的重要图纸。

(一)平面图的表示方法

1. 平面图的分类

一般来说,房屋有几层,就应画出几个平面图,并在图的下方注明该层的图名,如底层平面图、二层平面图、三层平面图……顶层平面图。但在实际建筑设计中,多层建筑往往存在许多平面布局相同的楼层,对于这些相同的楼层可用一个平面图来表达这些楼层的平面图,如"标准层平面图"或"×~×层平面图"。另外,还应绘制屋顶平面图。

(1)底层平面图。底层平面图也叫一层平面图或首层平面图,是指±0.000 地坪所在的楼层的平面图。它除表示该层的内部形状外,还画有室外的台阶(坡道)、花池、散水和落水管的形状和位置,以及剖面的剖切符号,以便与剖面图对照查阅。为了更加精确地确定房屋的朝向,在底层平面图上应加注指北针,其他层平面图上可以不再标出。

(2)中间标准层平面图。中间标准层平面图除表示本层室内形状外,还需要画出本层室外的雨篷、阳台等。

(3)顶层平面图。顶层平面图也可用相应的楼层数命名,其图示内容与中间层平面图的内容基本相同。

(4)屋顶平面图。屋顶平面图是指将房屋的顶部单独向下所做的俯视图。主要是用来表达屋顶形式、排水方式及其他设施的图样。

> **拓展阅读**
>
> **建筑平面图画图原则**
>
> 建筑平面图常用的比例是 1∶50、1∶100、1∶150,而实际工程中使用 1∶100 最多。在建筑施工图中,比例小于等于 1∶50 的图样,可不画材料图例和墙柱面抹灰线。为了有效区分,墙、柱体画出轮廓后,在描图纸上砖砌体断面用红铅笔涂红,而钢筋混凝土则用涂黑的方法表示,晒出蓝图后分别变为浅蓝和深蓝色,即可识别其材料。

2. 平面图的绘制

因建筑平面图是水平剖面图,因此在绘图时,应按剖面图的方法绘制,被剖切到的墙、柱轮廓用粗实线(b),门的开启方向线可用中粗实线(0.5b)或细实线(0.25b),窗的轮廓线以及其他可见轮廓和尺寸线等均用细实线(0.25b)表示。

3. 平面图常用图例符号

建筑平面图常用的图例符号,如图2-6所示。

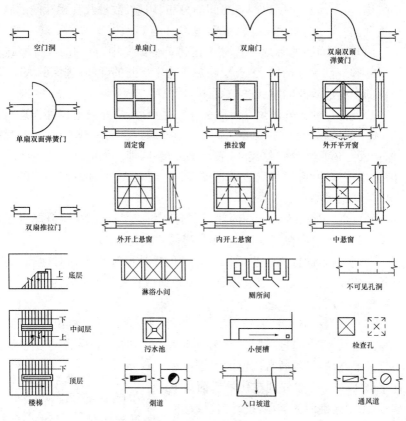

图 2-6　平面图常用图例符号

(二)平面图的内容及阅读方法

(1)看图名、比例。要从中了解平面图层次、图例及绘制建筑平面图所采用的比例,如1∶50、1∶100、1∶200。

(2)看图中定位轴线编号及其间距。从中了解各承重构件的位置及房间的大小,以便于施工时定位放线和查阅图纸。定位轴线的标注应符合《房屋建筑制图统一标准》(GB/T 50001—2010)的规定。

(3)看房屋平面形状和内部墙的分隔情况。从平面图的形状与总长、总宽尺寸,可计算出房屋的用地面积;从图中墙的分隔情况和房间的名称,可了解到房屋内部各房间的分布、用途、数量及其相互间的联系情况。

(4)看平面图的各部分尺寸。在建筑平面图中,标注的尺寸有内部尺寸和外部尺寸两种,主要反映建筑物中房间的开间、进深的大小、门窗的平面位置及墙厚、柱的断面尺寸等。

1)外部尺寸。外部尺寸一般标注三道尺寸,最外一道尺寸为总尺寸,表示建筑物的总长、总宽,即从一端外墙皮到另一端外墙皮的尺寸;中间一道尺寸为定位尺寸,表示轴线尺寸,即房间的开间与进深尺寸;最里一道为细部尺寸,表示各细部的位置及大小,如外墙门窗的大小以及与轴线的平面关系。

2)内部尺寸。用来标注内部门窗洞口和宽度及位置、墙身厚度以及固定设备大小和位置等,一般用一道尺寸线表示。

(5)看楼地面标高。平面图中标注的楼地面标高为相对标高,而且是完成面的标高。一般在平面图中地面或楼面有高度变化的位置都应标注标高。

(6)看门窗的位置、编号和数量。图中门窗除用图例画出外,还应注写门窗代号和编号。门的代号通常用"门"的汉语拼音的首字母"M"表示,窗的代号通常用窗的汉语拼音首字母"C"表示,并分别在代号后面写上编号,用于区别门窗类型,统计门窗数量。如 M—1、M—2 和 C—1、C—2 等。对一些特殊用途的门窗也有相应的符号进行表示,如 FM 代表防火门,MM 代表密闭防护门,CM 代表窗连门。

> 为了便于施工,一般情况下,在首页图上或在本平面图内,附有门窗表,列出门窗的编号、名称、尺寸、数量及其所选标准图集的编号等内容。

(7)看剖面的剖切符号及指北针。通过查看图纸中的剖切符号及指北针,可以在底层平面图中了解剖切部位,了解建筑物朝向。

四、建筑立面图

在与建筑物立面平行的铅直投影面上所做的投影图称为建筑立面图,简称立面图。一座建筑物是否美观、是否与周围环境协调,主要取决于立面的艺术处理,包括建筑造型与尺度、装饰材料的选用、色彩的选用等内容。在施工图中,立面图主要用于表示建筑物的体形与外貌,表示立面各部分配件的形状和相互关系,表示立面装饰要求及构造做法等。

(一)立面图的命名与数量

房屋有多个立面,为便于与平面图对照阅读,每一个立面图下都应标注立面图的名称。立面图名称的标注方法为:对于有定位轴线的建筑物,宜根据两端的定位轴线号编注立面图名称,如①~⑨轴立面图等。对于无定位轴线的建筑物,可按平面图各面的朝向确定名称,如南立面图等。

平面形状曲折的建筑物,可绘制展开立面图。圆形或多边形平面的建筑物,可分段展开绘制立面图,但均应在图名后加注"展开"二字。此外,可用外貌特征命名,其中反映主要出入口或比较显著地反映房屋外貌特征的那一面的立面图,称为正立面图,其余立面图可称为背立面图和侧立面图等。

立面图的数量是根据房屋各立面的形状和墙面的装修要求确定的。当房屋各立面造型不同、墙面装修不同时,就需要画出所有立面图。

(二)立面图的内容与识读

1. 立面图的内容

(1)画出室外地面线及房屋的勒脚、台阶、花池、门窗、雨篷、阳台、室外楼梯、墙柱、檐口、屋顶、落水管、墙面分格线等内容。

(2)注出外墙各主要部位的标高。如室外地面、台阶顶面、窗台、窗上口、阳台、雨篷、檐口、女儿墙顶、屋顶水箱间及楼梯间屋顶等的标高。

(3)注出建筑物两端的定位轴线及其编号。
(4)标注索引符号。
(5)用文字说明外墙面装修的材料及其做法。

2. 立面图的识读方法

(1)看图名、比例。了解该图与房屋哪一个立面相对应及绘图的比例。立面图的绘图比例与平面图绘图比例应一致。

(2)看房屋立面的外形、门窗、檐口、阳台、台阶等的形状及位置。在建筑物立面图上,相同的门窗、阳台、外檐装修、构造做法等可在局部重点表示,绘出其完整图形,其余部分只画轮廓线。

(3)看立面图中的标高尺寸。立面图中应标注必要的尺寸和标高。注写的标高尺寸部位有室内外地坪、檐口、屋脊、女儿墙、雨篷、门窗、台阶等处的标高。

(4)看房屋外墙表面装修的做法和分格线等。在立面图上,外墙表面分格线应表示清楚,用文字说明各部位所用面材和颜色。

> **拓展阅读**
>
> **建筑立面图识读要点**
>
> (1)立面图的朝向及外貌特征。如房屋层数,阳台、门窗的位置和形式,雨水管、水箱的位置以及屋顶隔热屋的形式等。
>
> (2)外墙面装饰做法。
>
> (3)各部位标高尺寸。找出图中标示室外地坪、勒脚、窗台、门窗顶及檐口等处的标高。

五、建筑剖面图

假想用一个平行于投影面的剖切平面,将房屋剖开,移去观察者与剖切平面之间的房屋部分,做出剩余部分的房屋的正投影,所得图样称为建筑剖面图,简称剖面图。

建筑剖面图主要表示房屋的内部结构、分层情况、各层高度、楼面和地面的构造以及各配件在垂直方向上的相互关系等内容。在施工中,可作为进行分层、砌筑内墙、铺设楼板和屋面板以及内装修等工作的依据,是与平、立面图相互配合的不可缺少的重要图样之一。

(一)剖面图的剖切位置与数量

1. 剖面图的剖切位置

剖面图的剖切部位,应根据图样的用途或设计深度,在平面图上选择能反映全貌、构造特征以及有代表性的部位剖切。一般剖切位置选择房屋的主要部位或构造较为典型的地方如楼梯间等,并应通过门窗洞口。剖面图的图名符号应与底层平面图上的剖切符号相对应。

2. 剖面图的数量

在一般规模不大的工程中,房屋的剖面图通常只有一个。当工程规模较大或平面形状较复杂时,则要根据实际需要确定剖面图的数量。

(二)剖面图的内容及识读

1. 剖面图的内容

(1)表示被剖切到的墙、柱、门窗洞口及其所属定位轴线。剖面图的比例应与平面图、立面图的比例一致,因此在1∶100的剖面图中一般也不画材料图例,而用粗实线表示被剖切到的墙、梁、板等轮廓线,被剖断的钢筋混凝土梁板等应涂黑表示。

(2)表示室内底层地面、各层楼面及楼层面、屋顶、门窗、楼梯、阳台、雨篷、防潮层、踢脚板、室外地面、散水、明沟及室内外装修等剖到或能见到的内容。

(3)标出尺寸和标高。在剖面图中,要标注相应的标高及尺寸,其规定如下:

1)标高:应标注被剖切到的所有外墙门窗口的上下标高,室外地面标高,檐口、女儿墙顶以及各层楼地面的标高。

2)尺寸:应标注门窗洞口高度、层间高度及总高度,室内还应注出内墙上门窗洞口的高度以及内部设施的定位、定形尺寸。

(4)表示楼地面、屋顶各层的构造。一般可用多层共用引出线说明楼地面、屋顶的构造层次和做法。如果另画详图或已有构造说明（如工程做法表），则在剖面图中用索引符号引出说明。

> **拓展阅读**
>
> **尺寸的种类**
>
> (1)外部尺寸：门、窗洞口（包括洞口上部和窗台）高度，层间高度及总高度（室外地面至檐口或女儿墙顶）。有时，后两部分尺寸可不标注。
>
> (2)内部尺寸：地坑深度和隔断、搁板、平台、墙裙及室内门、窗等的高度。注写标高及尺寸时，注意与立面图和平面图相一致。

2. 剖面图的识读方法

(1)看图名、比例。根据图名与底层平面图对照，确定剖切平面的位置及投影方向，从中了解该图所画出的是房屋的哪一部分的投影。剖面图的绘图比例通常与平面图、立面图一致。

(2)看房屋内部的构造、结构形式和所用建筑材料等内容，如各层梁板、楼梯、屋面的结构形式、位置及其与墙（柱）的相互关系等。

(3)看房屋各部位竖向尺寸。图中，竖向尺寸包括高度尺寸和标高尺寸。高度尺寸应标出房屋墙身垂直方向分段尺寸，如门窗洞口、窗间墙等的高度尺寸；标高尺寸主要是标注出室内外地面、各层楼面、阳台、楼梯平台、檐口、屋脊、女儿墙、雨篷、门窗、台阶等处的标高。

(4)看楼地面、屋面的构造。在剖面图中表示楼地面、屋面的多层构造时，通常用通过各层的引出线，按其构造顺序加文字说明来表示。有时将这一内容放在墙身剖面详图中表示。

六、建筑详图

(一)建筑详图的比例与类型

1. 建筑详图常用比例

建筑平面图、立面图、剖面图表达出建筑的外形、平面布局、墙柱楼板及门窗设置和主要尺寸，但因反映的内容范围大，使用的比例较小,因此对建筑的细部构造难以表达清楚。为了满足施工要求,对房屋的细部构造用较大的比例详细地表达出来,这样的图称为建筑详图,有时也叫作大样图。常用的比例有 1∶25、1∶20、1∶10、1∶5、1∶2、1∶1 等。

2. 建筑详图的类型

建筑详图可以是平、立、剖面图中某一局部的放大图,也可以是某一局部的放大剖面图。对于某些建筑构造或构件的通用做法,可采用国家或地方制定的标准图集(册)或通用图集(册)中的图纸,一般在图中通过索引符号注明,不必另画详图。通常,建筑详图主要包括局部构造详图(如墙身、楼梯等详图)、局部平面图(如住宅的厨房、卫生间等平面图),以及装饰构造详图(如墙面的墙裙做法、门窗套装饰做法等)。

(二)墙身详图

墙身详图应按剖面图的画法绘制,被剖切到的结构墙体用粗实线(b)绘制,装饰层轮廓用细实线($0.25b$)绘制,在断面轮廓线内画出材料图例。

1. 墙身详图的形成

墙身详图也叫墙身大样图,实际上是建筑剖面图的局部放大图。它表达了墙身与地面、楼面、屋面的构造连接情况以及檐口、门窗顶、窗台、勒脚、防潮层、散水、明沟的尺寸、材料、做法等构造情况,是砌墙、室内外装修、门窗安装、编制施工预算以及材料估算等的重要依据。有时墙身详图不以整体形式布置,而把各个节点详图分别单独绘制,也称为墙身节点详图。有时,在外墙详图上引出分层构造,注明楼地面、屋顶等的构造情况,而在建筑剖面图中省略不标。在多层房屋中,若各层的构造情况一样,可只画墙脚、檐口和中间层(含门窗洞口)三个节点,按上下位置整体排列。由于门窗一般均有标准图集,为简化作图采用折断省略画法,因此,门窗在洞口处出现双折断线。

2. 墙身详图的主要内容

(1)表明墙身的定位轴线编号,墙体的厚度、材料及其本身与轴线的关系(如墙体是否为中轴线等)。

(2)表明墙脚的做法,墙脚包括勒脚、散水(或明沟)、防潮层(或地圈梁)以及首层地面等的构造。

(3)表明各层梁、板等构件的位置及其与墙体的联系,构件表面抹灰、装饰等内容。

(4)表明檐口部位的做法。檐口部位包括封檐构造(如女儿墙或挑檐)、圈梁、过梁、屋顶泛水构造、屋面保温、防水做法和屋面板等结构构件。

(5)图中的详图索引符号等。

(三)楼梯详图

楼梯详图主要表示楼梯的结构形式,构造做法,各部分的详细尺寸、材料,是楼梯施工放样的主要依据。通常,楼梯详图包括楼梯平面图、楼梯剖面图和踏步、栏杆(栏板)、扶手等详图。

1. 楼梯平面图

楼梯平面图实际是建筑平面图中楼梯间部分的局部放大。假设用一水平剖切平面在该层往上引的第一楼梯段中剖切开,移去剖切平面及以上部分,将余下的部分按正投影的原理投射在水平投影面上所得到的图,称为楼梯平面图。其绘制比例常采用1∶50。

楼梯平面图一般分层绘制,有底层平面图、中间层平面图和顶层平面图。如果中间各层中某层的平面布置与其他层相差较多,应专门绘制。需要说明的是,按假设的剖切面将楼梯剖切开,折断线本应该平行于踏步的折断线,为了与踏步的投影区别开,规定画为斜折断线,并用箭头配合文字"上"或"下"表示楼梯的上行或下行方向,同时注明梯段的步级数。

现以图2-7住宅楼梯平面图为例,说明楼梯平面图的读图方法。

(1)了解楼梯或楼梯间在房屋中的平面位置。如图可知该住宅楼的两部楼梯分别位于横轴③~⑤与⑨~⑪范围内以及纵轴Ⓒ~Ⓔ区域中。

> 楼梯间的尺寸要求标注轴线间尺寸、梯段的定位及宽度、休息平台的宽度、踏步宽度以及平面图上应标注的其他尺寸。标高要求注写出楼面、地面及休息平台的标高。

第二章 建筑识图基础

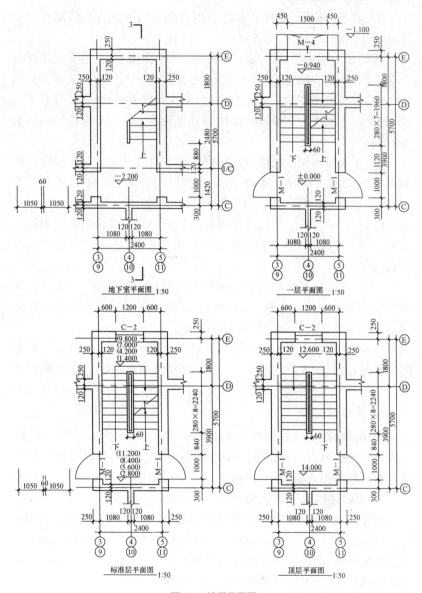

图 2-7 楼梯平面图

(2)熟悉楼梯段、楼梯井和休息平台的平面形式、位置,踏步的宽度和踏步的数量。

该楼梯为两跑楼梯。在地下室和一层平面图上,去地下室楼梯段有7个踏步,踏步面宽280mm,楼梯段水平投影长1960mm,楼梯井宽60mm。在标准层和顶层平面图上(二层及其以上)每个梯段有8个踏步,每个踏步面宽为280mm,楼梯井宽也为60mm。楼梯栏杆用两条细线表示。

(3)了解楼梯间处的墙、柱、门窗平面位置及尺寸。该楼梯间外墙和两侧内墙厚370mm,平台上方分别设门窗洞口,洞口宽度都为1200mm,窗口居中。

(4)看清楼梯的走向以及楼梯段起步的位置。楼梯的走向用箭头表示。地下室起步台阶的定位尺寸为800mm,其他各层的定位读者可自行分析。

(5)了解各层平台的标高。一层入口处地面标高为-0.940m,其余各层休息平台标高分别为1.400m、4.200m、7.000m、9.800m,在顶层平面图上看到的平台标高为12.600m。

(6)在楼梯平面图中了解楼梯剖面图的剖切位置。从地下室平面图中可以看到3—3剖切符号,表示出楼梯剖面图的剖切位置和剖视方向。

2. 楼梯剖面图

楼梯剖面图是用假想的铅直剖切平面通过各层的一个梯段和门窗洞口将楼梯垂直剖开,向另一未剖到的楼梯段方向投影所做的剖面图。楼梯剖面图主要表达楼梯踏步、平台的构造与连接,以及栏杆的形式及相关尺寸,其常用比例一般为1∶50、1∶30或1∶40。

在楼梯剖面图中,应注明各层楼地面、平台、楼梯间窗洞的标高,每个梯段踢面的高度、踏步的数量以及栏杆的高度等。如果各层楼梯都为等跑楼梯,中间各层楼梯构造又相同,则剖面图可只画出底层、顶层剖面,中间部分可用折断线省略。

3. 踏步、栏杆(栏板)、扶手详图

楼梯栏杆、扶手、踏步面层和楼梯节点的构造在用1∶50的绘图比例绘制的楼梯平面图和剖面图中仍然不能表示得十分清楚,还需要用更大比例画出节点放大图。

图 2-8 所示为楼梯节点、栏杆、扶手详图,详细表明楼梯梁、板、踏步、栏杆和扶手的细部构造。

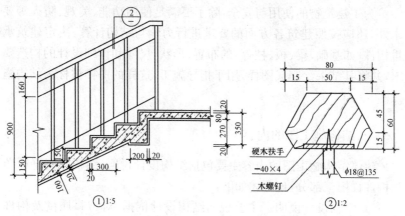

图 2-8　楼梯节点、栏杆、扶手详图

(四)其他详图

在建筑、结构设计中,对大量重复出现的构配件如门窗、台阶、面层做法等,通常采用标准设计,即由国家或地方编制一般建筑常用的构件和配件详图供设计人员选用,以减少不必要的重复劳动。在读图时要学会查阅这些标准图集。

详图识读要领

　　阅读详图时,首先要明确该详图与有关图的关系。根据所采用的索引符号、轴线编号、剖切符号等明确该详图所示部分的位置,将局部构造与建筑物整体联系起来,形成完整的概念。另外,读详图时还要细心研究,掌握有代表性部位的构造特点,灵活应用。

第三节　结构施工图识读

为了建筑物的使用与安全,除了要满足使用功能、美观、防火等要求外,还应按照建筑各方面的要求进行力学与结构计算,决定建筑承重构件(如基础、梁、板、柱等)的布置、形状、尺寸和详细设计的构造要求,并将其结果绘制成图样,用于指导施工,这样的图样被称为结构施工图。

一、结构施工图的内容

建筑结构施工图的内容主要包括结构设计说明、结构布置平面图和构件详图三部分,现分述如下:

(1)结构设计说明。主要说明结构设计依据、对材料质量及构件的要求,有关地基的概况及施工要求等。

(2)结构布置平面图。结构布置平面图与建筑平面图一样,属于全局性的图纸,通常包括基础平面图、楼层结构平面布置图、屋顶结构平面布置图。

(3)构件详图。构件详图属于局部性的图纸,表示构件的形状、大小、所用材料的强度等级和制作安装等。其主要内容包括基础详图,梁、板、柱等构件详图,楼梯结构详图以及其他构件详图等。

二、钢筋混凝土结构图

钢筋混凝土在建筑工程中是一种应用极为广泛的建筑材料,由力学性能完全不同的钢筋和混凝土两种材料组合而成。

(一)钢筋

1. 钢筋的作用及标注方法

配置在钢筋混凝土结构构件中的钢筋,其作用及标注方法如下:

（1）受力钢筋：承受构件内拉、压应力的钢筋。其配置根据受力通过计算确定，且应满足构造要求。在梁、柱中的受力筋亦称纵向受力筋，标注时应说明其数量、品种和直径，如 4ϕ20，表示配置 4 根 HPB300 级钢筋，直径为 20mm。

在板中的受力筋，标注时应说明其品种、直径和间距，如 ϕ10@100（@是相等中心距符号），表示配置 HPB300 级钢筋，直径为 10mm，间距为 100mm。

（2）架立筋：一般设置在梁的受压区，与纵向受力钢筋平行，用于固定梁内钢筋的位置，并与受力筋形成钢筋集架。架立筋是按构造配置的，其标注方法同梁内受力筋。

（3）箍筋：用于承受梁、柱中的剪力、扭矩，固定纵向受力钢筋的位置等。标注箍筋时，应说明箍筋的级别、直径、间距。如 ϕ10@100，表示配置 HPB300 级钢筋，直径为 10mm，间距为 100mm。

（4）分布筋：用于单向板、剪力墙中。单向板中的分布筋与受力筋垂直。其作用是将承受的荷载均匀地传递给受力筋，并固定受力筋的位置以及抵抗热胀冷缩所引起的温度变形。标注方法同板中受力筋。

> 在剪力墙中布置的水平和竖向分布筋，除上述作用外，还可参与承受外荷载，其标注方法同板中受力筋。

（5）构造筋：因构造要求及施工安装需要而配置的钢筋，如腰筋、吊筋、拉结筋等。其标注方法同板中受力筋。

2. 钢筋的表示方法

了解钢筋混凝土构件中钢筋的配置非常重要。在结构图中通常用粗实线表示钢筋。一般钢筋的表示方法见表 2-1。钢筋在结构构件中的画法见表 2-2。

表 2-1　　　　　　　　一般钢筋的表示方法

序号	名　称	图　例	说　明
1	钢筋横断面	•	

续表

序号	名称	图例	说明
2	无弯钩的钢筋端部		下图表示长、短钢筋投影重叠时,短钢筋的端部用45°斜画线表示
3	带半圆形弯钩的钢筋端部		
4	带直钩的钢筋端部		
5	带丝扣的钢筋端部		
6	无弯钩的钢筋搭接		
7	带半圆形弯钩的钢筋搭接		
8	带直钩的钢筋搭接		
9	花篮螺栓钢筋接头		
10	机械连接的钢筋接头		用文字说明机械连接的方式(冷挤压或锥螺纹等)

表 2-2　　　　　　　　　　　　　钢筋的画法

序号	说　明	图　例
1	在结构楼板中配置双层钢筋时,底层钢筋的弯钩应向上或向左,顶层钢筋的弯钩则向下或向右	（底层）　（顶层）
2	钢筋混凝土墙体配置双层钢筋时,在配筋立面图中,远面钢筋的弯钩应向上或向左;近面钢筋的弯钩向下或向右(JM 近面,YM 远面)	
3	在断面图中不能表达清楚的钢筋布置,应在断面图外增加钢筋大样图(如:钢筋混凝土墙、楼梯等)	
4	图中所表示的箍筋、环筋等若布置复杂时,可加画钢筋大样及说明	
5	每组相同的钢筋、箍筋或环筋,可用根粗实线表示,同时用一两端带斜短画线的横穿细线,表示其钢筋及起止范围	

> **拓展阅读**
>
> 弯钩的表示方法
>
> 　　为了增强钢筋与混凝土的粘结力,表面光圆的钢筋两端需要做弯钩。弯钩的形式及表示方法如图2-9所示。
>
>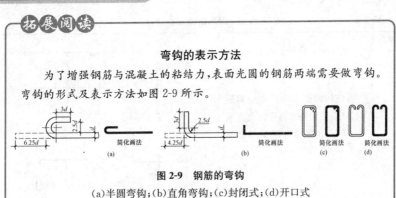
>
> 图2-9　钢筋的弯钩
> (a)半圆弯钩；(b)直角弯钩；(c)封闭式；(d)开口式

(二)钢筋混凝土构件

1. 构件的形成

用钢筋混凝土制成的梁、板、柱、基础等称为钢筋混凝土构件。混凝土是由水泥、砂子、石子和水按一定比例拌和而成的。凝固后的混凝土如同天然石材,具有较高的抗压强度,但抗拉强度却很低,容易因受拉而断裂。而钢筋的抗压、抗拉强度都很高,但价格昂贵且易腐蚀。为了解决混凝土受拉易断裂的矛盾,充分利用混凝土的受压能力,常在混凝土构件的受拉区域内加入一定数量的钢筋,使混凝土和钢筋结合成一个整体,共同发挥作用。

2. 常用构件代号

房屋结构的基本构件很多,布置也很复杂,为了图面清晰,以及把不同的构件表示清楚,《建筑结构制图标准》(GB/T 50105—2010)规定构件的名称应用代号来表示。常用构件的代号,见表2-3。代号后应用阿拉伯数字标注该构件的型号或编号,也可为构件的顺序号。构件的顺序号采用不带角标的阿拉伯数字连续编排,代号用构件名称的汉语拼音中的第一个字母表示。

3. 钢筋混凝土构件配筋

各种钢筋的形式及在梁、板、柱中的位置及其形状,如图2-10所示。

表 2-3　　　　　　　　　常用构件代号

序号	名称	代号	序号	名称	代号	序号	名称	代号
1	板	B	19	圈梁	QL	37	承台	CT
2	屋面板	WB	20	过梁	GL	38	设备基础	SJ
3	空心板	KB	21	连系梁	LL	39	桩	ZH
4	槽形板	CB	22	基础梁	JL	40	挡土墙	DQ
5	折板	ZB	23	楼梯梁	TL	41	地沟	DG
6	密肋板	MB	24	框架梁	KL	42	柱间支撑	ZC
7	楼梯板	TB	25	框支梁	KZL	43	垂直支撑	CC
8	盖板或沟盖板	GB	26	屋面框架梁	WKL	44	水平支撑	SC
9	挡雨板或檐口板	YB	27	檩条	LT	45	梯	T
10	吊车安全走道板	DB	28	屋架	WJ	46	雨篷	YP
11	墙板	QB	29	托架	TJ	47	阳台	YT
12	天沟板	TGB	30	天窗架	CJ	48	梁垫	LD
13	梁	L	31	框架	KJ	49	预埋件	M—
14	屋面梁	WL	32	刚架	GJ	50	天窗端壁	TD
15	吊车梁	DL	33	支架	ZJ	51	钢筋网	W
16	单轨吊车梁	DDL	34	柱	Z	52	钢筋集架	G
17	轨道连接	DGL	35	框架柱	KZ	53	基础	J
18	车挡	CD	36	构造柱	GZ	54	暗柱	AZ

注：1. 预制混凝土构件、现浇混凝土构件、钢构件和木构件，一般可以采用表 2-3 中的构件代号。在绘图中，除混凝土构件可以不注明材料代号外，其他材料的构件可在构件代号前加注材料代号，并在图纸中加以说明。

2. 预应力混凝土构件的代号，应在构件代号前加注"Y"，如 Y-DL 表示预应力混凝土吊车梁。

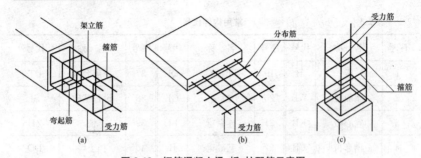

图 2-10 钢筋混凝土梁、板、柱配筋示意图
(a)梁;(b)板;(c)柱

4. 钢筋混凝土构件图

钢筋混凝土构件图是加工制作钢筋、浇筑混凝土的依据,其内容包括模板图、配筋图、钢筋表和文字说明四部分。

(1)模板图。模板图是为浇筑构件的混凝土绘制的,主要表达构件的外形尺寸、预埋件的位置、预留孔洞的大小和位置。对于外形简单的构件,一般不必单独绘制模板图,只需在配筋图中把构件的尺寸标注清楚即可。对于外形较复杂或预埋件较多的构件,一般要单独画出模板图。

模板图的图示方法就是按构件的外形绘制的视图,外形轮廓线用中粗实线绘制,如图 2-11 所示。

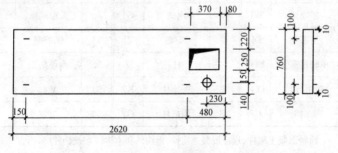

图 2-11 模板图

(2)配筋图。配筋图就是钢筋混凝土构件(结构)中的钢筋配置图。主要表示构件内部所配置钢筋的形状、大小、数量、级别和排放位

置。配筋图又分为立面图、断面图和钢筋详图。

1)立面图。立面图是假定构件为一透明体而画出的一个纵向正投影图,主要表示构件中钢筋的立面形状和上下排列位置。通常构件外形轮廓用细实线表示,钢筋用粗实线表示,如图 2-12(a)所示。当钢筋的类型、直径、间距均相同时,可只画出其中的一部分,其余可省略不画。

2)断面图。断面图是构件横向剖切投影图。它主要表示钢筋的上下和前后的排列、箍筋的形状等内容。凡构件的断面形状及钢筋的数量、位置有变化之处,均应画出其断面图。断面图的轮廓为细实线,钢筋横断面用黑点表示,如图 2-12(b)所示。

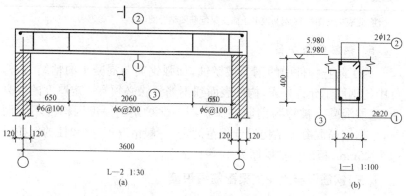

图 2-12 钢筋简支梁配筋图

3)钢筋详图。钢筋详图是按规定的图例画出的一种示意图。它主要表示钢筋的形状,以便于钢筋下料和加工成型。同一编号的钢筋只画一根,并注出钢筋的编号、数量(或间距)、等级、直径及各段的长度和总尺寸。

为了区分钢筋的等级、形状、大小,应将钢筋编号。钢筋编号是用阿拉伯数字注写在直径为6mm的细实线圆圈内,并用引出线指到对应的钢筋部位。同时,在引出线的水平线段上注出钢筋标注内容。

(3)钢筋表。为便于编制施工预算和统计用料,在配筋图中还应列出钢筋表,表 2-4 为某钢筋混凝土简支梁钢筋用表。表内应注明构件代号、构件数量、钢筋编号、钢筋简图、直径、长度、数量、总数量、总长和重量等。对于比较简单的构件,可不画钢筋详图,只列钢筋表。

表 2-4　　　　　　　　钢筋混凝土简支梁钢筋表

编号	钢筋简图	规格	长度	根数	重量
①	3790	⌞20	3790	2	
②	3790	φ12	3950	2	
③	190 350	φ6	1180	23	
总重					

注:此表应与图 2-12 钢筋混凝土简支梁配筋图结合阅读。

5. 钢筋的保护层

为了防止构件中的钢筋被锈蚀,加强钢筋与混凝土的粘结力,构件中的钢筋不允许外露,构件表面到钢筋外缘必须有一定厚度的混凝土,这层混凝土被称为钢筋的保护层。保护层的厚度因构件不同而异,根据钢筋混凝土结构设计规范规定,一般情况下,梁和柱的保护层厚为 25mm,板的保护层厚为 10~15mm。

(三)钢筋混凝土简支梁配筋图识读

图 2-12 所示为钢筋混凝土简支梁 L—2 的配筋图,是由立面图、断面图和钢筋表组成的。其中,L—2 是楼层结构平面图中钢筋混凝土的代号。L—2 的配筋立面图和断面图分别表明简支梁的长为 3840mm,宽为 240mm,高为 400mm。两端搭入墙内 240mm,梁的下端配置了两根编号为①的直受力筋,直径为 20mm,HPB300 级钢筋;两根编号为②的架立筋配置在梁的上部,直径 12mm,HPB300 级钢筋。编号③的钢筋是箍筋,直径 6mm,HPB300 级钢筋,在梁端间距为 100mm,梁中间距为 200mm。

钢筋表中表明了三种类型钢筋的形状、编号、根数、等级、直径、长度和根数等。各编号钢筋长度的计算方法为:

①号钢筋长度应该是梁长减去两端保护层厚度,即

$$3840-2\times 25=3790$$

②号钢筋长度应该是梁长减去两端保护层厚度,加上两端弯钩所需长度,即 $3840-2\times25+80\times2=3950$,其中一个半圆弯钩的长度为 $6.25d$,实际计算长度为 75mm,施工中取 80mm。

③号箍筋的长度按图 2-13 进行计算。③号箍筋应为 135°的弯钩,当不考虑抗扭要求时,$\phi6$ 的箍筋按施工经验一般取 50mm。

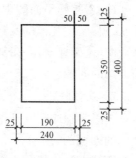

图 2-13　钢筋成型尺寸

三、基础结构施工图

基础结构施工图通常包括基础平面图和基础详图,是用来表示房屋地面以下基础部分的平面布置和详细构造的图样。它是进行施工放线、基槽开挖和砌筑的主要依据,也是施工组织和预算的主要依据。

(一)条形基础图

1. 基础平面图

假想用一个水平剖切面,沿建筑物首层室内地面把建筑物水平剖开,移去剖切面以上的建筑物和回填土,向下作水平投影,所得到的图称为基础平面图。它主要表示基础的平面布置以及墙、柱与轴线的关系。

条形基础平面图的主要内容及阅读方法如下:

(1)看图名、比例和轴线。基础平面图的绘图比例、轴线编号及轴线间的尺寸必须同建筑平面图一样。

(2)看基础的平面布置,即基础墙、柱以及基础底面的形状、大小及其与轴线的关系。

(3)看基础梁的位置和代号。主要了解基础哪些部位有梁,根据代号可以统计梁的种类、数量和查阅梁的详图。

(4)看地沟与孔洞。由于给水排水的要求,常常设置地沟或在地面以下的基础墙上预留孔洞。在基础平面图中用虚线表示地沟或孔洞的位置,并注明大小及洞底的标高。

(5)看基础平面图中剖切符号及其编号。在不同的位置,基础的形状、尺寸、埋置深度及与轴线的相对位置不同,需要分别画出它们的断面图(基础详图)。在基础平面图中要相应地画出剖切符号,并注明断面图的编号。

2. 基础详图

条形基础详图就是先假想用剖切平面垂直剖切基础,用较大比例画出的断面图,用于表示基础的断面形状、尺寸、材料、构造及基础埋置深度等内容。其阅读方法及步骤如下:

(1)看图名、比例。基础详图的图名常用1—1、2—2……断面或用基础代号表示。基础详图比例常用1:20。读图时先用基础详图的名字(1—1、2—2等)对照基础平面图的位置,了解其是哪一条基础上的断面图。

(2)看基础断面形状、大小、材料及配筋。断面图中(除配筋部分)要画上材料图例表示。

(3)看基础断面图的各部分详细尺寸和室内外地面、基础底面的标高。基础断面图中的详细尺寸包括基础底部的宽度及其与轴线的关系,基础的深度及大放脚的尺寸。

(二)独立基础图

1. 基础平面图

独立基础图是由基础平面图和基础详图两部分组成的。独立基础平面图不但要表示出基础的平面形状,而且要标明各独立基础的相对位置。对不同类型的单独基础要分别编号。

某厂房的钢筋混凝土杯形基础平面图如图2-14所示,图中的"□"表示独立基础的外轮廓线,框中的"工"是矩形钢筋混凝土柱的断面,基础沿定位轴线分布,其编号为J—1、J—2及J—1a,其中J—2有10个,布置在②~⑥轴线之间并分前后两排;J—1共4个,布置在①和⑦轴线上;J—1a也有4个,布置在车间四角。

2. 基础详图

钢筋混凝土独立基础详图一般应画出平面图和剖面图,用于表达每一基础的形状、尺寸和配筋情况。

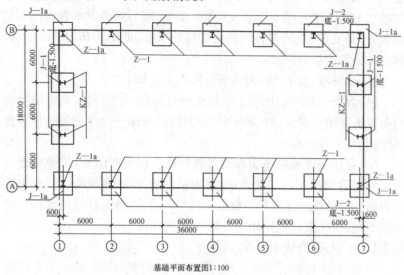

图2-14 钢筋混凝土杯形基础平面图

拓展阅读

基础详图绘制要点

在基础平面图中，被剖切到的基础墙轮廓要画成粗实线，基础底部的轮廓线画成细实线。基础的细部构造不必画出。它们将详尽地表达在基础详图上。图中的材料图例可与建筑平面图画法一致。

在基础平面图中，必须注出与建筑平面图一致的轴间尺寸。此外，还应注出基础的宽度尺寸和定位尺寸。宽度尺寸包括基础墙宽和大放脚宽；定位尺寸包括基础墙、大放脚与轴线的联系尺寸。

四、楼层结构布置平面图

楼层结构布置平面图是假想用一水平剖切平面，沿每层楼板面将建筑物水平剖开,移去剖切平面上部建筑物后,向下作水平投影所得到的水平剖面图。主要用来表示每层的梁、板、柱、墙等承重构件的平面布置,是安装梁、板等各种楼层构件的依据,也是计算构件数量、编制施工预算的依据。

楼层结构布置平面图的内容与阅读方法如下:

(1)看图名、轴线、比例。一般房屋有几层,就应画出几个楼层结构布置平面图。对于结构布置相同的楼层,可画一个通用的结构布置平面图。

(2)看预制楼板的平面布置及其标注。在平面图上,预制楼板应按实际布置情况用细实线表示,其表示方法为:在布板的区域内用细实线画一对角线并注写板的数量和代号。目前,各地标注构件代号的方法不同,应注意按选用图集中的规定代号注写。一般应包括数量、标志长度、板宽、荷载等级等内容。

(3)看现浇楼板的布置。现浇楼板在结构平面图中的表示方法主要有两种:一种是直接在现浇板的位置绘出配筋图,并进行钢筋标注;另一种是在现浇板范围内画一条对角线,并注写板的编号,该板配筋另有详图。

(4)看楼板与墙体(或梁)的构造关系。在结构平面图中,配置在板下的圈梁、过梁、梁等钢筋混凝土构件轮廓线可用中虚线表示,也可用单线(粗虚线)表示,并应在构件旁侧标注其编号和代号。为了清楚地表达楼板与墙体(或梁)的构造关系,通常要画出节点剖面放大图,以便于施工。

拓展阅读

楼层结构平面布置图特殊规定

楼层结构平面布置图是表示建筑物室外地面以上各层平面承重构件布置的图样,在多层房屋中,当底层地面直接做在地基上(无架空层)时,它的层次、做法和用料已在建筑详图中表明,无须再画出底层结构平面图。

课后练习

1. 什么是总平面图？怎样识读总平面图？
2. 什么是建筑平面图？怎样识读建筑平面图？
3. 什么是建筑剖面图？怎样识读建筑剖面图？
4. 什么是建筑立面图？怎样识读建筑立面图？
5. 通常建筑物哪些部位要做详图？楼梯详图由哪些图样所组成？
6. 结构施工图的用途是什么？
7. 配筋图的图示内容有什么？它是如何对钢筋进行编号和尺寸标注的？
8. 楼层结构布置平面图中，如何表达梁、板、柱的布置？
9. 条形基础图中需包括哪些内容？基础详图中应标注哪些尺寸？

第三章　建筑力学基础知识

第一节　静力学基本知识

一、静力学的基本概念

(一)力

1. 力的概念

力的概念来源于人们的劳动实践。通过长期的生产劳动和科学实践,人们逐渐认识到力是物体间的相互机械作用,这种作用使物体的运动状态或形状发生改变。物体相互间的机械作用形式多种多样,大体上可以归纳为两类,一类是两物体相互接触时,它们之间相互产生的拉力或压力;另一类是地球与物体之间相互产生的吸引力,对物体来说,这种吸引力就是重力。

物体在受到力的作用后,产生的效应可以分为两种:
(1)外效应,也称为运动效应——使物体的运动状态发生改变。
(2)内效应,也称为变形效应——使物体的形状发生变化。

2. 力的三要素

力对物体的作用效应取决于三个要素:力的大小、方向、作用点。

(1)力的大小反映物体相互间机械作用的强弱程度,它可以通过力的外效应和内效应的大小来度量。在国际单位制中,度量力的大小以牛顿(N)或千牛顿(kN)为单位。

> 力不能脱离物体而单独存在,有力必定存在两个物体——施力体和受力体。

(2)力的方向表示物体间的相互机械作用具有方向性,它包括力所顺沿的直线(称为力的作用线)在空间的方位和力沿其作用线的指向。例如重力的方向是"铅垂向下","铅垂"是力的方位,"向下"是力的指向。

(3)力的作用点是指力在物体上的作用位置。实际中,两个物体之间相互作用时,其接触的部位总是占有一定的面积,力总是按照各种不同的方式分布于物体接触面的各点上。当接触面面积很小时,可以将微小面积抽象为一个点,这个点称为力的作用点,该作用力称为集中力;反之,如果接触面积较大而不能忽略时,则力在整个接触面上分布作用,此时的作用力称为分布力。分布力的大小用单位面积上的力的大小来度量,称为荷载集度,用 $q(\text{N}/\text{m}^2)$ 来表示。

力的表示

力的三要素表明力是矢量(其计算符合矢量代数运算法则),记作 F (图3-1),用一段带有箭头的线段(AB)来表示。线段(AB)的长度按一定的比例尺表示力的大小;线段的方位和箭头的指向表示力的方向;线段的起点 A 或终点 B(应在受力物体上)表示力的作用点。线段所沿的直线称为力的作用线。

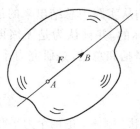

图3-1 力的表示

(二)平衡

平衡是指物体相对于地球保持静止或匀速直线运动的状态。例如,房屋、水坝、桥梁相对于地球保持静止;沿直线匀速起吊的构件相对于地球是做匀速直线运动等。它们的共同特点就是运动状态没有发生变化。建筑力学研究的平衡主要是物体处于静止状态。

(三)力系的分解与合成

一般情况下,一个物体总是同时受到若干个力的作用。人们把同时作用于一个物体上的一组力称为力系。

在不改变物体作用效应的前提下,用一个简单力系代替一个复杂力系的过程,称为力系的简化或力系的合成;反过来,把合力代换成若干分力的过程,称为力的分解。

使物体处于平衡状态的力系称为平衡力系。物体在力系作用下处于平衡时,力系所应满足的条件,称为力系的平衡条件,这种条件有时是一个,有时是几个,它们是建筑力学分析的基础。

如果某一力系对物体产生的效应,可以用另外一个力系来代替,则这两个力系称为等效力系。当一个力与一个力系等效时,则称该力为此力系的合力;而该力系中的每一个力称为这个力的分力。

二、静力学基本公理

静力学公理是人们从实践中总结出来的最基本的力学规律,这些规律是符合客观实际的,并被认为是无须再证明的真理,是人们关于力的基本性质的概括和总结,是研究力系的简化与平衡问题的基础。

1. 二力平衡公理

二力平衡公理:作用于刚体上的两个力平衡的充分必要条件是这两个力大小相等、方向相反、作用线在同一条直线上(简称二力等值、反向、共线)。

构件是一种物体,在两个力的作用下处于平衡的构件称为二力构件,如图 3-2(a)、(b)、(c)所示,作用在二力构件上的两个力必定等值、反向、共线;若此构件为直杆,通常称为二力杆,如图 3-2(d)所示。

第三章 建筑力学基础知识

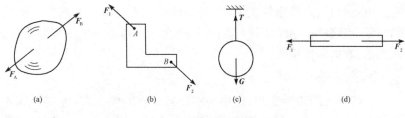

图 3-2 二力平衡原理

2. 加减平衡力系公理

加减平衡力系公理:在作用于刚体的任意力系中,加上或去掉任何一个平衡力系,并不能改变原力系对刚体的作用效应,这是因为平衡力系中,诸力对刚体的作用效应相互抵消,力系对刚体的效应等于零。根据这个原理,可以进行力系的等效变换。

> 二力平衡公理揭示了刚体在两个力作用下处于平衡状态所必须满足的条件,故称为二力平衡条件。

推论——力的可传性原理:作用于刚体上某点的力,可沿其作用线移动到刚体内任意一点,而不改变该力对刚体的作用效应。

> 力的可传性原理只适用于刚体而不适用于变形体。

如图 3-3 所示,小车 A 点上作用一力 F,在其作用线上任取一点 B,在 B 点沿力 F 的作用线加一对平衡力,使 $F=F_1=-F_2$,据加减平衡力系公理,力系 F_1、F_2、F 对小车的作用效应不变。将 F 和 F_2 组成的平衡力系去掉,只剩下力 F_1,与原力等效,由于 $F=F_1$,这就相当于将力 F 沿其作用线从 A 点移到 B 点而效应不变。

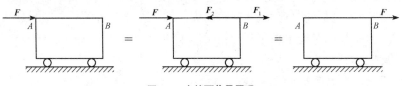

图 3-3 力的可传导原理

由此可见,对于刚体来说,力的作用点已不是决定力的作用效应的要素,它已被作用线所代替。因此,作用于刚体上力的三要素是:力的大小、方向和作用线。

3. 力的平行四边形法则

力的平行四边形法则:作用于物体同一点的两个力,可以合成为一个合力,合力也作用于该点,其大小和方向以两个分力为邻边的平行四边形的对角线表示。

如图 3-4(a)所示,F_1 和 F_2 为作用于刚体上 A 点的两个力,以这两个力为邻边做出平行四边形 $ABCD$,图中 F 即为 F_1、F_2 的合力。

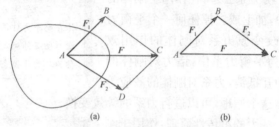

图 3-4　力的平行四边形法则

4. 作用力与反作用力公理

作用力与反作用力公理:两个物体间相互作用的一对力,总是大小相等、方向相反、作用线相同,并分别同时作用于这两个物体上。

这个公理概括了任何两个物体间相互作用的关系。有作用力,必定有反作用力。两者总是同时存在,又同时消失。因此,力总是成对地出现在两个相互作用的物体上。

利用力的平行四边形法则,也可以把作用在物体上的一个力,分解为相交的两个分力,分力与合力作用于同一点。实际计算中,常把一个力分解为方向已知的两个分力。

5. 三力平衡汇交定理

三力平衡汇交定理:一个刚体在共面而不平行的三个力作用下处于平衡状态,这三个力的作用线必汇交于一点。

拓展阅读

二力平衡和作用力与反作用力的关系

不能把二力平衡问题和作用力与反作用力关系混淆起来。二力平衡公理中的两个力作用在同一物体上,而且使物体平衡。作用力与反作用力公理中的两个力分别作用在两个不同的物体上,是说明一种相互作用关系的,虽然都是大小相等、方向相反、作用在一条直线上,但不能说是平衡的。

如图 3-5 所示,刚体受到共面而不平行的三个力 F_1、F_2、F_3 作用处于平衡,根据力的可传性原理将 F_2、F_3 沿其作用线移到二者的交点 O 处,再根据力的平行四边形公理将 F_2、F_3 合成合力 F,于是刚体上只受到两个力 F_1 和 F 作用处于平衡状态,根据二力平衡公理可知,F_1、F 必在同一直线上。即 F_1 必过 F_2、F_3 的交点 O。因此,三个力 F_1、F_2、F_3 的作用线必交于一点。

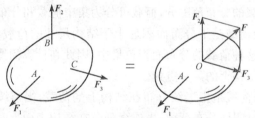

图 3-5 三力平衡汇交定理

三、荷载的概念与分类

(一)荷载的概念

荷载通常是指作用在结构上的外力。如结构自重、水压力、土压力、风压力以及人群及货物的重力、起重机轮压等。此外,还有其他因素可以使结构产生内力和变形,如温度变化、地基沉陷、构件制造误

> 三力平衡汇交定理只说明了不平行的三力平衡的必要条件,而不是充分条件。常用来确定刚体在不平行三力作用下平衡时,其中某一未知力的作用线(力的方向)。

差、材料收缩等。从广义上说,这些因素也可看作荷载。

合理地确定荷载,是结构设计中非常重要的工作。如果估计过大,所设计的结构尺寸将偏大,造成浪费;如将荷载估计过小,则所设计的结构不够安全。进行结构设计,就是要确保结构的承载能力足以抵抗内力,将变形控制在结构能正常使用的范围内。在进行结构设计时,不仅要考虑直接作用在结构上的各种荷载作用,还应考虑引起结构内力、变形等效应的间接作用。

> 对于特殊的结构,必要时还要进行专门的实验和理论研究以确定荷载。

(二)荷载的分类

在工程实际中,作用在结构上的荷载是多种多样的。为了便于力学分析,需要从不同的角度对它们进行分类。

1. 根据荷载的分布范围分

根据荷载的分布范围分,荷载可分为集中荷载和分布荷载。

(1)集中荷载是指分布面积远小于结构尺寸的荷载,如起重机的轮压。由于这种荷载的分布面积较集中,因此在计算简图上可把这种荷载作用于结构上的某一点处。

(2)分布荷载是指连续分布在结构上的荷载,当连续分布在结构内部各点上时叫体分布荷载,当连续分布在结构表面上时叫面分布荷载,当沿着某条线连续分布时叫线分布荷载,当为均匀分布时叫均布荷载。

2. 根据荷载的作用性质分

根据荷载的作用性质,荷载可分为静力荷载和动力荷载。

(1)当荷载从零开始,逐渐缓慢地、连续均匀地增加到最后的确定数值后,其大小、作用位置以及方向都不再随时间而变化,这种荷载称为静力荷载。例如,结构的自重,一般的活荷载等。静力荷载的特点是,该荷载作用在结构上时,不会引起结构振动。

(2)如果荷载的大小、作用位置、方向随时间而急剧变化,这种荷载称为动力荷载。例如,动力机械产生的荷载、地震力等。这种荷载的特点是,该荷载作用在结构上时,会产生惯性力,从而引起结构显著振动或冲击。

3. 根据荷载作用时间的长短分

根据荷载作用时间的长短分,可分为恒荷载和活荷载。

(1)恒荷载是指作用在结构上的不变荷载,即在结构建成以后,其大小和作用位置都不再发生变化的荷载。例如,构件的自重、土压力等。构件的自重可根据结构尺寸和材料的重力密度(即每 $1m^3$ 体积的重量,单位为 N/m^3)进行计算。

(2)活荷载是指在施工或建成后使用期间可能作用在结构上的可变荷载,这种荷载有时存在,有时不存在,它们的作用位置和作用范围可能是固定的(如风荷载、雪荷载、会议室的人群荷载等),也可能是移动的(如起重机荷载、桥梁上行驶的汽车荷载等)。不同类型的房屋建筑,因其使用的情况不同,活荷载的大小也就不同。在现行《建筑结构荷载规范》(GB 50009—2012)中,各种常用的活荷载都有详细的规定。

> 确定结构所承受的荷载是结构设计中的重要内容之一,必须认真对待。在荷载规范未包含的某些特殊情况下,设计者需要深入现场,结合实际情况进行调查研究,才能合理确定荷载。

四、约束与约束反力

(一)约束与约束反力的概念

力学中通常把物体分为两类,即自由体和非自由体。自由体可以自由位移,不受任何其他物体的限制;飞行的飞机是自由体,它可以任意地移动和旋转。非自由体不能自由位移,其某些位移受其他物体的限制不能发生;结构和结构的各构件是非自由体。

限制物体运动的周围物体称为约束体,简称为约束。例如,梁是板的约束体,墙是梁的约束体,基础是墙的约束体等。

约束体在限制其他物体运动时,所施加的力称为约束反力。约束反力总是与它所限制的物体的运动或运动趋势的方向相反。例如,墙阻碍梁向下落时,就必须对梁施加向上的反作用力等。约束反力的作用点就是约束与被约束物体的接触点。

主动力

与约束反力相对应,凡能主动引起物体运动或使物体有运动趋势的力,称为主动力。如物体的重力、水压力、土压力等。作用在工程结构上的主动力称为荷载。通常情况下,主动力是已知的,而约束反力是未知的。静力分析的任务之一就是确定未知的约束反力。

(二)常见的几种约束及其约束反力的特性

由于约束的类型不同,约束反力的作用方式也各不相同。下面介绍在工程中常见的几种约束类型及其约束反力的特性。

1. 柔索约束

柔索约束由软绳、链条等构成。柔索只能承受拉力,即只能限制物体在柔索受拉方向的位移。这就是柔索的约束功能。所以,柔索的约束反力 T 通过接触点,沿柔索而背离物体。

如图 3-6 所示,一受柔索约束的物体 A 所受的约束反力 T 如图所示。约束反力 T 的反作用力 T' 作用在柔索上,使柔索受拉。

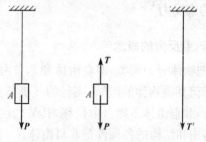

图 3-6 柔索约束

2. 光滑接触面约束

两物体直接接触,当接触面光滑,摩擦力很小可以忽略不计时,形成的约束就是光滑接触面约束。这种约束只能限制物体沿着接触面的公法线指向接触面的运动,而不能阻碍物体沿着接触面切线方向的运动或运动趋势。所以,光滑接触面对物体的约束反力通过接触点,沿接触面的公法线,指向被约束的物体。光滑接触面的约束反力是压力,通常用 N 表示,如图 3-7 所示。

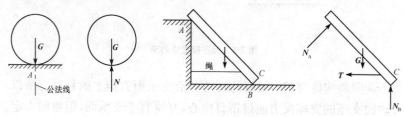

图 3-7 光滑接触面约束

3. 铰链支座约束

在工程中,将一个构件支承(或连接)在基础或另一个静止的构件上构成的装置称为支座。采用铰链连接的支座就是铰链支座。

当两个物体的接触面光滑,但沿着接触面的公法线没有指向接触面的运动趋势时,没有约束反力。

铰链支座包括固定铰支座和可动铰支座两种。

(1)固定铰支座约束。圆柱形铰链所连接的两个构件中,如果有一个被固定在基础上,便构成了固定铰支座,如图 3-8(a)所示。这种支座不能限制构件绕销钉轴线的转动,只能限制构件在垂直于销钉轴线的平面内向任意方向的移动。可见固定铰支座的约束性能与圆柱铰链相同。所以,固定铰支座的支座反力在垂直于销钉轴线的平面内通过铰心,且方向未定。固定铰支座的简图如图 3-8(b)所示,反力的表示如图 3-8(c)所示(指向为假设)。

(2)可动铰支座约束。在固定铰支座下面加几个滚轴支于平面上,但支座的连接使它不能离开支承面,就构成了可动铰支座,如图 3-9(a)所示。这种支座只能限制构件在垂直于支承面方向上的移动,

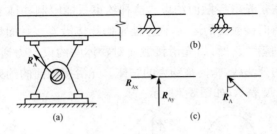

图3-8 固定铰支座约束

而不能限制构件绕销钉轴线的转动和沿支承面方向上的移动。所以，可动铰支座的支座反力通过销钉中心，并垂直于支承面，但指向未定。可动铰支座的简图如图3-9(b)所示，反力的表示如图3-9(c)所示(指向为假设)。

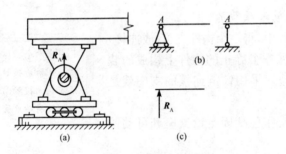

图3-9 可动铰支座约束

4. 固定端支座约束

杆件的一端被牢固地固定，使杆件既不能发生移动也不能发生转动，这种约束称为固定端约束或固定端支座。固定端约束的简化图形如图3-10所示。固定端的约束反力是两个垂直的分力 X_A、Y_A 和一个力偶 m_A，它们在图3-10(b)中的指向是假定的。约束反力 X_A、Y_A 对应于约

> 由于可动铰支座允许被约束体在一个方向发生移动，因此桥梁、屋架等工程结构一端用固定铰支座，另一端用可动铰支座，以适应温度变化引起的伸缩变形。

限制移动的位移;约束反力偶 m_A 对应于约束限制转动的位移。

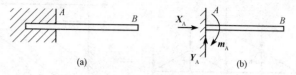

图 3-10　固定端支座约束

固定端支座应用

　　工程实际中,结构体的约束不一定都做成上述典型的形式。例如房屋建筑中的挑梁,钢筋混凝土柱插入基础部分四周用混凝土与基础浇筑在一起,因此柱的下部被嵌固得很牢,不能移动和转动,可视为固定端支座,如图 3-11 所示。

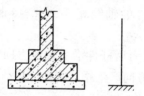

图 3-11　固定端支座约束实例

第二节　轴向拉伸与压缩

一、轴向拉伸与压缩的概念

　　轴向拉伸和压缩是杆件的基本变形形式之一。在工程结构中,由于荷载作用而产生轴向拉伸或压缩变形的杆件是很常见的。例如图 3-12(a)所示的桁架中,除图示两根零杆外,其余杆件均为拉(压)杆。如图 3-12(b)所示的支架中,**AB** 杆为拉杆,**BC** 杆为压杆;其力学模型如图 3-13 所示。

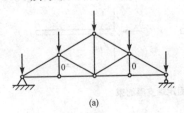

图 3-12 拉(压)杆

轴向拉伸与压缩具有以下特征：

(1)构件特征。构件为等截面的直杆。

(2)受力特征。外力(或外力合力)的作用线与杆件的轴线相重合。

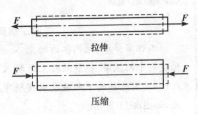

图 3-13 轴向拉伸与压缩

(3)变形特征。受力后杆件沿其轴线方向伸长(缩短)，即杆件任两横截面沿杆件轴线方向产生相对的平行移动。

二、轴向拉(压)杆的内力和应力

1. 轴向拉(压)杆的内力——轴力

如图 3-14(a)所示为一等截面直杆受轴向外力的作用，产生拉伸变形。现分析其任一截面 $m-m$ 上的内力。用假设的截面在 $m-m$ 截面处将直杆切成左、右两部分，取其中的一部分为研究对象(如取左部分)，根据左部分处于平衡状态的条件，判断右部分对左部分的作用力，其受力图如图 3-14(b)所示。根据平衡条件列平衡方程：

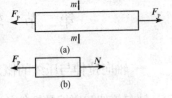

图 3-14 轴力示意图

$$\sum X_i = 0 \quad N - F_P = 0$$

$$N=F_P$$

对于压杆,也可通过上述方法求得其任一横截面上的内力 N,但其指向为指向截面。

内力的作用线与杆轴线重合,称为轴向内力,简称轴力,用符号 N 表示。背离截面的轴力,称为拉力;而指向截面的轴力,称为压力。

2. 轴向拉(压)杆截面上的应力

要解决轴向拉压杆的强度问题,不但要知道杆件的内力,还必须知道内力在截面上的分布规律。应力在截面上的分布不能直接观察到,但内力与变形有关,因此要找出内力在截面上的分布规律,通常采用的方法是先做实验。根据实验观察到的杆件在外力作用下的变形现象,做出一些假设,然后才能推导出应力计算公式。下面我们就用这种方法推导轴向拉压杆的应力计算公式。

用图 3-15(a)所示等直杆,在杆件的外表面画上一系列与轴线平行的纵向线和与轴线垂直的横向线。施加轴向拉力 P 后,杆发生变形,所有的纵向线均产生同样的伸长,所有的横向线均仍保持为直线,且仍与轴线正交[图 3-15(b)]。

根据上述实验现象,对杆件的内部变形可做出如下假设:

(1)平面假设。若将各条横线看作一个横截面,则杆件横截面在变形以后仍为平面且与杆轴线垂直,任意两个横截面只是做相对平移。

(2)若将各纵向线看作杆件由许多纤维组成,根据平面假设,任意两横截面之间的所有纤维的

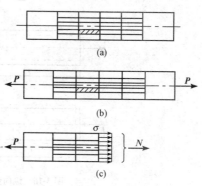

图3-15 等直杆应力分析

伸长都相同,即杆件横截面上各点处的变形都相同,因此推断它们受的力也相等。

因此,横截面上各点处的正应力 σ 大小相等[图 3-15(c)]。若杆的轴力为 N,横截面面积为 A,则正应力为:

$$\sigma = \frac{N}{A}$$

应力的单位为帕斯卡(简称帕),1 帕＝1 牛顿/米², 或表示为 $1Pa=1N/m^2$。由于此单位较小, 常用兆帕(MPa)或吉帕(GPa)表示, $1MPa=10^6 Pa$, $1GPa=10^9 Pa$。

> 正应力随轴力N而有正负之分, 即拉应力为正, 压应力为负。

三、轴向拉(压)杆的变形

杆件在轴向拉伸或压缩时, 产生的主要变形是沿轴线方向伸长或缩短, 同时杆的横向尺寸缩小或增大。下面结合轴向受拉杆件的变形情况, 介绍一些有关的基本概念。

1. 纵向变形

杆件在轴向拉(压)变形时长度的改变量称为纵向变形, 用 Δl 表示。如图 3-16 所示, 若杆件原来长度为 l, 变形后长度为 l_1, 则纵向变形为:

$$\Delta l = l_1 - l$$

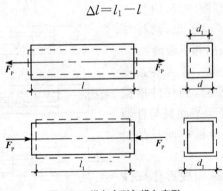

图 3-16　纵向变形与横向变形

拉伸时纵向变形 Δl 为正值, 压缩时纵向变形 Δl 为负值。纵向变形单位是米(m)或毫米(mm)。纵向变形只反映杆件的总变形量, 不能确切表明杆件的局部变形程度。用单位长度内的纵向变形来反映杆件各处的变形程度, 称为纵向线应变或线应变, 用 ε 表示。即:

$$\varepsilon = \frac{\Delta l}{l}$$

纵向线应变的正负号与 Δl 相同。拉伸时为正值,压缩时为负值。纵向线应变的量纲为 1。

2. 横向变形

杆件在轴向拉(压)变形时,横向尺寸的改变量称为横向变形。如图 3-16 所示,若杆件原横向尺寸为 d,变形后的横向尺寸为 d_1,则:

$$\Delta d = d_1 - d$$

横向线应变为 $\varepsilon' = \dfrac{\Delta d}{d}$

> 横向变形、横向线应变的正负号与纵向变形、纵向线应变的正负号相反,拉伸时为负值,压缩时为正值。

第三节 剪切与扭转

一、剪切

1. 剪切的概念

剪切变形是杆件的基本变形之一。它是指杆件受到一对垂直于杆轴方向的大小相等、方向相反、作用线相距很近的外力作用所引起的变形,如图 3-17(a)所示。此时,两个力作用线之间的各横截面都发生相对错动[图 3-17(b)]。这些横截面称为剪切面,

> 各种材料的容许剪应力可在有关手册中查得。

剪切面的内力称为剪力,与之相应的应力称为剪应力,用符号 τ 表示。

剪切角 γ 是剪切变形的一个度量标准[图 3-17(c)],称为剪应变。

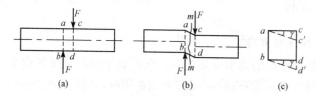

图 3-17 剪切

2. 剪切的实用计算

剪切面上的内力可用截面法求得。用铆钉连接的两钢板如图 3-18 所示。拉力 P 通过板的孔壁作用在铆钉上,铆钉的受力如图 3-19(a)所示,图中 $a—a$ 为受剪面。在 $a—a$ 处截开并取下部分离体[图 3-19(b)],由 $\sum X=0$ 可知,$a—a$ 截面上一定存在沿截面的内力 Q,且 $Q=P$,Q 称为剪力。$a—a$ 截面上与内力 Q 对应的应力为剪应力 τ[图 3-19(c)]。

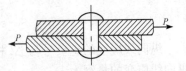

图 3-18 铆钉连接钢板受力分析

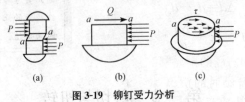

图 3-19 铆钉受力分析

当剪应力 τ 达到一定限度时,铆钉将被剪坏。$a—a$ 截面上剪应力的分布情况非常复杂,在进行剪切强度计算时,工程中采用下述实用计算方法。

假定 $a—a$ 截面上的剪应力为均匀分布,以平均剪应力 $\tau=\dfrac{Q}{A}$ 作为计算剪应力(A 为铆钉的横截面面积);对铆钉进行剪切破坏试验,以剪断时 $a—a$ 面上的平均剪应力值除以安全系数作为材料的容许剪应力,剪切强度条件为:

$$\tau=\frac{G}{A}\leqslant[\tau]$$

二、扭转

1. 扭转的概念

扭转是杆件的基本变形之一。在垂直于杆件轴线的两个平面内,受到一对大小相等、方向相反的力偶作用时,杆件就会产生扭转变形。扭转的受力特点是:作用于杆上的一组平衡力偶,其作用面与杆件轴

第三章 建筑力学基础知识

线相垂直。其变形特点是:杆件内位于力偶间的各横截面都绕杆轴线做相对转动。各横截面绕轴线转过的相对转角称为扭转角。如图 3-20 所示,ϕ_{AB} 表示杆件受扭后,B 截面相对 A 截面的扭转角。纵向线 ab 倾斜的角度 γ 称为剪切角(或剪应变)。

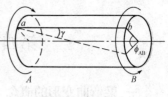

图 3-20 扭转

2. 扭转的实例

在工程中,尤其在机械工程中,受扭杆件是很多的,如汽车方向盘的操纵杆[图 3-21(a)]、各种机械的传动轴[图 3-21(b)]、钻杆[图 3-21(c)]等。又如房屋的雨篷梁、用螺丝刀拧紧螺丝时的螺丝刀杆(图 3-22)、用钥匙开锁时的钥匙等,这些状态下的物体都以扭转为主要变形,其他变形为次要变形。工程中常把以扭转变形为主要变形的圆形杆件称为轴。

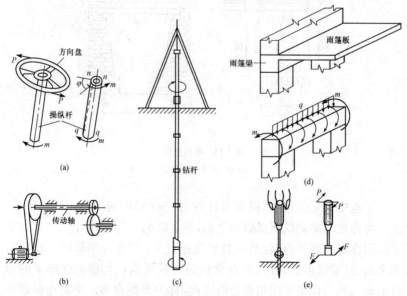

图 3-21 扭转实例

(a)方向盘;(b)传动轴;(c)钻杆;(d)雨篷梁;(e)螺丝刀杆

第四节 梁的弯曲

一、梁弯曲变形的概念

弯曲是构件的基本变形形式之一。当杆件受到垂直于杆件轴线的外力作用或在纵向平面内受到力偶作用（图 3-22）时，杆件轴线由直线弯成曲线，这种变形形式称为弯曲。常见的梁就是以弯曲变形为主的构件。

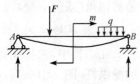

图 3-22 弯曲受力

弯曲变形是工程中最常见的一种基本变形。例如，房屋建筑中的楼板梁[图 3-23(a)]、桥梁中的纵梁[图 3-23(b)]等。

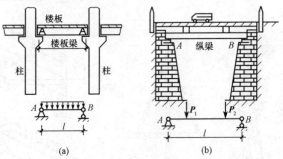

图 3-23 弯曲变形
(a)楼板梁；(b)纵梁

工程中常见的梁，其横截面往往有一根对称轴，如图 3-24 所示。这根对称轴与梁轴线所组成的平面，称为纵向对称平面（图 3-25）。如果作用在梁上的外力（包括荷载和支座反力）和外力偶都位于纵向对称平面内，梁变形后，轴线将在此纵向对称平面内弯曲。这种梁的弯曲平面与外力作用平面相重合的弯曲，称为平面弯曲。平面弯曲是一种最简单也是最常见的弯曲变形。

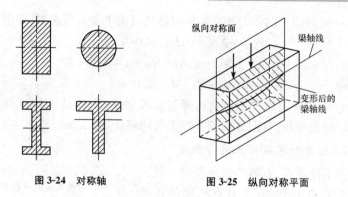

图 3-24 对称轴　　　　　图 3-25 纵向对称平面

二、梁的弯曲内力——剪力和弯矩

1. 剪力和弯矩计算

图 3-26(a)所示为一简支梁,梁上作用有任意一组荷载,此梁在荷载和支反力共同作用下处于平衡状态,现讨论距左支座为 a 的 $n—n$ 横截面上的内力。

求内力仍采用截面法。在 $n—n$ 处用一假想平面将梁截开,并取左段分离体[图 3-26(b)]。梁原来是平衡的,截开后的每段梁也都应该是平衡的。左段梁上作用有向上的外力 R_A,根据 $\sum Y=0$ 可知,在 $n—n$ 截面上,应该有向下的力 Q 与 R_A 相平衡。外力 R_A 对 $n—n$ 截面的形心 O 又存在着顺时针转的力矩 $R_A \cdot a$,根据 $\sum M_O=0$,在 $n—n$ 截面上还必定有一逆时针转的力偶矩 M 与 $R_A \cdot a$ 相平衡。力 Q 和力偶矩 M 就是梁弯曲时横截面上产生的两种不同形式的内力,力 Q 称为剪力,力偶矩 M 称为弯矩。

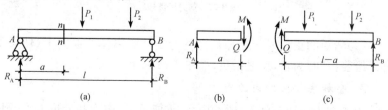

图 3-26 简支梁受力

n—n 截面上的剪力和弯矩的具体值可由平衡方程求得,即由

$$\sum Y = 0; R_A - Q = 0$$
$$\sum M_O = 0; M - R_A \cdot a = 0$$

分别得
$$Q = R_A; M = R_A \cdot a$$

n—n 截面上的内力值也可通过右段梁求得,其结果与通过左段梁求得的完全相同,但方向与左段梁上的相反[图 3-26(c)]。

2. 剪力和弯矩的正负号规定

为了使从左、右两段梁求得同一截面上的剪力 Q 和弯矩 M 具有相同的正负号,并考虑到土建工程上的习惯做法,对剪力和弯矩的正负号特作如下规定:

梁横截面上一般产生两种形式的内力——剪力和弯矩,求剪力和弯矩的基本方法仍为截面法,取分离体时,取左、右段均可,应以计算简便为准。

(1)剪力的正负号。当截面上的剪力使脱离体有顺时针方向转动趋势时为正,反之为负,如图 3-27 所示。

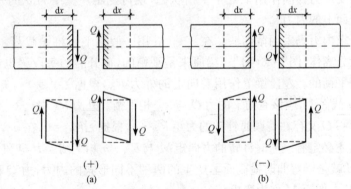

图 3-27 剪力正负号

(2)弯矩的正负号。当截面上的弯矩使脱离体凹面向上(使梁下部纤维受拉)时为正,反之为负,如图 3-28 所示。

3. 叠加法作梁的内力图

由于在小变形条件下,梁的内力、支座反力、应力和变形等参数均与荷载呈线性关系,每一荷载单独作用时引起的某一参数不受其他荷

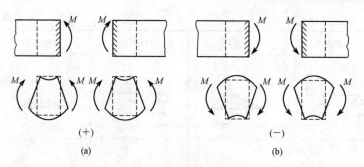

(+) (a)　　　　　(−) (b)

图 3-28　变矩正负号

载的影响。所以,梁在 n 个荷载共同作用时所引起的某一参数(内力、支座反力、应力和变形等),等于梁在各个荷载单独作用时所引起同一参数的代数和,这种关系称为叠加原理。

根据叠加原理来绘制梁的内力图的方法称为叠加法。由于剪力图一般比较简单,因此不用叠加法绘制。下面只讨论用叠加法作梁的弯矩图。其方法为:先分别做出梁在每一个荷载单独作用下的弯矩图,然后将各弯矩图中同一截面上的弯矩代数相加,即可得到梁在所有荷载共同作用下的弯矩图。

为了便于应用叠加法绘内力图,在表 3-1 中给出了梁在简单荷载作用下的弯矩图,可供查用。

表 3-1　　　　　单跨梁在简单荷载作用下的弯矩图

荷载形式	弯矩图	荷载形式	弯矩图
悬臂梁端点集中力 F,长 l	Fl	悬臂梁均布荷载 q,长 l	$\dfrac{ql^2}{2}$
简支梁集中力 F,距左端 a、右端 b,跨长 l	$\dfrac{Fab}{l}$	简支梁均布荷载 q,跨长 l	$\dfrac{ql^2}{8}$

续表

荷载形式	弯矩图	荷载形式	弯矩图
	Fa		$\frac{1}{2}qa^2$
	M_0		$\frac{b}{l}m_0$ $\frac{a}{l}m_0$
	M_0	—	—

【例 3-1】 试用叠加法绘制简支梁的弯矩图。

【解】 如图 3-29(a)所示,简支梁 AB 上的荷载是由均布荷载 q 和跨中的集中荷载 F 组合而成,根据表 3-1 所示简支梁在均布荷载 q 和跨中的集中荷载 F 单独作用下的弯矩图,将对应图形叠加便可得到简支梁的弯矩图,如图 3-29(b)所示。

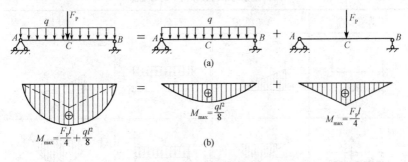

图 3-29 叠加法应用

叠加法应用注意事项

当遇到叠加两个异号图形时，可在基线的同一侧相加，这样可使图形重叠部分互相抵消，而剩下的便是所求得的图形，如图 3-30 所示。

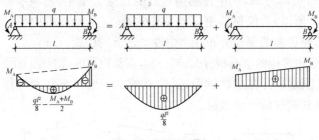

图 3-30　异号图形叠加

三、提高梁弯曲强度的主要途径

梁的弯曲强度主要是由正应力强度条件控制的，所以，要提高梁的弯曲强度主要就是要提高梁的弯曲正应力强度。具体可从以下三方面考虑。

1. 选择合理的截面形状

从弯曲强度方面考虑，最合理的截面形状是用最少的材料获得最大抗弯截面模量。

梁的强度一般是由横截面上的最大正应力控制的。当弯矩一定时，横截面上的最大正应力 σ_{max} 与抗弯截面模量 W_z 成反比，W_z 愈大就愈有利。而 W_z 的大小与截面的面积及形状有关，合理的截面形状是指在截面面积 A 相同的条件下，有较大的抗弯截面模量 W_z，也就是说 W_z/A 大的截面形状合理。由于在一般截面中，W_z 与其高度的平方成正比，所以尽可能地使横截面面积分布在距中性轴较远的地方，这样在截面面积一定的情况下可以得到尽可能大的抗弯截面模量 W_z，而使最大正应力 σ_{max} 减少，或者在抗弯截面模量 W_z 一定的情况下，减少截面面积以节省材料和减轻自重。所以,工字形、槽形截面比矩形截面合理,矩形截面立放比平放合理,正方形截面比圆形截面合理。工程中常用的空心板、薄腹梁等就是根据这个原理设计的。

梁的截面形状的合理性,也可从应力的角度来分析。由弯曲正应力的分布规律可知,在中性轴附近处的正应力很小,材料没有充分发挥作用。所以,为使材料更好地发挥效益,应尽量减小中性轴附近的面积,而使更多的面积分布在离中性轴较远的位置。

工程中常用的空心板[图3-31(a)],以及挖孔的薄腹梁[图3-31(b)]等,其孔洞都是开在中性轴附近,这就减少了没有充分发挥作用的材料,而收到较好的经济效果。

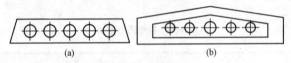

图3-31 空心板和薄腹梁

2. 采用变截面梁

在一般情况下,梁内不同横截面的弯矩不同。因此,在按最大弯矩所设计的等截面梁中,除最大弯矩所在截面外,其余截面的材料强度均未得到充分利用。要想更好地发挥材料的作用,应该在弯矩比较大的地方采用较大的截面,在弯矩较小

> 以上的讨论只是从弯曲强度方面来考虑梁的截面形状的合理性,实际中,在许多情况下还必须考虑使用、加工及侧向稳定等因素。

的地方采用较小的截面。这种截面沿梁轴变化的梁称为变截面梁,如图3-32所示,包括简支的工字形组合钢梁(向跨中逐渐增加翼缘板)、鱼腹式起重机梁和变截面悬臂梁等。

最理想的变截面梁,是使梁的各个截面上的最大应力同时达到材料的容许应力。由

$$\sigma_{max} = \frac{M(x)}{W_z(x)} = [\sigma]$$

第三章 建筑力学基础知识

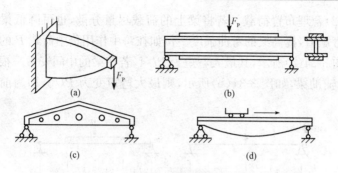

图 3-32 变截面梁

得
$$W_z(x) = \frac{M(x)}{[\sigma]}$$

式中，$M(x)$ 为任一横截面上的弯矩；$W_z(x)$ 为该截面的抗弯截面模量。这样，各个截面的大小将随截面上的弯矩而变化。

3. 合理安排梁的受力

(1) 合理布置梁的支座。当荷载一定时，梁的最大弯矩 M_{max} 与梁的跨度有关。因此，首先应合理布置梁的支座。例如受均布荷载 q 作用的简支梁如图 3-33(a) 所示，其最大弯矩为 $0.125ql^2$，若将梁两端支座向跨中方向移动 $0.2l$，如图 3-33(b) 所示，则最大弯矩变为 $0.025ql^2$，仅为前者的 $1/5$。也就是说，按图 3-33(b) 布置支座，荷载还可提高四倍。

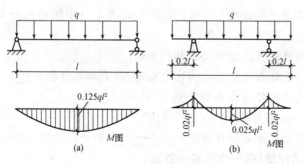

图 3-33 支座布置位置

（2）合理布置荷载。若将梁上的荷载尽量分散，也可降低梁内的最大弯矩值，提高梁的弯曲强度。例如在跨中作用集中荷载 P 的简支梁如图 3-34(a)所示，其最大弯矩为 $Pl/4$，若在梁的中间安置一根长为 $l/2$ 的辅助梁，如图 3-34(b)所示，则最大弯矩变为 $Pl/8$，即为前者的一半。

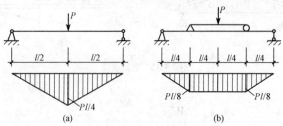

图 3-34　荷载布置

课后练习

一、填空题

1. 力对物体的作用效应取决于三个要素：力的_____、_____、_____。

2. 平衡是指物体相对于地球保持_____或_____的状态。

3. 二力平衡公理：作用于刚体上的两个力平衡的充分必要条件是_____。

4. 荷载通常是指作用在结构上的_____。

5. 约束体在限制其他物体运动时，所施加的力称为_____。

6. 内力的作用线与杆轴线重合，称为_____，简称_____，用符号_____表示。

7. 剪切变形是指杆件受到_____的外力作用所引起的变形。

二、选择题(有一个或多个答案)

1. 作用于刚体上某点的力，可沿其作用线移动到刚体内任意一点，而不改变该力对刚体的作用效应，这是力的(　　)。

A. 二力平衡公理　　　　　B. 力的可传性原理
C. 作用力与反作用力公理　D. 三力平衡汇交定理
2. 根据荷载的作用性质,荷载可分为(　　)。
A. 集中荷载和分布荷载　　B. 静力荷载和动力荷载
C. 恒荷载和活荷载　　　　D. 静力荷载和恒荷载
3. 两物体直接接触,当接触面光滑,摩擦力很小可以忽略不计时,形成的约束是(　　)。
A. 柔索约束　　　　　　　B. 铰链支座约束
C. 光滑接触面约束　　　　D. 固定端支座约束

三、简答题

1. 请判断以下说法是否正确,并说明理由。
(1)处于平衡状态的物体可视为刚体。
(2)变形微小的物体可视为刚体。
(3)物体的变形对所研究的力学问题没有影响,或者影响甚微,则可将该物体视为刚体。

2. 若物体受两个等值、反向、共线的力作用,此物体是否一定平衡?

3. 既然作用力与反作用力大小相等而又方向相反,那么它们是否构成一平衡力系?

四、计算题

1. 图 3-35 所示中段开槽正方形杆件,已知 $a=200\text{mm}$,$P=100\text{kN}$,试计算出各段横截面上的正应力。

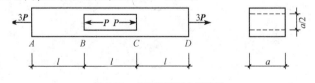

图 3-35　中段开槽正方形杆件

2. 如图 3-36 所示的两个受扭杆中,l、d、m 均相同,其中一为钢杆,另一为铜杆。问:
(1)二杆中的最大剪应力是否相同?

(2)二杆中的扭转角 φ_{AB} 是否相同?

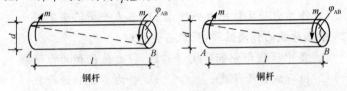

图 3-36 受扭杆

3. 试用简便方法计算图 3-37 所示各梁指定截面上的剪力和弯矩。

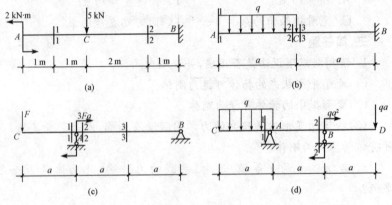

图 3-37 各梁截面

第四章 建筑构造与结构体系

第一节 房屋建筑构造

建筑物按其使用性质分民用建筑、工业建筑和农用建筑三大类。民用建筑是指供人们居住、生活、工作和从事文化、商业、医疗、交通等公共活动的房屋,包括居住建筑和公共建筑。工业建筑是指供人们从事各类生产的房屋,包括生产用房屋和辅助用房屋。农用建筑指供人们从事农牧业的种植、养殖、畜牧、贮存等用途的房屋。

一、房屋建筑构造组成

不论民用建筑还是工业建筑,房屋一般是由基础(或地下室)、主体结构(墙、柱、梁、板或屋架等)、门窗、屋顶、楼地面(包括楼梯)等几大部分组成。它们各自在不同的部位,发挥着各自的作用。

民用住宅的建筑构造组成如图 4-1 所示,工业厂房的建筑构造组成如图 4-2 所示。

> **拓展阅读**
>
> **建筑构配件**
>
> 房屋建筑是由若干个大小不等的室内空间组合而成的,而空间的形成又需要各种各样的实体来组合,这些实体称为建筑构配件。除上述几个主要组成部分之外,还有其他的构配件和设施,如阳台、雨篷、台阶、散水、通风道等,以保证建筑充分发挥其功能。

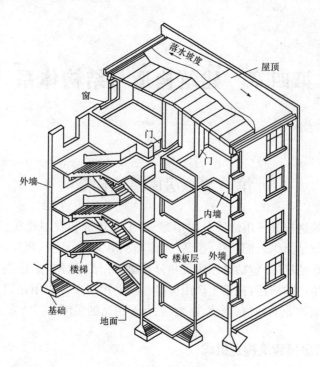

图 4-1 民用住宅的构造组成

二、基础

在建筑中,将建筑上部结构所承受的各种荷载传到地基上的结构构件称为基础。基础的种类较多,按其构造特点可分为条形基础、独立基础、整片基础和桩基础。基础的构造类型与上部结构特点、荷载大小和地质条件有关。

1. 条形基础

条形基础是指基础长度远大于其宽度的一种基础形式。按上部结构形式,可分为墙下条形基础和柱下条形基础。

(1)墙下条形基础。条形基础是承重墙基础的主要形式,当上部结构荷载较大而土质较差时,可采用混凝土或钢筋混凝土建造,墙下

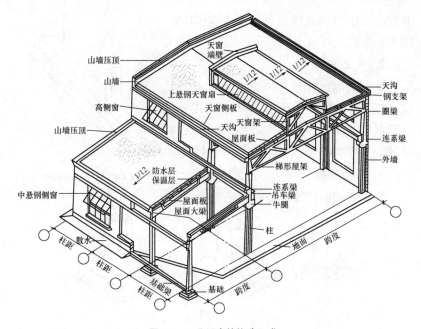

图 4-2 工业厂房的构造组成

钢筋混凝土条形基础一般做成无肋式,如图 4-3(a)所示。如地基在水平方向上压缩性不均匀,为了增加基础的整体性,减少不均匀沉降,也可做成有肋式的条形基础,如图 4-3(b)所示。

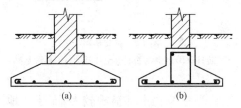

图 4-3 墙下钢筋混凝土条形基础
(a)无肋式;(b)有肋式

(2)柱下条形基础。当建筑采用柱承重结构,在荷载较大且地基较软弱时,为了提高建筑物的整体性,防止出现不均匀沉降,可将柱下基础沿一个方向连续设置成条形基础,如图 4-4 所示。

2. 独立基础

独立基础也称单独基础或点式基础,这是柱下基础的主要形式,基础呈台阶形、台锥形或杯形,底面可为方形、矩形或圆形,图 4-5 所示为常见的几种独立基础。

3. 整片基础

整片基础包括筏形基础和箱形基础。

图 4-4 柱下条形基础

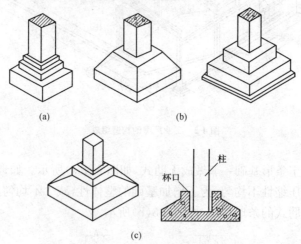

图 4-5 独立基础
(a)砖柱;(b)现浇钢筋混凝土柱基础;(c)杯形基础

(1)筏形基础。当建筑物上部荷载较大,而建造地点的地基承载能力又比较差,以致墙下条形基础或柱下条形基础已不能适应地基变形的需要时,可将墙或柱下基础面扩大为整片的钢筋混凝土板状基础形式,形成筏形基础,如图 4-6 所示。

筏形基础的整体性好,能调节基础各部分的不均匀沉降,常用于建筑荷载较大的高层建筑。

第四章 建筑构造与结构体系

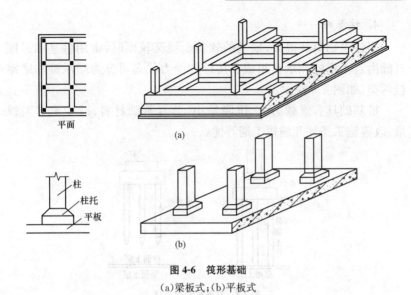

图 4-6 筏形基础
(a)梁板式；(b)平板式

(2)箱形基础。当筏形基础埋置深度较大时，为了避免回填土增加基础上的承受荷载，有效地调整基底压力和避免地基的不均匀沉降，可将筏形基础扩大，形成钢筋混凝土的底板、顶板和若干纵横墙组成的空心箱体作为房屋的基础，这种基础叫箱形基础，如图 4-7 所示。

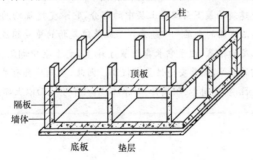

图 4-7 箱形基础

箱形基础具有刚度大、整体性好、内部空间可用作地下室的特点。因此，适用于高层公共建筑、住宅建筑及需设地下室的建筑中。

4. 桩基础

当建筑物荷载很大,地基的软弱土层又较厚时,常用桩基础。桩基础由若干根桩和承台组成。按桩的受力状态可分为端承桩和摩擦桩两类,如图 4-8 所示。

桩基础具有承载力大、沉降量小、节省基础材料、减少土方工程量、改善施工条件和缩短工期等优点。

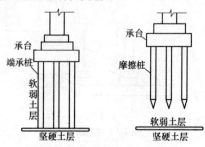

图 4-8 端承桩和摩擦桩

基础的作用

基础是建筑物最下面埋在土层中的部分,它承受建筑物的全部荷载,并把荷载传给下面的土层——地基。基础是建筑物的重要组成部分,是建筑物得以立足的根基,由于它长期埋置于地下,受土壤中潮湿、酸类、碱类等有害物质的侵蚀,故其安全性要求较高。因此,基础应具有足够的刚度、强度和耐久性,要能耐水、耐腐蚀、耐冰冻,不应早于地面以上部分先破坏。

三、墙体

墙是建筑物的重要组成部分,其种类很多。

(一)砌体墙的构造

砌体墙是用砌筑砂浆将砖或砌块按一定技术要求砌筑而成的砌体。

1. 砖墙的厚度

用普通砖砌筑的墙称为实心砖墙。由于普通黏土砖的尺寸是 240mm×115mm×53mm，所以实心砖墙的尺寸应为砖宽加灰缝 (115mm+10mm=125mm) 的倍数。砖墙的厚度尺寸见表 4-1。

表 4-1　　　　　　　　砖墙的厚度尺寸　　　　　　　　mm

墙厚名称	1/4砖	1/2砖	3/4砖	1砖	$1\frac{1}{2}$砖	2砖	$2\frac{1}{2}$砖
标志尺寸	60	120	180	240	370	490	620
构造尺寸	53	115	178	240	365	490	615
习惯称呼	60墙	12墙	18墙	24墙	37墙	49墙	62墙

2. 砖墙的组砌方式

砖墙的组砌方式有很多，应根据墙体厚度、墙面观感和施工便利进行选择。常见的组砌方式有全顺式、一顺一丁式、多顺一丁式、两平一侧式、每皮丁顺相间式等。

用普通砖侧砌或平砌与侧砌相结合砌成的墙体称为空斗墙。全部采用侧砌方式的称为无眠空斗墙，如图 4-9(a)所示。采用平砌与侧砌相结合方式的称为有眠空斗墙，如图 4-9(b)所示。空斗墙具有节省材料、自重轻、隔热效果好的特点，但整体性稍差，施工技术水平要求较高。目前在南方普通小型民居中仍在采用空斗墙。

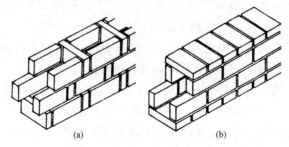

(a)　　　　　　(b)

图 4-9　空斗墙
(a)无眠空斗墙；(b)有眠空斗墙

用砖和其他保温材料组合而形成的墙，称为组合墙。这种墙可改善普通墙的热工性能，我国北方寒冷地区比较常用。组合墙体的做法有三种类型：一种是在墙体的一侧附加保温材料；另一种是在砖墙的中间填充保温材料；还有一种是在墙体中间留置空气间层，如图4-10所示。

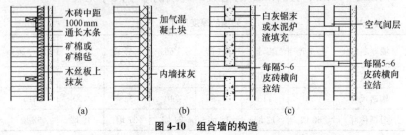

图4-10 组合墙的构造

(a)单面敷设保温材料；(b)中间填充保温材料；(c)墙中留空气间层

3. 砖墙细部构造

砖墙体的细部构造包括门窗过梁、窗台、圈梁、构造柱、变形缝等。

(1)门窗过梁。门窗过梁是指门窗洞口顶上的横梁。过梁的种类很多，目前常用的有砖砌过梁和钢筋混凝土过梁两类。砖砌过梁又分为砖砌平拱过梁和钢筋砖过梁两种；钢筋混凝土过梁分为现浇和预制两种，如图4-11所示。

> 在砌筑砖墙时，应遵循"内外搭接、上下错缝"的组砌原则，砖在砌体中相互咬合，使砌体不出现连续的垂直通缝以增加砌体的整体性，确保砌体的强度。砖与砖之间搭接和错缝的距离一般不小于60mm。

(2)窗台。窗台是窗洞下部的排水构造，分室外窗台和室内窗台，按所用材料不同，有砖砌窗台和预制钢筋混凝土窗台两种。图4-12所示为几种窗台的构造。

(3)圈梁。圈梁是沿房屋周边外墙及部分内墙设置的连续封闭的梁。圈梁一般有钢筋砖圈梁和钢筋混凝土圈梁两种，如图4-13所示。

(4)构造柱。构造柱是建筑物的抗震措施，用来增强房屋的整体性，但不作为承重构件。构造柱通常设在建筑物的外墙转角处，内外墙交接处，楼梯间的四角以及某些薄弱部位。构造柱嵌做在墙内，且与圈梁连接成整体，形成空间集架，提高墙体抵抗变形的能力，如图4-14所示。

第四章 建筑构造与结构体系

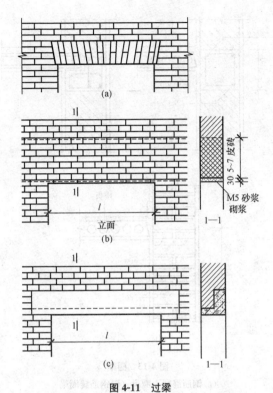

图 4-11 过梁
(a)砖砌平拱过梁；(b)钢筋砖过梁；(c)钢筋混凝土过梁

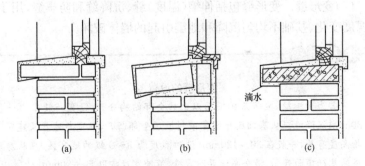

图 4-12 窗台
(a)平砌外窗台；(b)侧砌外窗台，木内窗台；(c)预制钢筋混凝土窗台，抹灰内窗台

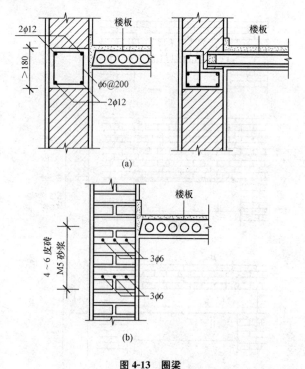

图 4-13 圈梁
(a)钢筋混凝土圈梁;(b)钢筋砖圈梁

(5)变形缝。变形缝包括伸缩(温度)缝、沉降缝和防震缝,用于避免温度变化、基础不均匀沉降和地震引起的墙体破坏。

变形缝的设置

若为伸缩缝,应将基础顶面以上的全部结构分开,缝宽一般在20~30mm;沉降缝应从基础底开始贯穿到屋顶全部断开,缝宽与地基及建筑物高度有关,一般在30~120mm;设防烈度为8~9级的地震区,应从房屋的基础顶面开始,沿全高设置防震缝,缝隙宽度常取50~70mm。

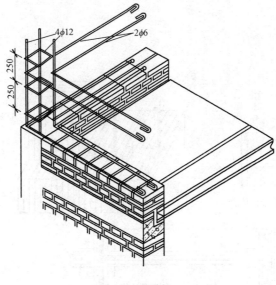

图 4-14 构造柱

(二)隔墙的构造

1. 砖砌隔墙

砖砌隔墙多采用普通砖砌筑,分成 1/4 砖厚和 1/2 砖厚两种,以 1/2 砖砌隔墙为主。

(1)1/2 砖砌隔墙。又称半砖隔墙,是用普通黏土砖采用全顺式砌筑而成,砌墙用砂浆强度应不低于 M5。由于隔墙的厚度较薄,为确保墙体的稳定,应控制墙体的长度和高度。当墙体的长度超过 5m 或高度超过 3m 时,应采取加固措施。

为使隔墙与两端的承重墙或柱固接,隔墙两端的承重墙须预留出马牙槎,并沿墙高每隔 500~800mm 埋入 2ϕ6 拉结钢筋,伸入隔墙不小于 500mm。在门窗洞口处,应预埋混凝土块,安装窗框时打孔旋入膨胀螺栓,或预埋带有木楔的混凝土块,用圆钉固定门窗框,如图 4-15 所示。为使隔墙的上端与楼板之间结合紧密,隔墙顶部采用斜砌立砖或每隔 1m 用木楔打紧。

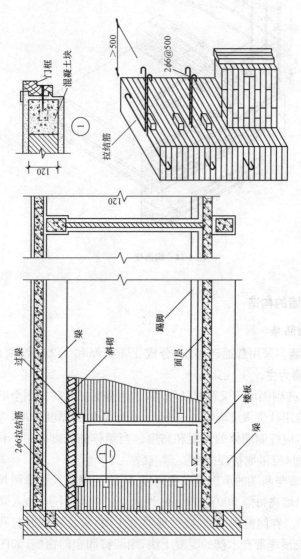

图 4-15 1/2 砖砌隔墙的构造

(2)1/4 砖砌隔墙。1/4 砖砌隔墙是用标准砖侧砌,标志尺寸是 60mm,砌筑砂浆的强度不应低于 M5。其高度不应大于 2.8m,长度不应大于 3.0m。多用于建筑内部的一些小房间的墙体,如厕所、卫生间的隔墙。1/4 砖砌隔墙上最好不开设门窗洞口,而且应当用强度较高的砂浆抹面。

2. 砌块隔墙

采用轻质砌块来砌筑隔墙,可以把隔墙直接砌在楼板上,不必再设承墙梁。目前应用较多的砌块有炉渣混凝土砌块、陶粒混凝土砌块和加气混凝土砌块。炉渣混凝土砌块和陶粒混凝土砌块的厚度通常为 90mm,加气混凝土砌块的厚度多采用 100mm。由于加气混凝土防水防潮的能力较差,因此在潮湿环境中应慎重采用,或在表面做防潮处理。

> 由于砌块的密度和强度较低,如需用在砌块隔墙上安装暖气散热片或电源开关、插座,应预先在墙体内部设置埋件。

3. 灰板条隔墙

灰板条隔墙由木方加工而成的上槛、下槛、立筋(龙集)、斜撑等构件组成集架,然后在立筋上沿横向钉上灰板条,如图 4-16(a)所示。由于它的防火性能差、耗费木材多,不适于在潮湿环境中工作,目前较少使用。

为保证墙体集架的干燥,常在下槛下方事先砌 3 皮砖,厚度为 120mm,然后将上槛、下槛分别固定在顶棚和楼板(或砖垄上)上。之后立筋再固定在上、下槛上,立筋一般采用 50mm×20mm 或 50mm×100mm 的木方,立筋的间距在 500～1000mm,斜撑间距约为 1500mm。

灰板条要钉在立筋上,板条长边之间应留出 6～9mm 的缝隙,以便抹灰时灰浆能够挤入缝隙之中,使之能附着在灰板条上。灰板条应在立筋上接头,两根灰板条接头处应留出 3～5mm 的空隙,以免抹灰后灰板条膨胀相顶而弯曲,灰板条的接头连续高度应不超过 500mm,以免在墙面出现通长裂缝,如图 4-16(b)所示。为了使抹灰粘结牢固,灰板条表面不能够刨光,砂浆中应掺入麻刀或其他纤维材料。

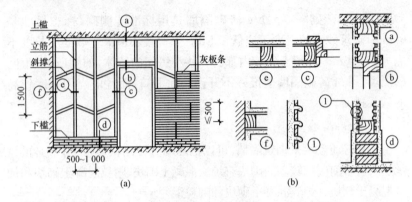

图 4-16 灰板条隔墙
(a)组成示意图；(b)细部构造

4. 石膏板隔墙

石膏板隔墙是目前使用较多的一种隔墙。石膏板又称纸面石膏板，是一种新型建筑材料，其自重轻、防火性能好，加工方便，且价格不高。石膏板的厚度有 9mm、10mm、12mm、15mm 等数种，用于隔墙时多选用 12mm 厚石膏板。有时为了提高隔墙的耐火极限，也可以采用双层石膏板。

石膏板隔墙的集架可以采用薄壁型钢、木方和石膏板条。目前，采用薄壁型钢集架的较多，又称为轻钢龙集石膏板。轻钢龙集一般由沿顶龙集、沿地龙集、竖向龙集、横撑龙集、加强龙集和各种配套件组成。组装集架的薄壁型钢是工厂生产的定型产品，并配有组装需要的各种连接构件。竖龙集的间距≤600mm，横龙集的间距≤1500mm。当墙体高度在 4m 以上时，还应适当加密。

石膏板隔墙施工技巧

石膏板用自攻螺钉与龙集连接，钉的间距约 200～250mm，钉帽应压入板内约 2mm，以便于刮腻子。刮腻子后，即可做饰面，如喷刷涂料、油漆、贴壁纸等。为了避免开裂，板的接缝处应加贴 50mm 宽玻璃纤维带或根据墙面观感要求，事先在板缝处预留凹缝。

四、门窗

(一)窗

1. 窗的类型

按窗所用的框架材料不同,可分为木窗、钢窗、铝合金窗和塑料窗等单一材料的窗,以及塑钢窗、铝塑窗等复合材料的窗;按窗的层数可分为单层窗和双层窗;按窗的开启方式的不同,可分为固定窗、平开窗、悬窗、立转窗、推拉窗、百叶窗等。

2. 窗的构造组成

窗由窗框、窗扇和五金零件组成。窗框为固定部分,由边框、上框、下框、中横框和中竖框构成;窗扇为活动部分,由上冒头、下冒头、边梃、窗芯及玻璃构成;五金零件及附件包括铰链、风钩、插销和窗帘盒、窗台板、筒子板、贴脸板等。图 4-17 所示为平开窗的构造组成。

(二)门

1. 门的类型

按门所用的材料不同,可分为木门、钢门、铝合金门、塑料门及塑钢门等;按门的使用功能,可以分为一般门和特殊门;按门扇的开启方式,可以分为平开门、弹簧门、推拉门、折叠门、转门、卷帘门及升降门等类型。

2. 门的组成

门一般由门框、门扇、亮子、五金零件及附件组成,如图 4-18 所示。门框又称门樘,是门与墙体的连接部分,由上框、边框、中横框和中竖框组成。门扇一般由上冒头、中冒头、下冒头和边梃组成集架,中间固定门芯板,为了通风采光,可在门的上部设亮子,有固定、平开及上悬、中悬、下悬等形式,其构造同窗扇。门框与墙间的缝隙常用木条盖缝,称门头线(俗称贴脸)。门上常用的五金零件有铰链、插销、门锁、拉手等。

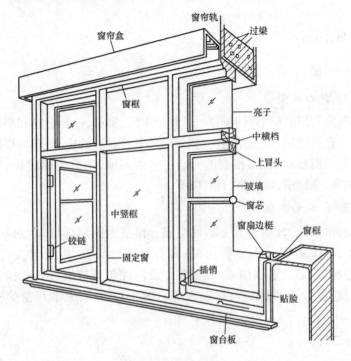

图 4-17 平开窗的构造组成

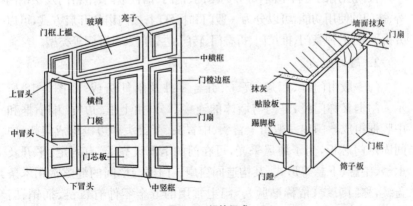

图 4-18 门的组成

第四章 建筑构造与结构体系

门窗的作用

门的主要作用是供人们进出和搬运家具、设备,紧急疏散时使用,有时兼起采光、通风作用。由于门是人及家具设备进出建筑及房间的通道,因此应有足够的宽度和高度,其数量和位置也应符合有关规范的要求。

窗的主要作用是采光、通风和供人眺望,同时也是围护结构的一部分,在建筑的立面形象中也占有相当重要的地位。由于制作窗的材料往往比较脆弱和单薄,造价较高,同时窗又是围护结构的薄弱环节,因此在寒冷和严寒地区应合理控制窗的面积。

五、屋顶

屋顶的类型与建筑物的屋面材料、屋顶结构类型以及建筑造型要求等因素有关。按照屋顶的排水坡度和构造形式,屋顶分为平屋顶、坡屋顶和曲面屋顶三种类型。民用建筑中常采用的屋面形式主要有平屋顶和坡屋顶。

(一)平屋顶

平屋顶是指屋面排水坡度小于或等于10%的屋顶。平屋顶的主要特点是坡度平缓,常用的坡度为2%~3%,上部可做成露台、屋顶花园等供人使用,同时平屋顶的体积小、构造简单、节约材料、造价经济,在建筑工程中应用最为广泛。

1. 平屋顶的组成

平屋顶一般由屋面、保温隔热层、结构层和顶棚层等四部分组成,如图 4-19 所示。因我国各地气候条件不同,所以其组成也略有差异。我国南方地区一般不设保温层,而北方地区则很少设隔热层。

2. 平屋顶面层构造

平屋顶屋面层按防水材料不同有卷材防水屋面、涂膜防水屋面和刚性防水屋面三种。

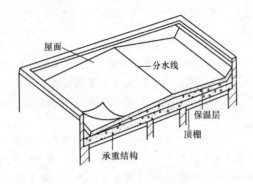

图 4-19 平屋顶的组成

(1)卷材防水平屋面。卷材防水平屋面又可分为保温屋面、不保温平屋面和隔热平屋面三种。保温平屋面的典型构造层次如图 4-20 所示。图 4-21 所示为常见的架空隔热屋面构造简图。

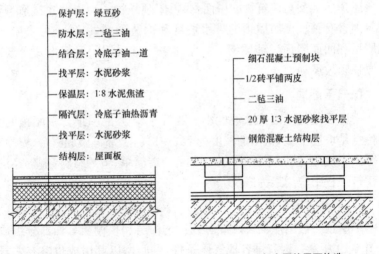

图 4-20 保温平屋顶构造层次　　图 4-21 架空隔热屋面构造

(2)涂膜防水屋面。涂膜防水屋面是通过涂布一定厚度、无定形液态改性沥青或高分子合成材料(即防水涂料),经过常温交联固化而形成一种具有胶状弹性涂膜层,达到防水目的。一般构造层次如图 4-22 所示。

第四章 建筑构造与结构体系

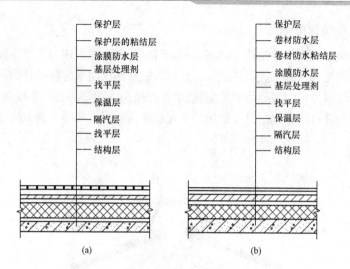

图 4-22 涂膜防水屋面
(a)涂膜防水屋面构造；(b)涂膜与卷材复合防水屋面构造

（3）刚性防水屋面。刚性防水屋面是以防水砂浆或细石混凝土等刚性材料作为防水层的屋面。细石混凝土防水层是在屋面板上用 C20 细石混凝土浇筑 40～50mm 厚,内配 ϕ4 3 或 ϕ4 4 双向钢筋网,刚性防水层应设置分仓(格)缝,纵横缝的间距为 3～5m,每块面积不应大于 20m²。

防水砂浆防水层是在 1∶2 或 1∶3 的水泥砂浆中掺入 3‰～5‰的防水剂,分层抹在现浇屋面板上,厚度 25～30mm,如图 4-23 所示。

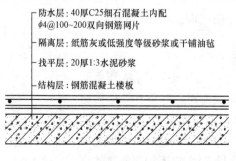

图 4-23 刚性防水屋面构造层次

(二)坡屋顶

坡屋顶由承重结构、屋面和顶棚等部分组成,根据使用要求不同,有时还需增设保温层或隔热层等。根据坡屋顶面层防水材料的种类不同,可将坡屋顶屋面划分为平瓦屋面、小青瓦屋面、波形瓦屋面、平板金属板以及构件自防水屋面等。常用的平瓦屋面构造形式如图4-24所示。

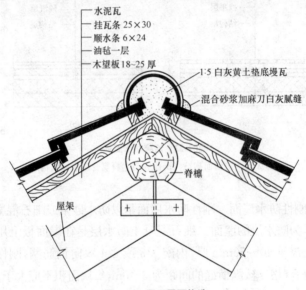

图4-24 平瓦屋面构造

六、楼板与楼地面

(一)楼板

楼板是楼板层的结构层,可将其承受的楼面传来的荷载连同其自重有效地传递给其他的支撑构件,即墙或柱,再由墙或柱传递给基础。在砖混结构建筑中,楼板还对墙体起着水平支撑作用,以增加建筑物的整体刚度。因此,楼板要有足够的强度和刚

> 屋顶又被称为建筑的"第五立面",对建筑的形体和立面形象具有较大的影响,屋顶的形式将直接影响建筑物的整体形象。

度,并应符合隔声、防火要求。

按所用材料不同,楼板可分为现浇钢筋混凝土楼板和预制钢筋混凝土楼板、砖拱楼板和木楼板等,使用最多的是前两种。

1. 现浇钢筋混凝土楼板

现浇钢筋混凝土楼板按结构类型可分为梁板式楼板、井格式梁板结构楼板和无梁楼板三种。梁板式楼板一般由主梁、次梁和板组成,如图 4-25 所示;当房间接近方形时,便无主梁次梁之分,梁的截面等高,形成井格式梁板结构,如图 4-26 所示;无梁楼板是将楼板直接支承在墙或柱上,是不设梁的楼板,如图 4-27 所示。

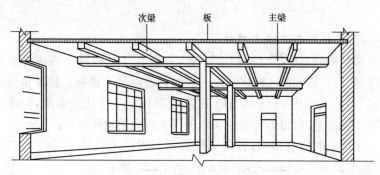

图 4-25 梁板式楼板

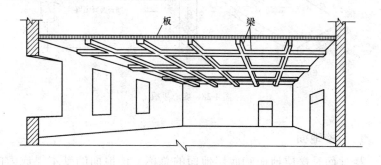

图 4-26 井格式梁板结构楼板

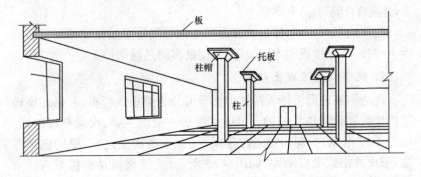

图 4-27 无梁楼板

2. 预制钢筋混凝土楼板

预制钢筋混凝土楼板是指在预制构件加工厂或施工现场外预先制作，然后再运到施工现场装配而成的钢筋混凝土楼板。这种楼板可节省模板，减少施工工序，缩短工期，提高施工工业化的水平，但由于其整体性能差，所以近年来在实际工程中的应用逐渐减少。

按楼板的构造形式，预制装配式钢筋混凝土楼板可分为实心平板、槽形板和空心板三种，如图4-28～图4-30所示。

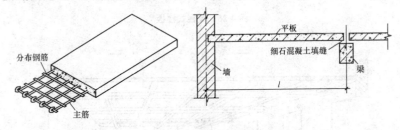

图 4-28 实心平板

(二)楼地面

楼地面是楼层地面和底层地面的总称。楼地面的基本组成为面层、垫层和基层。按楼地面面层的材料和做法不同，大致分为整体地面、铺贴地面和木地面等。

第四章 建筑构造与结构体系

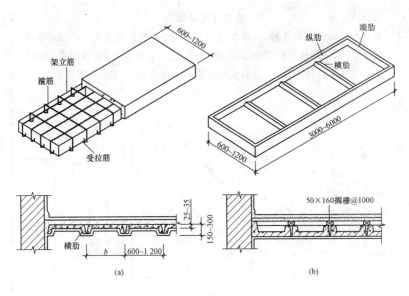

图 4-29 槽形板
(a)正置槽形板;(b)倒置槽形板

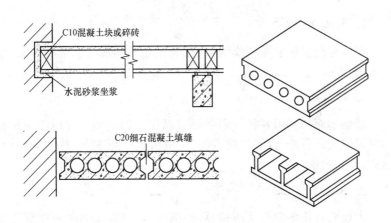

图 4-30 空心板

拓展阅读

板布置注意事项

在进行板的布置时,一般要求板的规格、类型愈少愈好,如果板的规格过多,不仅给板的制作增加麻烦,而且施工也较复杂,甚至容易搞错。为不改变板的受力状况,在布置板时应尽量避免出现三边支承的情况,如图4-31所示。

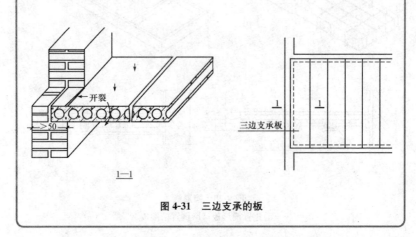

图4-31 三边支承的板

1. 整体地面

整体地面包括水泥砂浆地面、混凝土地面和现浇水磨石地面,如图4-32所示。

2. 铺贴地面

铺贴地面是利用各种块料铺贴在基层上的地面。常用的铺贴材料有天然大理石板、天然花岗岩板、预制水磨石板、缸砖、陶瓷锦砖(马赛克)和塑料板块等。

3. 木地面

木地面有长条和拼花两种,可空铺也可实铺,实铺法是在混凝土上铺木板(条)而制成,此法采用较多,如图4-33所示。

第四章　建筑构造与结构体系

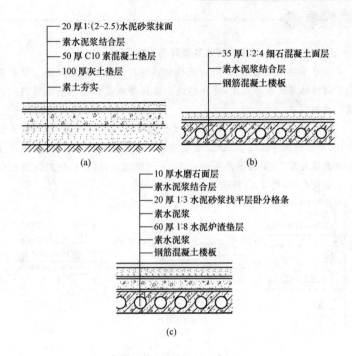

图 4-32　整体地面
(a)水泥砂浆地面；(b)细石混凝土楼面；(c)现浇水磨石楼面

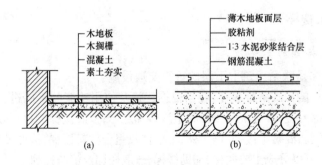

图 4-33　实铺木地面
(a)有搁栅木地面；(b)直接铺贴木地板楼面

拓展阅读

楼地层变形缝的构造

当建筑物设置变形缝时,应在楼地层的对应位置设变形缝。变形缝应贯通楼地层的各个层次,并在构造上保证楼板层和地坪层能够满足美观和变形需求。

楼地层变形缝的宽度应与墙体变形缝一致,上部用金属板、预制水磨石板、硬塑料板等盖缝,以防止灰尘下落。顶棚处应用木板、金属调节片等做盖缝处理,盖缝板应与一侧固定,另一侧自由,以保证缝两侧结构能够自由变形,如图4-34所示。

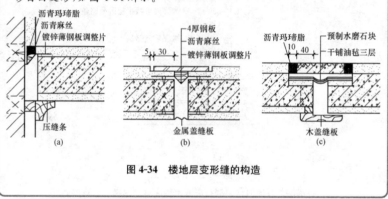

图 4-34 楼地层变形缝的构造

七、楼梯

1. 楼梯的类型

楼梯是联系建筑上下层的垂直交通设施。

楼梯的形式多种多样,应当根据建筑及使用功能的不同进行选择。按照楼梯的位置,有室内楼梯和室外楼梯之分;按照楼梯的材料,可以将其分为钢筋混凝土楼梯、钢楼梯、木楼梯及组合材料楼梯;按照楼梯的使用性质,可以分成主要楼梯、辅助楼梯、疏散楼梯及消防楼梯。

工程中,常按楼梯的平面形式进行分类。根据楼梯的平面形式,可以将其分为单跑直楼梯、双跑直楼梯、双跑平行楼梯、三跑楼梯、双分平行楼梯、双合平行楼梯、转角楼梯、双分转角楼梯、交叉楼梯、剪刀楼梯、螺旋楼梯等,如图 4-35 所示。

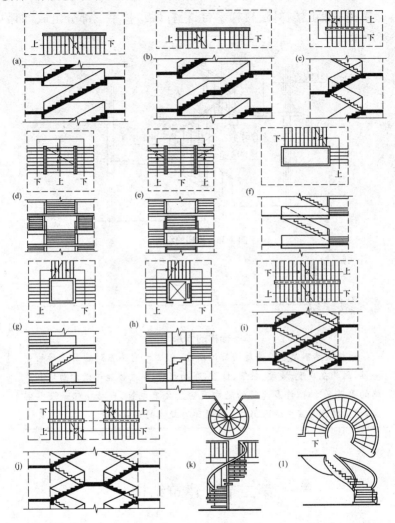

图 4-35 楼梯的形式

(a)直行单跑楼梯;(b)直行多跑楼梯;(c)平行双跑楼梯;(d)平行双分楼梯;
(e)平行双合楼梯;(f)折行双跑楼梯;(g)折行三跑楼梯;(h)设电梯的折行三跑楼梯;
(i)、(j)交叉跑(剪刀)楼梯;(k)螺旋形楼梯;(l)弧形楼梯

2. 楼梯的组成

楼梯一般由楼梯段、楼梯平台、栏杆（板）扶手三部分组成，如图4-36所示。

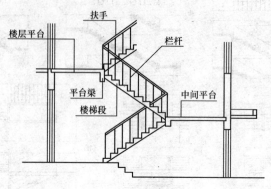

图4-36 楼梯的组成

拓展阅读

楼梯的作用

楼梯虽然不是建造房屋的目的所在，但由于它关系到建筑使用的安全性，因此在宽度、坡度、数量、位置，布局形式、防火性能等诸方面均有严格的要求。目前，许多建筑的竖向交通主要靠电梯、自动扶梯等设备解决，但楼梯作为安全通道仍然是建筑不可缺少的组成部分。

第二节 建筑结构

一、建筑结构的概念及分类

1. 建筑结构的概念

在建筑中，由若干构件（如柱、梁、板等）连接而成的能承受荷载和其他作用(如温度变化、地基不均匀沉降等)的体系,称为建筑结构。建筑结构在建筑中起集架作用,是建筑的重要组成部分。

2. 建筑结构的分类

建筑结构按所用材料的不同,可分为混凝土结构、砌体结构、钢结构和木结构。

(1)混凝土结构是钢筋混凝土结构、预应力混凝土结构、素混凝土结构的总称。目前应用最广泛的是钢筋混凝土结构。

(2)砌体结构,目前广泛应用于多层住宅建筑中。由于砌筑用砖要挖掘黏土烧砖,消耗有限的土地资源,因此是一个值得高度重视的问题。目前,在一些地区黏土砖已被禁止使用。

(3)钢结构是用型钢建成的结构,目前主要用于大跨度屋盖、吊车吨位很大的重工业厂房、高耸结构等。

(4)木结构,目前在大中城市的房屋建筑中已极少采用,但在山区、林区和农村中,使用较为普遍。

建筑结构的安全等级

任何房屋结构的功能都应具有一定的可靠度,但由于房屋的重要性不同,一旦房屋结构丧失其功能,例如结构发生破坏时对生命财产的危害程度和社会影响是不同的。《建筑结构可靠度设计统一标准》(GB 50068—2001)将建筑结构分为以下三个安全等级,以便在进行建筑结构设计时采用不同的安全标准:

(1)一级——破坏后果很严重的重要建筑结构。

(2)二级——破坏后果严重的一般工业与民用建筑结构。

(3)三级——破坏后果不严重的次要建筑结构。

二、常见建筑结构体系

1. 墙板结构

墙板结构是指以竖向构件为墙体和水平构件为楼板、屋面板所组成的房屋建筑结构,如图 4-37 所示。

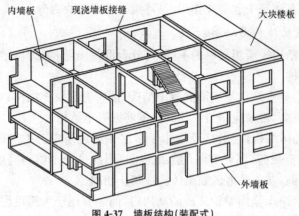

图 4-37 墙板结构(装配式)

当墙体采用砖墙,而楼板、屋面板等采用钢筋混凝土时,则称其为砖混结构,砖混结构在一般单层、多层建筑中应用最为广泛。

2. 板柱结构

板柱结构是指以水平构件为板和竖向构件为柱所组成的房屋建筑结构,如图 4-38 所示。

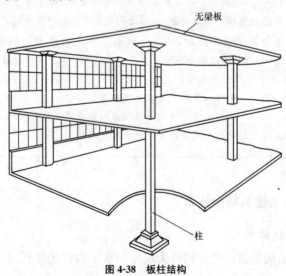

图 4-38 板柱结构

板柱结构的特点是室内没有梁,空间通畅明亮,平面布置灵活,能降低建筑物层高,有较好的综合经济效果。大多用于多层厂房、仓库、商场等,但不适用高层建筑。

板柱结构大多采用钢筋混凝土结构(包括楼板采用预应力混凝土结构),可采用全现浇施工方法,亦可采用升板法和预应力拼装法等预制安装施工方法。

3. 框架结构

框架结构是指由梁和柱以刚性连接而成的承重结构,如图 4-39 所示。用于框架结构的材料主要有钢和钢筋混凝土两种,亦有少数工程将这两种材料混合用于一个结构体系中。

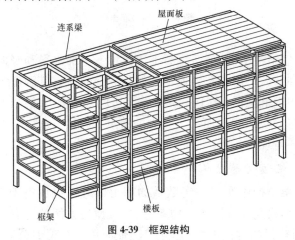

图 4-39 框架结构

由于框架结构的构件截面较小,抗震性能较差,刚度较低,在强震下容易产生震害,因此主要用于非抗震设计、层数较少的建筑中。

需要抗震设防时,框架结构采用不多,采用抗震设计的框架结构除必须加强梁、柱和节点的抗震措施外,还要注意填充墙的材料以及填充墙与框架的连接,避免框架过大变形时填充墙的损坏。

4. 剪力墙结构

剪力墙结构是指由剪力墙承受全部竖向和水平荷载的建筑结构,如图 4-40 所示。

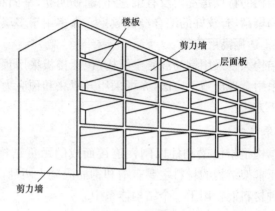

图 4-40　剪力墙结构

剪力墙结构中,由钢筋混凝土墙体承受全部水平和竖向荷载,剪力墙沿横向、纵向正交布置或沿多轴线斜交布置。其刚度大、空间整体性好,用钢量较省。在住宅和旅馆客房屋采用剪力墙结构可以较好地适应墙体较多、房间面积不太大的特点,而且可以使房间内不露出梁柱,整齐美观。

5. 框架-剪力墙结构

在框架结构中布置一定数量的剪力墙可以组成框架-剪力墙结构。这种结构既具有框架结构布置灵活、使用方便的特点,又有较大的刚度和较强的抗震能力,因此广泛地应用于高层办公建筑和旅馆建筑。

6. 筒体结构

随着建筑层数、高度增长和抗震设防要求的提高,以平面工作状态的框架、剪力墙来组成高层建筑结构体系往往不能满足要求了。这时,由剪力墙构成空间薄壁筒体,成为竖向悬臂箱形梁;框架加密柱子,加强梁的刚度,也可以形成空间整体受力的框筒。由一个或多个筒体为主要抵抗水平力的结构称为筒体结构。

框架-筒体结构如图 4-41(a)所示,中央布置剪力墙薄壁筒,它承受大部分水平力;周边布置大柱距的普通框架,它的受力特点类似于框架-剪力墙结构。

筒中筒结构如图 4-41(b)所示,由内外两个筒体组合而成,内筒为剪力墙薄壁筒,外筒是由密柱(通常柱距不大于 3m)组成的框筒。由于外柱很密,梁刚度很大,门窗洞口面积小(一般不大于墙面面积的 50%),因此框筒的工作不同于普通平面框架,而有很好的空间整体作用,类似于一个多孔的竖向箱形梁,有很好的抗风和抗震性能。

多筒体结构如图 4-41(c)所示,在平面内设置多个剪力墙薄壁筒体,每个筒体都比较小。这种结构多用于平面形状复杂的建筑中,也常用于角部加强。

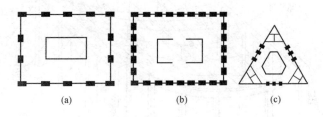

图 4-41　筒体结构
(a)框架-筒体结构;(b)筒中筒结构;(c)多筒体结构

7. 巨型结构

图 4-42 所示为由若干个巨柱(通常由楼电梯井或大截面实体柱组成)以及巨梁(每隔几个或十几个楼层设置一道,梁截面一般占 1～2 层楼高)组成第一级巨型框架,承受主要的水平力和竖向荷载;其余的楼面梁柱组成二级结构,它只将楼面荷载传递到第一级结构上。这样,二级结构的梁、柱截面可以做得很小,增加了建筑布置的灵活性和有效使用面积。

8. 悬索结构

如图 4-43 所示,悬索结构是由受拉钢索及其边缘支承构件所形成的承重结构体系,这些索按一定规律组成各种形式的屋盖,能适用于多种多样的平面与立体几何外形,充分满足建筑造型的需要。

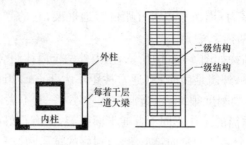

图 4-42 巨型结构

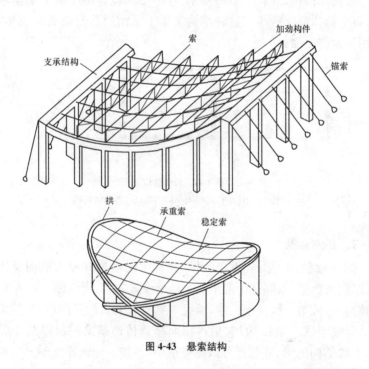

图 4-43 悬索结构

悬索结构最突出的优点是所用的钢索只承受拉力,能充分利用高强材料的抗拉性能,可以做到跨度大、自重轻、材料省、施工易。国内外不少体育馆等公共建筑的大跨度空间结构都采用悬索结构。

另外,还有一些其他结构形式也得到应用。不过,目前最广泛的还是框架、剪力墙、框架-剪力墙和筒体结构。

混合结构体系

混合结构体系是指同一房屋结构体系中采用两种或两种以上不同材料组成的承重结构,根据承重墙所在的位置划分为横墙承重与纵墙承重两种,见表4-2。

表4-2　　　　　　　　　混合结构体系受力特点

序号	承重形式(方案)	特　　点
1	横墙承重	其受力特点是:主要靠横墙支撑楼板,横墙是主要承重墙。纵墙主要起维护、隔断和维持横墙的整体作用,故纵墙是自承重墙。 优点是:横墙较密,房屋横向刚度大,整体刚度好。 缺点是:平面布置不灵活
2	纵墙承重	其受力特点是:把荷载传给梁,由梁传给纵墙,纵墙是主要承重墙,横墙只承受小部分荷载,横墙的设置主要为了满足房屋刚度和整体性的需要,它的间距比较大。 优点是:房屋的空间可以比较大,平面布置比较灵活,墙面积较小。 缺点是:房屋的刚度较差
3	纵横墙承重	纵横墙同时承重,即为纵横墙承重方案。 这种方案的横墙布置随房间的开间需要而定,横墙的间距比纵墙的小,所以房屋的横向刚度比纵墙承重方案有所提高
4	内框架承重	房屋有时由于使用的要求,往往要用钢筋混凝土柱代替内承重墙,以取得较大的空间。其特点是:由于横墙较小,房屋的空间刚度较差

课后练习

一、填空题

1. 常见的砖墙组砌方式有_____、_____、_____、_____、_____等。
2. 窗由_____、_____和_____组成。
3. 按照屋顶的排水坡度和构造形式,屋顶分为_____、_____和_____三种类型。
4. 按所用材料不同,楼板可分为_____和_____、_____和_____等。
5. 楼梯一般由_____、_____、_____三部分组成。
6. 建筑结构按所用材料的不同,可分为_____、_____、_____和_____。

二、选择题(有一个或多个答案)

1. 当建筑物荷载很大,地基的软弱土层又较厚时,常用( )。
   A. 条形基础　　　　　　B. 独立基础
   C. 整片基础　　　　　　D. 桩基础
2. 设防烈度为( )级的地震区,应从房屋的基础顶面开始,沿全高设置防震缝,缝隙宽度常取50~70mm。
   A. 5~6　　B. 7~8　　C. 8~9　　D. 9~10
3. 平屋顶是指屋面排水坡度小于或等于( )的屋顶。
   A. 7%　　B. 8%　　C. 9%　　D. 10%
4. 下列属于铺贴地面的是( )。
   A. 混凝土地面　　　　　B. 天然花岗岩板
   C. 预制水磨石板　　　　D. 木地面
5. 下列属于板柱结构的特点是( )。
   A. 室内没有梁,空间通畅明亮
   B. 构件截面较小,抗震性能较差
   C. 平面布置灵活,能降低建筑物层高
   D. 有较好的综合经济效果

三、简答题
1. 常见基础的类型有哪些？各有哪些特点？
2. 简述砖墙变形缝设置要点。
3. 窗、门各有哪些类型，在建筑中的作用分别是什么？
4. 平屋顶屋面层按防水材料不同可分为哪几种类型？
5. 现浇钢筋混凝土楼板有哪几种结构形式？
6. 如何划分建筑结构的安全等级？

第五章 工程质量控制数量统计分析方法

第一节 数理统计基础知识

一、数理统计的基本概念

数据是进行质量管理的基础,"一切用数据说话"才能做出科学的判断。数理统计就是用统计的方法,通过收集、整理质量数据,帮助人们分析、发现质量问题,从而及时采取对策措施,纠正和预防质量事故。

利用数理统计方法控制质量可以分为三个步骤,即统计调查和整理、统计分析以及统计判断。

第一步,统计调查和整理:根据解决某方面质量问题的需要收集数据,将收集到的数据加以整理和归档,用统计表和统计图的方法,并借助于一些统计特征值(如平均数、标准偏差等)来表达这批数据所代表的客观对象的统计性质。

第二步,统计分析:对经过整理、归档的数据进行统计分析,研究它的统计规律。例如判断质量特征的波动是否出现某种趋势或倾向,影响这种波动的又是什么因素,其中有无异常波动等。

第三步,统计判断:根据统计分析的结果对总体的现状或发展趋势做出有科学根据的判断。

二、数理统计的内容

1. 母体

母体又称总体、检查批或批,指研究对象全体元素的集合。母体分有限母体和无限母体两种。有限母体有一定数量表现，如一批同牌号、同规格的钢材或水泥等；无限母体则没有一定数量表现，如一道工序，它源源不断地生产出某一产品，本身是无限的。

2. 子样

子样是从母体中取出来的部分个体，也叫试样或样本。子样分随机取样和系统抽样，前者多用于产品验收，即母体内各个体都有相同的机会或有可能被抽取；后者多用于工序的控制，即每经一定的时间间隔，每次连续抽取若干产品作为子样，以代表当时的生产情况。

3. 母体与子样、数据的关系

子样的各种属性都是母体特性的反映。在产品生产过程中，子样所属的一批产品（有限母体）或工序（无限母体）的质量状态和特性值，可从子样取得的数据来推测、判断。母体与子样、数据的关系如图 5-1 所示。

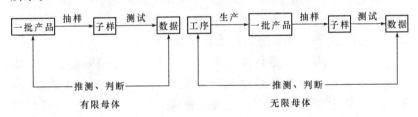

图 5-1　母体与子样、数据的关系

4. 随机现象

日常生产、生活实践活动中，在基本条件不变的情况下，经常会碰到一些不确定的，时而出现这种结果，时而又出现那种结果的现象，这种现象称为随机现象。例如，配制混凝土时，同样的配合比，同样的设备，同样的生产条件，混凝土抗压强度可能偏高，也可能偏低。这就是随机现象。随机现象实质上是一种不确定的现象。然而，随机现象并不是不可以认识的。概率论就是研究这种随机现象规律性的一门学科。

5. 随机事件

为了仔细地考察一个随机现象,就需要分析这个现象的各种表现。如某一道工序加工产品的质量,可以表现为合格,也可以表现为不合格。随机现象的每一种表现或结果称为随机事件(简称为事件)。"加工产品合格"和"加工产品不合格"就是随机现象中的两个随机事件。在某一次试验中既定的随机事件可能出现也可能不出现,但经过大量重复的实验后,就具有某种规律性的表现或结果。

> 随机事件的频率是衡量随机事件发生可能性大小的一种数量标志。在试验数据中,随机事件发生的次数叫"频数",它与数据总数的比值叫"频率"。

三、质量数据的分类

质量数据是指由个体产品质量特性值组成的样本(总体)的质量数据集,在统计上称为变量;个体产品质量特性值称变量值。根据质量数据的特点,可以将其分为计量数据和计数数据。

(1)计量数据。凡是可以连续取值的或者可以用测量工具具体测读出小数点以下数值的这类数据就叫作计量数据。如长度、容积、重量、化学成分、温度等。就长度来说,在 1~2mm 之间,还可以连续测出 1.1mm、1.2mm、1.3mm 等数值,而在 1.1~1.2mm 之间,又可以进一步测得 1.11mm、1.12mm、1.13mm 等数值。这些就是计量数据。

(2)计数数据。凡是不能连续取值的,或者即使用测量工具测量,也得不到小数点以下的数据,而只能得到 0 或 1、2、3、4…自然数的这类数据叫作计数数据。如废品件数、不合格品件数、疵点数、缺陷数等。就废品件数来说,就是用卡板、塞规去测量,也只能得到 1 件、2 件、3 件……废品数。计数数据还可以细分为计件数据和计点数据。计件数据是指按件计数的数据,如不合格品件数、不合格品率等。计点数据是指按点计数的数据,如疵点数、焊缝缺陷数、单位缺陷数等。

四、质量数据的收集方法

1. 全数检验

全数检验是对总体中的全部个体逐一观察、测量、计数、登记,从而获得对总体质量水平评价结论的方法。全数检验一般比较可靠,能提供大量的质量信息,但要消耗很多人力、物力、财力和时间,特别是不能用具有破坏性的检验和过程质量控制,应用上具有局限性;在有限的总体中,对重要的检测项目,当可采用简易快速的不破损检验方法时可选用全数检验方案。

2. 随机抽样检验

抽样检验是按照随机抽样的原则,从总体中抽取部分个体组成样本,根据对样品进行检测的结果,推断总体质量水平的方法。随机抽样检验抽取样品不受检验人员主观意愿的支配,每一个体被抽中的概率相同,从而保证了样本在总体中的分布比较均匀,有充分的代表性;同时它还具有节省人力、物力、财力、时间和准确性高的优点;又可用于破坏性检验和生产过程的质量监控,完成全数检测无法进行的检测项目,具有广泛的应用空间。

随机抽样的具体方法如下:

(1)单纯随机抽样法:这种方法适用于对母体缺乏基本了解的情况下,按随机的原则直接从母体 N 个单位中抽取 n 个单位作为样本。样本的获取方式常用的有两种:一是利用随机数表和一个六面体骰子作为随机抽样的工具。通过掷骰子所得的数字,相应地查对随机数表上的数值,然后确定抽取试样编号。二是利用随机数骰子,一般为正六面体。六个面分别标 1~6 的数字。在随机抽样时,可将产品分成若干组,每组不超过 6 个,并按顺序先排列好,标上编号,然后掷骰子,骰子正面出现的数,即为抽取的试样编号。

(2)分层随机抽样法:事先把在不同生产条件下(不同的工人、不同的机器设备、不同的材料来源、不同的作业班次等)制造出来的产品归类分组,然后再按一定的比例从各组中随机抽取产品组成子样。

(3) 整群随机抽样：这种办法的特点不是一次随机抽取一个产品，而是一次随机抽取若干个产品组成子样。比如，对某种产品来说，每隔 20h 抽出其中一个小时的产品组成子样；或者是每隔一定时间抽取若干个产品组成子样。这种抽样的优点是手续简便，缺点是子样的代表性差，抽样误差大。这种方法常用在工序控制中。

(4) 等距抽样：等距抽样又称机械抽样、系统抽样，是将个体按某一特性排队编号后均分为 n 组，这时每组有 $K=N/n$ 个个体，然后在第一组内随机抽取第一件样品，以后每隔一定距离（K 号）抽选出其余样品组成样本的方法。如在流水作业线上每生产 100 件产品抽出一件产品做样品，直到抽出 n 件产品组成样本。这里的"距离"可以理解为空间、时间、数量的距离。若分组特性与研究目的有关，可看作分组更细且等比例的特殊分层抽样，样品在总体中分布更均匀，更有代表性，抽样误差也最小；若分组特性与研究目的无关，就是纯随机抽样。进行等距抽样时特别要注意的是所采用的距离（K 值）不要与总体质量特性值的变动周期一致，如对于连续生产的产品按时间距离抽样时，相隔的时间不应是每班作业时间 8h 的约数或倍数，以避免产生系统偏差。

> **拓展阅读**
>
> **多阶段抽样**
>
> 　　上述抽样方法的共同特点是整个过程中只有一次随机抽样，因而统称为单阶段抽样。但是当总体很大时，很难一次抽样完成预定的目标。多阶段抽样是将各种单阶段抽样方法结合使用，通过多次随机抽样来实现的抽样方法。如检验钢材、水泥等质量时，可以对总体按不同批次分为 R 群，从中随机抽取 r 群，而后在中选的 r 群中的 M 个个体中随机抽取 m 个个体，这就是整群抽样与分层抽样相结合的二阶段抽样，它的随机性表现在群间和群内有两次。

第二节 质量控制中常用的统计分析方法

一、统计调查表法

统计调查表法又称统计调查分析法,它是利用专门设计的统计表对质量数据进行收集、整理和粗略分析质量状态的一种方法。

在质量管理活动中,应用统计调查表法是一种很好的收集数据的方法。统计表是为了掌握生产过程中或施工现场的情况,根据分层的设想做出的一类记录表。统计表不仅使用方便,而且能够自行整理数据,粗略地分析原因。统计表的形式多种多样,使用场合不同、对象不同、目的不同、范围不同,其表格形式内容也不相同,可以根据实际情况自行选项或修改。常用的有如下几种:

(1)分项工程作业质量分布调查表。

(2)不合格项目调查表。

(3)不合格原因调查表。

(4)施工质量检查评定用调查表等。

表 5-1 所示为混凝土空心板外观质量缺陷调查表。

表 5-1 混凝土空心板外观质量缺陷调查表

产品名称	混凝土空心板		生产班组			
日生产总数	200块	生产时间	年 月 日		检查时间	年 月 日
检查方式	全数检查		检查员			
项目名称	检查记录				合计	
露筋	正正				9	
蜂窝	正正一				11	
孔洞	丅				2	
裂缝	一				1	
其他	丅				3	
总计					26	

二、分层法

分层法又称分类法或分组法，就是将收集到的质量数据，按统计分析的需要，进行分类整理，使之系统化，以便于找到产生质量问题的原因，及时采取措施加以预防。分层的结果使数据各层间的差异突出地显示出来，减少了层内数据的差异。在此基础上再进行层间、层内的比较分析，可以更深入地发现和认识质量问题的原因。

分层法一般按以下方法进行划分：

(1) 按时间分：指按日班、夜班、日期、周、旬、月、季划分。

(2) 按人员分：指按新、老、男、女或不同年龄特征划分。

(3) 按使用仪器工具分：指按不同的测量仪器、不同的钻探工具等划分。

(4) 按操作方法分：指按不同的技术作业过程、不同的操作方法等划分。

(5) 按原材料分：指按不同材料成分、不同进料时间等划分。

> 分层的原则是使同一层次内的数据波动幅度尽可能小，而层与层之间的判别尽可能大。

现举例说明分层法的应用。

【例 5-1】 钢筋焊接质量的调查分析，共检查了 50 个焊接点，其中不合格 19 个，不合格率为 38%，存在严重的质量问题，试用分层法分析质量问题的原因。

现已查明这批钢筋的焊接是由 A、B、C 三个师傅操作的，而焊条是由甲、乙两个厂家提供的。因此，分别按操作者和焊条生产厂家进行分层分析，即考虑一种因素单独的影响，见表 5-2 和表 5-3。

表 5-2　　　　　　　　按操作者分层

操作者	不合格	合格	不合格率(%)
A	6	13	32
B	3	9	25
C	10	9	53
合计	19	31	38

表5-3　　　　　　　　按供应焊条厂家分层

工 厂	不合格	合 格	不合格率(%)
甲	9	14	39
乙	10	17	37
合 计	19	31	38

由表5-2和表5-3分层分析可见,操作者B的质量较好,不合格率25%;而不论是采用甲厂还是乙厂的焊条,不合格率都很高且相差不大。为了找出问题之所在,再进一步采用综合分层进行分析,即考虑两种因素共同影响的结果,见表5-4。

表5-4　　　　　　　　综合分层分析焊接质量

操作者	焊接质量	甲 厂		乙 厂		合 计	
		焊接点	不合格率(%)	焊接点	不合格率(%)	焊接点	不合格率(%)
A	不合格 合格	6 2	75	0 11	0	6 13	32
B	不合格 合格	0 5	0	3 4	43	3 9	25
C	不合格 合格	3 7	30	7 2	78	10 9	53
合计	不合格 合格	9 14	39	10 17	37	19 31	38

从表5-4的综合分层法分析可知,在使用甲厂的焊条时,应采用B师傅的操作方法为好;在使用乙厂的焊条时,应采用A师傅的操作方法为好,这样会使合格率大大地提高。

三、排列图法

排列图又叫巴雷特图(Pareto),也称主次因素排列图。它是从影响产品的众多因素中找出主要因素的一种有效方法。该图是意大利经济学家 Pareto 创立的。他发现社会财富的分布状况是绝大多数人处于贫困状态,少数人占有大量财富,并左右了整个社会经济频数的命脉,即"关键的少数与次要的多数"的原理。后来由质量管理专家朱兰博士(Dr. J. M. Juran)将其应用于质量管理。

1. 作图方法

排列图(图 5-2)有两个纵坐标,左侧纵坐标表示产品频数,即不合格产品件数;右侧纵坐标表示频率,即不合格产品累计百分数。图中横坐标表示影响产品质量的各个不良因素或项目,按影响质量程度的大小,从左到右依次排列。每个直方形的高度表示该因素影响的大小,图中曲线称为巴雷特曲线。在排列图上,通常把曲线的累计百分数分为三级,与此相对应的因素分三类:A 类因素对应于频率 0~80%,是影响产品质量的主要因素;B 类因素对应于频率 80%~90%,为次要因素;与频率 90%~100%相对应的为 C 类因素,属一般影响因素。运用排列图,便于找出主次矛盾,使错综复杂问题一目了然,有利于采取对策,加以改善。

2. 作图步骤

作排列图需要以准确而可靠的数据为基础,一般按以下步骤进行:

(1)按照影响质量的因素进行分类。分类项目要具体而明确,一般按产品品种、规格、不良品、缺陷内容或经济损失等情况而定。

(2)统计计算各类影响质量因素的频数和频率。

(3)画左右两条纵坐标,确定两条纵坐标的刻度和比例。

(4)根据各类影响因素出现的频数大小,从左到右依次排列在横坐标上。各类影响因素的横向间隔距离要相同,并画出相应的矩形图。

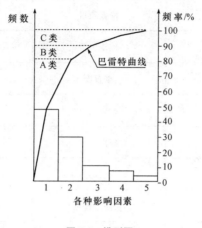

图 5-2 排列图

(5)将各类影响因素发生的频率和累计频率逐个标注在相应的坐标点上,并将各点连成一条折线。

(6)在排列图的适当位置,注明统计数据的日期、地点、统计者等可供参考的事项。

3. 排列图绘制实例

某工地现浇混凝土结构尺寸质量检查结果是:在全部检查的 8 个项目中不合格点(超偏差限值)有 165 个,为改进并保证质量,应对这些不合格点进行分析,以便找出混凝土结构尺寸质量的薄弱环节。

(1)收集整理数据。首先收集混凝土结构尺寸各项目不合格点的数据资料,见表 5-5。各项目不合格点出现的次数即频数。然后对数据资料进行整理,将不合格点较少的标高、预埋设施中心位置、预留孔洞中心位置三项合并为"其他"项。按不合格点的频数由大到小的顺序排列各检查项目,"其他"项排在最后。以全部不合格点数为总数,计算各项的频率和累计频率,结果见表 5-6。

表 5-5 不合格点统计表

序号	检查项目	不合格点数
1	轴线位置	6
2	垂直度	10
3	标高	1
4	截面尺寸	48
5	电梯井	18
6	表面平整度	80
7	预埋设施中心位置	1
8	预留孔洞中心位置	1

表 5-6 不合格点项目频数频率统计表

序号	项目	频数	频率(%)	累计频率(%)
1	表面平整度	80	48.5	48.5
2	截面尺寸	48	29.1	77.6
3	电梯井	18	10.9	88.5
4	垂直度	10	6.1	94.6
5	轴线位置	6	3.6	98.2
6	其他	3	1.8	100.0
合计		165	100	

(2)排列图的绘制步骤如下:

1)画横坐标。将横坐标按项目数等分,并按项目频数由大到小的顺序从左至右排列,该例中横坐标分为六等份。

2)画纵坐标。左侧的纵坐标表示项目不合格点数即频数,右侧的纵坐标表示累计频率。要求总频数对应累计频率100%。该例中165应与100%在一条水平线上。

3)画频数直方形。以频数为高画出各项目的直方形。

4)画累计频率曲线。从横坐标左端点开始,依次连接各项目直方形右边线及所对应的累计频率值的交点,所得的曲线为累计频率曲线。

5)记录必要的事项。如标题、收集数据的方法和时间等。

图 5-3 为本例混凝土结构尺寸不合格点排列图。

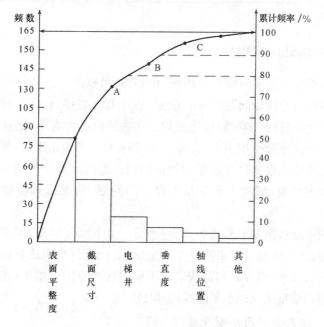

图 5-3 混凝土结构尺寸不合格点排列图

特别提示

排列图注意事项

(1)要注意所取数据的时间和范围。作排列图是为了找出影响质量因素的主次因素,如果收集的数据不是在发生时间内或不属本范围内的数据,做出的排列图就起不了控制质量的作用。因此,为了有利于工作循环和比较,说明对策的有效性,就必须注意所取数据的时间和范围。

(2)找出的主要因素最好是1~2个,最多不超过3个,否则失去了抓主要矛盾的意义。如遇到这类情况需要重新考虑因素分类。遇到项目较多时,可适当合并一般项目,不太重要的项目通常可以列入"其他"栏内,排在最后一项。

(3)针对影响质量的主要因素采取措施后,在PDCA循环过程中,为了检查实施效果需重新作排列图进行比较。

四、因果分析图法

因果分析图又叫特性要因图、鱼刺图、树枝图。这是一种逐步深入研究和讨论质量问题的图示方法。在工程实践中,任何一种质量问题的产生,往往是多种原因造成的。这些原因有大有小,把这些原因依照大小次序分别用主干、大枝、中枝和小枝图形表示出来,便可一目了然地系统观察出产生质量问题的原因。运用因果分析图可以帮助人们制定对策,解决工程质量上存在的问题,从而达到控制质量的目的。

因果分析图基本形式如图5-4所示。由图5-4可见,因果分析图由质量特性(即质量结果指某个质量问题)、要因(产生质量问题的主要原因)、枝干(指一系列箭线表示不同层次的原因)、主干(指较粗的直接指向质量结果的水平箭线)等组成。

1. 因果分析图绘制步骤

(1)先确定要分析的某个质量问题(结果),然后由左向右画粗干线,并以箭头指向所要分析的质量问题(结果)。

第五章 工程质量控制数量统计分析方法

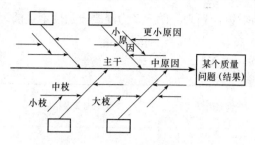

图 5-4 因果分析图基本形式

(2)座谈议论、集思广益、罗列影响该质量问题的原因。谈论时要请各方面的有关人员一起参加。把谈论中提出的原因,按照人、机、料、法、环五大要素进行分类,然后分别填入因果分析图的大原因的线条里,再按顺序把中原因、小原因及更小原因同样填入因果分析图内。

(3)从整个因果分析图中寻找最主要的原因,并根据重要程度以顺序①、②、③…表示。

(4)画出因果分析图并确定了主要原因后,必要时可到现场做实地调查,进一步搞清主要原因的项目,以便采取相应措施予以解决。

2. 因果分析图绘制实例

绘制混凝土程度不足的因果分析图:

(1)明确质量问题——结果。本例分析的质量问题是"混凝土强度不足",作图时首先由左至右画出一条水平主干线,箭头指向一个矩形框,框内注明研究的问题,即结果。

(2)分析确定影响质量特性大的原因。一般来说,影响质量因素有五大方面,即人、机械、材料、方法、环境。另外还可以按产品的生产过程进行分析。

(3)将每种大原因进一步分解为中原因、小原因,直至分解的原因可以采取具体措施加以解决为止。

(4)检查图中的所列原因是否齐全,可以对初步分析结果广泛征求意见,并做必要的补充及修改。

(5)选择出影响大的关键因素,做出标记"△",以便重点采取措施。

表5-7为对策计划表。图5-5为混凝土强度不足的因果分析图。

表5-7　　　　　　　　　　对策计划表

单位工程名称：

分部分项工程：　　　　　　　　　　　　　　　年　　月　　日

质量存在问题		产生原因	采取对策及措施	执行者	期限	实效检查
混凝土强度未达到设计要求	操作者	(1)未按规范施工。 (2)上下班不按时，劳动纪律松弛。 (3)新工人达80%。 (4)缺乏技术指导	(1)组织学习规范。 (2)加强检查，对违反规范操作者必须立即停工，追究责任。 (3)严格上下班及交接班制度。 (4)班前工长交底，班中设两名老工人作专门技术指导			
	工艺	(1)天气炎热，养护不及时，无遮盖物。 (2)灌注层太厚。 (3)加毛石过多	(1)新浇混凝土上加盖草袋。 (2)前3d，白天每2h养护1次。 (3)灌注层控制在25cm以内。 (4)加毛石控制在15%以内，并分布均匀			
	材料	(1)水泥短秤。 (2)石子未级配。 (3)石子含水量未扣除。 (4)砂子计量不准。 (5)砂子含泥量过重	(1)取消以包投料，改为重量投料。 (2)石子按级配配料。 (3)每日测定水灰比。 (4)洗砂、调水灰比，认真负责计量			
	环境	(1)运输路不平，混凝土产生离析。 (2)运距太远，脱水严重。 (3)气温高达40℃，没有降温及缓凝处理	(1)修整道路。 (2)改大车装运混凝土并加盖。 (3)加缓凝剂拌制			

第五章　工程质量控制数量统计分析方法

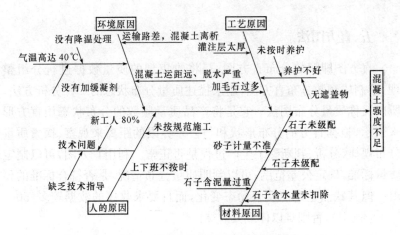

图 5-5　混凝土强度不足的因果分析图

特别提示

绘制因果分析图注意事项

(1) 制图并不很难,但如果对工程没有比较全面和深入的了解,没有掌握有关专业技术,是画不好的;同时,一个人的认识是有限的,所以只有组织有关人员共同讨论、研究、分析、集思广益,才能准确地找出问题的原因所在,制定行之有效的对策。

(2) 对于特性产生的原因,要大原因、中原因、小原因、更小原因,一层一层地追下去,追根到底,抓住真正的原因。

---

3. 因果分析图观察方法

(1) 大小各种原因,都是通过什么途径,在多大程度上影响结果的。

(2) 各种原因之间有无关系。

(3) 各种原因有无测定的可能,准确程度如何。

(4) 把分析出来的原因与现场的实际情况逐项对比,看与现场有无出入、有无遗漏或不易遵守的条件等。

五、直方图法

直方图即频数分布直方图,是将收集到的质量数据进行分组整理,绘制成频数分布直方图,用来描述质量分布状态的一种分析方法,所以又称质量分布图法。它是将产品质量频数的分布状态用直方形来表示,根据直方的分布形状和与公差界限的距离来观察、探索质量分布规律,分析、判断整个生产过程是否正常。利用直方图,可以制定质量标准,确定公差范围;可以判明质量分布情况,是否符合标准的要求。但其缺点是不能反映动态变化,而且要求收集的数据较多(50~100个以上),否则难以体现其规律。

1. 直方图作法

直方图可以按以下步骤绘制:

(1)计算极差:收集一批数据(一般取 $n>50$),在全部数据中找出最大值 $x_{\max}$ 和最小值 $x_{\min}$,极差 R 可以按下式求得:

$$R = x_{\max} - x_{\min}$$

(2)确定分组的组数:一批数据究竟分为几组,并无一定规则,一般采用表5-8的经验数值来确定。

表5-8　　　　数据分组参考表

数据个数(n)	组数(k)
50 以内	5~6
50~100	6~10
100~250	7~12
250 以上	10~20

(3)计算组距:组距是组与组之间的差距。分组要恰当,如果分得太多,则画出的直方图像"锯齿状",从而看不出明显的规律,如分得太少,会掩盖组内数据变动的情况,组距可按下式计算:

$$h = \frac{R}{k}$$

式中　R——极差；
　　　k——组数。

(4) 计算组界 r_i：一般情况下，组界计算方法如下：

$$r_1 = x_{\min} - \frac{h}{2}$$

$$r_i = r_{i-1} + h$$

(5) 频数统计：根据收集的每一个数据，用正字法计算落入每一组界内的频数，据以确定每一个小直方的高度。以上做出的频数统计，已经基本上显示了全部

> 为了避免某些数据正好落在组界上，应将组界取比数据多一位小数。

数据的分布状况，再用图示则更加清楚。直方图的图形由横轴和纵轴组成。选用一定比例在横轴上画出组界，在纵轴上画出频数，绘制成柱形的直方图。

2. 直方图绘制实例

某建筑工地浇筑 C30 混凝土，为对其抗压强度进行质量分析，共收集了 50 份抗压强度试验报告单，经整理见表 5-9。

表 5-9　　　　　　　　数据整理表　　　　　　　　N/mm²

序号	抗压强度数据					最大值	最小值
1	39.8	37.7	33.8	31.5	36.1	39.8	31.5
2	37.2	38.0	33.1	39.0	36.0	39.0	33.1
3	35.8	35.2	31.8	37.1	34.0	37.1	31.8
4	39.9	34.3	33.2	40.4	41.2	41.2	33.2
5	39.2	35.4	34.4	38.1	40.3	40.3	34.4
6	42.3	37.5	35.5	39.3	37.3	42.3	35.5
7	35.9	42.4	41.8	36.3	36.2	42.4	35.9
8	46.2	37.6	38.3	39.7	38.0	46.2	37.6
9	36.4	38.3	43.4	38.2	38.0	42.4	36.4
10	44.4	42.0	37.9	38.4	39.5	44.4	37.9

(1)计算极差 R:极差 R 是数据中最大值和最小值之差,本例中:

$$x_{\max}=46.2\text{N/mm}^2$$
$$x_{\min}=31.5\text{N/mm}^2$$
$$R=x_{\max}-x_{\min}=46.2-31.5=14.7(\text{N/mm}^2)$$

(2)确定组数 k:根据表 5-8,本例中取 $k=8$。

(3)计算组距 h:

$$h=\frac{R}{k}=\frac{14.7}{8}=1.84\approx2(\text{N/mm}^2)$$

(4)计算组界:

$$r_1=x_{\min}-\frac{h}{2}=31.5-\frac{2.0}{2}=30.5$$

第一组上界:$30.5+h=30.5+2=32.5$

第二组下界=第一组上界=32.5

第二组上界:$32.5+h=32.5+2=34.5$

以此类推,最高组界为 44.5~46.5,分组结果覆盖了全部数据。

(5)编制数据频数统计表:统计各组频数,可采用唱票形式进行,频数总和应等于全部数据个数。本例频数统计结果见表 5-10。

表 5-10　　　　　　　　　频数统计表

组号	组限(N/mm²)	频数统计	频数	组号	组限(N/mm²)	频数统计	频数
1	30.5~32.5	丁	2	5	38.5~40.5	正正	9
2	32.5~34.5	正一	6	6	40.5~42.5	正	5
3	34.5~36.5	正正	10	7	42.5~44.5	丁	2
4	36.5~38.5	正正正	15	8	44.5~46.5	一	1
合　计							50

(6)绘制频数分布直方图:在频数分布直方图中,横坐标表示质量特性值,本例中为混凝土强度,标出各组的组限值。根据表 5-10 可画出以组距为底,以频数为高的 k 个直方形,便得到混凝土强度的频数分布直方图,如图 5-6 所示。

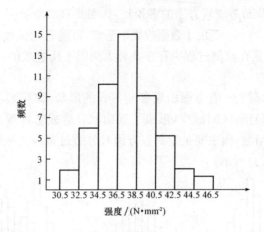

图 5-6 混凝土强度分布直方图

3. 直方图图形分析

直方图形象直观地反映了数据分布情况,通过对直方图的观察和分析可以看出生产是否稳定,及其质量的情况。常见的直方图典型形状有以下几种,如图 5-7 所示。

(1)对称型——中间为峰,两侧对称分散者为对称形,如图 5-7(a)所示。这是工序稳定正常时的分布状况。

(2)孤岛型——在远离主分布中心的地方出现小的直方,形如孤岛,如图 5-7(b)所示。孤岛的存在表明生产过程中出现了异常因素,例如原材料一时发生变化;有人代替操作;短期内工作操作不当。

(3)双峰型——直方图呈现两个顶峰,如图 5-7(c)所示。这往往是两种不同的分布混在一起的结果。例如两台不同的机床所加工的零件所造成的差异。

(4)偏向型——直方图的顶峰偏向一侧,故又称偏坡型,它往往是因计数值或计量值只控制一侧界限或剔除了不合格数据造成的,如图 5-7(d)所示。

(5)平顶型——在直方图顶部呈平顶状态。一般是由多个母体数据混在一起造成的,或者在生产过程中有缓慢变化的因素在起作用。

如操作者疲劳而造成直方图的平顶状,如图 5-7(e)所示。

(6)绝壁型——是由于数据收集不正常,可能有意识地去掉下限以下的数据,或是在检测过程中存在某种人为因素所造成的,如图 5-7(f)所示。

(7)锯齿型——直方图出现参差不齐的形状,即频数不是在相邻区间减少,而是隔区间减少,形成了锯齿状。造成这种现象的原因不是生产上的问题,而主要是绘制直方图时分组过多或测量仪器精度不够,如图 5-7(g)所示。

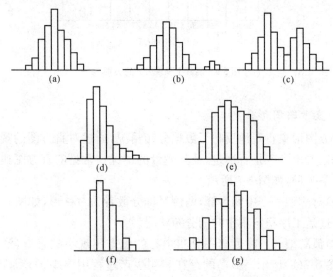

图 5-7 常见直方图形
(a)对称型;(b)孤岛型;(c)双峰型;(d)偏向型;
(e)平顶型;(f)绝壁型;(g)锯齿型

4. 与质量标准对照比较

做出直方图后,除了观察直方图形状,分析质量分布状态外,还应将正常型直方图与质量标准比较,从而判断实际生产过程能力。正常型直方图与质量标准相比较,一般有图 5-8 所示六种情况。

(1)如图 5-8(a)所示,B 在 T 中间,质量分布中心 $\bar{x}$ 与质量标准中

第五章　工程质量控制数量统计分析方法

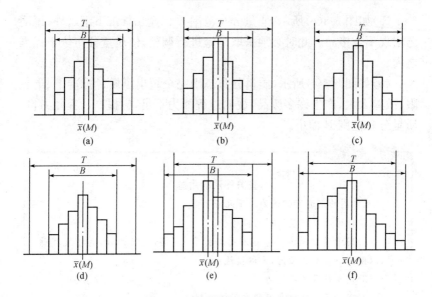

图 5-8　实际质量分析与标准比较

T—质量标准要求界限；B—实际质量特性分布范围

心 M 重合,实际数据分布与质量标准相比较两边还有一定余地。这样的生产过程质量是很理想的,说明生产过程处于正常的稳定状态。在这种情况下生产出来的产品可认为全都是合格品。

(2)如图 5-8(b)所示,B 虽然落在 T 内,但质量分布中 $\bar{x}$ 与 T 的中心 M 不重合,偏向一边。这时生产状态一旦发生变化,就可能超出质量标准下限而出现不合格品。出现这种情况时应迅速采取措施,使直方图移到中间。

(3)如图 5-8(c)所示,B 在 T 中间,且 B 的范围接近 T 的范围,没有余地,生产过程一旦发生小的变化,产品的质量特性值就可能超出质量标准。出现这种情况时,必须立即采取措施,以缩小质量分布范围。

(4)如图 5-8(d)所示,B 在 T 中间,但两边余地太大,说明加工过于精细,不经济。在这种情况下,可以对原材料、设备、工艺、操作等控制要求适当放宽些,有目的地使 B 扩大,从而有利于降低成本。

(5)如图 5-8(e)所示,质量分布范围 B 已超出标准下限之外,说明已出现不合格品。此时必须采取措施进行调整,使质量分布位于标准之内。

(6)如图 5-8(f)所示,质量分布范围完全超出了质量标准上、下界限,散差太大,产生许多废品,说明过程能力不足,应提高过程能力,使质量分布范围 B 缩小。

> **拓展阅读**
>
> **直方图法的用途**
>
> 直方图的用途可归纳为以下几点:
> (1)作为反映质量情况的报告。
> (2)用于质量分析。将直方图与标准(规格)进行比较,易于发现异常,以便进一步分析原因,采取措施。
> (3)用于计算工序能力。
> (4)用于施工现场工序状态管理控制。

六、控制图法

控制图又称管理图,是用于分析和判断施工生产工序是否处于稳定状态所使用的一种带有控制界限的图。它的主要作用是反映施工过程的运动状况,分析、监督、控制施工过程,对工程质量的形成过程进行预先控制,常用于工序质量的控制。

1. 控制图的基本原理与形式

控制图的基本原理,就是根据正态分布的性质,合理确定控制上下限。如果实测的数据落在控制界限范围内,且排列无缺陷,则表明情况正常,工艺稳定,不会出废品;如果实测的数据落在控制界限范围外,或虽未越界但排列存在缺陷,则表明生产工艺状态出现异常,应采取措施调整。

控制图基本形式如图 5-9 所示。横坐标为样本(子样)序号或抽样时间,纵坐标为被控制对象,即被控制的质量特性值。控制图上一般有三条线:上面的一条虚线称为上控制界限,用符号 UCL 表示;下面的一条虚线称为下控制界限,用符号 LCL 表示;中间的一条实线称为中心线,用符号 CL 表示。中心线标志着质量特性值分布的中心位置,上下控制界限标志着质量特性值允许波动范围。

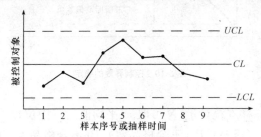

图 5-9　控制图基本形式

在生产过程中通过抽样取得数据,把样本统计量描在图上来分析判断生产过程状态。如果点子随机地落在上、下控制界限内,则表明生产过程正常,处于稳定状态,不会产生不合格品;如果点子超出控制界限,或点子排列有缺陷,则表明生产条件发生了异常变化,生产过程处于失控状态。

2. 控制图控制界限的确定

根据数理统计原理,考虑经济的原则,世界上大多数国家采用"三倍标准偏差法"来确定控制界限,即将中心线定在被控制对象的平均值上,以中心线为基准向上向下各量三倍被控制对象的标准偏差,即为上、下控制界限,如图 5-10 所示。

采用三倍标准偏差法是因为控制图是以正态分布为理论依据的。采用这种方法可以在最经济的条件下,实现生产过程控制,保证产品的质量。在用三倍标准偏差法确定控制界限时,其计算公式如下:

中心线　　　$CL = E(X)$

上控制界限　$UCL = E(X) + 3D(X)$

下控制界限　$LCL = E(X) - 3D(X)$

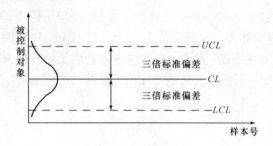

图 5-10 控制界限的确定

式中 X——样本统计量,X 可取 $\bar{x}$(平均值)、$\tilde{x}$(中位数)、x(单值)、R(极差)、P_n(不合格品数)、P(不合格品率)、C(缺陷数)、u(单位缺陷数)等;

$E(X)$——X 的平均值;

$D(X)$——X 的标准偏差。

按三倍标准偏差法,各类控制图控制界限计算公式见表 5-11。控制图用系数见表 5-12。

表 5-11　　　　　　　　控制图控制界限计算公式

控制图种类		中心线	控制界限
计量值控制图	平均数 $\bar{x}$ 控制图	$\bar{\bar{x}}=\dfrac{\sum\limits_{i=1}^{k}\bar{x}_i}{k}$	$\bar{\bar{x}}\pm A_2\bar{R}$
	极差 R 控制图	$\bar{R}=\dfrac{\sum\limits_{i=1}^{k}R_i}{k}$	$D_4\bar{R},D_3\bar{R}$
	中位数 $\tilde{x}$ 控制图	$\bar{\tilde{x}}=\dfrac{\sum\limits_{i=1}^{k}\tilde{x}_i}{k}$	$\bar{\tilde{x}}\pm m_3 A_2\bar{R}$
	单值 x 控制图	$\bar{x}=\dfrac{\sum\limits_{i=1}^{k}x_i}{k}$	$\bar{x}\pm E_2\bar{R_S}$
	移动极差 R_S 控制图	$\bar{R_S}=\dfrac{\sum\limits_{i=1}^{k}R_{S_i}}{k}$	$D_4\bar{R_S}$

续表

控制图种类		中心线	控制界限
计数值控制图	计件	不合格品数 P_n 控制图	$\overline{P}_n = \dfrac{\sum\limits_{i=1}^{k} P_i n_i}{k}$	$\overline{P}_n \pm 3\sqrt{\overline{P}_n(1-\overline{P}_n)}$
		不合格品率 P 控制图	$\overline{P} = \dfrac{\sum\limits_{i=1}^{k} P_i n_i}{k}$	$\overline{P} \pm 3\sqrt{\overline{P}(1-\overline{P})}$
	计点	缺陷数 C 控制图	$\overline{C} = \dfrac{\sum\limits_{i=1}^{k} C_i}{k}$	$\overline{C} \pm 3\sqrt{\overline{C}}$
		单位缺陷 u 控制图	$\overline{u} = \dfrac{\sum\limits_{i=1}^{k} u_i}{k}$	$\overline{u} \pm 3\sqrt{\dfrac{\overline{u}}{n}}$

表 5-12　　　　　　控制图用系数表

样本容量 n	A_2	D_4	D_3	$m_3 A_2$	E_2
2	1.88	3.27	—	1.88	2.66
3	1.02	2.57	—	1.19	1.77
4	0.73	2.28	—	0.80	1.46
5	0.58	2.11	—	0.69	1.29
6	0.48	2.00	—	0.55	1.18
7	0.42	1.92	0.08	0.51	1.11
8	0.37	1.86	0.14	0.43	1.05
9	0.34	1.82	0.18	0.41	1.01
10	0.31	1.78	0.22	0.36	0.96

3. 控制图的用途

控制图是用样本数据来分析判断生产过程是否处于稳定状态的

有效工具。它的用途主要有以下两个:

(1)过程分析,即分析生产过程是否稳定。为此,应随机连续收集数据,绘制控制图,观察数据点分布情况并判定生产过程状态。

(2)过程控制,即控制生产过程质量状态。为此,要定时抽样取得数据,将其变为点子描在图上,发现并及时消除生产过程中的失调现象,预防不合格品的产生。

> **拓展阅读**
>
> **控制图的应用**
>
> 应用控制图进行分析判断时,有以下准则:
>
> (1)数据点都应在正常区内,不能越出控制界限。
>
> (2)数据点的排列,不应有缺陷。
>
> 如有以下情况,即表示生产工艺中存在异常因素:
>
> (1)数据点在中心线的一侧连续出现7次以上。
>
> (2)连续7个以上的数据上升或下降。
>
> (3)连续11个点中,至少有10个点(可以不连续)在中心线的同一侧。
>
> (4)连续3个点中,至少有2个点(可以不连续)在控制界限外出现。
>
> (5)数据点呈周期性变化。

七、相关图法

相关图又称散布图。在进行质量问题原因分析时,常常遇到一些变量共处于一个统一体中,它们相互联系、相互制约,在一定条件下又相互转化。这些变量之间的关系,有些属于确定性关系,即它们之间的关系,可以用函数关系来表达;而有些则属于非确定性关系,即不能用一个变量的数值精确地求出另一个变量的值。相关图法就是将两个非确定性变量的数据对应列出,并用点子画在坐标图上,来观察它们之间关系的图。对它们进行的分析称为相关分析。

1. 相关图类型

相关图是利用有对应关系的两种数值画出的坐标图。由于对应的数值反映出来的相关关系不同,所以数据在坐标图上的散布点也各不相同。因此表现出来的分布状态有各种类型,大体归纳起来有以下几种类型:

(1)强正相关。特点是点子的分布面较窄。当横轴上的 x 值增大,纵坐标 y 也明显增大,散布点呈一条直线带,图 5-11(a)所示的 x 和 y 之间存在相当明显的相关关系,称为强正相关。

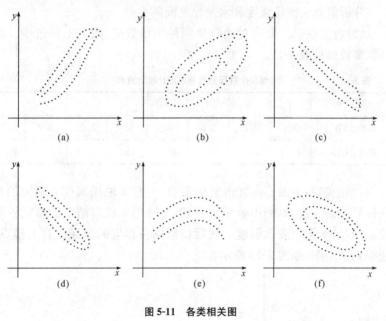

图 5-11 各类相关图

(2)弱正相关。点子在图上散布的面积较宽,但总的趋势是横轴上的 x 值增大,纵轴上的 y 值也增大。图 5-11(b)所示其相关程度比较弱,叫弱正相关。

(3)不相关。在相关图上点子的散布没有规律性。横轴上的 x 值增大时,纵轴上的 y 值也可能增大,也可能减小。x 和 y 间无任何关系[图 5-11(f)]。

(4)强负相关。和强正相关的情况相似,也是点子的分布面较窄,只是当 x 值增大时,y 是减小的[图 5-11(c)]。

(5)弱负相关。和弱正相关的情况相似。只是当横轴上的 x 值增大时,纵轴上的 y 值却随之减小[图 5-11(d)]。

(6)曲线相关。图 5-11(e)所示的散布点不是呈线性散布,而是曲线散布。它表明两个变量间具有某种非线性相关关系。

2. 相关图绘制实例

分析混凝土抗压强度和水灰比之间的关系。

(1)收集数据。要成对地收集两种质量数据,数据不得过少。本例收集数据见表 5-13。

表 5-13　　　　　　混凝土抗压强度与水胶比统计资料

	序　号	1	2	3	4	5	6	7	8
x	水胶比(W/C)	0.4	0.45	0.5	0.55	0.6	0.65	0.7	0.75
y	强度(N/mm^2)	36.3	35.3	28.2	24.0	23.0	20.6	18.4	15.0

(2)绘制相关图。在直角坐标系中,一般 x 轴用来代表原因的量或较易控制的量,本例中表示水胶比;y 轴用来代表结果的量或不易控制的量,本例中表示强度。然后将数据在相应的坐标位置上描点,便得到散布图,如图 5-12 所示。

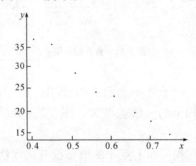

图 5-12　相关图

拓展阅读

相关图的应用

相关图可用于质量特性和影响质量因素之间的分析；质量特性和质量特性之间的分析；影响因素和影响因素之间的分析。例如混凝土的强度(质量特性)与水胶比、含砂率(影响因素)之间的关系；强度与抗渗性(质量特性)之间的关系；水胶比与含砂率之间的关系等。

第三节 抽样检验方案

一、抽样检验方案的分类

抽样检验方案是根据检验项目特性所确定的抽样数量、接受标准和方法。如在简单的计数值抽样检验方案中，主要是确定样本容量 n 和合格判定数，即允许不合格品件数 c，记为方案 (n,c)。

抽样检验方案分类如图 5-13 所示。

二、常用的抽样检验方案

(1)计数值标准型一次抽样检验方案：计数值标准型一次抽样检验方案是规定在一定样本容量 n 时的最高允许的批合格判定数 c，记作 (n,c)，并在一次抽检后给出判断检验批是否合格的结论。c 也可用 A_c 表示。c 值一般为可接受的不合格品数，也可以是不合格品率，或者是可接受的每百单位缺陷数。实际抽检时，检出不合格品数为 d，则当 $d \leqslant c$ 时，判定为合格批，接受该检验批；当 $d > c$ 时，判定为不合格批，拒绝该检验批。

(2)计数值标准型二次抽样检验方案：计数值标准型二次抽样检验方案是规定两组参数，即第一次抽检的样本容量 n_1 时的合格判定数 c_1 和不合格判定数 $r_1(c_1 < r_1)$；第二次抽检的样本容量 n_2 时的合格判定数 c_2。在最多两次抽检后就能给出判断检验批是否合格的结

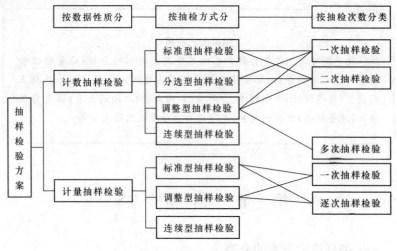

图 5-13 抽样检验方案分类

论。其检验程序是:

第一次抽检 n_1 后,检出不合格品数为 d_1,则当 $d_1 \leqslant c_1$ 时,接受该检验批;当 $d_1 \geqslant r_1$ 时,拒绝该检验批;当 $c_1 < d_1 < r_1$ 时,抽检第二个样本。

第二次抽检 n_2 后,检出不合格品数为 d_1,则当:

$d_1 + d_2 \leqslant c_2$ 时,接受该检验批;$d_1 + d_2 > c_2$ 时,拒绝该检验批。

以上两种标准型抽样检验程序如图 5-14、图 5-15 所示。

(3)分选型抽样检验方案:计数值分选型抽样检验方案基本与计数值标准型一次抽样检验方案相同,只是在抽检后给出检验批是否合格的判断结论和处理有所不同。即实际抽检时,检出不合格品数为 d,则当 $d \leqslant c$ 时,接受该检验批;$d > c$ 时,则对该检验批余下的个体产品全数检验。

(4)调整型抽样检验方案:计数值调整型抽样检验方案是在对正常抽样检验的结果进行分析后,根据产品质量的好坏,过程是否稳定,按照一定的转换规则对下一次抽样检验判断的标准加严或放宽的检验。

第五章 工程质量控制数量统计分析方法

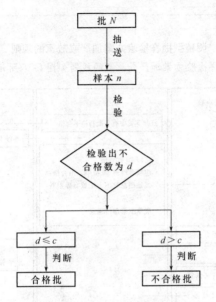

图 5-14 标准型一次抽样检验程序图

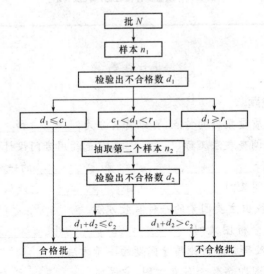

图 5-15 标准型二次抽样检验程序图

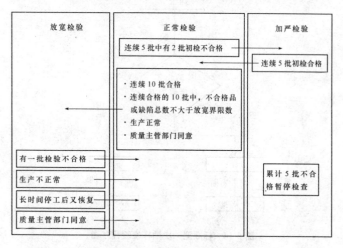

图 5-16 质量抽样检验宽严转换规则

课后练习

一、填空题

1. 根据质量数据的特点,可以将其分为_____和_____。

2. 统计调查表法又称_____,它是利用专门设计的统计表对质量数据进行_____、_____和_____的一种方法。

3. 排列图又叫_____,也称_____。它是从影响产品的众多因素中找出主要因素的一种有效方法。

4. 因果分析图又叫_____、_____、_____。这是一种逐步深入研究和讨论质量问题的图示方法。

5. 直方图即频数分布直方图,它是将_____进行分组整理,绘制成频数分布直方图,用于描述质量分布状态的一种分析方法,所

第五章 工程质量控制数量统计分析方法

以又称_____。

6. 抽样检验方案是_____。

二、选择题（有一个或多个答案）

1. 下列属于计量数据的是（　　）。
   A. 长度　　　　　　　　B. 容积
   C. 废品件数　　　　　　D. 不合格品件数

2. 控制图又称（　　），是用于分析和判断施工生产工序是否处于稳定状态所使用的一种带有控制界限的图表。
   A. 分布直方图　　　　　B. 散布图
   C. 特性要因图　　　　　D. 管理图

3. 下列关于排列图说法不正确的是（　　）。
   A. 要注意所取数据的时间和范围
   B. 找出的主要因素最好是1～2个，最多不超过4个
   C. 针对影响质量的主要因素采取措施
   D. 在PDCA循环过程中，为了检查实施效果需重新作排列图进行比较

4. 下列关于直方图的用途说法正确的是（　　）。
   A. 作为反映质量情况的报告
   B. 用于质量分析，将直方图与标准（规格）进行比较，易于发现异常，以便进一步分析原因，采取措施
   C. 用于计算工序能力
   D. 用于施工现场工序状态管理控制

三、简答题

1. 什么是数理统计？数理统计的内容主要有哪些？
2. 质量数据可分为哪几种类型？
3. 质量数据的收集方法主要有哪些？
4. 质量控制中常用的统计分析方法有哪些？
5. 常用的抽样检验方案有哪些？

中篇 建筑工程质量控制与检验

第六章 地基基础工程质量控制及检验

第一节 土方工程质量控制及检验

一、土方开挖

1. 土方开挖施工质量控制点

(1)基底标高。
(2)开挖尺寸。
(3)基坑边坡。
(4)表面平整度。
(5)基底土质。

2. 土方开挖工程质量控制措施

(1)在土方工程施工测量中,应对平面位置(包括控制边界线、分界线、边坡的上口线和底口线等)、边坡坡度(包括放坡线、变坡等)和标高(包括各个地段的标高)等经常进行测量,校核是否符合设计要求。

上述施工测量的基准——平面控制桩和水准控制点,也应定期进行复测和检查。

(2)挖土堆放不能离基坑上边缘太近。

(3)土方开挖应具有一定的边坡坡度,临时性挖方边坡值应符合表 6-1 的规定。

第六章　地基基础工程质量控制及检验

表 6-1　　　　　　　　　临时性挖方边坡值

土的类别		边坡值(高：宽)
砂土(不包括细砂、粉砂)		1：1.25～1：1.50
一般性黏土	硬	1：0.75～1：1.00
	硬、塑	1：1.00～1：1.25
	软	1：1.50 或更缓
碎石类土	充填坚硬、硬塑黏性土	1：0.50～1：1.00
	充填砂土	1：1.00～1：1.50

注：1. 设计有要求时，应符合设计标准。
　　2. 如采用降水或其他加固措施，可不受本表限制，但应计算复核。
　　3. 开挖深度，对软土不应超过 4m，对硬土不应超过 8m。
　　4. 本表摘自《建筑地基基础工程施工质量验收规范》(GB 50202—2002)。

（4）为了使建(构)筑物有一个比较均匀的下沉，对地基应进行严格的检验，与地质勘查报告进行核对，检查地基土与工程地质勘查报告、设计图纸是否相符，有无破坏原状土的结构或发生较大的扰动现象。

拓展阅读

地基验槽方法

（1）表面检查验槽法：

1）根据槽壁土层分布情况及走向，初步判明全部基底是否已挖至设计所要求的土层。

2）检查槽底是否已挖至原(老)土，是否需继续下挖或进行处理。

3）检查整个槽底土的颜色是否均匀一致；土的坚硬程度是否一样，有无局部过松软或过坚硬的部位；有无局部含水量异常现象，走上去有没有颤动的感觉等。如有异常部位，要会同设计等有关单位进行处理。

（2）钎探检查验槽法：基坑挖好后，用锤把钢钎打入槽底的基土内，根据每打入一定深度的锤击次数，来判断基土质情况。

（3）洛阳铲钎探验槽法：在黄土地区基坑挖好后或大面积基坑挖土前，根据建筑物所在地区的具体情况或设计要求，对基坑底以下的土质、古墓、洞穴用专用洛阳铲进行钎探检查。

3. 土方开挖工程质量检验标准

土方开挖工程质量检验标准应符合表 6-2 的规定。

表 6-2　　　　　土方开挖工程质量检验标准　　　　　mm

项序		项目	允许偏差或允许值					检验方法	检查数量
			柱基基坑基槽	挖方场地平整		管沟	地(路)面基层		
				人工	机械				
主控项目	1	标高	−50	±30	±50	−50	−50	水准仪	柱基按总数抽查10%,但不少于5个,每个不少于2点;基坑每20m² 取1点,每坑不少于2点;基槽、管沟、排水沟、路面基层每20m 取1点,但不少于5点;挖方每30~50m² 取1点,但不少于5点
	2	长度、宽度(由设计中心线向两边量)	+200 −50	+300 −100	+500 −150	+100	—	经纬仪,用钢尺量	每20m 取1点,每边不少于1点
	3	边坡		设计要求				观察或坡度尺检查	
一般项目	1	表面平整度	20	20	50	20	20	用2m 靠尺和楔形塞尺检查	每30~50m² 取1点
	2	基底土性		设计要求				观察或土样分析	全数观察检查

注:地(路)面基层的偏差只适用于直接在挖、填方上做地(路)面的基层。

二、土方回填

1. 土方回填施工质量控制点

(1)标高。

(2)压实度。

(3)回填土料。

(4)表面平整度。

2. 土方回填工程质量控制措施

(1)填料质量控制。土的最佳含水率和最少压实遍数可通过试验求得。

土的最优含水量和最大干密度可参见表 6-3。

表 6-3　　　　　土的最佳含水量和最大干密度参考表

项次	土的种类	变动范围	
		最佳含水量(质量百分数%)	最大干密度(g/cm³)
1	砂土	8～12	1.80～1.88
2	黏土	19～23	1.58～1.70
3	粉质黏土	12～15	1.85～1.95
4	粉土	16～22	1.61～1.80

注：1. 表中土的最大密度应以现场实际达到的数字为准。
　　2. 一般性的回填可不作此项测定。

(2)施工过程质量控制。

1)土方回填前应清除基底的垃圾、树根等杂物，抽除坑穴积水、淤泥，验收基底标高。如在耕植土或松土上填方，应在基底压实后再进行。

> 对填方土料应按设计要求验收后方可填入。

填方基底处理属于隐蔽工程，必须按设计要求施工。如设计无要求时，必须符合以上规定。

2)填方基底处理应做好隐蔽工程验收，重点内容应画图表示，基底处理经中间验收合格后，才能进行填方和压实。

3)经中间验收合格的填方区域场地应基本平整，并有 0.2% 坡度有利排水，填方区域有陡于 1/5 的坡度时，应控制好阶宽不小于 1m 的阶梯形台阶，台阶面口严禁上抬造成台阶上积水。

4) 填土的边坡控制见表 6-4。

表 6-4　　　　　　　　　　　填土的边坡控制

项次	土的种类	填方高度(m)	边坡坡度
1	黏土类土、黄土、类黄土	6	1∶1.50
2	粉质黏土、泥灰岩土	6～7	1∶1.50
3	中砂和粗砂	10	1∶1.50
4	砾石和碎石土	10～12	1∶1.50
5	易风化的岩土	12	1∶1.50
6	轻微风化、尺寸在25cm内的石料	6以内 6～12	1∶1.33 1∶1.50
7	轻微风化、尺寸大于25cm的石料,边坡用最大石块、分排整齐铺砌	12以内	1∶1.50～1∶0.75
8	轻微风化、尺寸大于40cm的石料,其边坡分排整齐	5以内 5～10 ＞10	1∶0.50 1∶0.65 1∶1.00

注:1. 当填方高度超过本表规定限值时,其边坡可做成折线形,填方下部的边坡坡度应为 1∶1.75～1∶2.00。

2. 凡永久性填方,土的种类未列入本表者,其边坡坡度不得大于 $\varphi+45°/2$,φ 为土的自然倾斜角。

5) 填方施工过程中应检查排水措施,每层填筑厚度、含水量控制、压实程度。

6) 填筑厚度及压实遍数应根据土质、压实系数及所用机具确定。如无试验依据,应符合表 6-5 的规定。

表 6-5　　　　　　　　填土施工时的分层厚度及压实遍数

压实机具	分层厚度(mm)	每层压实遍数
平　　碾	250～300	6～8
振动压实机	250～350	3～4
柴油打夯机	200～250	3～4
人工打夯	＜200	3～4

拓展阅读

分层压实系数 λ_0 的检查方法

当设计没有规定时,分层压实系数 λ_0 采用环刀取样测定土的干密度,求出土的密实系数($\lambda_0 = \rho_d / \rho_{dmax}$,$\rho_d$ 为土的控制干密度,ρ_{dmax} 为土的最大干密度);或用小轻便触探仪直接通过锤击数来检验密实系数;也可用钢筋贯入深度法检查填土地基质量,但必须按击实试验测得的钢筋贯入深度的方法。

环刀取样、小轻便触探仪锤数、钢筋贯入深度法取得的压密系数均应符合设计要求的压密系数。当设计无详细规定时,可参见填方的压实系数(密实度)要求,见表6-6。

表6-6 填方的压实系数(密实度)要求

结构类型	填土部位	压实系数 λ_0
砌体承重结构和框架结构	在地基主要持力层范围内	>0.96
	在地基主要持力层范围以下	0.93~0.96
简支结构和排架结构	在地基主要持力层范围内	0.94~0.97
	在地基主要持力层范围以下	0.91~0.93
一般工程	基础四周或两侧一般回填土	0.90
	室内地坪、管道地沟回填土	0.90
	一般堆放物体场地回填土	0.85

注:压实系数 λ_0 为土的控制干密度 ρ_d 与最大干密度 ρ_{dmax} 的比值。控制含水量为 $\omega_{op} \pm 2\%$。

3. 填土工程质量检验标准

填方施工结束后,应检查标高、边坡坡度、压实程度等,检验标准应符合表6-7的规定。

表 6-7　　　　　　　　填土工程质量检验标准　　　　　　　　mm

项序		项目	允许偏差或允许值					检验方法	检验数量
			柱基基坑基槽	场地平整		管沟	地(路)面基层		
				人工	机械				
主控项目	1	标高	−50	±30	±50	−50	−50	水准仪	柱基按总数抽查10%,但不少于5个,每个不少于2点;基坑每20m²取1点,每坑不少于2点;基槽、管沟、排水沟、路面基层每20m取1点,但不少于5点;场地平整每100～400m²取1点,但不少于10点。用水准仪检查
	2	分层压实系数	设计要求					按规定方法	密实度控制基坑和室内填土,每层按100～500m²取样一组;场地平整填方,每层按400～900m²取样一组;基坑和管沟回填每20～50m²取样一组,但每层均不得少于一组,取样部位在每层压实后的下半部
一般项目	1	回填土料	设计要求					取样检查或直观鉴别	同一土场不少于1组
	2	分层厚度及含水量	设计要求					水准仪及抽样检查	分层铺土厚度检查每10～20mm或100～200m²设置一处。回填料实测含水量与最佳含水量之差,黏性土控制在−4%～+2%范围内,每层填料均应抽样检查一次,由于气候因素使含水量发生较大变化时应再抽样检查
	3	表面平整度	20	20	30	20	20	用靠尺或水准仪	每30～50m²取1点

第二节 地基处理质量控制及检验

一、灰土地基

1. 灰土地基施工质量控制点

(1)地基承载力。
(2)配合比。
(3)压实系数。
(4)石灰、土颗粒粒径。

2. 灰土地基质量控制措施

(1)材料质量控制。

1)土料。采用就地挖出的黏性土及塑性指数大于 4 的粉土,土内不得含有松软杂质和冻土,不得使用耕植土;土料须过筛,其颗粒不应大于 15mm。

2)石灰。应用Ⅲ级以上新鲜的块灰,含氧化钙、氧化镁愈高愈好,使用前 1～2d 消解并过筛,其颗粒不得大于 5mm,且不应夹有未熟化的生石灰块粒及其他杂质,也不得含有过多的水分。

3)灰土。灰土配合比应严格符合设计要求,且要求搅拌均匀,颜色一致。

(2)施工过程质量控制。

1)铺设前应先检查基槽,若发现有软弱土层或孔穴,应挖除并用素土或灰土分层填实;有积水时,采取相应排水措施。待合格后方可施工。

2)灰土施工时,应适当控制其含水量,以手握成团,两指轻捏能碎为宜,如土料水分过多或不足时,可以晾干或洒水润湿。

3)灰土搅拌好应当分层进行铺设,每层铺土厚度按表 6-8 的规定选用。厚度用样桩控制,每层灰土夯打遍数,应根据设计的干土质量密度在现场试验确定。

表6-8　　　　　　　　　　灰土最大虚铺厚度

序号	夯实机具种类	质量(t)	虚铺厚度(mm)	备注
1	石夯、木夯	0.04～0.08	200～250	人力送夯,落距400～500mm,一夯压半夯,夯实后80～100mm厚
2	轻型夯实机械	0.12～0.4	200～250	蛙式夯机、柴油打夯机,夯实后100～150mm厚
3	压路机	6～10	200～250	双轮

4)灰土分段施工时,不得在墙角、柱墩及承重窗间墙下接缝,上下相邻两层灰土的接缝间距不得小于500mm,接缝处的灰土应充分夯实。

5)压实填土的承载力是设计的重要参数,也是检验压实填土质量的主要指标之一。在现场采用静载荷试验或其他原位测试,其结果较准确,可信度高。

当采用载荷试验检验压实填土的承载力时,应考虑压板尺寸与压实填土厚度的关系。压实填土厚度大,压板尺寸也要相应增大,或采取分层检验。否则,检测结果只能反映上层或某一深度范围内压实填土的承载力。

3. 灰土地基质量检验标准

灰土地基质量检验标准应符合表6-9的规定。

表6-9　　　　　　　　　　灰土地基质量检验标准

项序		检查项目	允许偏差或允许值		检查方法	检查数量
			单位	数值		
主控项目	1	地基承载力	设计要求		按规定方法	每单位工程应不少于3点,1000m²以上工程,每100m²至少应有1点,3000m²以上工程,每300m²至少应有1点。每一独立基础下至少应有1点,基槽每20延米应有1点

第六章 地基基础工程质量控制及检验

续表

项序		检查项目	允许偏差或允许值		检查方法	检查数量
			单位	数值		
主控项目	2	配合比	设计要求		按拌和时的体积比	柱坑按总数抽查10%，但不少于5个；基坑、沟槽每10m²抽查1处，但不少于5处
	3	压实系数	设计要求		现场实测	应分层抽样检验土的干密度，当采用贯入仪或钢筋检验垫层的质量时，检验点的间距应小于4m。当取土样检验垫层的质量时，对大基坑每50～100m²应不少于1个检验点；对基槽每10～20m应不少于1个点；每个单独柱基应不少于1个点
一般项目	1	石灰粒径	mm	≤5	筛分法	柱坑按总数抽查10%，但不少于5个；基坑、沟槽每10m²抽查1处，但不少于5处
	2	土料有机质含量	%	≤5	试验室焙烧法	随机抽查，但土料产地变化时须重新检测
	3	土颗粒粒径	mm	≤15	筛分法	柱坑按总数抽查10%，但不少于5个；基坑、沟槽每10m²抽查1处，但不少于5处
	4	含水量（与要求的最优含水量比较）	%	±2	烘干法	应分层抽样检验土的干密度，当采用贯入仪或钢筋检验垫层的质量时，检验点的间距应小于4m。当取土样检验垫层的质量时，对大基坑每50～100m²应不少于1个检验点；对基槽每10～20m应不少于1个点；每个单独柱基应不少于1个点
	5	分层厚度偏差（与设计要求比较）	mm	±50	水准仪	柱坑按总数抽查10%，但不少于5个；基坑、沟槽每10m²抽查1处，但不少于5处

二、砂和砂石地基

1. 砂和砂石地基施工质量控制点

(1)地基承载力。

(2)配合比。

(3)压实系数。

(4)砂、砂石、土颗粒粒径。

2. 砂和砂石地基质量控制措施

(1)材料质量控制。

1)砂。使用颗粒级配良好、质地坚硬的中砂或粗砂,当用细砂、粉砂时,应掺加粒径20~50mm的卵石(或碎石),但要分布均匀。砂中不得含有杂草、树根等有机杂质,含泥量应小于5%,兼作排水垫层时,含泥量不得超过3%。

2)砂石。用自然级配的砂石(或卵石、碎石)混合物,粒级应在50mm以下,其含量应在50%以内,不得含有植物残体、垃圾等杂物,含泥量小于5%。

(2)施工过程质量控制。

1)铺设前应先验槽,清除基底表面浮土、淤泥杂物,地基槽底如有孔洞、沟、井、墓穴应先填实,基底无积水。槽应有一定坡度,防止振捣时塌方。

2)由于垫层标高不尽相同,施工时应分段施工,接头处应挖成斜坡或阶梯搭接,并按先深后浅的顺序施工,搭接处,每层应错开0.5~1.0m,并注意充分捣实。

3)砂石地基应分层铺垫、分层夯实。每层铺设厚度、捣实方法可参照表6-10的规定选用。每铺好一层垫层,经干密度检验合格后方可进行上一层施工。

4)垫层铺设完毕,应立即进行下道工序的施工,严禁人员及车辆在砂石层面上行走,必要时应在垫层上铺板行走。

5)冬期施工时,不得采用含有冰块的砂石。

第六章 地基基础工程质量控制及检验

表6-10　　　　砂和砂石垫层每层铺筑厚度及最优含水量

项次	捣实方法	每层铺筑厚度(mm)	施工时最优含水量(%)	施 工 说 明	备　　注
1	平振法	200～250	15～20	用平板式振捣器往复振捣	不宜使用干细砂或含泥量较大的砂所铺筑的砂垫层
2	插振法	振捣器插入深度	饱和	(1)用插入式振捣器； (2)插入间距可根据机械振幅大小决定； (3)不应插至下卧黏性土层； (4)插入振捣器完毕后所留的孔洞，应用砂填实	
3	水撼法	250	饱和	(1)注水高度应超过每次铺筑面； (2)钢叉摇撼捣实，插入点间距为100mm； (3)钢叉分四齿，齿的间距80mm，长300mm，木柄长90mm	湿陷性黄土、膨胀土地区不得使用
4	夯实法	150～200	8～12	(1)用木夯或机械夯； (2)木夯重40kg，落距400～500mm； (3)一夯压半夯，全面夯实	
5	碾压法	250～350	8～12	6～12t压路机往复碾压	(1)适用于大面积砂垫层； (2)不宜用于地下水位以下的砂垫层

注：在地下水位以下的垫层其最下层的铺筑厚度可比本表增加50mm。

> **拓展阅读**
>
> **砂和砂石地基适用范围**
>
> 砂和砂石地基,应用范围广,并且由于砂石颗粒较大,可有效防止地下水因毛细作用而上升,能在施工期间完成沉陷。但该地基不适用于加固湿陷性黄土地基及渗透系数小的黏性土地基。

3. 砂和砂石地基质量检验标准

砂和砂石地基质量检验标准应符合表 6-11 的规定。

表 6-11　　　　砂和砂石地基质量检验标准

项序		检查项目	允许偏差或允许值		检查方法	检查数量
			单位	数值		
主控项目	1	地基承载力	设计要求		按规定方法	每单位工程应不少于 3 点,1000m² 以上工程,每 100m² 至少应有 1 点,3000m² 以上工程,每 300m² 至少应有 1 点。每一独立基础下至少应有 1 点,基槽每 20 延米应有 1 点
	2	配合比	设计要求		检查拌和时的体积比或质量比	柱坑按总数抽查 10%,但不少于 5 个;基坑、沟槽每 10m² 抽查 1 处,但不少于 5 处
	3	压实系数	设计要求		现场实测	应分层抽样检验土的干密度,当采用贯入仪或钢筋检验垫层的质量时,检验点的间距应小于 4m。当取土样检验垫层的质量时,对大基坑每 50~100m² 应不少于 1 个检验点;对基槽每 10~20m 应不少于 1 个点;每个单独柱基应不少于 1 个点

续表

项序	检查项目	允许偏差或允许值 单位	允许偏差或允许值 数值	检查方法	检查数量
一般项目 1	砂石料有机质含量	%	≤5	焙烧法	随机抽查,但砂石料产地变化时须重新检测
一般项目 2	砂石料含泥量	%	≤5	水洗法	(1)石子的取样、检测。用大型工具(如火车、货船或汽车)运输至现场的,以 400m³ 或 600t 为一验收批;用小型工具(如马车等)运输的,以 200m³ 或 300t 为一验收批。不足上述数量者以一验收批取样。 (2)砂的取样、检测。用大型的工具(如火车、货船或汽车)运输至现场的,以 400m³ 或 600t 为一验收批;用小型工具(如马车等)运输的,以 200m³ 或 300t 为一验收批。不足上述数量者以一验收批取样
一般项目 3	石料粒径	mm	≤100	筛分法	
一般项目 4	含水量(与最优含水量比较)	%	±2	烘干法	每 50~100m² 不少于 1 个检验点
一般项目 5	分层厚度(与设计要求比较)	mm	±50	水准仪	柱坑按总数抽查 10%,但不少于 5 个;基坑、沟槽每 10m² 抽查 1 处,但不少于 5 处

三、水泥土搅拌桩地基

1. 水泥土搅拌桩地基施工质量控制点

(1)水泥及外加剂质量。

(2)水泥用量。

(3)桩体强度。

(4)地基承载力。

(5)桩底标高、桩径、桩位。

2. 水泥土搅拌桩地基质量控制措施

(1)原材料质量控制。水泥宜采用42.5级的普通硅酸盐水泥。水泥进场时,应检查产品标签、生产厂家、产品批号、生产日期等,并按批量、批号取样送检。出厂日期不得超过三个月。外掺剂所采用外加剂须具备合格证与质保单,满足设计的各项参数要求。

(2)施工过程质量控制。

1)施工前应检查水泥外掺剂和土体是否符合要求,调整好搅拌机、灰浆泵、拌浆机等设备。

2)施工现场事先应予平整,必须清除地上、地下一切障碍物。潮湿和场地低洼时应抽水和清淤,分层夯实回填黏性土料,不得回填杂填土或生活垃圾。

3)作为承重水泥土搅拌桩施工时,设计停浆(灰)面应高出基础底面标高300~500mm(基础埋深大取小值,反之取大值),在开挖基坑时,应将该施工质量较差段用手工挖除,以防止发生桩顶与挖土机械碰撞断裂现象。

4)为保证水泥土搅拌桩的垂直度,要注意起吊搅拌设备的平整度和导向架的垂直度,水泥土搅拌桩的垂直度控制在≤1.5%范围内,桩位布置偏差不得大于50mm,桩径偏差不得大于4D(D为桩径)。

5)每天上班开机前,应先量测搅拌头刀片直径是否达到700mm,搅拌刀片有磨损时应及时加焊,防止桩径偏小。

> 水泥土搅拌桩施工过程中,为确保搅拌充分,桩体质量均匀,搅拌机头提速不宜过快,否则会使搅拌桩体局部水泥量不足或水泥不能均匀地拌和在土中,导致桩体强度不一。

6)施工中应检查机头提升速度、水泥浆或水泥注入量、搅拌桩的长度及标高。

7)施工时因故停浆,应将搅拌头下沉至停浆点以下0.5m处,待恢

第六章 地基基础工程质量控制及检验

复供浆时再喷浆提升。若停机 3h 以上,应拆卸输浆管路,清洗干净,防止恢复施工时堵管。

8)壁状加固时桩与桩的搭接长度宜为 200mm,搭接时间不大于 24h,如因特殊原因超过 24h 时,应对最后一根桩先进行空钻留出榫头以待下一个桩搭接;如间隔时间过长,与下一根桩无法搭接时,应在设计和业主方认可后,采取局部补桩或注浆措施。

9)拌浆、输浆、搅拌等均应有专人记录,桩深记录误差不得大于 100mm,时间记录误差不得大于 5s。

10)施工结束后,应检查桩体强度、桩体直径及地基承载力。

强度检验取样要求

进行强度检验时,对承重水泥土搅拌桩应取 90d 后的试件;对支护水泥土搅拌桩应取 28d 后的试件。强度检验取 90d 的试样是根据水泥土的特性而定,如工程需要(如作为围护结构用的水泥土搅拌桩),可根据设计要求,以 28d 强度为准。由于水泥土搅拌桩施工的影响因素较多,故检查数量略多于一般桩基。

3. 水泥土搅拌桩地基质量检验标准

水泥土搅拌桩地基质量检验标准应符合表 6-12 的规定。

表 6-12　　　　　水泥土搅拌桩地基质量检验标准

项序		检查项目	允许偏差或允许值		检查方法	检查数量
			单位	数值		
主控项目	1	水泥及外掺剂质量	设计要求		查产品合格证书或抽样送检	水泥:按同一生产厂家、同一等级、同一品种、同一批号且连续进场的水泥,袋装不超过 200t 为一批,散装不超过 500t 为一批,每批抽样不少于一次。外加剂:按进场的批次和产品的抽样检验方案确定

续表

项序		检查项目	允许偏差或允许值		检查方法	检查数量
			单位	数值		
主控项目	2	水泥用量	参数指标		查看流量计	每工作台班不少于3次
	3	桩体强度	设计要求		按规定办法	不少于桩总数的20%
	4	地基承载力	设计要求		按规定办法	总数的0.5%～1%,但应不少于3处。有单桩强度检验要求时,数量为总数的0.5%～1%,但应不少于3根
一般项目	1	机头提升速度	m/min	≤0.5	量机头上升距离及时间	每工作台班不少于3次
	2	桩底标高	mm	±200	测机头深度	
	3	桩顶标高	mm	+100 −50	水准仪(最上部500mm不计入)	
	4	桩位偏差	mm	<50	用钢尺量	抽20%且不少于3个
	5	桩径		<0.04D	用钢尺量,D为桩径	
	6	垂直度	%	≤1.5	经纬仪	
	7	搭接	mm	>200	用钢尺量	

四、水泥粉煤灰碎石桩复合地基

1. 水泥粉煤灰碎石桩复合地基施工质量控制点

(1)桩径。

(2)原材料。

(3)桩身强度。

(4)地基承载力。

(5)桩体完整性、桩长、桩位。

2. 水泥粉煤灰碎石桩复合地基质量控制措施

(1)材料质量控制。

1)水泥:应选用 42.5 强度等级的普通硅酸盐或矿渣硅酸盐水泥。

2)砂子:采用中砂或粗砂,含泥量不大于 5%,且泥块含量不大于 2%。

3)石子:碎石,粒径 5～20mm,含泥量不大于 2%。

4)粉煤灰:选用Ⅰ级或Ⅱ级粉煤灰。

5)外加剂:泵送剂、早强剂、减水剂。根据施工需要通过试验确定外掺量。

(2)施工过程质量控制。

1)施工前应按设计要求由试验室进行配合比试验,施工时按配合比配制混合料。长螺旋钻孔、管内泵压混合料成桩施工的混合料坍落度宜为 160～200mm。振动沉管灌筑成孔所需混合料坍落度宜为 30～50mm。振动沉管灌筑成桩后桩顶浮浆厚度不宜超过 200mm。

2)施工前应进行成桩工艺和成桩质量试验。当成桩质量不能满足设计要求时,应及时与设计联系,调整设计与施工有关参数(如配合比、提管速度、夯填度、振动器振动时间、电动机工作电流等),重新进行试验。

3)长螺旋钻孔、管内泵压混合料成桩施工在钻至设计深度后,应准确掌握提拔钻杆时间,混合料泵送量应与拔管速度相配合,遇到饱和砂土或饱和粉土层,不得停泵待粒;沉管灌筑成桩施工拔管速度应按匀速控制,拔管速度应控制在 1.2～1.5m/min,如遇淤泥或淤泥质土,拔管速度应适当放慢。

4)成桩过程中,抽样做混合料试块,每台机械一天应做一组(3 块)试块(边长为 150mm 的立方体),进行标准养护,测定其立方体抗压强度。

> 施工桩顶标高宜高出设计桩顶标高不少于0.5m。

5)桩体施工垂直度偏差不应大于 1%;对满堂布桩基础,桩位偏差不应大于 0.4 倍桩径;对条形基础,桩位偏差不应大于 0.25 倍桩径,对单排布桩桩位偏差不得大于 60mm。

6)桩体经 7d 达到一定强度后,始可进行基槽开挖;如桩顶离地面在 1.5m 以内,宜用人工开挖;如大于 1.5m,下部 700mm 宜用人工开挖，以避免损坏桩头部分。为使桩与桩间土更好地共同工作，在基础下宜铺一层150～300mm厚的碎石或灰土垫层。

7) 褥垫层铺设宜采用静力压实法，当基础底面下桩间土的含水量较小时，也可采用动力夯实法，夯填度（夯实后的褥垫层厚度与虚铺厚度的比值）不得大于0.9。

8) 冬期施工时混合料入孔温度不得低于5℃，对桩头和桩间土应采取保温措施。

9) 施工结束后，应对桩顶标高、桩位、桩体质量、地基承载力以及褥垫层的质量做检查。

桩头处理

(1) 基槽开挖至设计标高后，多余的桩头需要剔除。剔除时应找出桩顶标高线。

(2) 当桩头质量不符合要求时或者桩体断裂在设计标高以下时，必须采取补救措施。补救时可采用C25强度等级的细石混凝土接至设计桩顶标高，如图6-1所示。桩头处理后，桩间土和桩头处应在同一平面内。

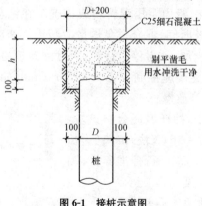

图6-1 接桩示意图

3. 水泥粉煤灰碎石桩复合地基质量检验标准

水泥粉煤灰碎石桩复合地基质量检验标准应符合表6-13的规定。

第六章 地基基础工程质量控制及检验

表 6-13　　　　水泥粉煤灰碎石桩复合地基质量检验标准

项序		检查项目	允许偏差或允许值		检查方法	检查数量
			单位	数值		
主控项目	1	原材料		设计要求	查产品合格证书或抽样送检	设计要求
	2	桩径	mm	-20	用钢尺量或计算填料量	抽桩数 20%
	3	桩身强度		设计要求	查 28d 试块强度	一个台班一组试块
	4	地基承载力		设计要求	按规定的办法	总数的 0.5%~1%,但应不少于 3 处。有单桩强度检验要求时,数量为总数的 0.5%~1%,但应不少于 3 根
一般项目	1	桩身完整性		按桩基检测技术规范	按桩基检测技术规范	(1)柱下三桩或三桩以下的承台抽检桩数不得少于 1 根; (2)设计等级为甲级,或地质条件复杂、成桩质量可靠性较低的灌注桩,抽检数量应不少于总桩数的 30%,且不得少于 20 根;其他桩基工程的抽检数量应不少于总桩数的 20%,且不得少于 10 根
	2	桩位偏差		满堂布桩≤0.40D 条基布桩≤0.25D	用钢尺量,D 为桩径	抽总桩数 20%
	3	桩垂直度	%	≤1.5	用经纬仪测桩管	
	4	桩长	mm	+100	测桩管长度或垂球测孔深	
	5	褥垫层夯填度		≤0.9	用钢尺量	桩坑按总数抽查 10%,但不少于 5 个;槽沟每 10m 长抽查 1 处,且不少于 5 处;大基坑按 50~100m² 抽查 1 处

注:1. 夯填度指夯实后的褥垫层厚度与虚体厚度的比值。
　　2. 桩径允许偏差负值是指个别断面。

第三节 桩基工程质量控制及检验

一、钢筋混凝土预制桩

1. 钢筋混凝土预制桩施工质量控制点

(1)桩体质量。
(2)桩位偏差。
(3)承载力。
(4)桩顶标高。
(5)停锤标准。

2. 钢筋混凝土预制桩质量控制措施

(1)原材料质量控制。

1)粗集料应采用质地坚硬的卵石、碎石,其粒径宜用5～40mm连续级配,含泥量不大于2%,无垃圾及杂物。细集料应选用质地坚硬的中砂,含泥量不大于3%,无有机物、垃圾、泥块等杂物。

2)水泥宜用强度等级为42.5的硅酸盐水泥或普通硅酸盐水泥,使用前必须有出厂质量证明书和水泥现场取样复试试验报告,合格后方准使用。

3)钢筋应具有出厂质量证明书和钢筋现场取样复试试验报告,合格后方准使用。

4)混凝土配合比用现场材料,按设计要求强度和经试验室试配后出具的混凝土配合比进行配合。

(2)施工过程质量控制。

1)桩在现场预制时,应对原材料、钢筋集架、混凝土强度进行检查;采用工厂生产的成品桩时,桩进场后应进行外观及尺寸检查。

2)施工中应对桩体垂直度、沉桩情况、桩顶完整状况、接桩质量等进行检查,对电焊接桩,重要工程应做10%的焊缝探伤检查。

3)打桩的控制:对于桩尖位于坚硬土层的端承型桩,以贯入度控制为主,桩尖进入持力层深度或桩尖标高可做参考。如贯入度已达到而桩尖标高未达到时,应继续锤击3阵,每阵10击的平均贯入度不应大于规定的数值。桩尖位于软土层的摩擦型桩,应以桩尖设计标高控制为主,贯入度可做参考。如主要控制指标已符合要求,而其他指标与要求相差较大时,应会同有关单位研究解决。

4)测量最后贯入度应在下列正常条件下进行:桩顶没有破坏;锤击没有偏心;锤的落距符合规定;桩帽和弹性垫层正常;汽锤的蒸汽压力符合规定。

5)打桩时,如遇桩顶破碎或桩身严重裂缝,应立即暂停,在采取相应的技术措施后,方可继续施打。

打桩施工注意事项

打桩时,除了注意桩顶与桩身由于桩锤冲击破坏外,还应注意桩身受锤击拉应力而导致的水平裂缝。在软土中打桩,在桩顶以下1/3桩长范围内常会因反射的张力波使桩身受拉而引起水平裂缝。开裂的地方往往出现在吊点和混凝土缺陷处,这些地方容易形成应力集中。采用重锤低速击桩和较软的桩垫可减少锤击拉应力。

6)打桩时,引起桩区及附近地区的土体隆起和水平位移,由于邻桩相互挤压导致桩位偏移,会影响整个工程质量。如在已有建筑群中施工,打桩还会引起临近已有地下管线、地面交通道路和建筑物的损坏和不安全。为此,在邻近建(构)筑物打桩时,应采取适当的措施,如挖防振沟、砂井排水(或塑料排水板排水)、预钻孔取土打桩、采取合理打桩顺序、控制打桩速度等。

7)对长桩或总锤击数超过500击的锤击桩,应符合桩体强度及28d龄期的两项条件才能锤击。

8)施工结束后,应对承载力及桩体质量进行检验。

3. 钢筋混凝土预制桩质量检验标准

(1)预制桩钢筋集架质量检验标准应符合表6-14的规定。

表 6-14　　　　　预制桩钢筋集架质量检验标准(mm)

项	序	检查项目	允许偏差或允许值	检查方法	检查数量
主控项目	1	主筋距桩顶距离	±5	用钢尺量	抽查 20%
	2	多节桩锚固钢筋位置	5	用钢尺量	
	3	多节桩预埋铁件	±3	用钢尺量	
	4	主筋保护层厚度	±5	用钢尺量	
一般项目	1	主筋间距	±5	用钢尺量	抽查 20%
	2	桩尖中心线	10	用钢尺量	
	3	箍筋间距	±20	用钢尺量	
	4	桩顶钢筋网片	±10	用钢尺量	
	5	多节桩锚固钢筋长度	±10	用钢尺量	

(2)钢筋混凝土预制桩质量检验标准应符合表 6-15 的规定。

表 6-15　　　　　钢筋混凝土预制桩质量检验标准

项序		检查项目	允许偏差或允许值		检查方法	检查数量
			单位	数值		
主控项目	1	桩体质量检验	按基桩检测技术规范		按基桩检测技术规范	按设计要求
	2	桩位偏差	见表 6-16		用钢尺量	全数检查
	3	承载力	按基桩检测技术规范		按基桩检测技术规范	按设计要求
一般项目	1	砂、石、水泥、钢材等原材料(现场预制时)	符合设计要求		查出厂质保文件或抽样送检	按设计要求
	2	混凝土配合比及强度(现场预制时)	符合设计要求		检查称量及查试块记录	
	3	成品桩外形	表面平整,颜色均匀,掉角深度<10mm,蜂窝面积小于总面积0.5%		直观	抽总桩数 20%
	4	成品桩裂缝(收缩裂缝或起吊、装运、堆放引起的裂缝)	深度<20mm 宽度<0.25mm,横向裂缝不超过边长的一半		裂缝测定仪,该项在地下水有侵蚀地区及锤击数超过 500 击的长桩不适用	全数检查

第六章 地基基础工程质量控制及检验

续表

项序		检查项目	允许偏差或允许值		检查方法	检查数量
			单位	数值		
一般项目	5	成品桩尺寸:横截面边长 桩对角线差 桩尖中心线 桩身弯曲矢高 桩顶平整度	mm mm mm mm	±5 <10 <10 <1/1000l <2	用钢尺量 用钢尺量 用钢尺量 用钢尺量,l为桩长 用水平尺量	轴总桩数20%
	6	电焊接桩焊缝 (1)上下节端部错口 　(外径≥700mm) 　(外径<700mm) (2)焊缝咬边深度 (3)焊缝加强层高度 (4)焊缝加强层宽度 (5)焊缝电焊质量外观 (6)焊缝探伤检验	 mm mm mm mm mm 无气孔,无焊瘤,无裂缝 满足设计要求	 ≤3 ≤2 ≤0.5 2 2 	 用钢尺量 用钢尺量 焊缝检查仪 焊缝检查仪 焊缝检查仪 直观 按设计要求	抽20%接头 抽10%接头 抽20%接头
		电焊结束后停歇时间 上下节平面偏差 节点弯曲矢高	min mm 	>1.0 <10 <1/1000l	秒表测定 用钢尺量 用钢尺量,l为两节长桩	全数检查
	7	硫黄胶泥接桩:胶泥浇筑时间 浇筑后停歇时间	min min	<2 >7	秒表测定 秒表测定	全数检查
	8	桩顶标高	mm	±50	水准仪	
	9	停锤标准	设计要求		现场实测或查沉桩记录	抽20%

表 6-16　　　　　预制桩(钢桩)桩位的允许偏差　　　　　　　　mm

序	项　目	允许偏差
1	盖有基础梁的桩 (1)垂直基础梁的中心线 (2)沿基础梁的中心线	 100+0.01H 150+0.01H
2	桩数为1~3根桩基中的桩	100
3	桩数为4~16根桩基中的桩	1/2桩径或边长
4	桩数大于16根桩基中的桩 (1)最外边的桩 (2)中间桩	 1/3桩径或边长 1/2桩径或边长

注:1. H为施工现场地面标高与桩顶设计标高的距离。
　　2. 本表摘自《建筑地基基础工程施工质量验收规范》(GB 50202—2002)。

二、钢筋混凝土灌注桩

1. 钢筋混凝土灌注桩施工质量控制点

(1)桩位。

(2)孔深。

(3)桩体质量。

(4)混凝土强度。

(5)承载力。

2. 钢筋混凝土灌注桩质量控制措施

(1)原材料质量控制。

1)水泥。水泥宜用42.5强度等级的普通硅酸盐水泥,具有出厂合格证和检测报告。

2)砂。中砂或粗砂,含泥量不大于5%。

3)石子。质地坚硬的碎石或卵石均可,粒径5~35mm,含泥量不大于2%。

4)钢筋。钢筋品种、规格均应符合设计要求,并有出厂材质书和检测报告。

5)预拌混凝土。坍落度取70~100mm,水下灌注时取180~200mm,强度等级在C25~C40。

(2)施工过程质量控制。

1)施工前应对水泥、砂、石子(如现场搅拌)、钢材等原材料进行检查,对施工组织设计中制定的施工顺序、监测手段(包括仪器、方法)也应检查。

2)钢筋笼的制作。钢筋笼的制作应符合下列要求:

①钢筋的种类、钢号及规格尺寸应符合设计要求。

②钢筋笼的绑扎场地宜选择现场内运输和就位都较方便的地方。

③钢筋笼的绑扎顺序是先将主筋间距布置好,待固定住架立筋后,再按规定的间距绑扎箍筋。主筋净距必须大于混凝土粗集料粒径

第六章　地基基础工程质量控制及检验

3倍以上。主筋与架立筋、箍筋之间的接点固定可用电弧焊接等方法。主筋一般不设弯钩,根据施工工艺要求所设弯钩不得向内圆伸露,以免妨碍导管工作。钢筋笼的内径应比导管接头处外径大100mm。

④从加工、控制变形以及搬运、吊装等综合因素考虑,钢筋笼不宜过长,应分段制作。钢筋分段长度一般为8m左右。但对于长桩,在采取一些辅助措施后,也可为12m左右或更长一些。

防止钢筋笼变形措施

为防止钢筋笼在搬运、吊装和安放时变形,可采取下列措施:

1)每隔2.0~2.5m设置加劲箍一道,加劲箍宜设置在主筋外侧;在钢筋笼内每隔3~4m装一个可拆卸的十字形临时加劲架,在钢筋笼安放入孔后再拆除。

2)在直径为2~3m的大直径桩中,可使用角钢或扁钢作为架立钢筋,以增大钢筋笼的刚度。

3)在钢筋笼外侧或内侧的轴线方向安设支柱。

(3)钢筋笼的堆放与搬运。钢筋笼的堆放、搬运和起吊应严格执行规程,应考虑安放入孔的顺序、钢筋笼变形等因素。堆放时,支垫数量要足够,支垫位置要适当,以堆放两层为好。如果能合理使用架立筋牢固绑扎,可以堆放三层。对在堆放、搬运和起吊过程中已经发生变形的钢筋笼,应进行修理后再使用。

(4)清孔。钢筋笼入孔前,要先进行清孔。清孔时应把泥渣清理干净,保证实际有效孔深满足设计要求,以免钢筋笼放不到设计深度。

(5)钢筋笼的安放与连接。钢筋笼安放入孔要对准孔位,垂直缓慢地放入孔内,避免碰撞孔壁。钢筋笼放入孔内后,要立即采取措施固定好位置。当桩长度较大时,钢筋笼采用逐段接长放入孔内。先将第一段钢筋笼放入孔中,利用其上部架立筋暂时固定在护筒(泥浆护壁钻孔桩)或套管(贝诺托桩)等上部。然后吊起第二段钢筋笼对准位置后,其接头用焊接连接。钢筋笼安放完毕后,一定要检测确认钢筋笼顶端的高度。

(6)沉放钢筋笼前,在预制笼上套上或焊上主筋保护层垫块或耳环,使主筋保护层偏差符合以下规定。

水下浇筑混凝土桩:±20mm;

非水下浇筑混凝土桩:±10mm。

(7)导管埋深控制。导管底端在混凝土面以下的深度是否合理关系到成桩质量,必须予以严格控制。

导管埋深控制注意事项

施工人员在开始浇筑时,料斗必须储足一次下料能保证导管埋入混凝土达1.0m以上的混凝土初灌量,以免因导管下口未被埋入混凝土内造成管内返浆现象,导致冲孔失败;在浇筑过程中,要经常探测混凝土面实际标高,计算混凝土面上升高度、导管下口与混凝土面相对位置,及时拆卸导管,保持导管合理埋深,严禁将导管拔出混凝土面,导管埋深一般应控制在1~6m,过大或过小都会在不同外界条件下出现不同形式的质量问题,直接影响桩的质量。

(8)混凝土坍落度控制。混凝土坍落度对成桩质量有直接影响,甚至会导致堵管事件的发生,一般应控制在18~22cm。

(9)施工结束后,应检查混凝土强度,并应做桩体质量及承载力的检验。

3. 钢筋混凝土灌注桩质量检验标准

混凝土灌注桩的质量检验标准应符合表6-17、表6-18的规定。

表6-17　　　　混凝土灌注桩钢筋笼质量检验标准(mm)

项序		检查项目	允许偏差或允许值	检查方法	检查数量
主控项目	1	主筋间距	±10	用钢尺量	全数检查
	2	长度	±100		

第六章 地基基础工程质量控制及检验

续表

项序		检查项目	允许偏差或允许值	检查方法	检查数量
一般项目	1	钢筋材质检验	设计要求	抽样送检	按进场的批次和产品的抽样检验方案确定
	2	箍筋间距	±20	用钢尺量	抽20%桩数
	3	直径	±10		

表 6-18　　　　混凝土灌注桩质量检验标准

项序		检查项目	允许偏差或允许值		检查方法	检查数量
			单位	数值		
主控项目	1	桩位	见表 6-19		基坑开挖前量护筒，开挖后量桩中心	全数检查
	2	孔深	mm	+300	只深不浅，用重锤测，或测钻杆、套管长度，嵌岩桩应确保进入设计要求的嵌岩深度	
	3	桩体质量检验	按基桩检测技术规范。如钻芯取样，大直径嵌岩桩应钻至桩尖下 50cm		按基桩检测技术规范	按设计要求
	4	混凝土强度	设计要求		试件报告或钻芯取样送检	每浇筑 50m² 必须有 1 组试件，小于 50m³ 的桩，每根或每台班必须有1组试件
	5	承载力	按基桩检测技术规范		按基桩检测技术规范	按设计要求

续表

项序		检查项目	允许偏差或允许值		检查方法	检查数量
			单位	数值		
一般项目	1	垂直度		见表6-19	测套管或钻杆,或用超声波探测,干施工时吊垂球	全数检查
	2	桩径		见表6-19	井径仪或超声波检测,干施工时用钢尺量,人工挖孔桩不包括内衬厚度	
	3	泥浆比重(黏土或砂性土中)		1.15~1.20	用比重计测,清孔后在距孔底50cm处取样	
	4	泥浆面标高(高于地下水位)	m	0.5~1.0	目测	
	5	沉渣厚度:端承桩　　　　摩擦桩	mm	≤50　≤150	用沉渣仪或重锤测量	
	6	混凝土坍落度:水下灌注　　　　　　干施工	mm	160~220　70~100	坍落度仪	每50m³或一根桩或一台班不少于1次
	7	钢筋笼安装深度	mm	±100	用钢尺量	
	8	混凝土充盈系数		>1	检查每根桩的实际灌注量	全数检查
	9	桩顶标高	mm	+30　-50	水准仪,需扣除桩顶浮浆层及劣质桩体	

第六章　地基基础工程质量控制及检验

表 6-19　　　　灌注的平面位置和垂直度的允许偏差

序号	成孔方法		桩径允许偏差(mm)	垂直度允许偏差(%)	桩位允许偏差(mm)	
					1～3根、单排桩基垂直于中心线方向和群桩基础的边桩	条形桩基沿中心线方向和群桩基础的中间桩
1	泥浆护壁钻孔桩	$D \leqslant 1000mm$	±50	<1	$D/6$,且不大于100	$D/4$,且不大于150
		$D > 1000mm$			$100+0.01H$	$150+0.01H$
2	套管成孔灌注桩	$D \leqslant 500mm$			70	150
		$D > 500mm$	−20		100	
3	干成孔灌注桩				70	
4	人工挖孔桩	混凝土护壁	+50	<0.5	50	150
		钢套管护壁		<1	100	200

注：1. 桩径允许偏差的负值是指个别断面。
　　2. 采用复打、反插法施工的桩,其桩径允许偏差不受本表限制。
　　3. H 为施工现场地面标高与桩顶设计标高的距离,D 为设计桩径。

三、钢桩

1. 成品钢桩质量控制

施工前应检查进入现场的成品钢桩。钢桩包括钢管桩、型钢桩等。成品桩也是在工厂生产,应有一套质检标准,但也会因运输堆放造成桩的变形,因此,进场后需再做检验。

2. 钢桩沉桩施工质量控制

(1) H 型钢桩断面刚度较小,锤重不宜大于 4.5t 级(柴油锤),且在锤击过程中桩架前应有横向约束装置,防止横向失稳。持力层较硬时,H 型钢桩不宜送桩。

(2) 钢管桩如锤击沉桩有困难,可在管内取土以助沉。

(3) 施工过程中应检查钢桩的垂直度、沉入过程、电焊连接质量、电焊后的停歇时间、桩顶锤击后的完整状况。

> 施工结束后应做承载力检验。

3. 钢桩施工质量检验标准

钢桩施工质量检验标准应符合表 6-20 及表 6-21 的规定。

表 6-20　　　　　　　　　成品钢桩质量检验标准

项序		检查项目	允许偏差或允许值		检查方法	检查数量
			单位	数值		
主控项目	1	钢桩外径或断面尺寸：桩端 桩身		$\pm 0.5\%D$ $\pm 1D$	用钢尺量，D 为外径或边长	全数检查
	2	矢高		$<1/1000 l$	用钢尺量，l 为桩长	
一般项目	1	长度	mm	± 10	用钢尺量	抽总桩数 20%
	2	端部平整度	mm	$\leqslant 2$	用水平尺量	
	3	H 钢桩的方正度　$h>300$ 　　　　　　　　　　$h<300$	mm mm	$T+T'\leqslant 8$ $T+T'\leqslant 6$	用钢尺量，h、T、T'见图示	
	4	端部平面与桩中心线的倾斜值	mm	$\leqslant 2$	用水平尺量	

表 6-21　　　　　　　　　钢桩施工质量检验标准

项序		检查项目	允许偏差或允许值		检查方法	检查数量
			单位	数值		
主控项目	1	桩位偏差	见表 6-16		用钢尺量	按设计要求
	2	承载力	按基桩检测技术规范		按基桩检测技术规范	

第六章 地基基础工程质量控制及检验

续表

项序	检查项目	允许偏差或允许值		检查方法	检查数量
		单位	数值		
1 一般项目	电焊接桩焊缝				
	(1)上下节端部错口				
	（外径≥700mm）	mm	≤3	用钢尺量	
	（外径＜700mm）	mm	≤2	用钢尺量	
	(2)焊缝咬边深度	mm	≤0.5	焊缝检查仪	抽20%接头
	(3)焊缝加强层高度	mm	2	焊缝检查仪	
	(4)焊缝加强层宽度	mm	2	焊缝检查仪	
	(5)焊缝电焊质量外观	无气孔，无焊瘤，无裂缝		直观	
	(6)焊缝探伤检验	满足设计要求		按设计要求	
2	电焊结束后停歇时间	min	>1.0	秒表测定	
3	节点弯曲矢高		<1/1000l	用钢尺量，l为两节桩长	抽20%总桩数
4	桩顶标高	mm	±50	水准仪	
5	停锤标准	设计要求		用钢尺量或沉桩记录	抽检20%

课后练习

一、填空题

1. 土方回填施工质量控制点有_____、_____、_____。

2. 砂和砂石地基施工质量控制点有_____、_____、_____。

3. 水泥土搅拌桩地基施工质量控制点有_____、_____、_____、_____。

4. 水泥粉煤灰碎石桩复合地基施工质量控制点有_____、_____、_____、_____。

5. 钢筋混凝土预制桩施工质量控制点有_____、

_____、_____、_____、_____、_____。

6. 钢筋混凝土灌注桩施工质量控制点有_____、
_____、_____、_____、_____。

二、选择题(有一个或多个答案)

1. 砂土的最佳含水率为( )。
   A. 6～8　　B. 8～12　　C. 12～14　　D. 14～16
2. 灰土地基所用土料必须过筛,其颗粒不应大于( )mm。
   A. 12　　B. 13　　C. 14　　D. 15
3. 砂和砂石地基所用砂中不得含有杂草、树根等有机杂质,含泥量应小于( )%。
   A. 5　　B. 6　　C. 7　　D. 8
4. 钢筋混凝土预制桩所用水泥宜用强度等级为( )的硅酸盐水泥或普通硅酸盐水泥。
   A. 32.5　　B. 42.5　　C. 52.5　　D. 62.5

三、简答题

1. 土方回填施工过程质量控制措施有哪些?
2. 灰土地基施工过程质量控制措施有哪些?
3. 水泥土搅拌桩地基施工过程质量控制措施有哪些?
4. 水泥粉煤灰碎石桩复合地基施工过程质量控制措施有哪些?
5. 钢筋混凝土预制桩施工过程质量控制措施有哪些?
6. 钢筋混凝土灌注桩施工过程质量控制措施有哪些?
7. 钢桩沉桩施工质量控制措施有哪些?

第七章 砌体工程质量控制及检验

第一节 砖砌体工程质量控制及检验

一、砖砌体工程施工质量控制点

(1) 砖的规格、性能、强度等级。
(2) 砂浆的规格、性能、配合比及强度等级。
(3) 砂浆的饱和度。
(4) 砌体转角和交接处的质量。
(5) 轴线位置、垂直度偏差。

二、砖砌体工程质量控制措施

1. 材料质量控制

(1) 砖的品种、强度等级必须符合设计要求,并应有产品合格证书和性能检测报告。

(2) 砖进场后应进行复验,复验抽样数量为在同一生产厂家同一品种同一强度等级的普通砖 15 万块、多孔砖 5 万块、灰砂砖或粉煤灰砖 10 万块中各抽查 1 组。

(3) 砌筑时蒸压灰砂砖、粉煤灰砖的产品龄期不得少于 28d。

(4) 砌筑砖砌体时,砖应提前 1~2 天浇水湿润。普通砖、多孔砖的含水率宜为 10%~15%;灰砂砖、粉煤灰砖含水率宜为 8%~12%(含水率以水重占干砖重的百分数计)。施工现场抽查砖的含水率的简化方法可采用现场断砖,砖截面四周融水深度为 15~20mm 视为符合要求。

砂浆质量要求

(1)砂浆的品种、强度等级必须符合设计要求。

(2)水泥砂浆中水泥用量不应小于 $200kg/m^3$;水泥混合砂浆中水泥和掺加料总量宜为 $300\sim350kg/m^3$。

(3)具有冻融循环次数要求的砌筑砂浆,经冻融试验后,质量损失率不得大于5%,抗压强度损失率不得大于25%。

(4)水泥混合砂浆不得用于基础等地下潮湿环境中的砌体工程。

(5)预拌砌筑砂浆配合比设计中的试配强度应按《砌筑砂浆配合比设计规程》(JGJ/T 98—2010)的规定确定,预拌抹灰砂浆和预拌地面砂浆的试配强度参照执行。预拌砂浆配合比必须按绝对体积法设计计算并经试配调整,结果用质量比表示。

2. 放线和皮数杆

(1)建筑物的标高,应引自标准水准点或设计指定的水准点。基础施工前,应在建筑物的主要轴线部位设置标志板。标志板上应标明基础、墙身和轴线的位置及标高。外形或构造简单的建筑物,可用控制轴线的引桩代替标志板。

(2)砌筑前,弹好墙基大放脚外边沿线、墙身线、轴线、门窗洞口位置线,并必须用钢尺校核放线尺寸。

(3)砌筑基础前,应校核放线尺寸,允许偏差应符合表7-1的规定。

表7-1　　　　　　　放线尺寸的允许偏差

长度 L、宽度 B(m)	允许偏差(mm)	长度 L、宽度 B(m)	允许偏差(mm)
L(或 B)≤30	±5	60<L(或 B)≤90	±15
30<L(或 B)≤60	±10	L(或 B)>90	±20

注:本表摘自《砌体结构工程施工质量验收规范》(GB 50203—2011)。

(4)按设计要求,在基础及墙身的转角及某些交接处立好皮数杆,每隔10~15m立一根,皮数杆上划有每皮砖和灰缝厚度及门窗洞口、过梁、楼板等竖向构造的变化位置,控制楼层及各部位构件的标高。砌筑完每一楼层(或基础)后,应校正砌体的轴线和标高。

3. 砌体工作段划分

(1)相邻工作段的分段位置,宜设在伸缩缝、沉降缝、防震缝构造柱或门窗洞口处。

(2)相邻工作段的高度差,不得超过一个楼层的高度,且不得大于4m。

(3)砌体临时间断处的高度差,不得超过一步脚手架的高度。

(4)砌体施工时,楼面堆载不得超过楼板允许荷载值。

墙和柱允许的自由高度

尚未安装楼板或屋面的墙和柱,当可能遇到大风时,其允许自由高度不得超过表7-2的规定。如超过规定,必须采取临时支撑等有效措施以保证墙或柱在施工中的稳定性。

表7-2　　　　　墙和柱的允许自由高度　　　　　　　　　m

墙(柱)厚(mm)	砌体密度>1600(kg/m³)			砌体密度1300~1600(kg/m³)		
	风载(kN/m²)					
	0.3(约7级风)	0.4(约8级风)	0.5(约9级风)	0.3(约7级风)	0.4(约8级风)	0.5(约9级风)
190	—	—	—	1.4	1.1	0.7
240	2.8	2.1	1.4	2.2	1.7	1.1
370	5.2	3.9	2.6	4.2	3.2	2.1
490	8.6	6.5	4.3	7.0	5.2	3.5
620	14.0	10.5	7.0	11.4	8.6	5.7

注:1. 本表适用于施工处相对标高(H)在10m范围内的情况。当10m<H≤15m,或15m<H≤20m时,表中的允许自由高度应分别乘以0.9、0.8的系数;当H>20m时,应通过抗倾覆验算确定其允许自由高度。

2. 当所砌筑的墙有横墙或其他结构与其连接,而且间距小于表中相应墙、柱的允许自由高度的2倍时,砌筑高度可不受本表的限制。

3. 当砌体密度小于1300kg/m³时,墙和柱的允许自由高度应另行验算确定。

4. 砌体留槎和拉结筋

砖砌体接槎时必须将接槎处的表面清理干净,浇水湿润,填实砂浆并保持灰缝平直。

多层砌体结构中,后砌的非承重砌体隔墙,应沿墙高每隔500mm配置2根φ6的钢筋与承重墙或柱拉结,每边伸入墙内不应小于500mm。抗震设防烈度为8度和9度区,长度大于5m的后砌隔墙的墙顶,应与楼板或梁拉结。隔墙砌至梁板底时,应留一定空隙,间隔一周后再补砌挤紧。

转角处砌筑和接槎质量检查

施工过程中应检查转角处和交接处的砌筑及接槎的质量。检查时要注意砌体的转角处和交接处应同时砌筑,严禁无可靠措施的内外墙分砌施工。抗震设防区应按规定在转角和交接部位设置拉接钢筋(拉接筋的设置应予以特别的关注)。

5. 砖砌体灰缝

(1)水平灰缝砌筑方法宜采用"三一"砌砖法,即"一铲灰、一块砖、一揉挤"的操作方法。竖向灰缝宜采用挤浆法或加浆法,使其砂浆饱满,严禁用水冲浆灌缝。如采用铺浆法砌筑,铺浆长度不得超过750mm。施工期间气温超过30℃时,铺浆长度不得超过500mm。水平灰缝的砂浆饱满度不得低于80%;竖向灰缝不得出现透明缝、瞎缝和假缝。

(2)清水墙面不应有上下二皮砖搭接长度小于25mm的通缝,不得有三分头砖,不得在上部随意变活乱缝。

(3)空斗墙的水平灰缝厚度和竖向灰缝宽度一般为10mm,但不应小于7mm,也不应大于13mm。

(4)筒拱拱体灰缝应全部用砂浆填满,拱底灰缝宽度宜为5～8mm,筒拱的纵向缝应与拱的横断面垂直。筒拱的纵向两端,不宜砌入墙内。

(5)为保持清水墙面立缝垂直一致,当砌至一步架子高时,水平间距每隔 2m,在丁砖竖缝位置弹两道垂直立线,控制游丁走缝。

(6)清水墙勾缝应采用加浆勾缝,勾缝砂浆宜采用细砂拌制的 1∶1.5 水泥砂浆。勾凹缝时深度为 4~5mm,多雨地区或多孔砖可采用稍浅的凹缝或平缝。

(7)砖砌平拱过梁的灰缝应砌成楔形缝。灰缝宽度,在过梁底面不应小于 5mm;在过梁的顶面不应大于 15mm。拱脚下面应伸入墙内不小于 20mm,拱底应有 1% 起拱。

(8)砌体的伸缩缝、沉降缝、防震缝中,不得夹有砂浆、碎砖和杂物等。

砌体组砌形式

施工过程随时检查砌体的组砌形式,保证上下皮砖至少错开 1/4 的砖长,避免产生通缝;随时检查墙体平整度和垂直度,并应采取"三皮一吊、五皮一靠"的检查方法,保证墙面横平竖直;检查砂浆的饱满度,水平灰缝饱满度应达到 80%,竖向灰缝不得出现透明缝、瞎缝和假缝。

6. 砖砌体预留孔洞和预埋件

(1)设计要求的洞口、管道、沟槽,应在砌筑时按要求预留或预埋,未经设计同意,不得打凿墙体和在墙体上开凿水平沟槽。超过 300mm 的洞口上部应设过梁。

(2)砌体中的预埋件应作防腐处理,预埋木砖的木纹应与钉子垂直。

(3)在墙上留置临时施工洞口,其侧边离高楼处墙面不应小于 500mm,洞口净宽度不应超过 1m,洞顶部应设置过梁。

抗震设防烈度为 9 度的地区建筑物的临时施工洞口位置,应会同设计单位确定。临时施工洞口应做好补砌。

(4)预留外窗洞口位置应上下挂线,保持上下楼层洞口位置垂直;洞口尺寸应准确。

特别提示

脚手眼的设置

不得在下列墙体或部位设置脚手眼:

(1) 120mm 厚墙、料石清水墙和独立柱。

(2) 过梁上与过梁成 60°角的三角形范围及过梁净跨度 1/2 的高度范围内。

(3) 宽度小于 1m 的窗间墙。

(4) 砌体门窗洞口两侧 200mm（石砌体为 300mm）和转角处 450mm（石砌体为 600mm）范围内。

(5) 梁或梁垫下及其左右 500mm 范围内。

(6) 其他不允许设置脚手眼的部位。

三、砖砌体工程质量检验标准

砖砌体施工的质量应符合《砌体结构工程施工质量验收规范》(GB 50203—2011)的规定,其要求可总结为"横平竖直、灰浆饱满、错缝搭接、接槎可靠"。

1. 主控项目检验

砖砌体工程主控项目质量检验标准见表 7-3。

表 7-3　　　　砖砌体工程主控项目质量检验标准

序号	项目	合格质量标准	检验方法	抽检数量
1	砖和砂浆强度等级	砖和砂浆的强度等级必须符合设计要求	查砖和砂浆试块试验报告	每一生产厂家,烧结普通、混凝土实心砖每砖 15 万块,多孔砖 5 万块、灰砂砖及粉煤灰砖 10 万块各为一验收批,抽检数量为 1 组;砂浆试块:每一检验批且不超过 250m³ 砌体的各种类、各强度等级的普通砌筑砂浆,每台搅拌机应至少抽检一次。验收批的预拌砂浆、蒸压加气混凝土砌块专用砂浆,抽检可为 3 组

第七章 砌体工程质量控制及检验

续表

序号	项目	合格质量标准	检验方法	抽检数量
2	水平灰缝砂浆饱满度	砌体灰缝砂浆应密实饱满，砖墙水平灰缝的砂浆饱满度不得低于80%；砖柱水平灰缝和竖向灰缝饱满度不得低于90%	用百格网检查砖底面与砂浆的粘结痕迹面积。每处检测3块砖，取其平均值	每检验批抽查应不少于5处
3	斜槎留置	砖砌体的转角处和交接处应同时砌筑，严禁无可靠措施的内外墙分砌施工。在抗震设防烈度为8度及8度以上地区，对不能同时砌筑而又必须留置的临时间断处应砌成斜槎，斜槎水平投影长度应不小于高度的2/3，多孔砖砌体的斜槎长高比不应小于1/2。斜槎高度不得超过一步脚手架的高度	观察检查	每检验批抽查不应少于5处
4	直槎拉结筋及接槎处理	非抗震设防及抗震设防烈度为6度、7度地区的临时间断处，当不能留斜槎时，除转角处外，可留直槎，但直槎必须做成凸槎。留直槎处应加设拉结钢筋，拉结钢筋的数量为每120mm墙厚放置1φ6拉结钢筋（120mm厚墙放置2φ6拉结钢筋）；间距沿墙高不应超过500mm，且竖向间距偏差不应超过100mm；埋入长度从留槎处算起每边长不应小于500mm，对抗震设防烈度6度、7度的地区，不应小于1000mm；末端应有90°弯钩（图7-1）； 合格标准：留槎正确，拉结钢筋设置数量、直径正确，竖向间距偏差不超过100mm，留置长度基本符合规定	观察和尺量检查	每检验批抽查不应少于5处

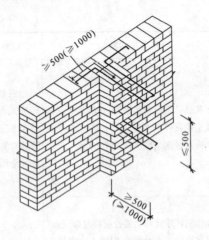

图 7-1 拉结钢筋埋设

2. 一般项目检验

砖砌体工程一般项目质量检验标准见表 7-4。

表 7-4　　砖砌体工程一般项目质量检验标准

序号	项　目	合格质量标准	检验方法	抽检数量
1	组砌方法	砖砌体组砌方法应正确,上、下错缝,清水墙、窗间墙无通缝;混水墙中不得有长度大于300mm 的通缝,长度 200～300mm 的通缝每间不超过 3 处,且不得位于同一面墙体上。砖柱不得采用包心砌法	观察检查。砌体组砌方法抽检每处为 3～5m	每检验批抽查不应少于 5 处
2	灰缝质量要求	砖砌体的灰缝应横平竖直,厚薄均匀。水平灰缝厚度及竖向灰缝宽度宜为 10mm,但不应小于 8mm,也不应大于 12mm	用尺量 10 皮砖砌体高度折算;竖向灰缝宽度用尺量 2m 砌体长度折算	每检验批抽查应不少于 5 处
3	砖砌体一般尺寸允许偏差	砖砌体的一般尺寸允许偏差应符合表 7-5 的规定	见表 7-5	见表 7-5

表 7-5　　砖砌体尺寸、位置的允许偏差及检验

项次	项目			允许偏差(mm)	检验方法	抽检数量
1	轴线位移			10	用经纬仪和尺或用其他测量仪器检查	承重墙、柱全数检查
2	基础、墙、柱顶面标高			±15	用水准仪和尺检查	不应少于5处
3	墙面垂直度	每层		5	用2m托线板检查	不应少于5处
		全高	≤10mm	10	用经纬仪、吊线和尺或用其他测量仪器检查	外墙全部阳角
			>10mm	20		
4	表面平整度	清水墙、柱		5	用2m靠尺和楔形塞尺检查	不应少于5处
		混水墙、柱		8		
5	水平灰缝平直度	清水墙		7	拉5m线和尺检查	不应少于5处
		混水墙		10		
6	门窗洞口高、宽(后塞口)			±10	用尺检查	不应少于5处
7	外墙上下窗口偏移			20	以底层窗口为准,用经纬仪或吊线检查	不应少于5处
8	清水墙游丁走缝			20	以每层第一皮砖为准,用吊线和尺检查	不应少于5处

注:本表摘自《砌体结构工程施工质量验收规范》(GB 50203—2011)。

第二节　混凝土小型空心砌块砌体工程质量控制及检验

一、混凝土小型空心砌块砌体工程施工质量控制点

(1)小砌块的规格、性能、强度等级。
(2)砂浆的规格、性能、配合比及强度等级。

(3)砂浆的饱和度。
(4)砌体转角和交接处的质量。
(5)轴线位置、垂直度偏差。

二、混凝土小型空心砌块砌体工程质量控制措施

1. 材料质量控制

(1)小砌块包括普通混凝土小型空心砌块和轻集料混凝土小型空心砌块,施工时所用的小砌块的产品龄期不应小于28d。

(2)砌筑小砌块时,应清除表面污物和芯柱用小砌块孔洞底部的毛边,剔除外观质量不合格的小砌块。

(3)普通小砌块砌筑时,可为自然含水率;当天气干燥炎热时,可提前洒水湿润。轻集料小砌块,因吸水率大,宜提前一天浇水湿润。当小砌块表面有浮水时,为避免游砖,不应进行砌筑。

> 当采用非专用砂浆时,宜采取改善砂浆粘结性能的措施。

(4)施工时所用的砂浆,宜选用专用的小砌块砌筑砂浆。

2. 小砌块砌筑

(1)小砌块砌筑前应预先绘制砌块排列图,并应确定皮数。不够主规格尺寸的部位,应采用辅助规格小砌块。

(2)小砌块砌筑墙体时应对孔错缝搭砌;当不能对孔砌筑时,搭接长度不得小于90mm;当个别部位不能满足时,应在水平灰缝中设置拉结钢筋网片,网片两端距竖缝长度均不得小于300mm。竖向通缝(搭接长度小于90mm)不得超过两皮。

(3)小砌块砌筑应将底面(壁、肋稍厚一面)朝上反砌于墙上。

> 雨天砌筑应有防雨措施,砌筑完毕应对砌体进行遮盖。

(4)常温下,普通混凝土小砌块日砌高度控制在1.8m以内;轻集料混凝土小砌块日砌高度控制在2.4m以内。

(5)需要移动砌体中的小砌块或砌体被撞动后,应重新铺砌。

第七章 砌体工程质量控制及检验

(6)厕浴间和有防水要求的楼面,墙底部浇筑高度不小于200mm的混凝土坎。

3. 小砌块砌体灰缝

(1)小砌块砌体铺灰长度不宜超过两块主规格块体的长度。

(2)小砌块清水墙的勾缝应采用加浆勾缝,当设计无具体要求时宜采用平缝形式。

4. 混凝土芯柱

(1)砌筑芯柱(构造柱)部位的墙体,应采用不封底的通孔小砌块,砌筑时要保证上下孔通畅且不错孔,确保混凝土浇筑时不侧向流窜。

(2)在芯柱部位,每层楼的第一皮块体,应采用开口小砌块或U形小砌块砌出操作孔,操作孔侧面宜预留连通孔;砌筑开口小砌块或U形小砌块时,应随时刮去灰缝内凸出的砂浆,直至一个楼层高度。

(3)浇灌芯柱的混凝土,宜选用专用的小砌块灌孔混凝土,当采用普通混凝土时,其坍落度不应小于90mm。

(4)浇灌芯柱混凝土,应遵守下列规定:

1)清除孔洞内的砂浆等杂物,并用水冲洗。

2)砌筑砂浆强度大于1MPa时,方可浇灌芯柱混凝土。

3)在浇灌芯柱混凝土前应先注入适量与芯柱混凝土相同的去石水泥砂浆,再浇灌混凝土。

> 小砌块墙中设置构造柱时,与构造柱相邻的砌块孔洞,当设计未具体要求时,6度(抗震设防烈度,下同)时宜灌实,7度时应灌实,8度时应灌实并插筋。

三、混凝土小型空心砌块砌体工程质量检验标准

混凝土小型空心砌块砌体施工的质量应符合《砌体结构工程施工质量验收规范》(GB 50203—2011)的规定。

1. 主控项目检验

混凝土小型空心砌块砌体工程主控项目质量检验标准见表7-6。

表7-6 混凝土小型空心砌块砌体工程主控项目质量检验标准

序号	项目	合格质量标准	检验方法	抽检数量
1	小砌块和砂浆的强度等级	小砌块和芯柱混凝土、砌筑砂浆的强度等级必须符合设计要求	检查小砌块和芯柱混凝土、砌筑砂浆试块试验报告	每一生产厂家,每1万块小砌块至少应抽检一组。用于多层建筑基础和底层的小砌块抽检数量应不少于2组
2	砌体灰缝	砌体水平灰缝和竖向灰缝的砂浆饱满度,按净面积计算不得低于90%	用专用百格网检测小砌块与砂浆粘结痕迹,每处检测3块小砌块,取其平均值	每检验批抽查不应少于5处
3	砌筑留槎	墙体转角处和纵横墙交接处应同时砌筑。临时间断处应砌成斜槎,斜槎水平投影长度不应小于斜槎高度。施工洞口可预留直槎,但在洞口砌筑和补砌时,应在直槎上下搭砌的小砌块孔洞内用强度等级不低于C20(或Cb20)的混凝土灌实	观察检查	每检验批抽查不应少于5处
4	芯柱	小砌块砌体的芯柱在楼盖处应贯通,不得削弱芯柱截面尺寸;芯柱混凝土不得漏灌	观察检查	每检验批抽查不应少于5处

2. 一般项目检验

混凝土小型空心砌块砌体工程一般项目质量检验标准见表7-7。

表 7-7　　混凝土小型空心砌块砌体工程一般项目质量检验标准

序号	项目	合格质量标准	检验方法	抽检数量
1	墙体灰缝尺寸	墙体的水平灰缝厚度和竖向灰缝宽度宜为 10mm，但不应小于 8mm，也不应大于 12mm	水平灰缝厚度用尺量 5 皮小砌块的高度折算；竖向灰缝宽度用尺量 2m 砌体长度折算	每检验批抽查不应少于 5 处
2	墙体一般尺寸允许偏差	小砌块墙体的一般尺寸允许偏差应按表 7-5 的规定执行	见表 7-5	见表 7-5

第三节　填充墙砌体工程质量控制及检验

一、填充墙砌体工程施工质量控制点

(1)砌块、砖的规格、性能及强度等级。
(2)砂浆的规格、性能、配合比及强度等级。
(3)砌体转角和交接处的质量。
(4)轴线位置、垂直度偏差。

二、填充墙砌体工程质量控制措施

(1)材料质量控制。
1)蒸压加气混凝土砌块、轻集料混凝土小型空心砌块砌筑时，其产品龄期应超过 28d。
2)烧结空心砖、蒸压加气混凝土砌块、轻集料混凝土小型空心砌块等的运输、装卸过程中，严禁抛掷和倾倒。进场后应按品种、规格分别堆放整齐，堆置高度不宜超过 2m。蒸压加气混凝土砌块应防止雨淋。

3)填充墙砌体砌筑前块材应提前 2d 浇水湿润。蒸压加气混凝土砌块砌筑时,应向砌筑面适量浇水。

> **特别提示**
>
> **加气混凝土砌块的砌筑位置**
>
> 加气混凝土砌块不得在以下部位砌筑:
> (1)建筑物底层地面以下部位。
> (2)长期浸水或经常干湿交替部位。
> (3)受化学环境侵蚀部位。
> (4)经常处于 80℃以上高温环境中的部位。

(2)施工过程质量控制。

1)砌块、空心砖应提前 2d 浇水湿润;加气砌块砌筑时,应向砌筑面适量洒水;当采用粘结剂砌筑时不得浇水湿润。用砂浆砌筑时的含水率:轻集料小砌块宜为 5%~8%,空心砖宜为 10%~15%,加气砌块宜小于 15%,对于粉煤灰加气混凝土制品宜小于 20%。

2)轻集料小砌块、加气砌块和薄壁空心砖(如三孔砖)砌筑时,墙底部应砌筑烧结普通砖、多孔砖、普通小砖块(采用混凝土灌孔更好)或浇筑混凝土,其高度不宜小于 200mm。

3)厕浴间和有防水要求的房间,所有墙底部 200mm 高度内均应浇筑混凝土坎台。

4)轻集料小砌块和加气砌块砌体,由于干缩值大(是烧结黏土砖的数倍),不应与其他块材混砌。但对于因构造需要的墙底部、顶部、门窗固定部位等,可局部适量镶嵌其他块材。不同砌体交接处可采用构造柱连接。

5)填充墙的水平灰缝砂浆饱满度均应不小于 80%;小砌块、加气砌块砌体的竖向灰缝也不应小于 80%,其他砖砌体的竖向灰缝应填满砂浆,并不得有透明缝、瞎缝、假缝。

6)填充墙砌筑时应错缝搭砌。单排孔小砌块应对孔错缝砌筑,当不能对孔时,搭接长度不应小于 90mm,加气砌块搭接长度不小于砌

第七章 砌体工程质量控制及检验

块长度的 1/3;当不能满足时,应在水平灰缝中设置钢筋加强。

7)填充墙砌至梁、板底部时,应留一定空隙,至少间隔 7d 后再砌筑、挤紧;或用坍落度较小的混凝土或水泥砂浆填嵌密实。在封砌施工洞口及外墙井架洞口时,尤其应严格控制,千万不能一次到顶。

8)钢筋混凝土结构中砌筑填充墙时,应沿框架柱(剪力墙)全高每隔 500mm(砌块模数不能满足时可为 600mm)设 2ϕ6 拉结筋,拉结筋伸入墙内的长度应符合设计要求;当设计未具体要求时:非抗震设防及抗震设防烈度为 6 度、7 度时,不应小于墙长的 1/5 且不小于 700mm;烈度为 8 度、9 度时宜沿墙全长贯通。

> (1)加气混凝土砌块墙上不得留脚手眼。
> (2)填充墙砌筑中不允许有混砌现象。

三、填充墙砌体工程质量检验标准

填充墙砌体施工的质量应符合《砌体结构工程施工质量验收规范》(GB 50203—2011)的规定。

1. 主控项目检验

填充墙砌体工程主控项目质量检验标准见表 7-8。

表 7-8　　　　填充墙砌体工程主控项目质量检验标准

序号	项目	合格质量标准	检验方法	抽检数量
1	烧结空心砖、小砌块和砌筑砂浆的强度等级	烧结空心砖、小砌块和砌筑砂浆的强度等级应符合设计要求	查砖、小砌块进场复验报告和砂浆试块试验报告	烧结空心砖每 10 万块为一验收批,小砌块每 1 万块为一验收批,不足上述数量时按一批计,抽检数量为 1 组。砂浆试块的数量每一检验批且不超过 250m³ 砌体的各类、各强度等级的普通砌筑砂浆,每台搅拌机应至少抽检一次。验收批的预拌砂浆、蒸压加气混凝土砌块专用砂浆,抽检可为 3 组

续表

序号	项目	合格质量标准	检验方法	抽检数量
2	连接构造	填充墙砌体应与主体结构可靠连接,其连接构造应符合设计要求,未经设计同意,不得随意改变连接构造方法。每一填充墙与柱的拉结筋的位置超过一皮块体高度的数量不得多于一处	观察检查	每检验批抽查不应少于5处
3	连接钢筋	填充墙与承重墙、柱、梁的连接钢筋,当采用化学植筋的连接方式时,应进行实体检测。锚固钢筋拉拔试验的轴向受拉非破坏承载力检验值应为6.0kN。抽检钢筋在检验值作用下应基材无裂缝、钢筋无滑移宏观裂损现象;持荷2min期间荷载值降低不大于5%	原位试验检查	按表7-9确定

表7-9　　　　检验批抽检锚固钢筋样本最小容量

检验批的容量	样本最小容量	检验批的容量	样本最小容量
≤90	5	281～500	20
91～150	8	501～1200	32
151～280	13	1201～3200	50

第七章 砌体工程质量控制及检验

2. 一般项目检验

填充墙砌体工程一般项目质量检验标准见表 7-10。

表 7-10　　　　填充墙砌体工程一般项目质量检验标准

序号	项目	合格质量标准	检验方法	抽检数量
1	填充墙砌体一般尺寸允许偏差	填充墙砌体尺寸、位置的允许偏差应符合表 7-11 的规定	见表 7-11	每检验批抽查不应少于 5 处
2	砂浆饱满度	填充墙砌体的砂浆饱满度应符合表 7-11 的规定	见表 7-11	
3	拉结钢筋网片位置	填充墙留置的拉结钢筋或网片的位置应与块体皮数相符合。拉结钢筋或网片应置于灰缝中,埋置长度应符合设计要求,竖向位置偏差不应超过一皮高度	观察和用尺量检查	
4	错缝搭砌	填充墙砌筑时应错缝搭砌,蒸压加气混凝土砌块搭砌长度不应小于砌块长度的 1/3；轻集料混凝土小型空心砌块搭砌长度不应小于 90mm；竖向通缝不应大于 2 皮	观察检查	
6	填充墙灰缝	填充墙砌体的灰缝厚度和竖向宽度应正确。烧结空心砖、轻集料混凝土小型空心砌块的砌体灰缝应为 8～12mm；蒸压加气混凝土砌块砌体当采用水泥砂浆、水泥混合砂浆或蒸压加气混凝土砌块砌筑砂浆时,水平灰缝厚度和竖向灰缝宽度不应超过 15mm；当蒸压加气混凝土砌块砌体采用蒸压加气混凝土砌块粘结砂浆时,水平灰缝厚度和竖向灰缝宽度宜为 3～4mm	水平灰缝厚度用尺量 5 皮小砌块的高度折算；竖向灰缝宽度用尺量 2m 砌体长度折算	

表 7-11　　　　填充墙砌体一般尺寸允许偏差

项次	项　目		允许偏差(mm)	检 验 方 法
1	轴线位移		10	用尺检查
	垂直度	小于或等于 3m	5	用 2m 托线板或吊线、尺检查
		大于 3m	10	
2	表面平整度		8	用 2m 靠尺和楔形塞尺检查
3	门窗洞口高、宽(后塞口)		±10	用尺检查
4	外墙上、下窗口偏移		20	用经纬仪或吊线检查

注：本表摘自《砌体结构工程施工质量验收规范》(GB 50203—2011)。

表 7-12　　　　填充墙砌体的砂浆饱满度及检验方法

砌体分类	灰缝	饱满度及要求	检 验 方 法
空心砖砌体	水平	≥80%	采用百格网检查块体底面或侧面砂浆的粘结痕迹面积
	垂直	填满砂浆，不得有透明缝、瞎缝、假缝	
蒸压加气混凝土砌块、轻集料混凝土小型空心砌块砌体	水平	≥80%	
	垂直		

注：本表摘自《砌体结构工程施工质量验收规范》(GB 50203—2011)。

课后练习

一、填空题

1. 混凝土小型空心砌块砌体工程施工质量控制点有_____、_____、_____、_____、_____。

2. 填充墙砌体工程施工质量控制点有_____、_____、_____、_____。

二、选择题(有一个或多个答案)

1. 砌筑时蒸压灰砂砖、粉煤灰砖的产品龄期不得少于(　　)d。
   A. 25　　　B. 26　　　C. 27　　　D. 28

2. 砌筑用水泥砂浆中水泥用量不应小于(　　)kg/m³。

A. 100　　　B. 200　　　C. 300　　　D. 400
3. 下列关于砌体工作段划分的说法正确的是(　　)。
   A. 相邻工作段的分段位置,宜设在伸缩缝、沉降缝、防震缝构造柱或门窗洞口处
   B. 相邻工作段的高度差,不得超过一个楼层的高度,且不得大于4m
   C. 砌体临时间断处的高度差,不得超过一步脚手架的高度
   D. 砌体施工时,楼面堆载不得超过楼板允许荷载值
4. 小砌块砌体铺灰长度不宜超过(　　)块主规格块体的长度。
   A. 一　　　B. 两　　　C. 三　　　D. 四
5. 填充墙的水平灰缝砂浆饱满度均应不小于(　　)%。
   A. 50　　　B. 60　　　C. 70　　　D. 80

三、简答题

1. 砖砌体灰缝施工应符合哪些质量要求?
2. 小砌块砌筑施工应符合哪些质量要求?
3. 填充墙砌体施工过程质量控制措施有哪些?

第八章 混凝土结构工程质量控制及检验

第一节 模板工程质量控制及检验

一、模板工程施工质量控制点

(1)模板的安装偏差。
(2)模板的强度、刚度。
(3)模板支架的稳定性。

二、模板工程质量控制措施

(一)材料质量控制

(1)模板及其支架应根据工程结构形式、荷载大小、地基土类别、施工设备和材料供应等条件进行设计。模板及其支架应具有足够的承载能力、刚度和稳定性,能可靠地承受浇筑混凝土的重量、侧压力以及施工荷载。

(2)在浇筑混凝土之前,应对模板工程进行验收。模板安装和浇筑混凝土时,应对模板及其支架进行观察和维护。发生异常情况时,应按施工技术方案及时进行处理。

(3)模板及其支架拆除的顺序及安全措施应按施工技术方案执行。

> 对模板及其支架应定期维修,特别是反复使用的钢模板要不断进行整修,防止锈蚀,保证其棱角顺直、平整。

(二)模板安装

1. 模板安装一般要求

(1)模板的接缝不应漏浆;在浇筑混

凝土前,木模板应浇水湿润,但模板内不应有积水。

(2)模板与混凝土的接触面应清理干净并涂刷隔离剂,但不得采用影响结构性能或妨碍装饰工程施工的隔离剂。

(3)竖向模板和支架的支承部分必须坐落在坚实的基土上,且要求接触面平整。

(4)安装过程中应多检查,注意垂直度、中心线、标高及各部分的尺寸,保证结构部分的几何尺寸和相邻位置的正确。

(5)浇筑混凝土前,模板内的杂物应清理干净。

(6)模板安装应按编制的模板设计文件和施工技术方案施工。在浇筑混凝土前,应对模板工程进行验收。

2. 模板安装偏差

(1)模板轴线放线时,应考虑建筑装饰装修工程的厚度尺寸,留出装饰厚度。

(2)模板安装的根部及顶部应设标高标记,并设限位措施,确保标高尺寸准确。支模时应拉水平通线,设竖向垂直度控制线,确保横平竖直,位置正确。

(3)基础的杯芯模板应刨光直拼,并钻有排气孔,减少浮力;杯口模板中心线应准确,模板钉牢,防止浇筑混凝土时芯模上浮;模板厚度应一致,栅面应平整,栅木料要有足够强度和刚度。墙模板的穿墙螺栓直径、间距和垫块规格应符合设计要求。

(4)柱子支模前必须先校正钢筋位置。成排柱支模时应先立两端柱模,在底部弹出通线,定出位置并兜方找中,校正与复核位置无误后,顶部拉通线,再立中间柱模。柱箍间距按柱截面大小及高度决定,一般控制在 500～1000cm,根据柱距选用剪刀撑、水平撑及四面斜撑撑牢,保证柱模板位置准确。

(5)梁模板上口应设临时撑头,侧模下口应贴紧底模或墙面,斜撑与上口钉牢,保持上口呈直线;深梁应根据梁的高度及核算的荷载及侧压力适当以横档。

(6)梁柱节点连接处一般下料尺寸略缩短,采用边模包底模,拼缝应严密,支撑牢靠,及时错位并采取有效、可靠措施予以纠正。

拓展阅读

检查防止模板变形的控制措施

基础模板为防止变形,必须支撑牢固;墙和柱模板下端要做好定位基准;墙柱与梁同时安装时,应先安装墙柱模板,再在其上安装梁模板。当梁、板跨度大于或等于4m时,梁、板应按设计起拱;当设计无具体要求时,起拱高度宜为跨度的1‰~3‰。

3. 模板支架要求

(1)支放模板的地坪、胎膜等应保持平整光洁,不得产生下沉、裂缝、起砂或起鼓等现象。

(2)支架的立柱底部应铺设合适的垫板,支承在疏松土质上时,基土必须经过夯实,并应通过计算确定其有效支承面积,并应有可靠的排水措施。

(3)立柱与立柱之间的带锥销横杆,应用锤子敲紧,防止立柱失稳,支撑完毕应设专人检查。

(4)安装现浇结构的上层模板及其支架时,下层楼板应具有承受上层荷载的承载能力或加设支架支撑,确保有足够的刚度和稳定性;多层楼板支架系统的立柱应安装在同一垂直线上。

(三)模板拆除

(1)模板及其支架的拆除时间和顺序应事先在施工技术方案中确定,拆模必须按拆模顺序进行,一般是后支的先拆,先支的后拆;先拆非承重部分,后拆承重部分。重大复杂的模板拆除,按专门制定的拆模方案执行。

> 模板安装和浇筑混凝土时,应对模板及其支架进行观察和维护。发生异常情况时,应按施工技术方案及时进行处理。模板及其支架拆除的顺序及安全措施应按施工技术方案执行。

(2)现浇楼板采用早拆模施工时,经理论计算复核后将大跨度楼板改成支模形式为小跨度楼板(≤2m),当浇筑的楼板混凝土实际强度达到50%的设计强度标准值,可拆除模板,保留支架,严禁调换支架。

(3)多层建筑施工,当上层楼板正在浇筑混凝土时,下一层楼板的模板支架不得拆除,再下一层楼板的支架,仅可拆除一部分;跨度4m及4m以上的梁下均应保留支架,其间距不得大于3m。

(4)高层建筑梁、板模板,完成一层结构,其底模及其支架的拆除时间控制,应对所用混凝土的强度发展情况,分层进行核算,确保下层梁及楼板混凝土能承受上层全部荷载。

(5)拆除时应先清理脚手架上的垃圾杂物,再拆除连接杆件,经检查安全可靠后可按顺序拆除。拆除时要有统一指挥、专人监护,设置警戒区,防止交叉作业,拆下物品及时清运、整修、保养。

(6)后张法预应力结构构件,侧模宜在预应力张拉前拆除;底模及支架的拆除应按施工技术方案,当无具体要求时,应在结构构件建立预应力之后拆除。

(7)后浇带模板的拆除和支顶方法应按施工技术方案执行。

三、模板工程质量检验标准

(一)模板安装质量检验标准

1. 主控项目检验

模板安装主控项目质量检验标准见表8-1。

表8-1　　　　　模板安装主控项目质量检验标准

序号	项目	合格质量标准	检验方法	检查数量
1	模板支撑、立柱位置和垫板	安装现浇结构的上层模板及其支架时,下层楼板应具有承受上层荷载的承载能力,或加设支架;上、下层支架的立柱应对准,并铺设垫板	对照模板设计文件和施工技术方案观察	全数检查
2	避免隔离剂沾污	在涂刷模板隔离剂时,不得沾污钢筋和混凝土接槎处	观察	

2. 一般项目检验

模板安装一般项目质量检验标准见表 8-2。

表 8-2　　　　模板安装一般项目质量检验标准

序号	项目	合格质量标准	检验方法	检查数量
1	模板安装要求	模板安装应满足下列要求： (1)模板的接缝不应漏浆；在浇筑混凝土前，木模板应浇水湿润，但模板内不应有积水； (2)模板与混凝土的接触面应清理干净并涂刷隔离剂，但不得采用影响结构性能或妨碍装饰工程施工的隔离剂； (3)浇筑混凝土前，模板内的杂物应清理干净； (4)对清水混凝土工程及装饰混凝土工程，应使用能达到设计效果的模板	观察	全数检查
2	用作模板的地坪、胎模质量	用作模板的地坪、胎模等应平整光洁，不得产生影响构件质量的下沉、裂缝、起砂或起鼓		
3	模板起拱高度	对跨度不小于 4m 的现浇钢筋混凝土梁、板，其模板应按设计要求起拱；当设计无具体要求时，起拱高度宜为跨度的 1/1000～3/1000	水准仪或拉线、钢尺检查	在同一检验批内，对梁、柱和独立基础，应抽查构件数量的 10%，且不少于 3 件；对墙和板，应按有代表性的自然间抽查 10%，且不少于 3 间；对大空间结构，墙可按相邻轴线间高度 5m 左右划分检查面，板可按纵、横轴线划分检查面，抽查 10%，且均不少于 3 面
4	预埋件、预留孔和预留洞允许偏差	固定在模板上的预埋件、预留孔和预留洞均不得遗漏，且应安装牢固，其偏差应符合表 8-3 的规定	钢尺检查，见表 8-4、表 8-5	
5	模板安装允许偏差	现浇结构模板安装的偏差应符合表 8-4 的规定；预制构件模板安装的偏差应符合表 8-5 的规定		

第八章 混凝土结构工程质量控制及检验

表 8-3　　　　　　　预埋件和预留孔洞的允许偏差

项目		允许偏差(mm)
预埋钢板中心线位置		3
预埋管、预留孔中心线位置		3
插筋	中心线位置	5
	外露长度	+10,0
预埋螺栓	中心线位置	2
	外露长度	+10,0
预留洞	中心线位置	10
	尺寸	+10,0

注:检查中心线位置时,应沿纵、横两个方向量测,并取其中的较大值。

表 8-4　　　　现浇结构模板安装的允许偏差及检验方法

项目		允许偏差(mm)	检验方法
轴线位置		5	钢尺检查
底模上表面标高		±5	水准仪或拉线、钢尺检查
截面内部尺寸	基础	±10	钢尺检查
	柱、墙、梁	+4,-5	钢尺检查
层高垂直度	不大于5m	6	经纬仪或吊线、钢尺检查
	大于5m	8	经纬仪或吊线、钢尺检查
相邻两板表面高低差		2	钢尺检查
表面平整度		5	2m靠尺和塞尺检查

注:检查轴线位置时,应沿纵、横两个方向量测,并取其中的较大值。

表 8-5　　　　预制构件模板安装的允许偏差及检验方法

项目		允许偏差(mm)	检验方法
长度	板、梁	±5	钢尺量两角边,取其中较大值
	薄腹梁、桁架	±10	
	柱	0,−10	
	墙板	0,−5	
宽度	板、墙板	0,−5	钢尺量一端及中部,取其中较大值
	梁、薄腹梁、桁架、柱	+2,−5	
高(厚)度	板	+2,−3	
	墙板	0,−5	
	梁、薄腹梁、桁架、柱	+2,−5	
侧向弯曲	梁、板、柱	$l/1000$ 且 $\leqslant 15$	拉线、钢尺量最大弯曲处
	墙板、薄腹梁、桁架	$l/1500$ 且 $\leqslant 15$	
板的表面平整度		3	2m 靠尺和塞尺检查
相邻两板表面高低差		1	钢尺检查
对角线差	板	7	钢尺量两个对角线
	墙板	5	
翘曲	板、墙板	$l/1500$	调平尺在两端量测
设计起拱	薄腹梁、桁架、梁	±3	拉线、钢尺量跨中

注：l 为构件长度(mm)。

第八章 混凝土结构工程质量控制及检验

(二)模板拆除质量检验标准

1. 主控项目检验

模板拆除主控项目质量检验标准见表8-6。

表8-6　　　　　模板拆除主控项目质量检验标准

序号	项目	合格质量标准	检验方法	检查数量
1	底模及其支架拆除时的混凝土强度	底模及其支架拆除时的混凝土强度应符合设计要求;当设计无具体要求时,混凝土强度应符合表8-7的规定	检查同条件养护试件强度试验报告	全数检查
2	后张法预应力构件侧模和底模的拆除时间	对后张法预应力混凝土结构构件,侧模宜在预应力张拉前拆除;底模支架的拆除应按施工技术方案执行,当无具体要求时,不应在结构构件建立预应力前拆除	观察	
3	后浇带拆模和支顶	后浇带模板的拆除和支顶应按施工技术方案执行	观察	

表8-7　　　　　底模拆除时的混凝土强度要求

构件类型	构件跨度(m)	达到设计的混凝土立方体抗压强度标准值的百分率(%)
板	≤2	≥50
	>2,≤8	≥75
	>8	≥100
梁、拱、壳	≤8	≥75
	>8	≥100
悬臂构件	—	≥100

2. 一般项目检验

模板拆除一般项目质量检验标准见表8-8。

表 8-8　　　　　　模板拆除一般项目质量检验标准

序号	项目	合格质量标准	检验方法	检查数量
1	避免拆模损伤	侧模拆除时的混凝土强度应能保证其表面及棱角不受损伤	观察	全数检查
2	模板拆除、堆放和清运	模板拆除时,不应对楼层形成冲击荷载。拆除的模板和支架宜分散堆放并及时清运		

第二节　钢筋工程质量控制及检验

一、钢筋原材料及加工质量控制与检验

(一)钢筋原材料及加工施工质量控制点

(1)原材料的合格证、出厂检验报告。
(2)钢筋的外观、物理力学性质。
(3)钢筋的弯钩、弯折、加工尺寸。

(二)钢筋原材料及加工质量控制措施

1. 钢筋原材料质量控制

(1)检查产品合格证、出厂检验报告。钢筋出厂,应具有产品合格证书、出厂试验报告单,作为质量的证明材料,所列出的品种、规格、型号、化学成分、力学性能等,必须满足设计要求,符合有关国家现行标准的规定。当用户有特别要求时,还应列出专门的检验数据。

(2)进场的每捆(盘)钢筋均应有标牌,按炉罐号、批次及直径分批验收,分类堆放整齐,严防混料,并应对其检验状态进行标识,防止混用。

(3)钢筋逐批检查,表面不得有裂纹、折叠、结疤及夹杂。盘条允许有压痕及局部的凸块、凹块、划痕、麻面,但其深度或高度(从实际尺寸算起)不得大于 0.20mm;带肋钢筋表面凸块,不得超过横肋高度,钢筋表面上其他缺陷的深度和高度不得大于所在部位尺寸的允许偏

差,冷拉钢筋不得有局部缩颈;钢筋表面氧化铁皮(铁锈)重量不大于16kg/t。

(4)带肋钢筋表面标志清晰明了,标志包括强度级别、厂名(汉语拼音字头表示)和直径(mm)数字。

> **钢筋标准**
>
> 钢筋采购时,混凝土结构所采用的热轧钢筋、热处理钢筋、碳素钢丝、刻痕钢丝和钢绞线的质量,应分别符合如下规定:
>
> (1)《钢筋混凝土用钢 第1部分:热轧光圆钢筋》(GB 1499.1—2008)。
>
> (2)《钢筋混凝土用钢 第2部分:热轧带肋钢筋》(GB 1499.2—2007)。
>
> (3)《钢筋混凝土用余热处理钢筋》(GB 13014—2013)。

2. 钢筋配料加工

(1)仔细查看结构施工图,把不同构件的配筋数量、规格、间距、尺寸弄清楚,抓好钢筋翻样,检查配料单的准确性。

(2)钢筋加工严格按照配料单进行,在制作加工中发生断裂的钢筋,应进行抽样做化学分析,防止其力学性能合格而化学含量有问题,保证钢材材质的安全合格性。

(3)钢筋加工所用施工机械必须经试运转,调整正常后,才可正式使用。

> **钢筋加工质量处理**
>
> 钢筋加工过程中,若发现钢筋脆断、焊接性能不良或力学性能显著不正常时,应立即停止使用,并对该批钢筋进行化学成分检验或其他专项检验,按检验结果进行技术处理。如果发现力学性能或化学成分不符合要求,必须做退货处理。

(三) 钢筋原材料及加工质量检验标准

1. 钢筋原材料

(1) 主控项目检验。钢筋原材料主控项目质量检验标准见表 8-9。

表 8-9　　　　钢筋原材料主控项目质量检验标准

序号	项目	合格质量标准及说明	检验方法	检查数量
1	力学性能检验	钢筋进场时,应按国家现行相关标准的规定抽取试件作力学性能和质量偏差检验,检验结果必须符合有关标准的规定	检查产品合格证、出厂检验报告和进场复验报告	按进场的批次和产品
2	抗震用钢筋强度实测值	对有抗震设防要求的结构,其纵向受力钢筋的性能应满足设计要求;当设计无具体要求时,对按一、二、三级抗震等级设计的框架和斜撑构件(含梯段)中的纵向受力钢筋应采用 HRB335E、HRB400E、HRB500E、HRBF335E、HRBF400E 或 HRBF500E 钢筋,其强度和最大力下总伸长率的实测值应符合下列规定: (1) 钢筋的抗拉强度实测值与屈服强度实测值的比值不应小于 1.25。 (2) 钢筋的屈服强度实测值与强度标准值的比值不应大于 1.3。 (3) 钢筋的最大力下总伸长率不应小于 9%。	检查进场复验报告	按进场的批次和产品的抽样检验方案确定
3	化学成分等专项检验	当发现钢筋脆断、焊接性能不良或力学性能显著不正常等现象时,应对该批钢筋进行化学成分检验或其他专项检验	检查化学成分等专项检验报告	按产品的抽样检验方案确定

(2) 一般项目检验。钢筋原材料一般项目质量检验标准见表 8-10。

表 8-10　　　　　钢筋原材料一般项目质量检验标准

项目	合格质量标准及说明	检验方法	检查数量
外观质量	钢筋应平直、无损伤，表面不得有裂纹、油污、颗粒状或片状锈	观察	进场和使用前全数检查

2. 钢筋加工

(1) 主控项目检验。钢筋加工主控项目质量检验标准见表 8-11。

表 8-11　　　　　钢筋加工主控项目质量检验标准

序号	项目	合格质量标准及说明	检验方法	检查数量
1	受力钢筋的弯钩和弯折	受力钢筋的弯钩和弯折应符合下列规定： (1) HPB235 级钢筋末端应作 180°弯钩，其弯弧内直径不应小于钢筋直径的 2.5 倍，弯钩的弯后平直部分长度不应小于钢筋直径的 3 倍； (2) 当设计要求钢筋末端需作 135°弯钩时，HRB335 级、HRB400 级钢筋的弯弧内直径不应小于钢筋直径的 4 倍，弯钩的弯后平直部分长度应符合设计要求； (3) 钢筋作不大于 90°的弯折时，弯折处的弯弧内直径应不小于钢筋直径的 5 倍	钢尺检查	按每工作班同一类型钢筋、同一加工设备抽查不应少于 3 件
2	箍筋弯钩形式	除焊接封闭环式箍筋外，箍筋的末端应作弯钩，弯钩形式应符合设计要求；当设计无具体要求时，应符合下列规定： (1) 箍筋弯钩的弯弧内直径除应满足上述表项 1 的规定外，尚应不小于受力钢筋直径； (2) 箍筋弯钩的弯折角度：对一般结构，不应小于 90°；对有抗震等要求的结构，应为 135°； (3) 箍筋弯后平直部分长度：对一般结构，不宜小于箍筋直径的 5 倍；对有抗震等要求的结构，不应小于箍筋直径的 10 倍	钢尺检查	按每工作班同一类型钢筋、同一加工设备抽查不应少于 3 件

续表

序号	项目	合格质量标准及说明	检验方法	检查数量
3	钢筋调直	钢筋调直后应进行力学性能和质量偏差的检验,其强度应符合有关标准的规定。盘卷钢筋和直条钢筋调直后的断后伸长率、质量负偏差应符合表8-12的规定。采用无延伸功能的机械设备调直的钢筋,可不进行本条规定的检验	取3个试件先进行质量偏差检验,再取其中2个试件经时效处理后进行力学性能检验。检验质量偏差时,试件切口应平滑且与长度方向垂直,且长度不应小于500mm;长度和质量的测量精度分别不应低于1mm和1g	同一厂家、同一牌号、同一规格调直钢筋,质量不大于30t为一批;每批取3件试件

表8-12 盘卷钢筋和直条钢筋调直后断后伸长率、质量负偏差要求

钢筋牌号	断后伸长率 $A(\%)$	质量负偏差(%)		
		直径6~12mm	直径14~20mm	直径22~50mm
HPB235、HPB300	≥21	≤10	—	—
HRB335、HRBF335	≥16	≤8	≤6	≤5
HRB400、HRBF400	≥15	≤8	≤6	≤5
RRB400	≥13	≤8	≤6	≤5
HRB500、HRBF500	≥14	≤8	≤6	≤5

注:1. 断后伸长率 A 的测量标距为5倍钢筋公称直径;

2. 质量负偏差(%)按公式 $[(W_0-W_d)/W_0]\times 100$ 计算,其中 W_0 为钢筋理论质量(kg/m), W_d 为调直后钢筋的实际质量(kg/m);

3. 对直径为28~40mm的带肋钢筋,表中断后伸长率可降低1%;对直径大于40mm的带肋钢筋,表中断后伸长率可降低2%。

(2)一般项目检验。钢筋加工一般项目质量检验标准见表8-13。

第八章 混凝土结构工程质量控制及检验

表 8-13 钢筋加工一般项目质量检验标准

序号	项目	合格质量标准及说明	检验方法	检查数量
1	钢筋调直	钢筋宜采用无延伸功能的机械设备进行调直,也可采用冷拉方法调直。当采用冷拉方法调直时,HPB235、HPB300 光圆钢筋的冷拉率不宜大于 4%,HRB335、HRB400、HRB500、HRBF335、HRBF400、HRBF500 及 RRB400 带肋钢筋冷拉率不宜大于 1%	观察、钢尺检查	按每工作班同一类型钢筋、同一加工设备抽查不应少于 3 件
2	钢筋加工的形状、尺寸	钢筋加工的形状、尺寸应符合设计要求,其偏差应符合表 8-14 的规定	钢尺检查	

表 8-14 钢筋加工的允许偏差

项目	允许偏差(mm)
受力钢筋沿长度方向全长的净尺寸	±10
弯起钢筋的弯折位置	±20
箍筋内净尺寸	±5

二、钢筋连接质量控制与检验

1. 钢筋连接施工质量控制点

(1)钢筋接头力学性能。
(2)接头外观质量。
(3)接头位置的设置。

2. 钢筋连接施工质量控制措施

(1)钢筋连接方法有机械连接、焊接、绑扎搭接等。钢筋连接的外观质量和接头的力学性能,在施工现场,均应按国家现行标准《钢筋机械连接技术规程》(JGJ 107—2010)和《钢筋焊接及验收规程》(JGJ 18—2012)的规定抽取试件进行检验,其质量应符合规程的相关规定。

(2)进行钢筋机械连接和焊接的操作人员必须经过专业培训,持考试合格证上岗。

(3)钢筋连接所用的焊剂、套筒等材料必须符合检验认定的技术要求,并具有相应的出厂合格证。

(4)钢筋机械连接和焊接操作前应首先抽取试件,以确定钢筋连接的工艺参数。

(5)在同一构件中钢筋机械连接接头或焊接接头的设置宜相互错开,接头位置、接头百分率应符合规范要求。同一构件相邻纵向受力钢筋的绑扎搭接接头宜相互错开,纵向受拉钢筋搭接接头面积百分率应符合设计要求;绑扎搭接接头中钢筋的横向净距不应小于钢筋直径,且不应小于25mm。同时钢筋接头宜设置在受力较小处,同一纵向受力钢筋不宜设置两个或两个以上接头。接头末端至弯起点的距离不应小于钢筋直径的10倍。

(6)帮条焊适用于焊接直径10~40mm的热轧光圆及带肋钢筋、直径10~25mm的余热处理钢筋,帮条长度应符合表8-15的规定。搭接焊适用焊接的钢筋与帮条焊相同。

表8-15 帮条长度

钢筋的类别	焊缝形式	帮条长度
热轧光圆钢筋	单面焊	≥8d
	双面焊	≥4d
热轧带肋钢筋及余热处理钢筋	单面焊	≥10d
	双面焊	≥5d

拓展阅读

电弧焊接外观质量检查

电弧焊接头外观质量检查应注意以下几点:
(1)焊缝表面应平整,不得有凹陷或焊瘤。
(2)焊接接头区域不得有肉眼可见的裂纹。
(3)咬边深度、气孔、夹渣等缺陷允许值应符合相关规定。
(4)坡口焊、熔槽帮条焊和窄间隙焊接头的焊缝余高不得大于3mm。

(7)适用于焊接直径 14~40mm 的 HPB235 级、HRB335 级钢筋。焊机容量应根据钢筋直径选定。电渣压力焊应用于柱、墙、烟囱等现浇混凝土结构中竖向钢筋的连接,不得用于梁、板等构件中的水平钢筋连接。

(8)适用于焊接直径 14~40mm 的热轧圆钢及带肋钢筋。当焊接直径不同的钢筋时,两直径之差不得大于 7mm。气压焊等压法、二次加压法、三次加压法等工艺应根据钢筋直径等条件选用。

(9)进行电阻点焊、闪光对焊、电渣压力焊、埋弧压力焊时,应随时观察电源电压的波动情况。当电源电压下降大于 5%、小于 8%时,应采取提高焊接变压器级数的措施;当大于或等于 8%时,不得进行焊接。

钢筋电渣压力焊接头外观质量检查

钢筋电渣压力焊接头外观质量检查应注意以下几点:
(1)四周焊包突出钢筋表面的高度不得小于 4mm。
(2)钢筋与电极接触处,应无烧伤缺陷。
(3)接头处的弯折角不得大于 3℃。
(4)接头处的轴线偏移不得大于钢筋直径的 0.1 倍,且不得大于 2mm。

(10)带肋钢筋套筒挤压连接应符合下列要求:
1)钢筋插入套筒内深度应符合设计要求。
2)钢筋端头离套筒长度中心点不宜超过 10mm。
3)先挤压一端钢筋,插入接连钢筋后,再挤压另一端套筒,挤压宜从套筒中部开始,依次向两端挤压,挤压机与钢筋轴线保持垂直。

(11)钢筋锥螺纹连接的螺纹丝头的锥度、螺距必须与套筒的锥度、螺距一致。对准轴线将钢筋拧入套筒内,接头拧紧值应满足规定的力矩。

3. 钢筋连接质量检验标准

(1)主控项目检验。钢筋连接主控项目质量检验标准见表 8-16。

表8-16　　　　　　　钢筋连接主控项目质量检验标准

序号	项目	合格质量标准	检验方法	检查数量
1	纵向受力钢筋的连接方式	纵向受力钢筋的连接方式应符合设计要求	观察	全数检查
2	钢筋机械连接和焊接接头的力学性能	在施工现场，应按国家现行标准《钢筋机械连接技术规程》（JGJ 107—2010）、《钢筋焊接及验收规程》（JGJ 18—2012）的规定抽取钢筋机械连接接头、焊接接头试件作力学性能检验，其质量应符合有关规程的规定	检查产品合格证、接头力学性能试验报告	按国家现行标准《钢筋机械连接技术规程》（JGJ 107—2010）、《钢筋焊接及验收规程》（JGJ 18—2012）的规定抽取

（2）一般项目检验。钢筋连接一般项目质量检验标准见表8-17。

表8-17　　　　　　　钢筋连接一般项目质量检验标准

序号	项目	合格质量标准	检验方法	检查数量
1	接头位置和数量	钢筋的接头宜设置在受力较小处。同一纵向受力钢筋不宜设置两个或两个以上接头。接头末端至钢筋弯起点的距离不应小于钢筋直径的10倍	观察、钢尺检查	全数检查
2	钢筋机械连接焊接的外观质量	在施工现场，应按国家现行标准《钢筋机械连接技术规程》（JGJ 107—2010）、《钢筋焊接及验收规程》（JGJ 18—2012）的规定对钢筋机械连接接头、焊接接头的外观进行检查，其质量应符合有关规程的规定	观察	

第八章 混凝土结构工程质量控制及检验

续一

序号	项目	合格质量标准	检验方法	检查数量
3	纵向受力钢筋机械连接、焊接的接头面积百分率	当受力钢筋采用机械连接接头或焊接接头时,设置在同一构件内的接头宜相互错开。 纵向受力钢筋机械连接接头及焊接接头连接区段的长度为 $35d$(d 为纵向受力钢筋的较大直径)且不小于 500mm,凡接头中点位于该连接区段长度内的接头均属于同一连接区段。同一连接区段内,纵向受力钢筋机械连接及焊接的接头面积百分率为该区段内有接头的纵向受力钢筋截面积与全部纵向受力钢筋截面面积的比值。 同一连接区段内,纵向受力钢筋的接头面积百分率应符合设计要求;当设计无具体要求时,应符合下列规定: (1)在受拉区不宜大于 50%。 (2)接头不宜设置在有抗震设防要求的框架梁端、柱端的箍筋加密区;当无法避开时,对等强度高质量机械连接接头,不应大于 50%。 (3)直接承受动力荷载的结构构件中,不宜采用焊接接头;当采用机械连接接头时,不应大于 50%	观察、钢尺检查	在同一检验批内,对梁、柱和独立基础,应抽查构件数量的 10%,且不少于 3 件;对墙和板,应按有代表性的自然间抽查 10%,且不少于 3 间;对大空间结构,墙可按相邻轴线间高度 5m 左右划分检查面,板可按纵横轴线划分检查面,抽查 10%,且均不少于 3 面
4	纵向受拉钢筋搭接接头面积百分率和最小搭接长度	同一构件中相邻纵向受力钢筋的绑扎搭接接头宜相互错开。绑扎搭接接头中钢筋的横向净距不应小于钢筋直径,且不应小于 25mm; 钢筋绑扎搭接接头连接区段的长度为 $1.3l_l$(l_l 为搭接长度),凡搭接接头中点位于该连接区段长度内的搭接接头均属于同一连接区段。同一连接区段内,纵向钢筋搭接接头面积百分率为该区段内有搭接接头的纵向受力钢筋截面面积与全部纵向受力钢筋截面面积的比值(图 8-1); 同一连接区段内,纵向受拉钢筋搭接接头面积百分率应符合设计要求;当设计无具体要求时,应符合下列规定: (1)对梁类、板类及墙类构件,不宜大于 25%; (2)对柱类构件,不宜大于 50%; (3)当工程中确有必要增大接头面积百分率时,对梁类构件,应不大于 50%;对其他构件,可根据实际情况放宽 纵向受拉钢筋绑扎搭接接头的最小搭接长度应符合《混凝土结构工程施工质量验收规范》(GB 50204—2002)(2011 版)附录 B 的规定	观察、钢尺检查	(1)在同一检验批内,对梁、柱和独立基础,应抽查构件数量的 10%,且不少于 3 件;对墙和板,应按有代表性的自然间抽查 10%,且不少于 3 间

续二

序号	项目	合格质量标准	检验方法	检查数量
5	搭接长度范围内的箍筋	在梁、柱类构件的纵向受力钢筋搭接长度范围内,应按设计要求配置箍筋。当设计无具体要求时,应符合下列规定: (1)箍筋直径不应小于搭接钢筋较大直径的0.25倍; (2)受拉搭接区段的箍筋间距不应大于搭接钢筋较小直径的5倍,且不应大于100mm; (3)受压搭接区段的箍筋间距不应大于搭接钢筋较小直径的10倍,且不应大于200mm; (4)当柱中纵向受力钢筋直径大于25mm时,应在搭接接头两个端面外100mm范围内各设置两个箍筋,间距宜为50mm	钢尺检查	(2)对大空间结构,墙可按相邻轴间高度5m左右划分检查面,板可按纵横轴线划分检查面,抽查10%,且均不少于3面

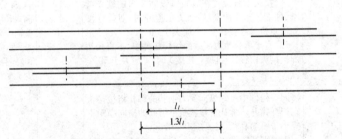

图 8-1 钢筋绑扎搭接接头连接区段及接头面积百分率

注:图中所示搭接接头同一连接区段内的搭接钢筋为两根,当各钢筋直径相同时,接头面积百分率为50%。

三、钢筋安装质量控制与检验

1. 钢筋安装工程质量控制点

(1)钢筋安装的位置。

(2)钢筋保护层的厚度。

(3)钢筋绑扎的质量。

2. 钢筋安装施工质量控制措施

(1)钢筋绑扎时,钢筋级别、直径、根数和间距应符合设计图纸的要求。

(2)柱子钢筋的绑扎,主要是抓住搭接部位和箍筋间距(尤其是加密区箍筋间距和加密区高度),这对多震地区尤为重要。若竖向钢筋采用焊接,要做抽样试验,从而保证钢筋接头的可靠性。

(3)对梁钢筋的绑扎,主要抓住锚固长度和弯起钢筋的弯起点位置。对抗震结构则要重视梁柱节点处、梁端箍筋加密范围和箍筋间距。

(4)对楼板钢筋,主要抓好防止支座负弯矩钢筋被踩踏而失去作用;再次是垫好保护层垫块。

(5)对墙板的钢筋,要抓好墙面保护层和内外皮钢筋间的距离,撑好撑铁,防止两层钢筋向墙中心靠近,对受力不利。

(6)对楼梯钢筋,主要抓梯段板的钢筋的锚固,以及钢筋变折方向不要弄错;防止弄错后在受力时出现裂缝。

(7)钢筋规格、数量、间距等在做隐蔽验收时一定要仔细核实。在一些规格不易辨认时,应用尺量或卡尺卡。保证钢筋配置的准确,也就保证了结构的安全。

> 钢筋安装完毕后,检查钢筋保护层垫块、马蹬等是否根据钢筋直径、间距和设计要求正确放置。

3. 钢筋安装质量检验标准

钢筋绑扎安装质量检验标准应符合表 8-18 的规定。

表 8-18   钢筋绑扎安装质量检验标准

序号	项目	合格质量标准及说明	检验方法	检查数量
主控项目	受力钢筋的品种、级别、规格和数量	钢筋安装时,受力钢筋的品种、级别、规格和数量必须符合设计要求	观察、钢尺检查	全数检查
一般项目	钢筋安装允许偏差	钢筋安装位置的偏差应符合表 8-19 的规定	见表 8-19	在同一检验批内,对梁、柱和独立基础,应抽查构件数量的 10%,且不少于 3 件;对墙和板,应按有代表性的自然间抽查 10%,且不少于 3 间;对大空间结构,墙可按相邻轴线间高度 5m 左右划分检查面,板可按纵、横轴线划分检查面,抽查 10%,且均不少于 3 面

表 8-19　　　　钢筋安装位置的允许偏差和检验方法

项　目		允许偏差(mm)	检验方法
绑扎钢筋网	长、宽	±10	钢尺检查
	网眼尺寸	±20	钢尺量连续三挡,取最大值
绑扎钢筋骨架	长	±10	钢尺检查
	宽、高	±5	钢尺检查
受力钢筋	间距	±10	钢尺量两端、中间各一点,取最大值
	排距	±5	
	保护层厚度 基础	±10	钢尺检查
	保护层厚度 柱、梁	±5	钢尺检查
	保护层厚度 板、墙、壳	±3	钢尺检查
绑扎箍筋、横向钢筋间距		±20	钢尺量连续三挡,取最大值
钢筋弯起点位置		20	钢尺检查
预埋件	中心线位置	5	钢尺检查
	水平高差	+3,0	钢尺和塞尺检查

注:1. 检查预埋件中心线位置时,应沿纵、横两个方向量测,并取其中的较大值。
　　2. 表中梁类、板类构件上部纵向受力钢筋保护层厚度的合格率应达到 90% 及以上,且不得有超过表中数值 1.5 倍的尺寸偏差。
　　3. 本表摘自《混凝土结构工程施工质量验收规范》(GB 50204—2002)。

第三节　混凝土工程质量控制及检验

一、混凝土工程质量控制点

(1)水泥、砂、石、水、外加剂等原材料的质量。
(2)混凝土的配合比。

(3)混凝土拌制的质量。
(4)混凝土运输、浇筑及间歇时间。
(5)混凝土的养护措施。
(6)混凝土的外观质量。
(7)混凝土的几何尺寸。

二、混凝土工程质量控制措施

(一)原材料及配合比质量控制

(1)水泥进场后必须按照施工总平面图放入指定的防潮仓内,临时露天堆放,应用防雨篷布遮盖。

(2)混凝土中掺用矿物掺合物的质量应符合《用于水泥和混凝土中的粉煤灰》(GB/T 1596—2005)的规定。粗、细集料的质量应符合《普通混凝土用砂、石质量及检验方法标准》(JGJ 52—2006)的规定。拌制混凝土用水应符合相关规定。

(3)混凝土配合比设计要满足混凝土结构设计的强度要求和各种使用环境下的耐久性要求;对特殊的工程,还应满足抗冻性、抗渗性等要求。

(4)进行混凝土配合比计配时所用的各种原材料应采用工程中实际使用的原材料且搅拌方法宜同于生产时使用的方法。

(二)混凝土施工质量控制

1. 混凝土搅拌

(1)全轻混凝土宜采用强制式搅拌机搅拌,砂轻混凝土可采用自落式搅拌机搅拌,但搅拌时间应延长 60~90s;当掺有外加剂时,搅拌时间应适当延长。

> 混凝土搅拌完毕后应在搅拌地点和浇筑地点分别取样检测坍落度,每一工作班不应少于两次,评定时应以浇筑地点的测值为准。

(2)采用强制式搅拌机搅拌轻集料混凝土的加料顺序是:当轻集料在搅拌前预湿时,先加粗、细集料和水泥搅拌 30s,再加水继续搅拌;当轻集料在搅拌前未预湿时,先加1/2的总用水量和粗、细集料搅拌60s,再加水泥和剩余用水量继续搅拌。

(3)当采用其他形式的搅拌设备时,搅拌的最短时间应按设备说明书的规定或经试验确定。

(4)混凝土的搅拌时间,每一工作班至少抽查两次。

2. 混凝土运输

混凝土运输过程中,应控制混凝土不离析、不分层、组成成分不发生变化,并保证卸料及输送通畅。如混凝土拌合物运送至浇筑地点出现离析或分层现象,应对其进行二次搅拌。

> **特别提示**
>
> **泵送混凝土注意事项**
>
> (1)操作人员应持证上岗,并能及时处理操作过程中出现的故障。
>
> (2)泵机与浇筑点应有联络工具,信号要明确。
>
> (3)泵送前应先用水灰比为 0.7 的水泥砂浆湿润导管,需要量约为 0.1m^3/m。新换节管也应先润滑、后接驳。
>
> (4)泵送过程严禁加水,严禁泵空。
>
> (5)开泵后,中途不要停歇,并应有备用泵机。
>
> (6)应有专人巡视管道,发现漏浆漏水,应及时修理。

3. 混凝土浇筑

(1)混凝土浇筑前应对模板、支架、钢筋和预埋件的质量、数量、位置等逐一检查,并做好记录,符合要求后方能浇筑混凝土;对模板内的杂物和钢筋上的油污等清理干净,将模板的缝隙、孔洞堵严,并浇水湿润;在地基或基土上浇筑混凝土时,应清除淤泥和杂物,并应有排水和防水措施;在干燥的非黏性土上浇筑混凝土时,应用水湿润;对未风化的岩石,应用水清洗,但其表面不得留有积水。

(2)混凝土自高处倾落的自由高度,不应超过 2m。当浇筑高度超过 3m 时,应采用串筒、溜管或振动溜管使混凝土下落。

(3)采用振捣器捣实混凝土应符合下列规定:

第八章 混凝土结构工程质量控制及检验

1)每一振点的振捣延续时间,应使混凝土表面呈现浮浆和不再沉落。

2)当采用插入式振捣器时,捣实普通混凝土的移动间距,不宜大于振捣器作用半径的 1.5 倍;捣实轻集料混凝土的移动间距,不宜大于其作用半径;振捣器与模板的距离,不应大于其作用半径的 0.5 倍,并应避免碰撞钢筋、模板、芯管、吊环、预埋件或空心胶囊等;振捣器插入下层混凝土内的深度应不小于 50mm。

3)当采用表面振动器时,其移动间距应保证振动器的平板能覆盖已振实部分的边缘。

4)当采用附着式振动器时,其设置间距应通过试验确定,并应与模板紧密连接。

5)当采用振动台振实干硬性混凝土和轻集料混凝土时,宜采用加压振动的方法,压力为 $1\sim3kN/m^2$。

6)当混凝土量小,缺乏设备机具时,亦可用人工借钢钎捣实。

(4)在浇筑与柱和墙连成整体的梁和板时,应在柱和墙浇筑完毕后停歇 1~1.5h,再继续浇筑;梁和板宜同时浇筑混凝土;拱和高度大于 1m 的梁等结构,可单独浇筑混凝土。

(5)大体积混凝土的浇筑应合理分段分层进行,使混凝土沿高度均匀上升;浇筑应在室外气温较低时进行,混凝土浇筑温度不宜超过 28℃(混凝土浇筑温度是指混凝土振捣后,在混凝土 50~100mm 深处的温度)。

(6)施工缝的留置应符合以下规定:

1)柱,宜留置在基础的顶面、梁或吊车梁牛腿的下面、吊车梁的上面、无梁楼板柱帽的下面。

2)与板连成整体的大截面梁,留置在板底面以下 20~30mm 处,当板下有梁托时,留置在梁托下部。

3)单向板,留置在平行于板的短边的任何位置。

4)有主次梁的楼板宜顺着次梁方向浇筑,施工缝应留置在次梁跨中 1/3 范围内。

5)墙,留置在门洞口过梁跨中 1/3 范围内,也可留在纵横墙的交接处。

6)双向受力楼板、大体积混凝土结构、拱、穹拱、薄壳、蓄水池、斗仓、多层钢架及其他结构复杂的工程,施工缝的位置应按设计要求留置。

拓展阅读

施工缝处理

施工缝的处理应按施工技术方案执行。在施工缝处继续浇筑混凝土时,应符合下列规定:

(1)已浇筑的混凝土,其抗压强度不应小于 $1.2N/mm^2$。

(2)在已硬化的混凝土接缝面上,清除水泥薄膜、松动石子以及软弱混凝土层,并用水冲洗干净,且不得积水。

(3)在浇筑混凝土前,铺一层厚度 10~15mm 的与混凝土内成分相同的水泥砂浆。

(4)新浇筑的混凝土应仔细捣实,使新旧混凝土紧密结合。

(5)混凝土后浇带的留置位置应按设计要求和施工技术方案确定。后浇带混凝土浇筑应按施工技术方案进行。

4. 混凝土养护

混凝土浇筑完毕后,应按施工技术方案及时采取有效的养护措施。混凝土的养护用水应与拌制用水相同。若混凝土的表面不便浇水或使用塑料布养护时,宜涂刷保护层,防止混凝土内部水分蒸发。

混凝土的冬期施工应符合国家现行标准《建筑工程冬期施工规程》(JGJ/T 104—2011)和施工技术方案的规定。

(三)现浇结构混凝土工程质量控制

(1)现浇结构的外观质量缺陷,应由监理(建设)单位、施工单位等各方根据其对结构性能和使用功能影响的严重程度,按表 8-20 确定。

表 8-20　现浇结构外观质量缺陷

名称	现象	严重缺陷	一般缺陷
露筋	构件内钢筋未被混凝土包裹而外露	纵向受力钢筋有露筋	其他钢筋有少量露筋
蜂窝	混凝土表面缺少水泥砂浆而形成石子外露	构件主要受力部位有蜂窝	其他部位有少量蜂窝
孔洞	混凝土中孔穴深度和长度均超过保护层厚度	构件主要受力部位有孔洞	其他部位有少量孔洞
夹渣	混凝土中夹有杂物且深度超过保护层厚度	构件主要受力部位有夹渣	其他部位有少量夹渣
疏松	混凝土中局部不密实	构件主要受力部位有疏松	其他部位有少量疏松
裂缝	缝隙从混凝土表面延伸至混凝土内部	构件主要受力部位有影响结构性能或使用功能的裂缝	其他部位有少量不影响结构性能或使用功能的裂缝
连接部位缺陷	构件连接处混凝土缺陷及连接钢筋、连接件松动	连接部位有影响结构传力性能的缺陷	连接部位有基本不影响结构传力性能的缺陷
外形缺陷	缺棱掉角、棱角不直、翘曲不平、飞边凸肋等	清水混凝土构件有影响使用功能或装饰效果的外形缺陷	其他混凝土构件有不影响使用功能的外形缺陷
外表缺陷	构件表面麻面、掉皮、起砂、沾污等	具有重要装饰效果的清水混凝土构件有外表缺陷	其他混凝土构件有不影响使用功能的外表缺陷

(2)现浇结构拆模后,施工单位应及时会同监理(建设)单位对混凝土外观质量和尺寸偏差进行检查,并做记录。不论何种缺陷都应及时进行处理,并重新检查验收。

(3)现浇结构尺寸允许偏差和检验方法见表 8-21。

表 8-21 现浇结构尺寸允许偏差和检验方法

项目			允许偏差(mm)	检验方法
轴线位置	基础		15	钢尺检查
	独立基础		10	
	墙、柱、梁		8	
	剪力墙		5	
垂直度	层高	≤5m	8	经纬仪或吊线、钢尺检查
		>5m	10	
	全高(H)		$H/1000$ 且 ≤30	经纬仪、钢尺检查
标高	层高		±10	水准仪或拉线、钢尺检查
	全高		±30	
电梯井	截面尺寸		+8,-5	钢尺检查
	井筒长、宽对定位中心线		+25,0	
	井筒全高(H)垂直度		$H/1000$ 且 ≤30	经纬仪、钢尺检查
表面平整度			8	2m 靠尺和塞尺检查
预埋设施中心线位置	预埋件		10	钢尺检查
	预埋螺栓		5	
	预埋管		5	
预留洞中心线位置			15	

注:检查轴线、中心线位置时,应沿纵、横两个方向量测,并取其中的较大值。

第八章 混凝土结构工程质量控制及检验

(4)混凝土设备基础尺寸允许偏差和检验方法见表 8-22。

表 8-22　　混凝土设备基础尺寸允许偏差和检验方法

项 目		允许偏差(mm)	检验方法
坐标位置		20	钢尺检查
不同平面的标高		0,−20	水准仪或拉线、钢尺检查
平面外形尺寸		±20	钢尺检查
凸台上平面外形尺寸		0,−20	
凹穴尺寸		+20,0	
平面水平度	每米	5	水平尺、塞尺检查
	全长	10	水准仪或拉线、钢尺检查
垂直度	每米	5	经纬仪或吊线、钢尺检查
	全高	10	
预埋地脚螺栓	标高(顶部)	+20,0	水准仪或拉线、钢尺检查
	中心距	±2	钢尺检查
预埋地脚螺栓孔	中心线位置	10	
	深度	+20,0	
	孔垂直度	10	吊线、钢尺检查
预埋活动地脚螺栓锚板	标高	+20,0	水准仪或拉线、钢尺检查
	中心线位置	5	钢尺检查
	带槽锚板平整度	5	钢尺、塞尺检查
	带螺纹孔锚板平整度	2	

注：1. 检查坐标、中心线位置时，应沿纵、横两个方向量测，并取其中的较大值。
　　2. 本表摘自《混凝土结构工程施工质量验收规范》(GB 50204—2002)。

> **拓展阅读**
>
> **现浇混凝土结构外观质量处理**
>
> 现浇混凝土结构的外观质量不应有严重缺陷。对已经出现的严重缺陷，应由施工单位提出技术处理方案，并经监理、建设单位认可后进行处理。

三、混凝土工程质量检验标准

(一)混凝土施工质量检验标准

1. 主控项目检验

混凝土施工主控项目质量检验标准见表 8-23。

表 8-23　　　　混凝土施工主控项目质量检验标准

序号	项目	合格质量标准	检验方法	检查数量
1	混凝土强度等级、试件的取样和留置	结构混凝土的强度等级必须符合设计要求。用于检查结构构件混凝土强度的试件，应在混凝土的浇筑地点随机抽取。取样与试件留置应符合下列规定： (1)每拌制 100 盘且不超过 100m³ 的同配合比的混凝土，取样不得少于一次； (2)每工作班拌制的同一配合比的混凝土不足 100 盘时，取样不得少于一次； (3)当一次连续浇筑超过 1000m³ 时，同一配合比的混凝土每 200m³ 取样不得少于一次； (4)每一楼层、同一配合比的混凝土，取样不得少于一次； (5)每次取样应至少留置一组标准养护试件，同条件养护试件的留置组数应根据实际需要确定	检查施工记录及试件强度试验报告	全数检查
2	混凝土抗渗、试件取样和留置	对有抗渗要求的混凝土结构，其混凝土试件应在浇筑地点随机取样。同一工程、同一配合比的混凝土，取样应不少于一次，留置组数可根据实际需要确定	检查试件抗渗试验报告	

第八章 混凝土结构工程质量控制及检验

续表

序号	项目	合格质量标准	检验方法	检查数量
3	原材料每盘称量的允许偏差	混凝土原材料每盘称量的偏差应符合表8-24的规定	复称	每工作班抽查不应少于一次
4	混凝土初凝时间控制	混凝土运输、浇筑及间歇的全部时间不应超过混凝土的初凝时间。同一施工段的混凝土应连续浇筑,并应在底层混凝土初凝之前将上一层混凝土浇筑完毕。当底层混凝土初凝后浇筑上一层混凝土时,应按施工技术方案中对施工缝的要求进行处理	观察,检查施工记录	全数检查

表 8-24　　　　原材料每盘称量的允许偏差

材料名称	允许偏差
水泥、掺合料	±2%
粗、细集料	±3%
水、外加剂	±2%

注:1. 各种衡器应定期校验,每次使用前应进行零点校核,保持计量准确。
　　2. 当遇雨天或含水率有显著变化时,应增加含水率检测次数,并及时调整水和集料的用量。

2. 一般项目检验

混凝土施工一般项目质量检验标准见表 8-25。

表 8-25　　　　混凝土施工一般项目质量检验标准

序号	项目	合格质量标准	检验方法	检查数量
1	施工缝的位置及处理	施工缝的位置应在混凝土浇筑前按设计要求和施工技术方案确定。施工缝的处理应按施工技术方案执行	观察,检查施工记录	全数检查
2	后浇带的位置及处理	后浇带的留置位置应按设计要求和施工技术方案确定。后浇带混凝土浇筑应按施工技术方案进行		

续表

序号	项目	合格质量标准	检验方法	检查数量
3	混凝土养护	混凝土浇筑完毕后,应按施工技术方案及时采取有效的养护措施,并应符合下列规定: (1)应在浇筑完毕后的12h以内对混凝土加以覆盖并保湿养护; (2)混凝土浇水养护的时间:对采用硅酸盐水泥、普通硅酸盐水泥或矿渣硅酸盐水泥拌制的混凝土,不得少于7d;对掺用缓凝型外加剂或有抗渗要求的混凝土,不得少于14d; (3)浇水次数应能保持混凝土处于湿润状态;混凝土养护用水应与拌制用水相同; (4)采用塑料布覆盖养护的混凝土,其敞露的全部表面应覆盖严密,并应保持塑料布内有凝结水; (5)混凝土强度达到1.2N/mm² 前,不得在其上踩踏或安装模板及支架。 注:1. 当日平均气温低于5℃时,不得浇水; 　　2. 当采用其他品种水泥时,混凝土的养护时间应根据所采用水泥的技术性能确定; 　　3. 混凝土表面不便浇水或使用塑料布时,宜涂刷养护剂; 　　4. 对大体积混凝土的养护,应根据气候条件按施工技术方案采取控温措施	观察,检查施工记录	全数检查

(二)现浇结构混凝土工程质量检验标准

1. 外观质量

现浇结构混凝土工程外观质量检验标准见表8-26。

表8-26　　现浇结构混凝土工程外观质量检验标准

类别	项目	合格质量标准	检验方法	检查数量
主控项目	外观质量	现浇结构的外观质量不应有严重缺陷; 对已经出现的严重缺陷,应由施工单位提出技术处理方案,并经监理(建设)单位认可后进行处理。对经处理的部位,应重新检查验收	观察,检查技术处理方案	全数检查

续表

类别	项目	合格质量标准	检验方法	检查数量
一般项目	外观质量一般缺陷	现浇结构的外观质量不宜有一般缺陷；对已经出现的一般缺陷,应由施工单位按技术处理方案进行处理,并重新检查验收	观察,检查技术处理方案	全数检查

2. 尺寸偏差

现浇结构混凝土工程尺寸偏差检验标准见表 8-27。

表 8-27　　　现浇结构混凝土工程尺寸偏差检验标准

类别	项目	合格质量标准	检验方法	检查数量
主控项目	过大尺寸偏差处理及验收	现浇结构不应有影响结构性能和使用功能的尺寸偏差。混凝土设备基础不应有影响结构性能和设备安装的尺寸偏差。对超过尺寸允许偏差且影响结构性能和安装、使用功能的部位,应由施工单位提出技术处理方案,并经监理(建设)单位认可后进行处理。对经处理的部位,应重新检查验收	量测,检查技术处理方案	全数检查
一般项目	允许偏差	现浇结构和混凝土设备基础拆模后的尺寸偏差应分别符合表 8-21、表 8-22 的规定	见表 8-21、表 8-22	按楼层、结构缝或施工段划分检验批。在同一检验批内,对梁、柱和独立基础,应抽查构件数量的 10%,且不少于 3 件;对墙和板,应按有代表性的自然间抽查 10%,且不少于 3 间;对大空间结构,墙可按相邻轴线间高度 5m 左右划分检查面,板可按纵、横轴线划分检查面,抽查 10%,且均不少于 3 面;对电梯井,应全数检查。对设备基础,应全数检查

第四节 预应力工程质量控制及检验

一、预应力原材料质量控制

(1)预应力筋进场时,必须按规定进行复验,做力学性能试验。

(2)预应力筋用锚具、夹具和连接器进场时,主要作静载试验,并按出厂检验报告所列指标核对其材质和机加工尺寸。

(3)预应力筋张拉机具设备及仪表,应定期维护和校验。张拉设备应配套标定,并配套使用。张拉设备的标定期限不应超过半年。当在使用过程中出现反常现象时或在千斤顶检修后,应重新标定。

注:1. 张拉设备标定时,千斤顶活塞的运行方向应与实际张拉工作状态一致;

2. 压力表的精度不应低于1.5级,标定张拉设备用的试验机或测力计精度不应低于±2%。

二、预应力施工过程质量控制

1. 预应力筋制作与安装

(1)预应力筋的下料长度应由计算确定,加工尺寸要求严格,以确保预加应力均匀一致。

(2)固定成孔管道的钢筋马凳间距:对钢管不宜大于1.5m;对金属螺旋管及波纹管不宜大于1.0m;对胶管不宜大于0.5m;对曲线孔道宜适当加密。

(3)预应力筋的保护层厚度应符合设计及有关规范的规定。无粘结预应力筋成束布置时,其数量及排列形状应能保证混凝土密实,并能够握裹住预应力筋。

2. 张拉、放张

(1)后张法预应力工程的施工应由具有相应资质等级的预应力专业施工单位承担。

第八章 混凝土结构工程质量控制及检验

(2)安装张拉设备时,直线预应力筋,应使张拉力的作用线与孔道中心线重合;曲线预应力筋,应使张拉力的作用线与孔道中心线末端的切线重合。

(3)预应力筋的张拉力、张拉或放张顺序及张拉工艺应符合设计及施工技术方案的要求。

(4)在预应力筋锚固过程中,由于锚具零件之间和锚具与预应力筋之间的相对移动和局部塑性变形造成的回缩量,张拉端预应力筋的内回缩量应符合设计要求。

3. 灌浆及封锚

(1)孔道灌浆前应进行水泥浆配合比设计。

(2)严格控制水泥浆的稠度和泌水率,以获得饱满密实的灌浆效果。对空隙大的孔道也可采用砂浆灌浆,水泥浆或砂浆的抗压强度标准值不应小于 $30N/mm^2$,当需要增加孔道灌浆密实度时,也可掺入对预应力筋无腐蚀的外加剂。

(3)灌浆前孔道应湿润、洁净。宜先灌浆下层孔道。

(4)灌浆应缓慢均匀的进行,不能中断,直至出浆口排出的浆体稠度与进浆口一致,灌满孔道后,应再继续加压 0.5~0.6MPa,稍后封闭灌浆孔。不掺外加剂的水泥浆,可采用二次灌浆法。封闭顺序是沿灌注方向依次封闭。

(5)灌浆工作应在水泥浆初凝前完成。每人工作班留一组边长为 70.7mm 的立方体试件,标准养护 28d,作抗压强度试验,抗压强度为一组 6 个试件组成,当一组试件中抗压强度最大值或最小值与平均值相差 20% 时,应取中间 4 个试件强度的平均值。

> 预应力筋的外露锚具必须有严格的密封保护措施,应采取防止锚具受机械损伤或遭受腐蚀的有效措施。

(6)锚固后的外露部分宜采用机械方法切割,外露长度不宜小于预应力筋直径的 1.5 倍,且不小于 30mm。

三、预应力工程质量检验标准

(一)原材料质量检验标准

1. 主控项目检验

原材料主控项目质量检验标准见表 8-28。

表 8-28　　原材料主控项目质量检验标准

序号	项目	合格质量标准	检验方法	检查数量
1	预应力筋力学性能检验	预应力筋进场时,应按现行国家标准《预应力混凝土用钢绞线》(GB/T 5224—2003)等的规定抽取试件作力学性能检验,其质量必须符合有关标准的规定	检查产品合格证、出厂检验报告和进场复验报告	按进场的批次和产品的抽样检验方案确定
2	无粘结预应力筋的涂包质量	无粘结预应力筋的涂包质量应符合无粘结预应力钢绞线标准的规定。 注:当有工程经验,并经观察认为质量有保证时,可不作油脂用量和护套厚度的进场复验	观察,检查产品合格证、出厂检验报告和进场复验报告	每 60t 为一批,每批抽取一组试件
3	锚具、夹具和连接器的性能	预应力筋用锚具、夹具和连接器应按设计要求采用,其性能应符合现行国家标准《预应力筋用锚具、夹具和连接器》(GB/T 14370—2007)等的规定。 注:对锚具用量较少的一般工程,如供货方提供有效的试验报告,可不作静载锚固性能试验	检查产品合格证、出厂检验报告和进场复验报告	按进场批次和产品的抽样检验方案确定
4	孔道灌浆用水泥和外加剂	孔道灌浆用水泥应采用普通硅酸盐水泥,其质量应符合(GB 50204—2002)第 7.2.1 条的规定。孔道灌浆用外加剂的质量应符合(GB 50204—2002)第 7.2.2 条的规定。 注:对孔道灌浆用水泥和外加剂用量较少的一般工程,当有可靠依据时,可不作材料性能的进场复验		

第八章　混凝土结构工程质量控制及检验

2. 一般项目检验

原材料一般项目质量检验标准见表 8-29。

表 8-29　　原材料一般项目质量检验标准

序号	项目	合格质量标准	检验方法	检查数量
1	预应力筋外观质量	预应力筋使用前应进行外观检查,其质量应符合下列要求: (1)有粘结预应力筋展开后应平顺,不得有弯折,表面不应有裂纹、小刺、机械损伤、氧化铁皮和油污等; (2)无粘结预应力筋护套应光滑、无裂缝、无明显褶皱。 注:无粘结预应力筋护套轻微破损者应外包防水塑料胶带修补,严重破损者不得使用	观察	全数检查
2	锚具、夹具和连接器的外观	预应力筋用锚具、夹具和连接器使用前应进行外观检查,其表面应无污物、锈蚀、机械损伤和裂纹		
3	金属螺旋管的尺寸和性能	预应力混凝土用金属螺旋管的尺寸和性能应符合国家现行标准《预应力混凝土用金属波纹管》(JG 225—2007)的规定。 注:对金属螺旋管用量较少的一般工程,当有可靠依据时,可不作径向刚度、抗渗漏性能的进场复验	检查产品合格证、出厂检验报告和进场复验报告	按进场批次的产品的抽样检验方案确定
4	金属螺旋管的外观质量	预应力混凝土用金属螺旋管在使用前应进行外观检查,其内外表面应清洁,无锈蚀,不应有油污、孔洞和不规则的褶皱,咬口不应有开裂或脱扣	观察	全数检查

(二)预应力筋制作与安装质量检验标准

1. 主控项目检验

预应力筋制作与安装主控项目质量检验标准见表 8-30。

表 8-30 预应力筋制作与安装项目质量检验标准

序号	项目	合格质量标准	检验方法	检查数量
1	预应力筋品种、级别、规格和数量	预应力筋安装时,其品种、级别、规格、数量必须符合设计要求	观察,钢尺检查	全数检查
2	避免隔离剂沾污	先张法预应力施工时应选用非油质类模板隔离剂,并应避免沾污预应力筋	观察	
3	避免电火花损伤预应力筋	施工过程中应避免电火花损伤预应力筋,受损伤的预应力筋应予以更换	观察	

2. 一般项目检验

预应力筋制作与安装一般项目质量检验标准见表 8-31。

表 8-31 预应力筋制作与安装项目质量检验标准

序号	项目	合格质量标准	检验方法	检查数量
1	预应力筋下料	预应力筋下料应符合下列要求: (1)预应力筋应采用砂轮锯或切断机切断,不得采用电弧切割; (2)当钢丝束两端采用镦头锚具时,同一束中各根钢丝长度的极差应不大于钢丝长度的1/5000,且应不大于5mm。当成组张拉长度不大于 10m 的钢丝时,同组钢丝长度的极差不得大于 2mm	观察,钢尺检查	每工作班抽查预应力筋总数的 3%,且不少于 3 束
2	锚具制作质量要求	预应力筋端部锚具的制作质量应符合下列要求: (1)挤压锚具制作时压力表油压应符合操作说明书的规定,挤压后预应力筋外端应露出挤压套筒 1~5mm; (2)钢绞线压花锚成形时,表面应清洁、无油污,梨形头尺寸和直线段长度应符合设计要求; (3)钢丝镦头的强度不得低于钢丝强度标准值的 98%	观察,钢尺检查,检查镦头强度试验报告	对挤压锚,每工作班抽查 5%,且应不少于 5 件;对压花锚,每工作班抽查 3 件;对钢丝镦头强度,每批钢丝检查 6 个镦头试件

第八章 混凝土结构工程质量控制及检验

续表

序号	项目	合格质量标准	检验方法	检查数量
3	预留孔道质量	后张法有粘结预应力筋预留孔道的规格、数量、位置和形状除应符合设计要求外，还应符合下列规定： (1) 预留孔道的定位应牢固，浇筑混凝土时不应出现移位和变形； (2) 孔道应平顺，端部的预埋锚垫板应垂直于孔道中心线； (3) 成孔用管道应密封良好，接头应严密且不得漏浆； (4) 灌浆孔的间距：对预埋金属螺旋管不宜大于 30m；对抽芯成形孔道不宜大于 12m； (5) 在曲线孔道的曲线波峰部位应设置排气兼泌水管，必要时可在最低点设置排水孔； (6) 灌浆孔及泌水管的孔径应能保证浆液畅通	观察，钢尺检查	全数检查
4	预应力筋束形控制	预应力筋束形控制点的竖向位置偏差应符合表 8-32 的规定。 注：束形控制点的竖向位置偏差合格点率应达到 90% 及以上，且不得有超过表中数值 1.5 倍的尺寸偏差	钢尺检查	在同一检验批内，抽查各类型构件中预应力筋总数的 5%，且对各类型构件均不少于 5 束，每束不应少于 5 处
5	无粘结预应力筋铺设	无粘结预应力筋的铺设除应符合表项 4 的规定外，还应符合下列要求： (1) 无粘结预应力筋的定位应牢固，浇筑混凝土时不应出现移位和变形； (2) 端部的预埋锚垫板应垂直于预应力筋； (3) 内埋式固定端垫板不应重叠，锚具与垫板应贴紧； (4) 无粘结预应力筋成束布置时应能保证混凝土密实并能裹住预应力筋； (5) 无粘结预应力筋的护套应完整，局部破损处应采用防水胶带缠绕紧密	观察	全数检查
6	预应力筋防锈措施	浇筑混凝土前穿入孔道的后张法有粘结预应力筋，宜采取防止锈蚀的措施		

表 8-32　　　　　束形控制点的竖向位置允许偏差

截面高(厚)度(mm)	$h \leqslant 300$	$300 < h \leqslant 1500$	$h > 1500$
允许偏差(mm)	±5	±10	±15

(三)张拉、放张质量检验标准

1. 主控项目检验

张拉、放张主控项目质量检验标准见表 8-33。

表 8-33　　　　　张拉、放张主控项目质量检验标准

序号	项目	合格质量标准	检验方法	检查数量
1	张拉和放张时混凝土强度	预应力筋张拉或放张时,混凝土强度应符合设计要求;当设计无具体要求时,不应低于设计的混凝土立方体抗压强度标准值的75%	检查同条件养护试件试验报告	全数检查
2	张拉力、张拉或放张顺序及张拉工艺	预应力筋的张拉力、张拉或放张顺序及张拉工艺应符合设计及施工技术方案的要求,并应符合下列规定: (1)当施工需要超张拉时,最大张拉应力不应大于国家现行标准《混凝土结构设计规范》(GB 50010—2010)的规定; (2)张拉工艺应能保证同一束中各根预应力筋的应力均匀一致; (3)后张法施工中,当预应力筋是逐根或逐束张拉时,应保证各阶段不出现对结构不利的应力状态;同时宜考虑后批张拉预应力筋所产生的结构构件的弹性压缩对先批张拉预应力筋的影响,确定张拉力; (4)先张法预应力筋放张时,宜缓慢放松锚固装置,使各根预应力筋同时缓慢放松; (5)当采用应力控制方法张拉时,应校核预应力筋的伸长值。实际伸长值与设计计算理论伸长值的相对允许偏差为±6%	检查张拉记录	全数检查

第八章　混凝土结构工程质量控制及检验

续表

序号	项目	合格质量标准	检验方法	检查数量
3	实际预应力值控制	预应力筋张拉锚固后实际建立的预应力值与工程设计规定检验值的相对允许偏差为±5%	对先张法施工,检查预应力筋应力检测记录;对后张法施工,检查见证张拉记录	对先张法施工,每工作班抽查预应力筋总数的1%,且不少于3根;对后张法施工,在同一检验批内,抽查预应力筋总数的3%,且不少于5束
4	预应力筋断裂或滑脱	张拉过程中应避免预应力筋断裂或滑脱;当发生断裂或滑脱时,必须符合下列规定:(1)对后张法预应力结构构件,断裂或滑脱的数量严禁超过同一截面预应力筋总根数的3%,且每束钢丝不得超过一根;对多跨双向连续板,其同一截面应按每跨计算;(2)对先张法预应力构件,在浇筑混凝土前发生断裂或滑脱的预应力筋必须予以更换	观察,检查张拉记录	全数检查

2. 一般项目检验

张拉、放张一般项目质量检验标准见表8-34。

表8-34　　张拉、放张一般项目质量检验标准

序号	项目	合格质量标准	检验方法	检查数量
1	预应力筋内缩量	锚固阶段张拉端预应力筋的内缩量应符合设计要求;当设计无具体要求时,应符合表8-35的规定	钢尺检查	每工作班抽查预应力筋总数的3%,且不少于3束
2	先张法预应力筋张拉后位置	先张法预应力筋张拉后与设计位置的偏差不得大于5mm,且不得大于构件截面短边边长的4%		

· 231 ·

续表

序号	项目	合格质量标准	检验方法	检查数量
3	外露预应力筋切断	后张法预应力筋锚固后的外露部分宜采用机械方法切割,其外露长度不宜小于预应力筋直径的1.5倍,且不宜小于30mm	观察,钢尺检查	在同一检验批内,抽查预应力筋总数的3%,且不少于5束
4	灌浆用水泥浆的水灰比和泌水率	灌浆用水泥浆的水灰比应不大于0.45,搅拌后3h泌水率不宜大于2%,且应不大于3%。泌水应能在24h内全部重新被水泥浆吸收	检查水泥浆试件强度试验报告	同一配合比检查一次
5	灌浆用水泥浆的抗压强度	灌浆用水泥浆的抗压强度应不小于$30N/mm^2$。 注:1.一组试件由6个试件组成,试件应标准养护28d; 2.抗压强度为一组试件的平均值,当一组试件中抗压强度最大值或最小值与平均值相差超过20%时,应取中间4个试件强度的平均值		每工作班留置一组边长为70.7mm的立体试件

表 8-35　　　　　　张拉端预应力筋的内缩量限值

锚具类别		内缩量限值(mm)
支承式锚具(镦头锚具等)	螺帽缝隙	1
	每块后加垫板的缝隙	
锥塞式锚具		5
夹片式锚具	有顶压	5
	无顶压	6~8

(四)灌浆及封锚质量检验标准

1. 主控项目检验

灌浆及封锚主控项目质量检验标准见表 8-36。

表 8-36　　　　　　　灌浆及封锚主控项目质量检验标准

序号	项目	合格质量标准	检验方法	检查数量
1	孔道灌浆	后张法有粘结预应力筋张拉后应尽早进行孔道灌浆,孔道内水泥浆应饱满、密实	观察,检查灌浆记录	全数检查
2	锚具的封闭保护	锚具的封闭保护应符合设计要求;当设计无具体要求时,应符合下列规定: (1)应采取防止锚具腐蚀和遭受机械损伤的有效措施。 (2)凸出式锚固端锚具的保护层厚度不应小于 50mm。 (3)外露预应力筋的保护层厚度:处于正常环境时,不应小于 20mm;处于易受腐蚀的环境时,不应小于 50mm	观察,钢尺检查	在同一检验批内,抽查预应力筋总数的 5%,且不少于 5 处

2. 一般项目检验

灌浆及封锚一般项目质量检验标准见表 8-37。

表 8-37　　　　　　　灌浆及封锚一般项目质量检验标准

序号	项目	合格质量标准	检验方法	检查数量
1	灌浆用水泥浆的水灰比和泌水率	灌浆用水泥浆的水灰比应不大于 0.45,搅拌后 3h 泌水率不宜大于 2%,且应不大于 3%。泌水应在 24h 内全部重新被水泥浆吸收	检查水泥浆性能试验报告	同一配合比检查一次
2	灌浆用水泥浆的抗压强度	灌浆用水泥浆的抗压强度应不小于 $30N/mm^2$。 注:1. 一组试件由 6 个试件组成,试件应标准养护 28d; 2. 抗压强度为一组试件的平均值,当一组试件中抗压强度最大值或最小值与平均值相差超过 20%时,应取中间 4 个试件强度的平均值	检查水泥浆试件强度试验报告	每工作班留置一组边长为 70.7mm 的立方体试件

课后练习

一、填空题

1. 模板工程施工质量控制点有＿＿＿＿＿＿＿＿＿＿、

_____、_____。

2. 钢筋原材料及加工施工质量控制点有_____、_____、_____。

3. 钢筋安装施工质量控制点有_____、_____、_____。

二、选择题（有一个或多个答案）

1. 安装模板施工中当梁、板跨度大于或等于（　　）m 时，梁、板应按设计起拱。

   A. 2　　　B. 3　　　C. 4　　　D. 5

2. 钢筋逐批检查，表面不得有裂纹、折叠、结疤及夹杂。盘条允许有压痕及局部的凸块、凹块、划痕、麻面，但其深度或高度（从实际尺寸算起）不得大于（　　）mm。

   A. 0.20　　B. 0.30　　C. 0.40　　D. 0.50

3. 混凝土自高处倾落的自由高度，不应超过（　　）m。当浇筑高度超过（　　）m 时，应采用串筒、溜管或振动溜管使混凝土下落。

   A. 1，2　　B. 2，3　　C. 3，4　　D. 4，5

三、简答题

1. 模板安装施工质量控制措施有哪些？
2. 钢筋原材料及加工质量控制措施有哪些？
3. 钢筋连接施工质量控制措施有哪些？
4. 钢筋安装施工质量控制措施有哪些？
5. 混凝土施工质量控制措施有哪些？
6. 预应力施工过程质量控制措施有哪些？

第九章 钢结构工程质量控制及检验

第一节 钢零件及钢部件加工质量控制及检验

一、钢零件及钢部件材料质量控制

钢材切割面或剪切面的平面度、割纹和缺口的深度、边缘缺棱、型钢端部垂直度、构件几何尺寸偏差、矫正工艺、矫正尺寸及偏差、控制温度、弯曲加工及成型、刨边允许偏差和粗糙度、螺栓孔质量(包括精度、直径、圆度、垂直度、孔距、孔边距等)、管和球的加工质量等均应符合设计和规范要求。

二、钢零件及钢部件加工过程质量控制

1. 放样

(1)放样工作包括:核对构件各部分尺寸及安装尺寸和孔距;以1:1的大样放出节点;制作样板和样杆作为切割、弯制、铣、刨、制孔等加工的依据。

(2)放样应在专门的钢平台或平板上进行。平台应平整,尺寸应满足工程构件的尺度要求。放样画线应准确清晰。

(3)放样时,要先划出构件的中心线,然后再划出零件尺寸,得出实样,实样完成后,应复查一次主要尺寸,发现差错应及时改正。焊接构件放样重点控制连接焊缝长度和型钢重心,并根据工艺要求预留切割余量、加工余量或焊接收缩余量,且符合表9-1的规定。

表 9-1　　　　　　　切割、加工及焊接收缩预留余量

名　　称	加工或焊接形式	预留余量(mm)
切割余量(切割和等离子切割)	自动或半自动切割 手工切割	3.0～4.0
加工余量(刨铣加工)	剪切后刨边或端铣 气割后刨边或端铣	4.0～5.0
焊接收缩余量	纵向收缩:对接焊缝(每 m 焊缝)	0.15～0.30
	连续角焊缝(每 m 焊缝)	0.20～0.40
	间断角焊缝(每 m 焊缝)	0.05～0.10
	横向收缩值:对接焊缝(板厚 3～50mm)	0.80～3.10
	连续角焊缝(板厚 3～30mm)	0.50～0.80
	间断角焊缝(板厚 3～25mm)	0.20～0.40

2. 样板、样杆

(1)样板分号料样板和成型样板两类,前者用于画线下料,后者多用于卡型和检查曲线成型偏差。样板多用 0.3～0.75mm 厚铁皮或塑料板制作,对一次性样板可用油毡黄纸板制作。

> 放样时,桁架上下弦应同时起拱,竖腹杆方向尺寸保持不变,吊车梁应按 $L/500$ 起拱。

(2)对又长又大的型钢号料、号孔,批量生产时多用样杆号料,可避免大量麻烦出错。样杆多用 20mm×0.8mm 扁钢制作,长度较短时,可用木尺杆。

(3)样板、样杆上要标明零件号、规格、数量、孔径等,其工作边缘要整齐,其上标记刻制应细、小、清晰,其长度和宽度几何尺寸允许偏差+0、-1.0mm;矩形对角线之差不大于 1mm;相邻孔眼中心距偏差及孔心位移不大于 0.5mm。

3. 下料

(1)号料采用样板、样杆,根据图纸要求在板料或型钢上划出零件

第九章 钢结构工程质量控制及检验

形状及切割、铣、刨、弯曲等加工线以及钻孔、打冲孔位置。

(2)号料前要根据图纸用料要求和材料尺寸合理配料。

(3)配料时,对焊缝较多、加工量大的构件,应先号料;拼接口应避开安装孔和复杂部位;工型部件的上下翼板和腹板的焊接口应错开200mm以上;同一构件需要拼接料时,必须同时号料,并要标明接料的号码、坡口形式和角度。

(4)在焊接结构上号孔,应在焊接完毕经整形以后进行,孔眼应距焊缝边缘50mm以上。

(5)号料公差:长、宽±1.0mm,两端眼心距±1.0mm;对角线差±1.0mm;相邻眼心距±0.5mm;两排眼心距±0.5mm;冲点与眼心距位移±0.5mm。

4. 切割

(1)切割时,应清除钢材表面切割区域内的铁锈、油污等;切割后,断口上不得有裂纹和大于1.0mm的缺棱,并应清除边缘上的熔瘤和飞溅物等。

(2)切割的质量要求:切割截面与钢材表面不垂直度应不大于钢材厚度的10%,且不得大于2.0;机械剪切割的零件,剪切线与号料线的允许偏差为2mm;断口处的截面上不得有裂纹和大于1.0mm的缺棱;机械剪切的型钢,其端部剪切斜度不大于2.0mm,并均应清除毛刺;切割面必须整齐,个别处出现缺陷,要进行修磨处理。

> 钢材在运输、装卸、堆放和切割过程中,有时会产生不同程度弯曲波浪变形,当变形值超过设计允许值时,必须在画线下料之前及切割之后予以平直矫正。

三、钢零件及钢部件加工质量检验标准

1. 主控项目检验

钢零件及钢部件加工主控项目质量检验标准见表9-2。

表 9-2　　钢零件及钢部件加工主控项目质量检验标准

序号	项目	合格质量标准	检验方法	检查数量
1	材料品种、规格	钢材、钢铸件的品种、规格、性能等应符合现行国家产品标准和设计要求。进口钢材产品的质量应符合设计和合同规定标准的要求	检查质量合格证明文件、中文标志及检验报告	全数检查
2	钢材复验	对属于下列情况之一的钢材,应进行抽样复验,其复验结果应符合现行国家产品标准和设计要求： (1)国外进口钢材； (2)钢材混批； (3)板厚等于或大于 40mm,且设计有 Z 向性能要求的厚板； (4)建筑结构安全等级为一级,大跨度钢结构中主要受力构件所采用的钢材； (5)设计有复验要求的钢材； (6)对质量有疑义的钢材	检查复验报告	全数检查
3	切面质量	钢材切割面或剪切面应无裂纹、夹渣、分层和大于 1mm 的缺棱	观察或用放大镜及百分尺检查,有疑义时作渗透、磁粉或超声波探伤检查	
4	矫正	碳素结构钢在环境温度低于-16℃、低合金结构钢在环境温度低于-12℃时,不应进行冷矫正和冷弯曲。碳素结构钢和低合金结构钢在加热矫正时,加热温度不应超过 900℃。低合金结构钢在加热矫正后应自然冷却	检查制作工艺报告和施工记录	

续表

序号	项目	合格质量标准	检验方法	检查数量
5	边缘加工	气割或机械剪切的零件,需要进行边缘加工时,其刨削量应不小于 2.0mm	检查工艺报告和施工记录	全数检查
6	制孔	A、B级螺栓孔（Ⅰ类孔）应具有 H12 的精度,孔壁表面粗糙度 R_a 应不大于 12.5μm。其孔径的允许偏差应符合表 9-4 的规定; C级螺栓孔（Ⅱ类孔）,孔壁表面粗糙度 R_a 应不大于 25μm,其允许偏差应符合表 9-5 的规定	检查工艺报告和施工记录	全数检查

2. 一般项目检验

钢零件及钢部件加工一般项目质量检验标准见表 9-3。

表 9-3　　钢零件及钢部件加工一般项目质量检验标准

序号	项目	合格质量标准	检验方法	检查数量
1	材料规格尺寸	钢板厚度及允许偏差应符合其产品标准的要求; 型钢的规格尺寸及允许偏差符合其产品标准的要求	用游标卡尺量测; 用钢尺和游标卡尺量测	每一品种、规格的钢板抽查5处
2	钢材表面质量	钢材的表面外观质量除应符合国家现行有关标准的规定外,还应符合下列规定: (1)当钢材的表面有锈蚀、麻点或划痕等缺陷时,其深度不得大于该钢材厚度负允许偏差值的1/2; (2)钢材表面的锈蚀等级应符合现行国家标准《涂覆涂料前钢材表面处理　表面清洁度的目视评定》(GB 8923)规定的C级及C级以上; (3)钢材端边或断口处不应有分层、夹渣等缺陷	观察检查	全数检查

续表

序号	项目	合格质量标准	检验方法	检查数量
3	气割精度	气割的允许偏差应符合表9-6的规定	观察检查或用钢尺、塞尺检查	按切割面数抽查10%,且应不少于3个
	机械剪切精度	机械剪切的允许偏差应符合表9-7的规定		
4	矫正质量	矫正后的钢材表面,不应有明显的凹面或损伤,划痕深度不得大于0.5mm,且应不大于该钢材厚度负允许偏差的1/2;冷矫正和冷弯曲的最小曲率半径和最大弯曲矢高应符合表9-8的规定;钢材矫正后的允许偏差,应符合表9-9的规定	观察检查和实测检查	按冷矫正和冷弯曲的件数抽查10%,且应不少于3个;按矫正件数抽查10%,且应不少于3件
5	边缘加工精度	边缘加工允许偏差应符合表9-10的规定	观察检查和实测检查	按加工面数抽查10%,且应不少于3件
6	制孔精度	螺栓孔孔距的允许偏差应符合表9-11的规定	尺量检查	全数检查

3. 允许偏差

(1)A、B级螺栓孔径的允许偏差见表9-4。

表9-4　　　　A、B级螺栓孔径的允许偏差(mm)

序号	螺栓公称直径、螺栓孔直径	螺栓公称直径允许偏差	螺栓孔直径允许偏差
1	10～18	0.00 −0.21	+0.18 0.00
2	18～30	0.00 −0.21	+0.21 0.00
3	30～50	0.00 −0.25	+0.25 0.00

注:本表摘自《钢结构工程施工质量验收规范》(GB 50205—2001)。

第九章 钢结构工程质量控制及检验

(2)C级螺栓孔的允许偏差见表9-5。

表9-5　　　　　C级螺栓孔的允许偏差(mm)

项　目	允许偏差
直　径	+0.1 0.0
圆　度	2.0
垂直度	$0.03t$，且应不大于2.0

注:1. t 为切割面厚度。
　　2. 本表摘自《钢结构工程施工质量验收规范》(GB 50205—2001)。

(3)气割的允许偏差见表9-6。

表9-6　　　　　气割的允许偏差(mm)

项　目	允　许　偏　差
零件宽度、长度	±3.0
切割面平面度	$0.05t$，且应不大于2.0
割纹深度	0.3
局部缺口深度	1.0

注:1. t 为切割面厚度。
　　2. 本表摘自《钢结构工程施工质量验收规范》(GB 50205—2001)。

(4)机械剪切的允许偏差见表9-7。

表9-7　　　　　机械剪切的允许偏差(mm)

项　目	允　许　偏　差
零件宽度、长度	±3.0
边缘缺棱	1.0
型钢端部垂直度	2.0

注:本表摘自《钢结构工程施工质量验收规范》(GB 50205—2001)。

(5)冷矫正和冷弯曲的最小曲率半径和最大弯曲矢高见表 9-8。

表 9-8　　冷矫正和冷弯曲的最小曲率半径和最大弯曲矢高(mm)

钢材类别	图例	对应轴	矫正		弯曲	
			r	f	r	f
钢板扁钢		$x-x$	$50t$	$\dfrac{l^2}{400t}$	$25t$	$\dfrac{l^2}{200t}$
		$y-y$(仅对扁钢轴线)	$100b$	$\dfrac{l^2}{800b}$	$50b$	$\dfrac{l^2}{400b}$
角钢		$x-x$	$90b$	$\dfrac{l^2}{720b}$	$45b$	$\dfrac{l^2}{360b}$
槽钢		$x-x$	$50h$	$\dfrac{l^2}{400h}$	$25h$	$\dfrac{l^2}{200h}$
		$y-y$	$90b$	$\dfrac{l^2}{720b}$	$45b$	$\dfrac{l^2}{360b}$
工字钢		$x-x$	$50h$	$\dfrac{l^2}{400h}$	$25h$	$\dfrac{l^2}{200h}$
		$y-y$	$50b$	$\dfrac{l^2}{400b}$	$25b$	$\dfrac{l^2}{200b}$

注：1. r 为曲率半径；f 为弯曲矢高；l 为弯曲弦长；t 为钢板厚度。
　　2. 本表摘自《钢结构工程施工质量验收规范》(GB 50205—2001)。

第九章 钢结构工程质量控制及检验

(6) 钢材矫正后的允许偏差见表9-9。

表9-9　　　　　　　　钢材矫正后的允许偏差(mm)

项目		允许偏差	图例
钢板的局部平面度	$t \leqslant 14$	1.5	
	$t > 14$	1.0	
型钢弯曲矢高		$l/1000$ 且应不大于 5.0	
角钢肢的垂直度		$b/100$ 双肢拴接角钢的角度不得大于 90°	
槽钢翼缘对腹板的垂直度		$b/80$	
工字钢、H型钢翼缘对腹板的垂直度		$b/100$ 且不大于 2.0	

注：本表摘自《钢结构工程施工质量验收规范》(GB 50205—2001)。

(7)边缘加工的允许偏差见表9-10。

表9-10 边缘加工的允许偏差(mm)

项 目	允 许 偏 差
零件宽度、长度	±1.0
加工边直线度	$l/3000$,且应不大于2.0
相邻两边夹角	±6′
加工面垂直度	$0.025t$,且应不大于0.5
加工面表面粗糙度	50 ▽

注:本表摘自《钢结构工程施工质量验收规范》(GB 50205—2001)。

(8)螺栓孔孔距允许偏差见表9-11。

表9-11 螺栓孔孔距允许偏差(mm)

螺栓孔孔距范围	≤500	501～1200	1201～3000	>3000
同一组内任意两孔间距离	±1.0	±1.5	—	—
相邻两组的端孔间距离	±1.5	±2.0	±2.5	±3.0

注:1. 在节点中连接板与一根杆件相连的所有螺栓孔为一组。

2. 对接接头在拼接板一侧的螺栓孔为一组。

3. 在两相邻节点或接头间的螺栓孔为一组,但不包括上述两款所规定的螺栓孔。

4. 受弯构件翼缘上的连接螺栓孔,每米长度范围内的螺栓孔为一组。

5. 本表摘自《钢结构工程施工质量验收规范》(GB 50205—2001)。

第二节 钢结构焊接质量控制及检验

一、焊接材料质量控制

(1)钢结构手工焊接用焊条的质量,应符合相关的规定。选用的型号应与母材强度相匹配。低碳钢含碳量低,产生焊接裂纹的倾向小,焊接性能好,一般按焊缝金属与母材等强度的原则选择焊条。低合金高强度结构钢应选择低氢型焊条,打底的第一层还可选用超低氢型焊条。为了使焊缝金属的机械性能与母材基本相同,选择的焊条强度应略低于母材强度。当不同强度等级的钢材焊接时,宜选用与低强度钢材相适应的焊接材料。

(2)自动焊接或半自动焊接采用的焊丝和焊剂,应与母材强度相适应,焊丝应符合相关的规定。

(3)施工单位应按设计要求对采购的焊接材料进行验收,并经监理认可。

(4)焊接材料应存放在通风干燥、适温的仓库内,存放时间超过一年的,原则上应进行焊接工艺及机械性能复检。

> 对重要结构必须有经焊接专家认可的焊接工艺,施工过程中有焊接工程师做现场指导。

(5)根据工程重要性、特点、部位,必须进行同环境焊接工艺评定试验,其试验标准、内容及其结果均应得到监理及质量监督部门的认可。

二、钢结构焊接施工过程质量控制

1. 焊缝裂纹

(1)钢结构焊缝一旦出现裂纹,焊工不得擅自处理,应及时通知焊接工程师,找有关单位的焊接专家及原结构设计人员进行分析采取处理措施,再进行返修,返修次数不宜超过两次。

(2)受负荷的钢结构出现裂纹,应根据具体情况进行补强或加固。

1)卸荷补强加固。

2)负荷状态下进行补强加固,应尽量减少活荷载和恒载,通过验算其应力不大于设计的 80%,拉杆焊缝方向应与构件拉应力方向一致。

3)轻钢结构不宜在负荷情况下进行焊接补强或加固,尤其对受拉构件更要禁止。

(3)焊缝金属中的裂纹在修补前应用超声波探伤确定裂纹深度及

长度,用碳弧气刨刨掉的实际长度应比实测裂纹长两端各加 50mm,而后修补。对焊接母材中的裂纹原则上更换母材。

> **拓展阅读**
>
> **焊缝裂纹分类**
>
> (1)结晶裂纹。限制焊缝钢材中碳、硫含量,在焊接工艺上调整焊缝形状系数,减小深度比,减小线能量,采取预热措施,减少焊件约束度。
>
> (2)液化裂纹。减少焊接线能量,限制母材与焊缝金属的碳、硫、磷含量,提高锰含量,减少焊缝熔透深度。
>
> (3)再热裂纹。防止未焊透、咬边、定位焊或正式焊的凹陷弧坑,减少约束、应力集中,降低残余应力,尽量减少工件的刚度,合理预热和焊后热处理,延长后热时间,预防再热裂纹产生。
>
> (4)氢致延迟裂纹。选择合理的焊接方法及线能量,改善焊缝及热影响区组织状态。焊前预热,控制层间温度及焊后缓慢冷却或后热,加快氢分子逸出。焊前认真清除焊丝及坡口的油锈、水分,焊条严格按规定温度烘干,低氢型焊条 300~350℃保温 1h,酸性焊条 100~150℃保温 1h,焊剂 200~250℃保温 2h。

2. 焊件变形

(1)工件焊前根据经验及有关试验所得数据,按变形的反方向变形装配。如 60°左右的坡口对接焊,反变形约在 2°~3°。焊接网架结构支座时,为防止变形,两支座应用螺栓拧紧在一起,以增加其刚性。为防止钢桁架或钢梁在焊接过程中由于自重影响产生挠度变形,应在焊前先起拱后再焊。

(2)高层或超高层钢柱,构件大,刚性强,无法用人工反变形时,可在柱安装时人为预留偏差值。钢柱之间焊缝焊接过程发现钢柱偏向一方,可用两个焊工以不同焊接速度和焊接顺序来调整变形。

(3)钢框架钢梁为防止焊接在钢梁内产生残余应力和防止梁端焊缝收缩将钢柱拉偏,可采取跳焊的焊接顺序,梁一端焊接,另一端自由,由内向外焊接。

(4)收缩量最大的焊缝必须先焊,因为先焊的焊缝收缩时阻力小,变形就小。

(5)利用胎具和支撑杆件加强刚度,增加约束达到减小变形。

(6)对碳素结构钢可通过焊缝热影响区附近的热量迅速冷却达到减小变形,而对低合金结构钢必须缓冷以防热裂纹。

(7)在焊接过程中除第一层和表面层以外,其他各层焊缝用小锤敲击,可减小焊接变形和残余应力。

(8)对接接头、T形接头和十字接头的坡口焊接,在工件放置条件允许或易于翻面的情况下,宜采用双面坡口对称顺序焊接;对于有对称截面的构件,宜采用对称于构件中和轴的顺序焊接。对双面非对称坡口焊接,宜采用先焊深坡口侧,后焊浅坡口侧的顺序。

(9)对长焊缝宜采用分段退焊法或与多人对称焊法同时运用。采用跳焊法可避免工件局部加热集中。

(10)在节点形式、焊缝布置、焊接顺序确定的情况下,宜采用熔化极气体保护电弧焊或药芯焊丝自保护电弧焊等能量密度相对较高的焊接方法,并采用较小的热输入。

(11)对一般构件可用定位焊固定同时限制变形;对大型、厚型构件宜用刚性固定法增加结构焊接时的刚性。对于大型结构宜采取分部组装焊接、分别矫正变形后再进行总装焊接或连接的施工方法。

(12)焊接收缩值,对重要结构建议进行1:1试验。对一般结构可参考公式计算,制作单位应将焊接收缩值加到构件制作长度中去。

钢结构焊接收缩余量

焊接工件线膨胀系数不同,焊后焊缝收缩量也随之有大小。焊缝纵向和横向参数参考收缩值见表9-12。

表 9-12　　　　　　　钢结构焊接收缩余量

结构类型	焊接特征和板厚		焊缝收缩量(mm)
钢板对接	各种板厚		长度方向:0.7/m;宽度方向:1.0/m 每个接口
实腹结构及焊接 H 型钢	断面高≤1000mm 板厚≤25mm		4 条纵向焊缝 0.6/m,焊透梁高收缩 1.0,每对加劲焊缝,梁的长度收缩 0.3
	断面高≤1000mm 板厚>25mm		4 条纵向焊缝 1.4/m,焊透梁高收缩 1.0,每对加劲焊缝,梁的长度收缩 0.7
	断面高>1000mm 的各种板厚		4 条纵向焊缝 0.2/m,焊透梁高收缩 1.0,每对加劲焊缝,梁的长度收缩 0.5
格构式结构	屋架、托架、支架等轻型桁架		接头焊缝每个接口 1.0,搭接贴角焊缝 0.5/m
	实腹柱及重型桁架		搭接贴角焊缝 0.25/m
焊接球节点网架杆件下料长度预加焊接收缩量	钢管厚度	≤6mm	每端焊缝放 1~1.5(参考值)
		≥8mm	每端焊缝放 1~2.0(参考值)

三、钢结构焊接质量检验标准

(一)钢构件焊接质量检验标准

1. 主控项目检验

钢构件焊接主控项目质量检验标准见表 9-13。

第九章 钢结构工程质量控制及检验

表 9-13 　　　　钢构件焊接主控项目质量检验标准

序号	项目	合格质量标准	检验方法	检查数量
1	焊接材料品种、规格	焊接材料的品种、规格、性能等应符合现行国家产品标准和设计要求	检查焊接材料的质量合格证明文件、中文标志及检验报告等	全数检查
2	焊接材料复验	重要钢结构采用的焊接材料应进行抽样复验，复验结果应符合现行国家产品标准和设计要求	检查复验报告	
3	材料匹配	焊条、焊丝、焊剂、电渣焊熔嘴等焊接材料与母材的匹配应符合设计要求。焊条、焊剂、药芯焊丝、熔嘴等在使用前，应按其产品说明书及焊接工艺文件的规定进行烘焙和存放	检查质量证明书和烘焙记录	
4	焊工证书	焊工必须经考试合格并取得合格证书。持证焊工必须在其考试合格项目及其认可范围内施焊	检查焊工合格证及其认可范围、有效期	
5	焊接工艺评定	施工单位对其首次采用的钢材、焊接材料、焊接方法、焊后热处理等，应进行焊接工艺评定，并应根据评定报告确定焊接工艺	检查焊接工艺评定报告	

续一

序号	项目	合格质量标准	检验方法	检查数量
6	内部缺陷	设计要求全焊透的一、二级焊缝应采用超声波探伤进行内部缺陷的检验，超声波探伤不能对缺陷做出判断时，应采用射线探伤，其内部缺陷分级及探伤方法应符合现行国家标准《焊缝无损检测 超声检测技术、检测等级和评定》(GB/T 11345—2013)或《金属熔化焊焊接接头射线照相》(GB/T 3323—2005)的规定；焊接球节点网架焊缝、螺栓球节点网架焊缝及圆管T、K、Y形节点相关线焊缝，其内部缺陷分级及探伤方法应分别符合国家现行标准《钢结构超声波探伤及质量分级法》(JG/T 203—2007)；一级、二级焊缝的质量等级及缺陷分级应符合表9-14的规定	检查超声波或射线探伤记录	全数检查
7	组合焊缝尺寸	T形接头、十字接头、角接接头等要求熔透的对接和角对接组合焊缝，其焊脚尺寸应不小于$t/4$[图9-1(a)、(b)、(c)]；设计有疲劳算要求的吊车梁或类似构件的腹板与上翼缘连接焊缝的焊脚尺寸为$t/2$[图9-1(d)]，且应不大于10mm。焊脚尺寸的允许偏差为0～4mm	观察检查,用焊缝量规抽查测量	资料全数检查；同类焊缝抽查10%，且应不少于3条

续二

序号	项 目	合格质量标准	检验方法	检查数量
8	焊缝表面缺陷	焊缝表面不得有裂纹、焊瘤等缺陷。一级、二级焊缝不得有表面气孔、夹渣、弧坑裂纹、电弧擦伤等缺陷。且一级焊缝不得有咬边、未焊满、根部收缩等缺陷	观察检查或使用放大镜焊缝量规和钢尺检查,当存在疑义时,采用渗透或磁粉探伤检查	每批同类构件抽查10%,且应不少于3件;被抽查构件中,每一类型焊缝按条数抽查5%,且应不少于1条;每条检查1处,总抽查数应不少于10处

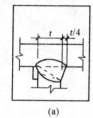 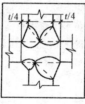  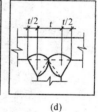

(a)　　　　(b)　　　　(c)　　　　(d)

图 9-1　焊脚尺寸

表 9-14　一、二级焊缝质量等级及缺陷分级

焊缝质量等级		一级	二级
内部缺陷超声波探伤	评定等级	Ⅱ	Ⅲ
	检验等级	B级	B级
	探伤比例	100%	20%
内部缺陷射线探伤	评定等级	Ⅱ	Ⅲ
	检验等级	AB级	AB级
	探伤比例	100%	20%

注:1. 探伤比例的计数方法应按以下原则确定:
  (1)对工厂制作焊缝,应按每条焊缝计算百分比,且探伤长度应不小于200mm,当焊缝长度不足200mm时,应对整条焊缝进行探伤;
  (2)对现场安装焊缝,应按同一类型、同一施焊条件的焊缝条数计算百分比,探伤长度应不小于200mm,并应不少于1条焊缝。
2. 本表摘自《钢结构工程施工质量验收规范》(GB 50205—2001)。

2. 一般项目检验

钢构件焊接一般项目质量检验标准见表 9-15。

表 9-15　　　　　钢构件焊接一般项目质量检验标准

序号	项目	合格质量标准	检验方法	检查数量
1	焊接材料外观质量	焊条外观不应有药皮脱落、焊芯生锈等缺陷；焊剂不应受潮结块	观察检查	按量抽查 1%，且应不少于 10 包
2	预热和后热处理	对于需要进行焊前预热或焊后热处理的焊缝，其预热温度或后热温度应符合国家现行有关标准的规定或通过工艺试验确定。预热区在焊道两侧，每侧宽度均应大于焊件厚度的 1.5 倍以上，且应不小于 100mm；后热处理应在焊后立即进行，保温时间应根据板厚按每 25mm 板厚 1h 确定	检查预、后热施工记录和工艺试验报告	全数检查
3	焊缝外观质量	二级、三级焊缝外观质量标准应符合表 9-16 的规定。三级对接焊缝应按二级焊缝标准进行外观质量检验	观察检查或使用放大镜、焊缝量规和钢尺检查	每批同类构件抽查 10%，且应不少于 3 件；被抽查构件中，每种焊缝按条数各抽查 5%，但应不少于 1 条；每条检查 1 处，总抽查数应不少于 10 处
4	焊缝尺寸偏差	焊缝尺寸允许偏差应符合表 9-17 和表 9-18 的规定	用焊缝量规检查	
5	凹形角焊缝	焊成凹形的角焊缝，焊缝金属与母材间应平缓过渡；加工成凹形的角焊缝，不得在其表面留下切痕	观察检查	每批同类构件抽查 10%，且应不少于 3 件

第九章　钢结构工程质量控制及检验

续表

序号	项目	合格质量标准	检验方法	检查数量
6	焊缝感观	焊缝感观应达到：外形均匀、成型较好，焊道与焊道、焊道与基本金属间过渡较平滑，焊渣和飞溅物基本清除干净	观察检查	每批同类构件抽查10%，且应不少于3件；被抽查构件中，每种焊缝按数量各抽查5%，总抽查处应不少于5处

3. 焊缝外观质量标准及尺寸允许偏差

（1）二级、三级焊缝外观质量标准应符合表 9-16 的规定。

表 9-16　　　　二、三级焊缝外观质量标准（mm）

项目	允许偏差	
缺陷类型	二级	三级
未焊满（指不足设计要求）	≤$0.2+0.02t$，且≤1.0	≤$0.2+0.04t$，且≤2.0
	每 100.0 焊缝内缺陷总长≤25.0	
根部收缩	≤$0.2+0.02t$，且≤1.0	≤$0.2+0.04t$，且≤2.0
	长度不限	
咬边	≤$0.05t$，且≤0.5；连续长度≤100.0，且焊缝两侧咬边总长≤10%焊缝全长	≤$0.1t$且≤1.0，长度不限
弧坑裂纹	—	允许存在个别长度≤5.0 的弧坑裂纹
电弧擦伤	—	允许存在个别电弧擦伤
接头不良	缺口深度 $0.05t$，且≤0.5	缺口深度 $0.1t$，且≤1.0
	每 1000.0 焊缝不应超过 1 处	
表面夹渣	—	深≤$0.2t$　长≤$0.5t$，且≤20.0
表面气孔	—	每 50.0 焊缝长度内允许直径≤$0.4t$，且≤3.0 的气孔 2 个，孔距≥6 倍孔径

注：表内 t 为连接处较薄的板厚。

(2) 对接焊缝及完全熔透组合焊缝尺寸允许偏差应符合表 9-17 的规定。

表 9-17 对接焊缝及完全熔透组合焊缝尺寸允许偏差(mm)

序号	项目	图例	允许偏差 一、二级	允许偏差 三级
1	对接焊缝余高 C		$B<20;0\sim3.0$ $B\geqslant20;0\sim4.0$	$B<20;0\sim4.0$ $B\geqslant20;0\sim5.0$
2	对接焊缝错边 d		$d<0.15t$, 且$\leqslant2.0$	$d<0.15t$, 且$\leqslant3.0$

(3) 部分焊透组合焊缝和角焊缝外形尺寸允许偏差应符合表 9-18 的规定。

表 9-18 部分焊透组合焊缝和角焊缝外形尺寸允许偏差(mm)

序号	项目	图例	允许偏差
1	焊脚尺寸 h_f		$h_f\leqslant6;0\sim1.5$ $h_f>6;0\sim3.0$
2	角焊缝余高 C		$h_f\leqslant6;0\sim1.5$ $h_f>6;0\sim3.0$

注:1. $h_f>8.0$mm 的角焊缝的局部焊脚尺寸允许低于设计要求值 1.0mm,但总长度不得超过焊缝长度 10%。

2. 焊接 H 形梁腹板与翼缘板的焊缝两端在其两倍翼缘板宽度范围内,焊缝的焊脚尺寸不得低于设计值。

(二)焊钉(栓钉)焊接质量检验标准

1. 主控项目检验

焊钉(栓钉)焊接主控项目质量检验标准见表 9-19。

表 9-19　　焊钉(栓钉)焊接主控项目质量检验标准

序号	项　目	合格质量标准	检验方法	检查数量
1	焊接材料品种、规格	焊接材料的品种、规格、性能等应符合现行国家产品标准和设计要求	检查焊接材料的质量合格证明文件、中文标志及检验报告等	全数检查
2	焊接材料复验	重要钢结构采用的焊接材料应进行抽样复验,复验结果应符合现行国家产品标准和设计要求	检查复验报告	
3	焊接工艺评定	施工单位对其采用的焊钉和钢材焊接应进行焊接工艺评定,其结果应符合设计要求和国家现行有关标准的规定。瓷环应按其产品说明书进行烘焙	检查焊接工艺评定报告和烘焙记录	
4	焊后弯曲试验	焊钉焊接后应进行弯曲试验检查,其焊缝和热影响区不应有肉眼可见的裂纹	焊钉弯曲 30°后用角尺检查和观察检查	每批同类构件抽查 10%,且应不少于 10 件;被抽查构件中,每件检查焊钉数量的 1%,但应不少于 1 个

2. 一般项目检验

钢构件焊接一般项目质量检验标准见表 9-20。

表 9-20　　　　　钢构件焊接一般项目质量检验标准

序号	项目	合格质量标准	检验方法	检查数量
1	焊钉和瓷环尺寸	焊钉及焊接瓷环的规格、尺寸及偏差应符合现行国家标准《电弧螺柱焊用圆柱头焊钉》（GB/T 10433—2002）中的规定	用钢尺和游标深度尺量测	按量抽查1%，且应不少于10套
2	焊缝外观质量	焊钉根部焊脚应均匀，焊脚立面的局部未熔合或不足360°的焊脚应进行修补	观察检查	按总焊钉数量抽查1%，且应不少于10个

第三节　紧固件连接质量控制及检验

一、紧固件材料质量控制

(1)钢结构连接用紧固件进场后，应检查产品的质量合格证明文件、中文标识和检验报告。高强度大六角头螺栓连接副、扭剪型高强度螺栓连接副、普通螺栓、铆钉、自攻钉、拉铆钉、射钉、锚栓(机械型和化学试剂型)、地脚锚栓等紧固标准件及螺母、垫圈等标准配件，其品种、规格、性能等应符合现行国家产品标准和设计要求。高强度大六角头螺栓连接副和扭剪型高强度螺栓连接副出厂时应分别随箱带有扭矩系数和紧固轴力(预拉力)的检验报告。

(2)高强度大六角头螺栓和扭剪型高强度螺栓连接副在使用前应按每批号随机抽8套分别复验扭矩系数和预拉力，检验结果应符合相关的规定。复验应在产品保质期内及时进行。

(3)高强度螺栓连接副应按包装箱配套供货，进场后应检查包装箱上的批号、规格、数量及生产日期。螺栓、螺母、垫圈外观表面应涂油保护，不应出现生锈和沾染赃物，螺纹不应损伤。

(4)高强度螺栓在储存、运输、施工过程中，应严格按批号存放、使

第九章　钢结构工程质量控制及检验

用。不同批号的螺栓、螺母、垫圈不得混杂使用。在使用前应尽可能地保持其出厂状态，以免扭矩系数或紧固轴力（预拉力）发生变化。

高强度螺栓存放注意事项

高强度螺栓存放应防潮、防雨、防粉尘，并按类型、规格、批号分类存放保管。对长期保管或保管不善而造成螺栓生锈及沾染脏物等可能改变螺栓的扭矩系数或性能的螺栓，应视情况进行清洗、除锈和润滑等处理，并对螺栓进行扭矩系数或预拉力检验，合格后方可使用。

二、紧固件连接施工过程质量控制

(1)高强螺栓连接应对构件摩擦面进行喷砂、砂轮打磨或酸洗加工处理。

(2)高强螺栓采用喷砂处理摩擦面，贴合面上喷砂范围应不小于$4t$（t—孔径）。喷砂面不得有毛刺、泥土和溅点，亦不得涂刷油漆；采用砂轮打磨，打磨的方向应与构件受力方向垂直，打磨后的表面应呈铁色，并无明显不平。

(3)经表面处理的构件、连接件摩擦面，应进行摩擦系数测定，其数值必须符合设计要求。安装前应逐组复验摩擦系数，合格后方可安装。

(4)处理后的摩擦面应在生锈前进行组装，或加涂无机富锌漆；亦可在生锈后组装，组装时应用钢丝清除表面上的氧化铁皮、黑皮、泥土、毛刺等，至略呈赤锈色即可。

(5)高强螺栓应顺畅穿入孔内，不得强行敲打，在同一连接面上穿入方向宜一致，以便于操作；对连接构件不重合的孔，应用钻头或绞刀扩孔或修孔，符合要求时方可进行安装。

(6)安装用临时螺栓可用普通螺栓，亦可直接用高强螺栓，其穿入数量不得少于安装孔总数的1/3，且不少于两个螺栓，如穿入部分冲钉则其数量不得多于临时螺栓的30%。

(7)安装时先在安装临时螺栓余下的螺孔中投满高强螺栓，并用

· 257 ·

扳手扳紧,然后将临时普通螺栓逐一换成高强螺栓,并用扳手扳紧。

(8)高强螺栓的紧固,应分二次拧紧(即初拧和终拧),每组拧紧顺序应从节点中心开始逐步向边缘两端施拧。整体结构的不同连接位置或同一节点的不同位置有两个连接构件时,应先紧主要构件,后紧次要构件。

(9)高强螺栓紧固宜用电动扳手进行。扭剪型高强螺栓初拧一般用60%~70%轴力控制,以拧掉尾部梅花卡头为终拧结束。不能使用电动扳手的部位,则用测力扳手紧固,初拧扭矩值不得小于终拧扭矩值的30%,终拧扭矩值M_A(N·m)应符合设计要求。

(10)螺栓初拧、复拧和终拧后,要做出不同标记,以便识别,避免重拧或漏拧。高强螺栓终拧后外露丝扣不得小于2扣。

(11)当日安装的螺栓应在当日终拧完毕,以防构件摩擦面、螺纹沾污、生锈和螺栓漏拧。

> 高强螺栓紧固后要求进行检查和测定。如发欠拧、漏拧时,应补拧;超拧时应更换。处理后的扭矩值应符合设计规定。

三、紧固件连接质量检验标准

(一)普通紧固件连接

1. 主控项目检验

普通紧固件连接主控项目质量检验标准见表9-21。

表9-21 普通紧固件连接主控项目质量检验标准

序号	项目	合格质量标准	检验方法	检查数量
1	成品进场	钢结构连接用高强度大六角头螺栓连接副、扭剪型高强度螺栓连接副、钢网架用高强度螺栓、普通螺栓、铆钉、自攻钉、拉铆钉、射钉、锚栓(机械型和化学试剂型)、地脚锚栓等紧固标准件及螺母、垫圈等标准配件,其品种、规格、性能等应符合现行国家产品标准和设计要求。高强度大六角头螺栓连接副和扭剪型高强度螺栓连接副出厂时应分别随箱带有扭矩系数和紧固轴力(预拉力)的检验报告	全数检查	检查产品的质量合格证明文件、中文标志及检验报告等

续表

序号	项目	合格质量标准	检验方法	检查数量
2	螺栓实物复验	普通螺栓作为永久性连接螺栓时,当设计有要求或对其质量有疑义时,应进行螺栓实物最小拉力载荷复验,其结果应符合现行国家标准《紧固件机械性能 螺栓、螺钉和螺柱》(GB/T 3098.1)的规定	检查螺栓实物复验报告	每一规格螺栓抽查8个
3	匹配及间距	连接薄钢板采用的自攻钉、拉铆钉、射钉等其规格尺寸应与被连接钢板相匹配,其间距、边距等应符合设计要求	观察和尺量检查	按连接节点数抽查1%,且应不少于3个

2. 一般项目检验

普通紧固件连接一般项目质量检验标准见表 9-22。

表 9-22　　　　普通紧固件连接一般项目质量检验标准

序号	项目	合格质量标准	检验方法	检查数量
1	螺栓紧固	永久性普通螺栓紧固应牢固、可靠,外露螺纹应不少于2个螺距	观察或用小锤敲击检查	按连接节点数抽查10%,且应不少于3个
2	外观质量	自攻螺钉、钢拉铆钉、射钉等与连接钢板应紧固密贴,外观排列整齐		

(二)高强度螺栓连接

1. 主控项目检验

高强度螺栓连接主控项目质量检验标准见表 9-23。

表 9-23　　高强度螺栓连接主控项目质量检验标准

序号	项目	合格质量标准	检验方法	检查数量
1	成品进场	钢结构连接用高强度大六角头螺栓连接副、扭剪型高强度螺栓连接副、钢网架用高强度螺栓、普通螺栓、铆钉、自攻钉、拉铆钉、射钉、锚栓(机械型和化学试剂型)、地脚锚栓等紧固标准件及螺母、垫圈等标准配件,其品种、规格、性能等应符合现行国家产品标准和设计要求。高强度大六角头螺栓连接副和扭剪型高强度螺栓连接副出厂时应分别随箱带有扭矩系数和紧固轴力(预拉力)的检验报告 高强度大六角头螺栓连接副的扭矩系数和扭剪型高强度螺栓连接副的紧固轴力(预拉力)是影响高强度螺栓连接质量最主要的因素,也是施工的重要依据,因此要求生产厂家在出厂前要进行检验,且出具检验报告,施工单位应在使用前及产品质量保证期内及时复验,该复验应为见证取样、送样检验项目。本条为强制性条文	检查产品的质量合格证明文件、中文标志及检验报告等	全数检查
2	扭矩系数	高强度大六角头螺栓连接副应按规定检验其扭矩系数,其检验结果应符合规定	检查复验报告	全数检查
	预拉力复验	扭剪型高强度螺栓连接副应按规定检验预拉力,其检验结果应符合规定		

第九章 钢结构工程质量控制及检验

续表

序号	项目	合格质量标准	检验方法	检查数量
3	抗滑移系数试验	钢结构制作和安装单位应按规定分别进行高强度螺栓连接摩擦面的抗滑移系数试验和复验,现场处理的构件摩擦面应单独进行摩擦面抗滑移系数试验,其结果应符合设计要求	检查摩擦面抗滑移系数试验报告和复验报告	全数检查
	高强度大六角头螺栓连接副终拧扭矩	高强度大六角头螺栓连接副终拧完成1h后、48h内应进行终拧扭矩检查,检查结果应符合规定	(1)扭矩法检验; (2)转角法检验	按节点数抽查10%,且应不少于10个;每个被抽查节点按螺栓数抽查10%,且应不少于2个
4	扭剪型高强度螺栓连接副终拧扭矩	扭剪型高强度螺栓连接副终拧后,除因构造原因无法使用专用扳手终拧掉梅花头外,未在终拧中拧掉梅花头的螺栓数应不大于该节点螺栓数的5%。对所有梅花头未拧掉的扭剪型高强度螺栓连接副应采用扭矩法或转角法进行终拧并作标记,且按上条标准的规定进行终拧扭矩检查	观察检查	按节点数抽查10%,但应不少于10个节点,被抽查节点中梅花头未拧掉的扭剪型高强度螺栓连接副全数进行终拧扭矩检查

2. 一般项目检验

高强度螺栓连接一般项目质量检验标准见表9-24。

表 9-24　　　　高强度螺栓连接一般项目质量检验标准

序号	项目	合格质量标准	检验方法	检查数量
1	成品进场检验	高强度螺栓连接副,应按包装箱配套供货,包装箱上应标明批号、规格、数量及生产日期。螺栓、螺母、垫圈外观表面应涂油保护,不应出现生锈和沾染赃物,螺纹不应损伤	观察检查	按包装箱数抽查5%,且应不少于3箱
2	表面硬度试验	对建筑结构安全等级为一级,跨度40m及以上的螺栓球节点钢网架结构,其连接高强度螺栓应进行表面硬度试验,对8.8级的高强度螺栓其硬度应为HRC21～29;10.9级高强度螺栓硬度应为HRC32～36,且不得有裂纹或损伤	硬度计、10倍放大镜或磁粉探伤	按规格抽查8只
3	初拧、复拧扭矩	高强度螺栓连接副的施拧顺序和初拧、复拧扭矩应符合设计要求和国家现行行业标准《钢结构高强度螺栓连接技术规程》(JGJ 82—2011)的规定	检查扭矩扳手标定记录和螺栓施工记录	全数检查资料
4	连接外观质量	高强度螺栓连接副终拧后,螺栓螺纹外露应为2～3个螺距,其中允许有10%的螺栓螺纹外露1个螺距或4个螺距	观察检查	按节点数抽查5%,且应不少于10个

续表

序号	项目	合格质量标准	检验方法	检查数量
5	摩擦面外观	高强度螺栓连接摩擦面应保持干燥、整洁，不应有飞边、毛刺、焊接飞溅物、焊疤、氧化铁皮、污垢等，除设计要求外摩擦面不应涂漆	观察检查	全数检查
6	扩孔	高强度螺栓应自由穿入螺栓孔。高强度螺栓孔不应采用气割扩孔，扩孔数量应征得设计同意，扩孔后的孔径不应超过1.2d（d为螺栓直径）	观察检查及用卡尺检查	被扩螺栓孔全数检查

第四节 钢结构安装质量控制及检验

一、钢结构材料质量控制

(1) 钢材在进场后，应对其出厂质量保证书、批号、炉号、化学成分和机械性能逐项验收。检验方法有书面检验、外观检验、理化检验、无损检测四种。

(2) 钢结构工程所采用的钢材，应附有质量证明书，其品种、规格、性能应符合现行国家产品标准和设计文件的要求。承重结构选用的钢材应有抗拉强度、屈服强度、延伸率和硫、磷含量的合格保证，对焊接结构用钢，尚应具有含碳量的合格保证。对重要承重结构的钢材，还应有冷弯试验的合格保证。对于重级工作制和起重量大于或等于50t的中级工作制焊接吊车梁、吊车桁架或类似结构的钢材,除应有以上性能合格保证外,还应有常温冲击韧性的合格保证。

(3)凡进口的钢材应根据订货合同进行商检,商检不合格不得使用。

(4)用于钢结构工程的钢板、型钢和管材的外形、尺寸、重量及允许偏差应符合相关规定要求。

钢材表面外观质量

钢材的表面外观质量必须均匀,不得有夹层、裂纹、非金属加杂和明显的偏析等缺陷。钢材表面不得有肉眼可见的气孔、结疤、折叠、压入的氧化铁皮以及其他的缺陷。当钢材表面有锈蚀麻点或划痕等缺陷时,其深度不得大于该钢材厚度的负偏差值1/2。

二、钢结构安装施工过程质量控制

1. 地脚螺栓埋设

(1)地脚螺栓的直径、长度,均应按设计规定的尺寸制作;一般地脚螺栓应与钢结构配套出厂,其材质、尺寸、规格、形状和螺纹的加工质量,均应符合设计施工图的规定。如钢结构出厂不带地脚螺栓时,则需自行加工,地脚螺栓各部尺寸应符合下列要求:

1)地脚螺栓的直径尺寸与钢柱底座板的孔径应相适配,为便于安装找正、调整,多数是底座孔径尺寸大于螺栓直径。

2)为使埋设的地脚螺栓有足够的锚固力,其根部需经加热后加工(或煨成)成 L、U 等形状。

(2)样板尺寸放完后,在自检合格的基础上交监理抽检,进行单项验收。

(3)不论一次埋设或事先预留的孔二次埋设地脚螺栓时,埋设前,一定要将埋入混凝土中的一段螺杆表面的铁锈、油污清理干净。清理的一般做法是用钢丝刷或砂纸去锈;油污一般是用火焰烧烤去除。

第九章 钢结构工程质量控制及检验

(4)地脚螺栓在预留孔内埋设时,其根部底面与孔底的距离不得小于80mm;地脚螺栓的中心应在预留孔中心位置,螺栓的外表与预留孔壁的距离不得小于20mm。

(5)对于预留孔的地脚螺栓埋设前,应将孔内杂物清理干净,一般做法是用长度较长的钢凿将孔底及孔壁结合薄弱的混凝土颗粒及贴附的杂物全部清除,然后用压缩空气吹净,浇灌前并用清水充分湿润,再进行浇灌。

(6)为防止浇灌时地脚螺栓的垂直度及距孔内侧壁、底部的尺寸变化,浇灌前应将地脚螺栓找正后加固固定。

地脚螺栓固定方法

固定地脚螺栓可采用下列两种方法:

1)先浇筑混凝土预留孔洞后埋螺栓,需采用型钢两次校正办法,检查无误后,浇预留孔洞。

2)将每根柱的地脚螺栓每8个或4个用预埋钢架固定,一次浇筑混凝土,定位钢板上的纵横轴线允许误差为0.3mm。

(7)实测钢柱底座螺栓孔距及地脚螺栓位置数据,将两项数据归纳是否符合质量标准。

(8)当螺栓位移超过允许值,可用氧乙炔火焰将底座板螺栓孔扩大,安装时,另加长孔垫板,焊好。也可将螺栓根部混凝土凿去5~10cm,而后将螺栓稍弯曲,再烤直。

(9)做好保护螺栓措施。

2. 钢柱垂直度

(1)对制作的成品钢柱要加强认真管理,以防放置的垫基点、运输不合理,由于自重压力作用产生弯矩而发生变形。

(2)因钢柱较长,其刚性较差,在外力作用下易失稳变形,因此竖向吊装时的吊点选择应正确,一般应选在柱全长2/3柱上的位置,可防止变形。

(3)吊装钢柱时还应注意起吊半径或旋转半径的正确,并采取在柱底端设置滑移设施,以防钢柱吊起扶直时发生拖动阻力以及压力作用,促使柱体产生弯曲变形或损坏底座板。

(4)当钢柱被吊装到基础平面就位时,应将柱底座板上面的纵横轴线对准基础轴线(一般由地脚螺栓与螺孔来控制),以防止其跨度尺寸产生偏差,导致柱头与屋架安装连接时,发生水平方向向内拉力或向外撑力作用,均使柱身弯曲变形。

(5)钢柱垂直度的校正应以纵横轴线为准,先找正固定两端边柱为样板柱,依样板柱为基准来校正其余各柱。

(6)钢柱就位校正时,应注意风力和日照温度、温差的影响,使柱身发生弯曲变形。

柱身发生弯曲变形预防措施

(1)风力对柱面产生压力,使柱身发生侧向弯曲。因此,在校正柱子时,当风力超过5级时不能进行。对已校正完的柱子应进行侧向梁的安装或采取加固措施,以增加整体连接的刚性,防止风力作用变形。

(2)校正柱子应注意防止日照温差的影响,钢柱受阳光照射的正面与侧面产生温差,使其发生弯曲变形。由于受阳光照射的一面温度较高,则阳面膨胀的程度就越大,使柱靠上端部分向阴面弯曲就越严重;故校正柱子工作应避开阳光照射的炎热时间,宜在早晨或阳光照射较低温的时间及环境内进行。

3. 钢柱高度

(1)钢柱在制造过程中应严格控制长度尺寸,在正常情况下应控制以下三个尺寸:

1)控制设计规定的总长度及各位置的长度尺寸。

2)控制在允许的负偏差范围内的长度尺寸。

3)控制正偏差和不允许产生正超差值。

(2)制作时,控制钢柱总长度及各位置尺寸,可参考如下做法:
1)统一进行画线号料、剪切或切割。
2)统一拼接接点位置。
3)统一拼装工艺。
4)焊接环境、采用的焊接规范或工艺,均应统一。
5)如果是焊接连接时,应先焊钢柱的两端,留出一个拼接接点暂不焊,留作调整长度尺寸用,待两端焊接结束、冷却后,经过矫正最后焊接接点,以保证其全长及牛腿位置的尺寸正确。
6)为控制无接点的钢柱全长和牛腿处的尺寸正确,可先焊柱身,柱底座板和柱头板暂不焊,一旦出现偏差时,在焊柱的底端底座板或上端柱头板前进行调整,最后焊接柱底座板和柱头板。

(3)基础支承面的标高与钢柱安装标高的调整处理,应根据成品钢柱实际制作尺寸进行,以实际安装后的钢柱总高度及各位置高度尺寸达到统一。

4. 钢屋架的拱度

(1)钢屋架在制作阶段应按设计规定的跨度比例(1/500)进行起拱。

(2)起拱的弧度加工后不应存在应力,并使弧度曲线圆滑均匀;如果存在应力或变形时,应认真矫正消除。矫正后的钢屋架拱度应用样板或尺量检查,其结果要符合施工图规定的起拱高度和弧度;凡是拱度及其他部位的结构发生变形时,一定经矫正符合要求后,方准进行吊装。

(3)钢屋架吊装前应制定合理的吊装方案,以保证其拱度及其他部位不发生变形。吊装前的屋架应按不同的跨度尺寸进行加固和选择正确的吊点,否则钢屋架的拱度发生上拱过大或下挠的变形,以至影响钢柱的垂直度。

5. 钢屋架跨度尺寸

(1)钢屋架制作时应按施工规范规定的工艺进行加工,以控制屋架的跨度尺寸符合设计要求。

(2)吊装前,屋架应认真检查,对其变形超过标准规定的范围时应经矫正,在保证跨度尺寸后再进行吊装。

(3)安装时为了保证跨度尺寸的正确,应按合理的工艺进行安装:

1)屋架端部底座板的基准线必须与钢柱的柱头板的轴线及基础轴线位置一致。

2)保证各钢柱的垂直度及跨距符合设计要求或规范规定。

3)为使钢柱的垂直度、跨度不产生位移,在吊装屋架前应采用小型拉力工具在钢柱顶端按跨度值对应临时拉紧定位,以便于安装屋架时按规定的跨度进行入位、固定安装。

4)如果柱顶板孔位与屋架支座孔位不一致时,不宜采用外力强制入位,应利用椭圆孔或扩孔法调整入位,并用厚板垫圈覆盖焊接,将螺栓紧固。不经扩孔调整或用较大的外力进行强制入位,将会使安装后的屋架跨度产生过大的正偏差或负偏差。

拓展阅读

屋架跨度尺寸控制方法

(1)用同一底样或模具并采用挡铁定位进行拼装,以保证拱度的正确。

(2)为了在制作时控制屋架的跨度符合设计要求,对屋架两端的不同支座应采用不同的拼装形式。其具体做法如下:

1)屋架端部T形支座要采用小拼焊组合,组成的T形座及屋架,经过矫正后按其跨度尺寸位置相互拼装。

2)非嵌入连接的支座,对屋架的变形经矫正后,按其跨度尺寸位置与屋架一次拼装。

3)嵌入连接的支座,宜在屋架焊接、矫正后按其跨度尺寸位置相拼装,以便保证跨度、高度的正确及便于安装。

4)为了便于安装时调整跨度尺寸,对嵌入式连接的支座,制作时先不与屋架组装,应用临时螺栓带在屋架上,以备在安装现场安装时按屋架跨度尺寸及其规定的位置进行连接。

第九章 钢结构工程质量控制及检验

6. 钢屋架垂直度

(1)钢屋架在制作阶段,对各道施工工序应严格控制质量,首先在放拼装底样画线时,应认真检查各个零件结构的位置并做好自检、专检,以消除误差;拼装平台应具有足够支承力和水平度,以防承重后失稳下沉导致平面不平,使构件发生弯曲,造成垂直度超差。

(2)拼装用挡铁定位时,应按基准线放置。

(3)拼装钢屋架两端支座板时,应使支座板的下平面与钢屋架的下弦纵横线严格垂直。

(4)拼装后的钢屋架吊出底样(模)时,应认真检查上下弦及其他构件的焊点是否与底模、挡铁误焊或夹紧,经检查排除故障或离模后再吊装,否则易使钢屋架在吊装出模时产生侧向弯曲,甚至损坏屋架或发生事故。

(5)凡是在制作阶段的钢屋架、天窗架产生各种变形应在安装前矫正,再吊装。

(6)钢屋架安装应执行合理的安装工艺,应保证如下构件的安装质量:

1)安装到各纵横轴线位置的钢柱的垂直度偏差应控制在允许范围内,钢柱垂直度偏差也使钢屋架的垂直度也产生偏差。

2)各钢柱顶端柱头板平面的高度(标高)、水平度,应控制在同一水平面。

3)安装后的钢屋架与檩条连接时,必须保证各相邻钢屋架的间距与檩条固定连接的距离位置相一致,两者距离尺寸过大或过小,都会使钢屋架的垂直度产生超差。

(7)各跨钢屋架发生垂直度超差时,应在吊装屋面板前,用吊车配合来调整处理。

7. 吊车梁垂直度、水平度

(1)钢柱在制作时应严格控制底座板至牛腿面的长度尺寸及扭曲变形,可防止垂直度、水平度发生超差。

(2)应严格控制钢柱制作、安装的定位轴线,可防止钢柱安装后轴线位移,以至吊车梁安装时垂直度或水平度偏差。

> **拓展阅读**
>
> **各跨钢屋架发生垂直度超差调整处理方法**
>
> (1)首先应调整钢柱,达到垂直后,再用加焊厚薄垫铁来调整各柱头板与钢屋架端部的支座板之间接触面的统一高度和水平度。
>
> (2)如果相邻钢屋架间距与檩条连接处间的距离不符而影响垂直度时,可卸除檩条的连接螺栓,仍用厚薄平垫铁或斜垫铁,先调整钢屋架达到垂直度,然后改变檩条与屋架上弦的对应垂直位置再连接。
>
> (3)天窗架垂直度偏差过大时,应将钢屋架调整达到垂直度并固定后,用经纬仪或线坠对天窗架两端支柱进行测量,根据垂直度偏差数值,用垫厚、薄垫铁的方法进行调整。

(3)应认真搞好基础支承平面的标高,其垫放的垫铁应正确;二次灌浆工作应采用无收缩、微膨胀的水泥砂浆。避免基础标高超差,影响吊车梁安装水平度的超差。

(4)钢柱安装时,应认真按要求调整好垂直度和牛腿面的水平度,以保证下部吊车梁安装时达到要求的垂直度和水平度。

(5)预先测量吊车梁在支承处的高度和牛腿距柱底的高度,如产生偏差时,可用垫铁在基础上平面或牛腿支承面上予以调整。

(6)吊装吊车梁前,防止垂直度、水平度超差应认真检查其变形情况,如发生扭曲等变形时应予以矫正,并采取刚性加固措施防止吊装变形;吊装时应根据梁的长度,可采用单机或双机进行吊装。

(7)安装时应按梁的上翼缘平面事先画的中心线,进行水平移位、梁端间隙的调整,达到规定的标准要求后,再进行梁端部与柱的斜撑等连接。

(8)吊车梁各部位置基本固定后应认真复测有关安装的尺寸,按要求达到质量标准后,再进行制动架的安装和紧固。

(9)防止吊车梁垂直度、水平度超差,应认真做好校正工作。

8. 控制网

(1)控制网定位方法应依据结构平面而定。矩形建筑物的定位,宜选用直角坐标法;任意形状建筑物的定位,宜选用极坐标法。平面控制点距测点位距离较长,量距困难或不便量距时,宜选用角度(方向)交会法;平面控制点距测点距离不超过所用钢尺的全长且场地量距条件较好时,宜选用距离交会法。使用光电测距仪定位时,宜选极坐标法。

> 首先校正标高,其他项目的调整、校正工作,待屋盖系统安装完成后再进行校正、调整,这样可防止因屋盖安装引起钢柱变形而直接影响吊车梁安装的垂直度或水平度的偏差。

(2)根据结构平面特点及经验选择控制网点。有地下室的建筑物,开始可用外控法,即在槽边±0.000处建立控制网点,当地下室达到±0.000后,可将外围点引到内部即内控法。

(3)无论内控法或外控法,必须将测量结果进行严密平差,计算点位坐标,与设计坐标进行修正,以达到控制网测距相对中误差小于$L/25000$,测角中误差小于$2''$。

(4)基准点处预埋100mm×100mm钢板,必须用钢针画十字线定点,线宽0.2mm,并在交点上打样冲点。钢板以外的混凝土面上放出十字延长线。

(5)竖向传递必须与地面控制网点重合。

(6)经复测发现地面控制网中测距超过$L/25000$,测角中误差大于$2''$,竖向传递点与地面控制网点不重合,必须经测量专业人员找出原因,重新放线定出基准控制点网。

经验总结

竖向传递与地面控制网点重合主要做法

(1)控制点竖向传递,采用内控法。投点仪器选用全站仪、激光铅垂仪、光学铅垂仪等。控制点设置在距柱网轴线交点旁300~400mm处,在楼面预留孔300mm×300mm设置光靶,为削减铅垂仪误差,应将铅垂仪在0°、90°、180°、270°的四个位置上投点,并取其中点作为基准点的投递点。

(2)根据选用仪器的精度情况,可定出一次测得高度,如用全站仪、激光铅垂仪、光学铅垂仪,在100m范围内竖向投测精度较高。

(3)定出基准控制点网,其全楼层面的投点,必须从基准控制点网引投到所需楼层上,严禁使用下一楼层的定位轴线。

9. 楼层轴线

(1)高层和超高层钢结构测设,根据现场情况可采用外控法和内控法。

1)外控法。现场较宽大,高度在100m内,地下室部分根据楼层大小可采用十字及井字控制,在柱子延长线上设置两个桩位,相邻柱中心间距的测量允许值为1mm,第1根钢柱至第2根钢柱间距的测量允许值为1mm。每节柱的定位轴线应从地面控制轴线引上来,不得从下层柱的轴线引出。

2)内控法。现场宽大,高度超过100m,地上部分在建筑物内部设辅助线,至少要设3个点,每2点连成的线最好要垂直,3点不得在一条线上。

(2)利用激光仪发射的激光点—标准点,应每次转动90°,并在目标上测4个激光点,其相交点即为正确点。除标准外的其他各点,可用方格网法或极坐标法进行复核。

(3)内爬式塔吊或附着式塔吊,因与建筑物相连,在起吊重物时,易使钢结构本身产生水平晃动,此时应尽量停止放线。

(4)对结构自振周期引起的结构振动,可取其平均值。

放线注意事项

(1)雾天、阴天因视线不清,不能放线。为防止阳光对钢结构照射产生变形,放线工作宜安排在日出或日落后进行。

(2)钢尺要统一,使用前要进行温度、拉力、挠度校正,在有条件的情况下应采用全站仪,接收靶测距精度最高。

(3)在钢结构上放线要用钢划针,线宽一般为0.2mm。

三、钢结构安装质量检验标准

(一)单层钢结构安装

1. 主控项目检验

单层钢结构安装主控项目质量检验标准见表9-25。

第九章 钢结构工程质量控制及检验

表 9-25　　　　　单层钢结构安装主控项目质量检验标准

序号	项 目	合格质量标准	检验方法	检查数量
1	基础验收	建筑物的定位轴线、基础轴线和标高、地脚螺栓的规格及其紧固应符合设计要求；	用经纬仪、水准仪、全站仪和钢尺现场实测	按柱基数抽查10%，且应不少于3个
		基础顶面直接作为柱的支承面和基础顶面预埋钢板或支座作为柱的支承面时，其支承面、地脚螺栓(锚栓)位置的允许偏差应符合表 9-27 的规定；	用经纬仪、水准仪、全站仪、水平尺和钢尺实测	资料全数检查。按柱基数抽查10%，且应不少于3个
		采用坐浆垫板时，坐浆垫板的允许偏差应符合表 9-28 的规定；	用水准仪、全站仪、水平尺和钢尺现场实测	按基础数抽查10%，且应不少于4处
		采用杯口基础时，杯口尺寸的允许偏差应符合表 9-29 的规定	观察及尺量检查	
2	构件验收	钢构件应符合设计要求和(GB 50205)的规定。运输、堆放和吊装等造成的钢构件变形及涂层脱落，应进行矫正和修补	用拉线、钢尺现场实测或观察	按构件数抽查10%，且应不少于3个
3	顶紧接触面	设计要求顶紧的节点，接触面应不少于 70% 紧贴，且边缘最大间隙应不大于 0.8mm	用钢尺及 0.3mm 和 0.8mm 厚的塞尺现场实测	按节点数抽查10%，且应不少于3个
4	钢构件垂直度和侧弯矢高	钢屋(托)架、桁架、梁及受压杆件的垂直度和侧向弯曲矢高的允许偏差应符合表 9-30 的规定	用吊线、拉线、经纬仪和钢尺现场实测	按同类构件数抽查10%，且应不少于3个
5	主体结构尺寸	单层钢结构主体结构的整体垂直度和整体平面弯曲的允许偏差应符合表 9-31 的规定	采用经纬仪、全站仪等测量	对主要立面全部检查。对每个所检查的立面，除两列角柱外，尚应至少选取一列中间柱

273

2. 一般项目检验

单层钢结构安装一般项目质量检验标准见表9-26。

表9-26　　　　　单层钢结构安装一般项目质量检验标准

序号	项目	合格质量标准	检验方法	检验数量
1	地脚螺栓精度	地脚螺栓(锚栓)尺寸的偏差应符合表9-32的规定。地脚螺栓(锚栓)的螺纹应受到保护	用钢尺现场实测	按栓基数抽查10%,且应不少于3个
2	标记	钢柱等主要构件的中心线及标高基准点等标记应齐全	观察检查	按同类构件数抽查10%,且应不少于3件
3	桁架(梁)安装精度	当钢桁架(或梁)安装在混凝土柱上时,其支座中心对定位轴线的偏差应不大于10mm;当采用大型混凝土屋面板时,钢桁架(或梁)间距的偏差不大于10mm	用拉线和钢尺现场实测	按同类构件数抽查10%,且应不少于3榀
4	钢柱安装精度	钢柱安装的允许偏差应符合表9-33的规定	见表9-33	按钢柱数抽查10%,且应不少于3件
5	吊车梁安装精度	钢吊车梁或直接承受动力荷载的类似构件,其安装的允许偏差应符合表9-34的规定	见表9-34	按钢吊车梁数抽查10%,且应不少于3榀
6	檩条、墙架等构件安装精度	檩条、墙架等次要构件安装的允许偏差应符合表9-35的规定	见表9-35	按同类构件数抽查10%,且应不少于3件
7	平台、钢梯等安装精度	钢平台、钢梯、栏杆安装应符合现行国家标准《固定式钢梯及平台安全要求》(GB 4053)的规定。钢平台、钢梯和防护栏杆安装的允许偏差应符合表9-36的规定	见表9-36	按钢平台总数抽查10%,栏杆、钢梯按总长度各抽查10%,但钢平台应不少于1个,栏杆应不少于5m,钢梯应不少于1跑
8	现场组对精度	现场焊缝组对间隙的允许偏差应符合表9-37的规定	尺量检查	按同类节点数抽查10%,且应不少于3个
9	结构表面	钢结构表面应干净,结构主要表面不应有疤痕、泥沙等污垢	观察	按同类构件数抽查10%,且应不少于3件

3. 允许偏差

(1)支承面、地脚螺栓(锚栓)位置的允许偏差见表 9-27。

表 9-27　　　　支承面、地脚螺栓(锚栓)位置的允许偏差(mm)

项　　目		允许偏差
支承面	标高	±3.0
	水平度	$l/1000$
地脚螺栓(锚栓)	螺栓中心偏移	5.0
预留孔中心偏移		10.0

注:本表摘自《钢结构工程施工质量验收规范》(GB 50205—2001)。

(2)坐浆垫板的允许偏差见表 9-28。

表 9-28　　　　坐浆垫板的允许偏差(mm)

项　　目	允许偏差
顶面标高	0.0 −3.0
水平度	$l/1000$
位置	20.0

注:本表摘自《钢结构工程施工质量验收规范》(GB 50205—2001)。

(3)杯口尺寸的允许偏差见表 9-29。

表 9-29　　　　杯口尺寸的允许偏差(mm)

项　　目	允许偏差
底面标高	0.0 −5.0
杯口深度 H	±5.0
杯口垂直度	$H/100$,且应不大于 10.0
位置	10.0

注:本表摘自《钢结构工程施工质量验收规范》(GB 50205—2001)。

(4)钢屋(托)架、桁架、梁及受压杆件垂直度和侧向弯曲矢高的允许偏差见表 9-30。

表 9-30 钢屋(托)架、桁架、梁及受压杆件垂直度和侧向弯曲矢高的允许偏差(mm)

项 目	允许偏差		图 例
跨中的垂直度	$h/250$,且应不大于 15.0		
侧向弯曲矢高 f	$l \leqslant 30\text{m}$	$l/1000$,且应不大于 10.0	
	$30\text{m} < l \leqslant 60\text{m}$	$l/1000$,且应不大于 30.0	
	$l > 60\text{m}$	$l/1000$,且应不大于 50.0	

注:本表摘自《钢结构工程施工质量验收规范》(GB 50205—2001)。

(5)整体垂直度和整体平面弯曲的允许偏差见表 9-31。

表 9-31 整体垂直度和整体平面弯曲的允许偏差(mm)

项 目	允许偏差	图 例
主体结构的整体垂直度	$H/1000$,且应不大于 25.0	
主体结构的整体平面弯曲	$L/1500$,且应不大于 25.0	

注:本表摘自《钢结构工程施工质量验收规范》(GB 50205—2001)。

(6) 地脚螺栓(锚栓)尺寸的允许偏差见表 9-32。

表 9-32 地脚螺栓(锚栓)尺寸的允许偏差(mm)

项目	允许偏差
螺栓(锚栓)露出长度	+30.0 0.0
螺纹长度	+30.0 0.0

注:本表摘自《钢结构工程施工质量验收规范》(GB 50205—2001)。

(7) 单层钢结构中柱子安装的允许偏差见表 9-33。

表 9-33 单层钢结构中柱子安装的允许偏差(mm)

项目		允许偏差	图例	检验方法
柱脚底座中心线对定位轴线的偏移		5.0		用吊线和钢尺检查
柱基准点标高	有吊车梁的柱	+3.0 −5.0		用水准仪检查
	无吊车梁的柱	+5.0 −8.0		
弯曲矢高		$H/1200$,且应不大于 15.0		用经纬仪或拉线和钢尺检查
柱轴线垂直度	单层柱 $H \leqslant 10m$	$H/1000$		用经纬仪或吊线和钢尺检查
	单层柱 $H > 10m$	$H/1000$,且应不大于 25.0		
	多节柱 单节柱	$H/1000$,且应不大于 10.0		
	多节柱 柱全高	35.0		

注:本表摘自《钢结构工程施工质量验收规范》(GB 50205—2001)。

(8)钢吊车梁安装的允许偏差见表9-34。

表9-34　　　　　　　　钢吊车梁安装的允许偏差(mm)

项　目		允许偏差	图　例	检验方法
梁的跨中垂直度 Δ		$h/500$		用吊线和钢尺检查
侧向弯曲矢高		$l/1500$，且应不大于 10.0		
垂直上拱矢高		10.0		
两端支座中心位移 Δ	安装在钢柱上时，对牛腿中心的偏移	5.0		用拉线和钢尺检查
	安装在混凝土柱上时，对定位轴线的偏移	5.0		
吊车梁支座加劲板中心与柱子承压加劲板中心的偏移 Δ		$t/2$		用吊线和钢尺检查
同跨间同一横截面吊车梁顶面高差 Δ	支座处	10.0		用经纬仪、水准仪和钢尺检查
	其他处	15.0		
同跨间同一横截面下挂式吊车梁底面高差 Δ		10.0		
同列相邻两柱间吊车梁顶面高差 Δ		$l/1500$ 且应不大于 10.0		用水准仪和钢尺检查

第九章 钢结构工程质量控制及检验

续表

项　目		允许偏差	图　例	检验方法
相邻两吊车梁接头部位△	中心错位	3.0		用钢尺检查
	上承式顶面高差	1.0		
	下承式底面高差	1.0		
同跨间任一截面的吊车梁中心跨距△		±10.0		用经纬仪和光电测距仪检查；跨度小时,可用钢尺检查
轨道中心对吊车梁腹板轴线的偏移△		t/2		用吊线和钢尺检查

注：本表摘自《钢结构工程施工质量验收规范》(GB 50205—2001)。

(9)墙架、檩条等次要构件安装的允许偏差见表9-35。

表9-35　　　　墙架、檩条等次要构件安装的允许偏差(mm)

项　目		允许偏差	检验方法
墙架立柱	中心线对定位轴线的偏移	10.0	用钢尺检查
	垂直度	$H/1000$,且应不大于 10.0	用经纬仪或吊线和钢尺检查
	弯曲矢高	$H/1000$,且应不大于 15.0	
抗风桁架的垂直度		$h/250$,且应不大于 15.0	用吊线和钢尺检查
檩条、墙梁的间距		±5.0	用钢尺检查
檩条的弯曲矢高		$L/750$,且应不大于 12.0	用拉线和钢尺检查
墙梁的弯曲矢高		$L/750$,且应不大于 10.0	

注：1. H 为墙架立柱的高度。

2. h 为抗风桁架的高度。

3. L 为檩条或墙梁的长度。

4. 本表摘自《钢结构工程施工质量验收规范》(GB 50205—2001)。

(10)钢平台、钢梯和防护栏杆安装的允许偏差见表9-36。

表 9-36　　　　钢平台、钢梯和防护栏杆安装的允许偏差(mm)

项　目	允许偏差	检验方法
平台高度	±15.0	用水准仪检查
平台梁水平度	$l/1000$,且应不大于20.0	用水准仪检查
平台支柱垂直度	$H/1000$,且应不大于15.0	用经纬仪或吊线和钢尺检查
承重平台梁侧向弯曲	$l/1000$,且应不大于10.0	用拉线和钢尺检查
承重平台梁垂直度	$h/250$,且应不大于15.0	用吊线和钢尺检查
直梯垂直度	$l/1000$,且应不大于15.0	用吊线和钢尺检查
栏杆高度	±15.0	用钢尺检查
栏杆立柱间距	±15.0	用钢尺检查

注:本表摘自《钢结构工程施工质量验收规范》(GB 50205—2001)。

(11)现场焊缝组对间隙的允许偏差见表9-37。

表 9-37　　　　现场焊缝组对间隙的允许偏差(mm)

项　目	允许偏差
无垫板间隙	+3.0 0.0
有垫板间隙	+3.0 -2.0

注:本表摘自《钢结构工程施工质量验收规范》(GB 50205—2001)。

(二)多层及高层钢构件安装

1. 主控项目检验

多层及高层钢构件安装主控项目质量检验标准见表9-38。

表 9-38　　多层及高层钢构件安装主控项目质量检验标准

序号	项目	合格质量标准	检验方法	检查数量
1	基础验收	建筑物的定位轴线、基础上柱的定位轴线和标高、地脚螺栓(锚栓)的规格和位置、地脚螺栓(锚栓)紧固应符合设计要求。当设计无要求时,应符合表9-40的规定;	采用经纬仪、水准仪、全站仪和钢尺实测	按柱基数抽查10%,且应不少于3个。
		多层建筑以基础顶面直接作为柱的支承面,或以基础顶面预埋钢板或支座作为柱的支承面时,其支承面、地脚螺栓(锚栓)位置的允许偏差应符合表9-27的规定;	用经纬仪、水准仪、全站仪、水平尺和钢尺实测	资料全数检查。按柱基数抽查10%,且应不少于3个
		多层建筑采用坐浆垫板时,坐浆垫板的允许偏差应符合表9-28的规定;	用水准仪、全站仪、水平尺和钢尺实测	按基础数抽查10%,且应不少于4处
		当采用杯口基础时,杯口尺寸的允许偏差应符合表9-29的规定	观察及尺量检查	
2	构件验收	钢构件应符合设计要求和(GB 50205)的规定。运输、堆放和吊装等造成的钢构件变形及涂层脱落,应进行矫正和修补	用拉线、钢尺现场实测或观察	按构件数抽查10%,且应不少于3个
3	钢柱安装精度	柱子安装的允许偏差应符合表9-41的规定	用全站仪或激光经纬仪和钢尺实测	标准柱全部检查;非标准柱抽查10%,且应不少于3根
4	顶紧柱触面	设计要求顶紧的节点,接触面应不小于70%紧贴,且边缘最大间隙应不大于0.8mm	用钢尺及0.3mm和0.8mm厚的塞尺现场实测	按节点数抽查10%,且应不少于3个

续表

序号	项目	合格质量标准	检验方法	检查数量
5	垂直度和侧弯矢高	钢主梁、次梁及受压杆件的垂直度和侧向弯曲矢高的允许偏差应符合表9-30中有关钢屋(托)架允许偏差的规定	用吊线、拉线、经纬仪和钢尺现场实测	按同类构件数抽查10%,且应不少于3个
6	主体结构尺寸	多层及高层钢结构主体结构的整体垂直度和整体平面弯曲的允许偏差应符合表9-42的规定	对主要立面全部检查。对每个所检查的立面,除两列角柱外,尚应至少选取一列中间柱	对于整体垂直度,可采用激光经纬仪、全站仪测量,也可根据各节柱的垂直度允许偏差累计(代数和)计算。对于整体平面弯曲,可按产生的允许偏差累计(代数和)计算

2. 一般项目检验

多层及高层钢构件安装一般项目质量检验标准见表9-39。

表9-39　　　多层及高层钢构件安装一般项目质量检验标准

序号	项目	合格质量标准	检验方法	检查数量
1	地脚螺栓精度	地脚螺栓(锚栓)尺寸的允许偏差应符合表9-32的规定。地脚螺栓(锚栓)的螺纹应受到保护	用钢尺现场实测	按柱基数抽查10%,且应不少于3个
2	标记	钢柱等主要构件的中心线及标高基准点等标记应齐全	观察检查	按同类构件数抽查10%,且应不少于3件

第九章 钢结构工程质量控制及检验

续表

序号	项目	合格质量标准	检验方法	检查数量
3	构件安装精度	钢构件安装的允许偏差应符合表9-43的规定 当钢构件安装在混凝土柱上时,其支座中心对定位轴线的偏差应不大于10mm;当采用大型混凝土屋面板时,钢梁(或桁架)间距的偏差应不大于10mm	见表9-43	按同类构件或节点数抽查10%。其中柱和梁各应不少于3件,主梁与次梁连接节点应不少于3个,支承压型金属板的钢梁长度应不少于5m
4	主体结构高度	主体结构总高度的允许偏差应符合表9-44的规定	采用全站仪、水准仪和钢尺实测	按同类构件数抽查10%,且应不少于3榀 按标准柱列数抽查10%,且应不少于4列
5	吊车梁安装精度	多层及高层钢结构中钢吊车梁或直接承受动力荷载的类似构件,其安装的允许偏差应符合表9-34的规定	见表9-34	按钢吊车梁数抽查10%,且应不少于3榀
6	檩条、墙架安装精度	多层及高层钢结构中檩条、墙架等次要构件安装的允许偏差应符合表9-35的规定	见表9-35	按同类构件数抽查10%,且应不少于3件
7	平台、钢梯安装精度	多层及高层钢结构中钢平台、钢梯、栏杆安装应符合现行国家标准《固定式钢梯及平台安全要求》(GB 4053)的规定。钢平台、钢梯和防护栏杆安装的允许偏差应符合表9-36的规定	见表9-36	按钢平台总数抽查10%,栏杆、钢梯按总长度各抽查10%,但钢平台应不少于1个,栏杆应不少于5m,钢梯应不少于1跑
8	现场组对精度	多层及高层钢结构中现场焊缝组对间隙的允许偏差应符合表9-37的规定	尺量检查	按同类节点数抽查10%,且应不少于3个
9	结构表面	钢结构表面应干净,结构主要表面不应有疤痕、泥沙等污垢	观察检查	按同类构件数抽查10%,且应不少于3件

3. 允许偏差

(1)建筑物定位轴线、基础上柱的定位轴线和标高、地脚螺栓(锚栓)的允许偏差见表 9-40。

表 9-40 　　建筑物定位轴线、基础上柱的定位轴线和标高、
　　　　　　地脚螺栓(锚栓)的允许偏差(mm)

项　目	允许偏差	图　例
建筑物定位轴线	$L/20000$，且应不大于 3.0	
基础上柱的定位轴线	1.0	
基础上柱底标高	±2.0	
地脚螺栓(锚栓)位移	2.0	

注：本表摘自《钢结构工程施工质量验收规范》(GB 50205—2001)。

(2)柱子安装的允许偏差见表 9-41。

第九章 钢结构工程质量控制及检验

表 9-41　　　　　柱子安装的允许偏差(mm)

项目	允许偏差	图例
底层柱柱底轴线对定位轴线偏移	3.0	
柱子定位轴线	1.0	
单节柱的垂直度	$h/1000$，且应不大于 10.0	

注：本表摘自《钢结构工程施工质量验收规范》(GB 50205—2001)。

(3)整体垂直度和整体平面弯曲的允许偏差见表 9-42。

表 9-42　　　整体垂直度和整体平面弯曲的允许偏差(mm)

项目	允许偏差	图例
主体结构的整体垂直度	$(H/2500+10.0)$，且应不大于 50.0	

续表

项 目	允许偏差	图 例
主体结构的整体平面弯曲	$L/1500$,且应不大于 25.0	

注:本表摘自《钢结构工程施工质量验收规范》(GB 50205—2001)。

(4)多层及高层钢结构中构件安装的允许偏差见表 9-43。

表 9-43　　多层及高层钢结构中构件安装的允许偏差(mm)

项 目	允许偏差	图 例	检验方法
上、下柱连接处的错口 Δ	3.0		
同一层柱的各柱顶高度差 Δ	5.0		用水准仪检查
同一根梁两端顶面的高差 Δ	$l/1000$,且应不大于 10.0		

续表

项目	允许偏差	图例	检验方法
主梁与次梁表面的高差 △	±2.0		用直尺和钢尺检查
压型金属板在钢梁上相邻列的错位 △	15.0		

注：本表摘自《钢结构工程施工质量验收规范》(GB 50205—2001)。

（5）多层及高层钢结构主体结构总高度的允许偏差见表 9-44。

表 9-44　多层及高层钢结构主体结构总高度的允许偏差(mm)

项目	允许偏差	图例
用相对标高控制安装	$\pm\sum(\Delta_h+\Delta_z+\Delta_w)$	
用设计标高控制安装	$H/1000$，且应不大于 30.0 $-H/1000$，且应不小于 -30.0	

注：1. Δ_h 为每节柱子长度的制造允许偏差。
　2. Δ_z 为每节柱子长度受荷载后的压缩值。
　3. Δ_w 为每节柱子接头焊缝的收缩值。
　4. 本表摘自《钢结构工程施工质量验收规范》(GB 50205—2001)。

课后练习

一、填空题

1. 放样工作包括：_____；_____；_____。
2. 钢结构手工焊接用焊条的质量，应符合现行国家标准_____

或_____的规定。

3. 高强度大六角头螺栓连接副和扭剪型高强度螺栓连接副出厂时应分别随箱带有_____和_____的检验报告。

二、选择题(有一个或多个答案)

1. 下列关于放样说法不正确的是(　　)。
   A. 放样应在专门的钢平台或平板上进行
   B. 放样画线应准确清晰
   C. 放样时,要先画出零件尺寸,然后再画出构件的中心线,得出实样
   D. 实样完成后,应复查一次主要尺寸,发现差错应及时改正

2. 焊缝裂纹的类型有(　　)。
   A. 结晶裂纹　　　　　　B. 液化裂纹
   C. 再热裂纹　　　　　　D. 氢致延迟裂纹

3. 扭剪型高强螺栓初拧一般用(　　)轴力控制,以拧掉尾部梅花卡头为终拧结束。
   A. 10%~50%　　　　　B. 50%~60%
   C. 60%~70%　　　　　D. 70%~80%

4. 钢柱在制造过程中应严格控制长度尺寸,在正常情况下应(　　)。
   A. 控制设计规定的总长度及各位置的长度尺寸
   B. 控制在允许的负偏差范围内的长度尺寸
   C. 控制正偏差和不允许产生正超差值
   D. 控制牛腿位置的尺寸

三、简答题

1. 钢零件及钢部件加工过程中样板、样杆应符合哪些质量要求?
2. 钢结构焊件变形质量控制措施有哪些?
3. 如何进行紧固件连接施工过程质量控制?
4. 如何进行屋架跨度尺寸控制?

第十章 屋面及地下防水工程质量控制及检验

第一节 屋面工程质量控制及检验

一、屋面工程施工质量控制点

(1)屋面找平层的排水坡度。
(2)屋面保温层材料的性能及厚度。
(3)卷材防水层的搭接处理。
(4)焊缝的质量。

二、屋面工程质量控制措施

(一)找平层施工质量控制

(1)找平层的基层采用装配式钢筋混凝土板的板缝嵌填施工,应符合下列要求:
1)嵌填混凝土时板缝内应清理干净,并应保持湿润。
2)当板缝宽度大于40mm或上窄下宽时,板缝内应按设计要求配置钢筋。
3)嵌填细石混凝土的强度等级不应低于C20,嵌填深度宜低于板面10~20mm,且应振捣密实和浇水养护。
4)板端缝应按设计要求增加防裂的构造措施。
(2)找平层的排水坡度应符合设计要求。
(3)找平层宜采用水泥砂浆或细石混凝土;找平层的抹平工序应

在初凝前完成,压光工序应在终凝前完成,终凝后应进行养护。

(4)找平层分格缝纵横间距不宜大于6m,分格缝的宽度宜为5～20mm。

找平层施工质量要求

控制找平层质量,不得有空鼓、开裂、脱皮、起砂等缺陷。找平层的材料质量及配合比,必须符合设计要求。施工前基层表面必须清理干净、水泥砂浆找平层施工前先用水湿润好,保护层平整度应严格控制,保证找平层的厚度基本一致,加强成品养护,防止表面开裂。

(二)屋面保温层施工质量控制

1. 板状材料保温层

(1)板状材料保温层采用干铺法施工时,板状保温材料应紧靠在基层表面上,应铺平垫稳;相邻板块应错缝拼接,分层铺设的板块上下层接缝应相互错开,板间缝隙应采用同类材料的碎屑嵌填密实。

(2)板状材料保温层采用粘贴法施工时,胶粘剂应与保温材料的材性相容,并应贴严、粘牢;板状材料保温层的平面接缝应挤紧拼严,不得在板块侧面涂抹胶粘剂,超过2mm的缝隙应采用相同材料板条或片填塞严实。

(3)板状保温材料采用机械固定法施工时,应选择专用螺钉和垫片;固定件应固交在结构层上,固定件的间距应符合设计要求。

2. 纤维材料保温层

(1)纤维材料保温层施工应符合下列规定:

1)纤维保温材料应紧靠在基层表面上,平面燃缝应挤紧拼严,上下层接缝应相互错开。

2)屋面坡度较大时,宜采用机械固定法施工。

3)纤维材料填充后,应避免重压,并应采取防潮措施。

(2)装配式集架纤维保温材料施工时,应先在基层上铺设保温龙集或金属龙集,龙集之间应填充纤维保温材料,再在龙集上铺钉水泥纤维板。金属龙集和固定件应经防锈处理,金属龙集与基层之间应采取隔热断桥措施。

3. 喷涂硬泡聚氨酯保温层

(1)保温层施工前应对喷涂设备进行调试,并应制备试样进行硬泡聚氨酯的性能检测。

(2)喷涂硬泡聚氨酯的配比应准确计量,发泡厚度应均匀一致。

(3)喷涂时喷嘴与施工基面的间距应由试验确定。

> 保温层工程质量的重点是控制含水率,因为保温材料的干湿程度与导热系数关系很大。封闭式保温层的含水率,应相当于该材料在当地自然风干状态下的平衡含水率。

(4)一个作业面应分遍喷涂完成,每遍厚度不宜大于15mm;当日的作业面应当日连续地喷涂施工完毕。

(5)硬泡聚氨酯喷涂后20min内严禁上人;喷涂硬泡聚氨酯保温层完成后,应及时做保护层。

4. 现浇泡沫混凝土保温层

(1)在浇筑泡沫混凝土前,应将基层上的杂物和油污清理干净;基层应浇水湿润,但不得有积水。

(2)保温层施工前应对设备进行调试,并应制备试样进行泡沫混凝土的性能检测。

(3)泡沫混凝土的配合比应准确计量,制备好的泡沫加入水泥料浆中应搅拌均匀。

(4)浇筑过程中,应随时检查泡沫混凝土的湿密度。

(5)泡沫混凝土应按设计的厚度设定浇筑面标高体,有坡时宜采取挡板辅助措施。

(6)泡沫混凝土应分层浇筑,一次浇筑厚度不宜超过200mm,终凝后应进行保温养护,养护时间不得少于7d。

> **特别提示**
>
> **铺设保温层注意事项**
>
> (1)铺设保温层的基层应平整、干燥和干净。
>
> (2)保温层功能应符合设计要求,避免出现保温材料表观密度过大、铺设前含水量大、未充分晾干等现象。施工选用的材料应达到技术标准。要控制保温材料导热系数、含水量和铺实密度,保证保温的功能效果。
>
> (3)保温层铺设时应认真操作,拉线找坡,铺顺平整,操作中避免材料在屋面上堆积二次倒运,保证匀质铺设及表面平整,铺设厚度应满足设计要求。

(三)屋面防水层施工质量控制

1. 卷材防水层

(1)屋面坡度大于25%时,卷材应采取满粘和钉压固定措施。

(2)卷材铺贴方向应符合下列规定:

1)卷材宜平行屋脊铺贴。

2)上下层卷材不得相互垂直铺贴。

(3)卷材搭接缝应符合下列规定:

1)平行屋脊的卷材搭接缝应顺流水方向,卷材搭接宽度应符合表10-1的规定。

表 10-1　　　　　　　　卷材搭接宽度

卷 材 类 别		搭接宽度(mm)
合成高分子防水卷材	胶粘剂	80
	胶粘带	50
	单缝焊	60,有效焊接宽度不小于25
	双缝焊	80,有效焊接宽度10×2+空腔宽
高聚物改性沥青防水卷材	胶粘剂	100
	自粘	80

第十章　屋面及地下防水工程质量控制及检验

2）相邻两幅卷材短边搭接缝应错开，且不得小于500mm。
3）上下层卷材长边搭接缝应错开，且不得小于幅宽的1/3。
4）叠层铺贴的多层卷材，在天沟与屋面的交接处，应采用叉接法搭接，搭接缝应错开；搭接缝宜留在屋面与天沟侧面，不宜留在沟底。
（4）冷粘法铺贴卷材应符合下列规定：
1）胶粘剂涂刷应均匀，不应露底，不应堆积。
2）应控制胶粘剂涂刷与卷材铺贴的间隔时间。
3）卷材下面的空气应排尽，并应辊压粘牢固。
4）卷材铺贴应平整顺直，搭接尺寸应准确，不得扭曲、皱折。
5）接缝口应用密封材料封严，宽度不应小于10mm。
（5）热粘法铺贴卷材应符合下列规定：
1）熔化热熔型改性沥青胶结料时，宜采用专用导热油炉加热，加热温度不应高于200℃，使用温度不宜低于180℃。
2）粘贴卷材的热熔型改性沥青胶结料厚度宜为1.0～1.5mm。
3）采用热熔型改性沥青胶结料粘贴卷材时，应随刮随铺，并应展平压实。
（6）热熔法铺贴卷材应符合下列规定：
1）火焰加热器加热卷材应均匀，不得加热不足或烧穿卷材。
2）卷材表面热熔后应立即滚铺，卷材下面的空气应排尽，并应辊压粘贴牢固。
3）卷材接缝部位应溢出热熔的改性沥青胶，溢出的改性沥青胶宽度宜为8mm。
4）铺贴的卷材应平整顺直，搭接尺寸应准确，不得扭曲、皱折。
5）厚度小于3mm的高聚物改性沥青防水卷材，严禁采用热熔法施工。
（7）自粘法铺贴卷材应符合下列规定：
1）铺贴卷材时，应将自粘胶底面的隔离纸全部撕净。
2）卷材下面的空气应排尽，并应辊压粘贴牢固。
3）铺贴的卷材应平整顺直，搭接尺寸应准确，不得扭曲、皱折。
4）接缝口应用密封材料封严，宽度不应小于10mm。

5)低温施工时,接缝部位宜采用热风加热,并应随即粘贴牢固。

(8)焊接法铺贴卷材应符合下列规定:

1)焊接前卷材应铺设平整、顺直,搭接尺寸应准确,不得扭曲、皱折。

2)卷材焊接缝的结合面应干净、干燥,不得有水滴、油污及附着物。

3)焊接时应先焊长边搭接缝,后焊短边搭接缝。

4)控制加热温度和时间,焊接缝不得有漏焊、跳焊、焊焦或焊接不牢现象。

5)焊接时不得损害非焊接部位的卷材。

机械固定法铺贴卷材

机械固定法铺贴卷材应符合下列规定:

(1)卷材应采用专用固定件进行机械固定。

(2)固定件应设置在卷材搭接缝内,外露固定件应用卷材封严。

(3)固定件应垂直钉入结构层有效固定,固定件数量和位置应符合设计要求。

(4)卷材搭接缝应粘结或焊接牢固,密封应严密。

(5)卷材周边800mm范围内应满粘。

2. 涂膜防水层

(1)涂膜防水层的基层应坚实、平整、干净,应无孔隙、起砂和裂缝。基层的干燥程度应根据所选用的防水涂料特性确定。当采用溶剂型热熔型和反应固化型防水涂料时,基层应干燥。

(2)防水涂料应多遍涂布,并应待前一遍涂布的涂料干燥成膜后,再涂布后一遍涂料,且前后两遍涂料的涂布方向应相互垂直。

(3)铺设胎体增强材料应符合下列规定:

1)胎体增强材料宜采用聚酯无纺布或化纤无纺布。

2)胎体增强材料长边搭接宽度不应小于50mm,短边搭接宽度不应小于70mm。

3)上下层胎体增强材料的长边搭接缝应错开,且不得小于幅宽的1/3。

4)上下层胎体增强材料不得相互垂直铺设。

(4)多组分防水涂料应按配合比准确计量,搅拌应均匀,并应根据有效时间确定每次配制的数量。

卷材与涂料复合使用

(1)卷材与涂料复合使用时,涂膜防水层宜设置在卷材防水层的下面。

(2)卷材与涂料复合使用时,防水卷材的粘结质量应符合表10-2的规定。

(3)复合防水层施工质量应符合卷材防水层和涂膜防水层的有关规定。

表10-2　　　　　　　　防水卷材的粘结质量

项　　目	自粘聚合物改性沥青防水卷材和带自粘层防水卷材	高聚物改性沥青防水卷材胶粘剂	合成高分子防水卷材胶粘剂
粘结剥离强度(N/10mm)	≥10 或卷材断裂	≥8 或卷材断裂	≥15 或卷材断裂
剪切状态下的粘合强度(N/10mm)	≥20 或卷材断裂	≥20 或卷材断裂	≥20 或卷材断裂
浸水168h后粘结剥离强度保持率(%)	—	—	≥70

注:防水涂料作为防水卷材粘结材料复合使用时,应符合相应的防水卷材胶粘剂规定。

3. 接缝密封防水

(1)密封防水部位的基层应符合下列要求:

1)基层应牢固,表面应平整、密实,不得有裂缝、蜂窝、麻面、起皮和起砂现象。

2)基层应清洁、干燥,并应无油污、无灰尘。

3)嵌入的背衬材料与接缝壁间不得留有空隙。

4)密封防水部位的基层宜涂刷基层处理剂,涂刷应均匀,不得漏涂。

(2)多组分密封材料应按配合比准确计量,拌和应均匀,并应根据有效时间确定每次配制的数量。

(3)密封材料嵌填完成后,在固化前应避免灰尘、破损及污染,且不得踩踏。

三、屋面工程质量检验标准

(一)找平层质量检验标准

1. 主控项目检验

找平层主控项目质量检验标准见表10-3。

表10-3　　　找平层主控项目质量检验标准

序号	项目	合格质量标准	检验方法	检查数量
1	配合比要求	找坡层和找平层所用材料的质量及配合比,应符合设计要求	检查出厂合格证、质量检验报告和计量措施	按屋面面积每500~1000m^2划分为一个检验批,不足500m^2应按一个检验批;每个检验批的抽检数量,应按屋面面积每100m^2抽查一处,每处应为10m^2,且不得少于3处
2	排水坡度	找坡层和找平层的排水坡度,应符合设计要求	坡度尺检查	

2. 一般项目检验

找平层一般项目质量检验标准见表10-4。

第十章 屋面及地下防水工程质量控制及检验

表 10-4　　　　找平层一般项目质量检验标准

序号	项目	合格质量标准	检验方法	检查数量
1	表面质量	找平层应抹平、压光,不得有酥松、起砂、起皮现象	观察检查	按屋面面积每500~1000m² 划分为一个检验批,不足 500m² 应按一个检验批;每个检验批的抽检数量,应按屋面面积每100m² 抽查一处,每处应为 10m²,且不得少于3处
2	交接处与转角处	卷材防水层的基层与突出屋面结构的交接处,以及基层的转角处,找平层应做成圆弧形,且应整齐平顺	观察检查	
3	分格缝	找平层分格缝的宽度和间距,均应符合设计要求	观察和尺量检查	
4	表面平整度	找坡层表面平整度的允许偏差为 7mm,找平层表面平整度的允许偏差为 5mm	2m 靠尺和塞尺检查	

(二)保温层质量检验标准

1. 板状材料保温

(1)主控项目检验。板状材料保温层主控项目质量检验标准见表 10-5。

表 10-5　　　　板状材料保温层主控项目质量检验标准

序号	项目	合格质量标准	检验方法	检查数量
1	材质要求	板状保温材料的质量,应符合设计要求	检查出厂合格证、质量检验报告和进场检验报告	按屋面面积每 500~1000m² 划分为一个检验批,不足 500m² 应按一个检验批;每个检验批的抽检数量,应按屋面面积每100m² 抽查一处,每处应为 10m²,且不得少于3处
2	厚度偏差	板状材料保温层的厚度应符合设计要求,其正偏差应不限,负偏差为 5%,且不得大于 4mm	钢针插入和尺量检查	
3	"热桥"处理	屋面热桥部位处理应符合设计要求	观察检查	

（2）一般项目检验。板状材料保温层一般项目质量检验标准见表 10-6。

表 10-6　　　　板状材料保温层一般项目质量检验标准

序号	项目	合格质量标准	检验方法	检查数量
1	铺设要求	板状保温材料铺设应紧贴基层，应铺平垫稳，拼缝应严密，粘贴应牢固	观察检查	按屋面面积每 500～1000m² 划分为一个检验批，不足 500m² 应按一个检验批；每个检验批的抽检数量，应按屋面面积每 100m² 抽查一处，每处应为 10m²，且不得少于 3 处
2	固定件要求	固定件的规格、数量和位置均应符合设计要求；垫片应与保温层表面齐平	观察检查	
3	表面平整度	板状材料保温层表面平整度的允许偏差为 5mm	2m 靠尺和塞尺检查	
4	接缝高低差	板状材料保温层接缝高低差的允许偏差为 2mm	直尺和塞尺检查	

2. 纤维材料保温层

（1）主控项目检验。纤维材料保温层主控项目质量检验标准见表 10-7。

表 10-7　　　　纤维材料保温层主控项目质量检验标准

序号	项目	合格质量标准	检验方法	检查数量
1	材质要求	纤维保温材料的质量，应符合设计要求	检查出厂合格证、质量检验报告和进场检验报告	按屋面面积每 500～1000m² 划分为一个检验批，不足 500m² 应按一个检验批；每个检验批的抽检数量，应按屋面面积每 100m² 抽查一处，每处应为 10m²，且不得少于 3 处
2	正负偏差	纤维材料保温层的厚度应符合设计要求，其正偏差应不限，毡不得有负偏差，板负偏差应为 4%，且不得大于 3mm	钢针插入和尺量检查	
3	热桥部位处理	屋面热桥部位处理应符合设计要求	观察检查	

(2)一般项目检验。纤维材料保温层一般项目质量检验标准见表 10-8。

表 10-8　　　　　纤维材料保温层一般项目质量检验标准

序号	项 目	合格质量标准	检验方法	检查数量
1	铺设要求	纤维保温材料铺设应紧贴基层,拼缝应严密,表面应平整	观察检查	按屋面面积每 500～1000m² 划分为一个检验批,不足 500m² 应按一个检验批;每个检验批的抽检数量,应按屋面面积每 100m² 抽查一处,每处应为 10m²,且不得少于 3 处
2	固定件与垫片	固定件的规格、数量和位置应符合设计要求;垫片应与保温层表面齐平		
3	集架与纤维板	装配式集架和水泥纤维板应铺钉牢固,表面平整;龙集间距和板材厚度应符合设计要求	观察和尺量检查	
4	密封	具有抗水蒸气渗透外覆面的玻璃棉制品,其外覆面应朝向室内,拼缝应用防水密封胶带封严	观察检查	

3. 喷涂硬泡聚氨酯保温层

(1)主控项目检验。喷涂硬泡聚氨酯保温层主控项目质量检验标准见表 10-9。

(2)一般项目检验。喷涂硬泡聚氨酯保温层一般项目质量检验标准见表 10-10。

表 10-9　喷涂硬泡聚氨酯保温层主控项目质量检验标准

序号	项目	合格质量标准	检验方法	检查数量
1	材质与配合比	喷涂硬泡聚氨酯所用原材料的质量及配合比，应符合设计要求	检查原材料出厂合格证、质量检验报告和计量措施	按屋面面积每 500~1000m^2 划分为一个检验批，不足 500m^2 应按一个检验批；每个检验批的抽检数量，应按屋面面积每 100m^2 抽查一处，每处应为 10m^2，且不得少于 3 处
2	正、负偏差	喷涂硬泡聚氨酯保温层的厚度应符合设计要求，其正偏差应不限，不得有负偏差	钢针插入和尺量检查	
3	热桥处理	屋面热桥部位处理应符合设计要求	观察检查	

表 10-10　喷涂硬泡聚氨酯保温层一般项目质量检验标准

序号	项目	合格质量标准	检验方法	检查数量
1	喷涂质量要求	喷涂硬泡聚氨酯应分遍喷涂，粘结应牢固，表面应平整，找坡应正确	观察检查	按屋面面积每 500~1000m^2 划分为一个检验批，不足 500m^2 应按一个检验批；每个检验批的抽检数量，应按屋面面积每 100m^2 抽查一处，每处应为 10m^2，且不得少于 3 处
2	表面平整度	喷涂硬泡聚氨酯保温层表面平整度的允许偏差为 5mm	2m 靠尺和塞尺检查	

4. 现浇泡沫混凝土保温层

（1）主控项目检验。现浇泡沫混凝土保温层主控项目质量检验标准见表 10-11。

第十章 屋面及地下防水工程质量控制及检验

表 10-11 现浇泡沫混凝土保温层主控项目质量检验标准

序号	项目	合格质量标准	检验方法	检查数量
1	材质及配合比	现浇泡沫混凝土所用原材料的质量及配合比,应符合设计要求	检查原材料出厂合格证、质量检验报告和计量措施	按屋面面积每 500～1000m^2 划分为一个检验批,不足 500m^2 应按一个检验批;每个检验批的抽检数量,应按屋面面积每 100m^2 抽查一处,每处应为 10m^2,且不得少于3处
2	正、负偏差	现浇泡沫混凝土保温层的厚度应符合设计要求,其正负偏差应为5%,且不得大于5mm	钢针插入和尺量检查	
3	热桥处理	屋面热桥部位处理应符合设计要求	观察检查	

(2)一般项目检验。现浇泡沫混凝土保温层一般项目质量检验标准见表10-12。

表 10-12 现浇泡沫混凝土保温层一般项目质量检验标准

序号	项目	合格质量标准	检验方法	检查数量
1	铺设要求	现浇泡沫混凝土应分层施工,粘结应牢固,表面应平整,找坡应正确	观察检查	按屋面面积每 500～1000m^2 划分为一个检验批,不足 500m^2 应按一个检验批;每个检验批的抽检数量,应按屋面面积每 100m^2 抽查一处,每处应为 10m^2,且不得少于3处
2	表面质量	现浇泡沫混凝土不得有贯通性裂缝,以及疏松、起砂、起皮现象	观察检查	
3	表面平整度	现浇泡沫混凝土保温层表面平整度的允许偏差为5mm	2m靠尺和塞尺检查	

(三)防水层质量检验标准

1. 卷材防水层

(1)主控项目检验。卷材防水层主控项目质量检验标准见表10-13。

表10-13　　　卷材防水层主控项目质量检验标准

序号	项　目	合格质量标准	检验方法	检查数量
1	材质要求	防水卷材及其配套材料的质量,应符合设计要求	检查出厂合格证、质量检验报告和进场检验报告	按屋面面积每500～1000m^2划分为一个检验批,不足500m^2应按一个检验批;每个检验批的抽检数量,应按屋面面积每100m^2抽查一处,每处应为10m^2,且不得少于3处
2	渗水与积水	卷材防水层不得有渗漏和积水现象	雨后观察或淋水、蓄水试验	
3	防水构造	卷材防水层在檐口、檐沟、天沟、水落口、泛水、变形缝和伸出屋面管道的防水构造,应符合设计要求	观察检查	

(2)一般项目检验。卷材防水层一般项目质量检验标准见表10-14。

表10-14　　　卷材防水层一般项目质量检验标准

序号	项　目	合格质量标准	检验方法	检查数量
1	搭接缝	卷材的搭接缝应粘结或焊接牢固,密封应严密,不得扭曲、皱折和翘边	观察检查	按屋面面积每500～1000m^2划分为一个检验批,不足500m^2应按一个检验批;每个检验批的抽检数量,应按屋面面积每100m^2抽查一处,每处应为10m^2,且不得少于3处
2	收头、密封	卷材防水层的收头应与基层粘结,钉压应牢固,密封应严密	观察检查	
3	排汽道	屋面排汽构造的排汽道应纵横贯通,不得堵塞;排气管应安装牢固,位置应正确,封闭应严密	观察和尺量检查	
4	允许偏差	卷材防水层的铺贴方向应正确,卷材搭接宽度的允许偏差为-10mm	观察检查	

2. 涂膜防水层

(1) 主控项目检验。涂膜防水层主控项目质量检验标准见表10-15。

表10-15　　　　　涂膜防水层主控项目质量检验标准

序号	项目	合格质量标准	检验方法	检查数量
1	材质要求	防水涂料和胎体增强材料的质量,应符合设计要求	检查出厂合格证、质量检验报告和进场检验报告	按屋面面积每500~1000m² 划分为一个检验批,不足500m² 应按一个检验批;每个检验批的抽检数量,应按屋面面积每100m² 抽查一处,每处应为10m²,且不得少于3处
2	防水层	涂膜防水层不得有渗漏和积水现象	雨后观察或淋水、蓄水试验	
3	防水构造	涂膜防水层在檐口、檐沟、天沟、水落口、泛水、变形缝和伸出屋面管道的防水构造,应符合设计要求	观察检查	
4	平均厚度	涂膜防水层的平均厚度应符合设计要求,且最小厚度不得小于设计厚度的80%	针测法或取样量测	

(2) 一般项目检验。涂膜防水层一般项目质量检验标准见表10-16。

表10-16　　　　　涂膜防水层一般项目质量检验标准

序号	项目	合格质量标准	检验方法	检查数量
1	表面质量	涂膜防水层与基层应粘结牢固,表面应平整,涂布应均匀,不得有流淌、皱折、起泡和露胎体等缺陷	观察检查	按屋面面积每500~1000m² 划分为一个检验批,不足500m² 应按一个检验批;每个检验批的抽检数量,应按屋面面积每100m² 抽查一处,每处应为10m²,且不得少于3处
2	收头	涂膜防水层的收头应用防水涂料多遍涂刷	观察检查	
3	搭接宽度	铺贴胎体增强材料应平整顺直,搭接尺寸应准确,应排除气泡,并应与涂料粘结牢固;胎体增强材料搭接宽度的允许偏差为－10mm	观察和尺量检查	

3. 复合防水层

(1) 主控项目检验。复合防水层主控项目质量检验标准见表10-17。

表10-17　　　　　　复合防水层主控项目质量检验标准

序号	项目	合格质量标准	检验方法	检查数量
1	材质要求	复合防水层所用防水材料及其配套材料的质量,应符合设计要求	检查出厂合格证、质量检验报告和进场检验报告	按屋面面积每500~1000m² 划分为一个检验批,不足500m² 应按一个检验批;每个检验批的抽检数量,应按屋面面积每100m² 抽查一处,每处应为10m²,且不得少于3处
2	防水层	复合防水层不得有渗漏和积水现象	雨后观察或淋水、蓄水试验	
3	防水构造	复合防水层在天沟、檐沟、檐口、水落口、泛水、变形缝和伸出屋面管道的防水构造,应符合设计要求	观察检查	

(2) 一般项目检验。复合防水层一般项目质量检验标准见表10-18。

表10-18　　　　　　复合防水层一般项目质量检验标准

序号	项目	合格质量标准	检验方法	检查数量
1	卷材与涂膜粘贴	卷材与涂膜应粘贴牢固,不得有空鼓和分层现象	观察检查	按屋面面积每500~1000m² 划分为一个检验批,不足500m² 应按一个检验批;每个检验批的抽检数量,应按屋面面积每100m² 抽查一处,每处应为10m²,且不得少于3处
2	防水层总厚度	复合防水层的总厚度应符合设计要求	针测法或取样量测	

第十章 屋面及地下防水工程质量控制及检验

4. 接缝密封防水

(1) 主控项目检验。接缝密封防水主控项目质量检验标准见表 10-19。

表 10-19　　　　接缝密封防水主控项目质量检验标准

序号	项目	合格质量标准	检验方法	检查数量
1	材质要求	密封材料及其配套材料的质量,应符合设计要求	检查出厂合格证、质量检验报告和进场检验报告	按屋面面积每 500～1000m² 划分为一个检验批,不足 500m² 应按一个检验批;每个检验批的抽检数量,应按屋面面积每 100m² 抽查一处,每处应为 10m²,且不得少于3处
2	密封质量	密封材料嵌填应密实、连续、饱满,粘结牢固,不得有气泡、开裂、脱落等缺陷	观察检查	

(2) 一般项目检验。接缝密封防水一般项目质量检验标准见表 10-20。

表 10-20　　　　接缝密封防水一般项目质量检验标准

序号	项目	合格质量标准	检验方法	检查数量
1	基层要求	密封防水部位的基层应符合前述"二、3.(1)"的规定	观察检查	
2	嵌填深度	接缝宽度和密封材料的嵌填深度应符合设计要求,接缝宽度的允许偏差为±10%	尺量检查	按屋面面积每 500～1000m² 划分为一个检验批,不足 500m² 应按一个检验批;每个检验批的抽检数量,应按屋面面积每 100m² 抽查一处,每处应为 10m²,且不得少于3处
3	表面质量	嵌填的密封材料表面应平滑,缝边应顺直,应无明显不平和周边污染现象	观察检查	

第二节 地下防水工程质量控制及检验

一、防水混凝土工程质量控制及检验

(一)防水混凝土工程施工质量控制点

(1)原材料、配合比、坍落度。
(2)抗压强度和抗渗能力。
(3)变形缝、施工缝、后浇带、预埋件等设置和构造。

(二)防水混凝土工程质量控制措施

1. 原材料质量控制

(1)水泥品种应按设计要求选用,其强度等级不应低于42.5级,不得使用过期或受潮结块水泥。

(2)碎石或卵石的粒径宜为5~40mm,含泥量不应大于1.0%,泥块含量不应大于0.5%。

(3)砂宜用中粗砂,含泥量不应大于3.0%,泥块含量不宜大于1.0%。

(4)外加剂的技术性能,应符合国家或行业标准一等品及以上的质量要求。

(5)粉煤灰的组别不应低于Ⅱ级,掺量不宜大于20%;硅粉掺量不应大于3%,其他掺合料的掺量应通过试验确定。

2. 防水混凝土的配合比

防水混凝土的配合比应符合下列规定:

> 拌制混凝土所用的水,应采用不含有害物质的洁净水。

(1)试配要求的抗渗水压值应比设计值提高0.2MPa。

(2)水泥用量不宜小于$260kg/m^3$;掺有活性掺合料时,水泥用量不应少于$280kg/m^3$。

第十章 屋面及地下防水工程质量控制及检验

(3)砂率宜为 35%～40%,泵送时可增至 45%。灰砂比宜为 1:1.5～1:2.5。

(4)水灰比不得大于 0.50。有侵蚀性介质时水灰比不宜大于 0.45。

(5)普通防水混凝土坍落度不宜大于 50mm,泵送时入泵坍落度宜为 100～140mm。

3. 防水混凝土施工

(1)拌制混凝土所用材料的品种、规格和用量,每工作班检查不应少于两次。每盘混凝土各组成材料计量结果的偏差应符合表 10-21 的规定。

表 10-21　　混凝土组成材料计量结果的允许偏差(%)

混凝土组成材料	每盘计量	累计计量
水泥、掺合料	±2	±1
粗、细集料	±3	±2
水、外加剂	±2	±1

注:累计计量仅适用于微机控制计量的搅拌站。

(2)混凝土在浇筑地点的坍落度,每工作班至少检查两次。混凝土的坍落度试验应符合现行《普通混凝土拌合物性能试验方法标准》(GB/T 50080—2002)的有关规定。

混凝土坍落度的允许偏差应符合表 10-22 的规定。

表 10-22　　混凝土坍落度允许偏差

要求坍落度(mm)	允许偏差(mm)
≤40	±10
50～90	±15
≥90	±20

(3)防水混凝土抗渗性能,应采用标准条件下养护混凝土抗渗试件的试验结果评定。试件应在浇筑地点随机取样后制作。连续浇筑混凝土每 500m³ 应留置一组抗渗试件(一组为 6 个抗渗试件),且每项工程不得少于两组。采用预拌混凝土的抗渗试件,留置组数应视结构的规模和要求而定。抗渗性能试验应符合现行《普通混凝土长期性能和耐久性能试验方法标准》(GB/T 50082—2009)的有关规定。

(4)防水混凝土终凝后立即进行养护,养护时间不少于 14d,始终保持混凝土表面湿润,顶板、底板尽可能蓄水养护,侧墙应淋水养护,并应遮盖湿土工布,夏天谨防太阳直晒。

> **拓展阅读**
>
> **大体积混凝土的养护**
>
> 大体积混凝土应采取措施,防止因干缩、温差等原因产生裂缝,应采取以下措施:
> (1)采用低热或中热水泥,掺加粉煤灰、磨细矿渣粉等掺合料。
> (2)掺入减水剂、缓凝剂、膨胀剂等外加剂。
> (3)在炎热季节施工时,应采取降低原材料温度、减少混凝土运输时吸收外界热量等降温措施。
> (4)混凝土内部预埋管道,进行冷水散热。
> (5)应采取保温保湿养护。确保混凝土中心温度与表面温度的差值不应大于 25℃,养护时间不应少于 14d。

(三)防水混凝土工程质量检验标准

1. 主控项目检验

防水混凝土主控项目质量检验标准见表 10-23。

2. 一般项目检验

防水混凝土一般项目质量检验标准见表 10-24。

第十章 屋面及地下防水工程质量控制及检验

表 10-23 防水混凝土主控项目质量检验标准

序号	项目	合格质量标准	检验方法	检验数量
1	原材料、配合比、坍落度	防水混凝土的原材料、配合比及坍落度必须符合设计要求	检查产品合格证、产品性能检测报告、计量措施和材料进场检测报告	按混凝土外露面积每100m²抽查1处,每处10m²,且不得少于3处
2	抗压强度、抗渗压力	防水混凝土的抗压强度和抗渗性能必须符合设计要求	检查混凝土抗压强度、抗渗性能检验报告	
3	细部做法	防水混凝土的变形缝、施工缝、后浇带、穿墙管、埋设件等设置和构造必须符合设计要求	观察检查和检查隐蔽工程验收记录	全数检查

表 10-24 防水混凝土一般项目质量检验标准

序号	项目	合格质量标准	检验方法	检验数量
1	表面质量	防水混凝土结构表面应坚实、平整,不得有露筋、蜂窝等缺陷;埋设件位置应正确	观察检查	按混凝土外露面积每100m²抽查1处,每处10m²,且不得少于3处
2	裂缝宽度	防水混凝土结构表面的裂缝宽度不应大于0.2mm,且不得贯通	用刻度放大镜检查	
3	防水混凝土结构厚度及迎水面钢筋保护层厚度	防水混凝土结构厚度不应小于250mm,其允许偏差为+8mm、-5mm;主体结构迎水面钢筋保护层厚度不应小于50mm,其允许偏差为±5mm	尺量检查和检查隐蔽工程验收记录	

二、卷材防水层质量控制及检验

(一)卷材防水层施工质量控制点

(1)卷材及主要配套材料。
(2)转角、变形缝、穿墙缝、穿墙管道的细部做法。
(3)卷材防水层的基层质量。
(4)防水层的搭接缝,搭接宽度。

(二)卷材防水层质量控制措施

(1)卷材防水层应采用高聚物改性沥青防水卷材和合成高分子防水卷材。所选用的基层处理剂、胶粘剂、密封材料等配套材料,均应与铺贴的卷材相匹配。

(2)铺贴防水卷材前,基面应干净、干燥,并应涂刷基层处理剂;当基面潮湿时,应涂刷湿固化型胶粘剂或潮湿界面隔离剂。

(3)防水卷材搭接宽度应符合表 10-25 的规定。

表 10-25 防水卷材的搭接宽度

卷材品种	搭接宽度(mm)
弹性体改性沥青防水卷材	100
改性沥青聚乙烯胎防水卷材	100
自粘聚合物改性沥青防水卷材	80
三元乙丙橡胶防水卷材	100/60(胶粘剂/胶粘带)
聚氯乙烯防水卷材	60/80(单焊缝/双焊缝)
	100(胶粘剂)
聚乙烯丙纶复合防水卷材	100(粘结料)
高分子自粘胶膜防水卷材	70/80(自粘胶/胶粘带)

(4)两幅卷材短边和长边的搭接宽度均不应小于 100mm。铺贴双层卷材时,上下两层和相邻两幅卷材的接缝应错开 1/3~1/2 幅宽,且两层卷材不得相互垂直铺贴。

(5)冷粘法铺贴卷材应符合下列规定:
1)胶粘剂涂刷应均匀,不露底,不堆积。

2)铺贴卷材时应控制胶粘剂涂刷与卷材铺贴的间隔时间。

3)铺贴卷材应平整、顺直,搭接尺寸正确,不得有扭曲、皱折。

4)卷材接缝部位应采用专用胶粘剂或胶粘带满粘接缝口应用密封材料封严,其宽度不应小于10mm。

(6)热熔法铺贴卷材应符合下列规定:

1)火焰加热器加热卷材应均匀,不得过分加热或烧穿卷材。

2)卷材表面热熔后应立即滚铺,排除卷材下面的空气,并辊压粘结牢固。

3)滚铺卷材时接缝部位应溢出热熔的改性沥青胶料,并粘结牢固,封闭严密。

4)铺贴卷材应平整、顺直,搭接尺寸正确,不得有扭曲、皱折。

卷材保护层施工

卷材防水层完工并经验收合格后应及时做保护层。保护层应符合下列规定:

(1)顶板的细石混凝土保护层与防水层之间宜设置隔离层。

(2)底板的细石混凝土保护层厚度应大于50mm。

(3)侧墙宜采用软质保护材料或铺抹20mm厚1:2.5水泥砂浆。

(三)卷材防水层质量检验标准

1. 主控项目检验

卷材防水层主控项目质量检验标准见表10-26。

表10-26　　　卷材防水层主控项目质量检验标准

序号	项目	合格质量标准	检验方法	检验数量
1	材料要求	卷材防水层所用卷材及其配套材料必须符合设计要求	检查产品合格证、产品性能检测报告和材料进场检测报告	按铺贴面积每100m²抽查1处,每处10m²,且不得少于3处
2	细部做法	卷材防水层在转角处、变形缝、施工缝、穿墙管等部位做法必须符合设计要求	观察检查和检查隐蔽工程验收记录	

2. 一般项目检验

卷材防水层一般项目质量检验标准见表10-27。

表10-27　　　　卷材防水层一般项目质量检验标准

序号	项目	合格质量标准	检验方法	检验数量
1	搭接缝	卷材防水层的搭接缝应粘贴或焊接牢固,密封严密,不得有扭曲、折皱、翘边和起泡等缺陷	观察检查	按铺设面积每100m² 抽查1处,每处 10m²,且不得少于3处
2	搭接宽度	采用外防外贴法铺贴卷材防水层时,立面卷材接槎的搭接宽度,高聚物改性沥青类卷材应为150mm,合成高分子类卷材应为100mm,且上层卷材应盖过下层卷材	观察和尺量检查	
3	保护层	侧墙卷材防水层的保护层与防水层应结合紧密;保护层厚度应符合设计要求		
4	卷材搭接宽度的允许偏差	卷材搭接宽度的允许偏差为-10mm		

三、涂料防水层质量控制及检验

(一)涂料防水层施工质量控制点

(1)涂料的质量及配合比。
(2)涂料防水层及其转角处、变形缝、穿墙管道等细部做法。

(二)涂料防水层质量控制措施

1. 材料质量控制

涂料防水层所选用的涂料应符合下列规定:

(1)具有良好的耐水性、耐久性、耐腐蚀性及耐菌性。
(2)无毒、难燃、低污染。
(3)无机防水涂料应具有良好的湿干粘结性、耐磨性和抗刺穿性;有机防水涂料应具有较好的延伸性及较大适应基层变形能力。

2. 施工过程质量控制

(1)基层表面的气孔、凹凸不平、蜂窝、缝隙、起砂等应修补处理,基面必须干净、无浮浆、无水珠、不渗水。

(2)涂料施工前,基层阴阳角应做成圆弧形,阴角直径宜大于50mm,阳角直径宜大于10mm。

(3)涂料施工前对阴阳角、预埋件、穿墙管等部位,可用密封材料及胎体增强材料进行密封或加强。然后大面积施涂。

(4)涂料涂刷前先在基面上涂一层与涂料相容的基层处理剂。

(5)涂膜防水涂料应涂刷在地下室结构基层面上,所形成的涂膜防水层能够适应结构变形。

(6)涂膜应多遍完成,涂刷应待前遍涂层干燥成膜后进行。

(7)每遍涂刷时应交替改变涂层的涂刷方向,同层涂膜的先后搭压宽度宜为 30~50mm。

(8)涂料防水层的甩槎处接槎宽度不应小于 100mm,接涂前应将其甩槎表面处理干净。

(9)涂刷程序应先做转角处、穿墙管道、变形缝等部位的涂料加强层,然后进行大面积涂刷。

> 防水涂料的配制及施工,必须严格按涂料的技术要求进行。

(10)涂料防水层中铺贴的胎体增强材料,同层相邻的搭接宽度不应小于 100mm,上下层接缝应错开 1/3 幅宽,且上下两层胎体不得相互垂直铺贴。

(三)涂料防水层质量检验标准

1. 主控项目检验

涂料防水层主控项目质量检验标准见表 10-28。

表 10-28　　涂料防水层主控项目质量检验标准

序号	项目	合格质量标准	检验方法	检验数量
1	材料及配合比	涂料防水层所用材料及配合比必须符合设计要求	检查产品合格证、产品性能检测报告、计量措施和材料进场检验报告	按涂层面积每 $100m^2$ 抽查 1 处，每处 $10m^2$，且不得少于 3 处
2	细部做法	涂料防水层在转角处、变形缝、施工缝穿墙管等部位做法必须符合设计要求	观察检查和检查隐蔽工程验收记录	
3	防水层厚度	涂料防水层的平均厚度应符合设计要求，最小厚度不得小于设计厚度的 90%	用针测法检查	

2. 一般项目检验

涂料防水层一般项目质量检验标准见表 10-29。

表 10-29　　涂料防水层一般项目质量检验标准

序号	项目	合格质量标准	检验方法	检验数量
1	基层质量	涂料防水层应与基层粘合牢固，涂刷均匀，不得流淌、鼓泡、露槎	观察检查	按涂层刷面积每处 $10m^2$，且不得少于 3 处
2	涂层间材料	涂层间夹铺胎体增强材料时，应使防水涂料浸透胎体覆盖完全，不得有胎体外露现象		
3	保护层与防水层粘结	侧墙涂料防水层的保护层与防水层应结合紧密，保护层厚度应符合设计要求		

四、水泥砂浆防水层质量控制及检验

1. 材料质量控制

水泥砂浆防水层所用的材料应符合下列规定：

(1) 水泥品种应按设计要求选用，其强度等级不应低于 42.5 级，不得使用过期或受潮结块水泥。

(2) 砂宜采用中砂，粒径 3mm 以下，含泥量不应大于 1.0%，硫化物和硫酸盐含量不应大于 1.0%。

(3) 用于拌制水泥砂浆的水，应采用不含有害物质的洁净水。

(3) 聚合物乳液的外观为均匀液体，无杂质、无沉淀，不分层。

(4) 外加剂的技术性能应符合国家或行业标准一等品及以上的质量要求。

2. 基层质量控制

水泥砂浆防水层的基层质量应符合下列要求：

(1) 基层表面应坚实、平整、清洁，并充分湿润，无积水。

(2) 基层表面的孔洞、缝隙，应采用与防水层相同的水泥砂浆填塞抹平。

(3) 施工前应将埋设件、穿墙管预留凹槽内嵌填密封材料后，再进行水泥砂浆防水层施工。

3. 防水层施工质量控制

水泥砂浆防水层施工应符合下列要求：

(1) 普通水泥砂浆防水层的配合比见表 10-30。

表 10-30　　　　　普通水泥砂浆防水层的配合比

名称	配合比(质量比)		水灰比	适用范围
	水泥	砂		
水泥浆	1		0.55～0.60	水泥砂浆防水层的第一层
水泥浆	1		0.37～0.40	水泥砂浆防水层的第三、五层
水泥砂浆	1	1.5～2.0	0.40～0.50	水泥砂浆防水层的第二、四层

掺外加剂、掺合料、聚合物等防水砂浆的配合比和施工方法应符合所掺材料的规定，其中聚合物砂浆的用水量应包括乳液中的含水量。

(2)水泥砂浆防水层应分层铺抹或喷射,铺抹时应压实、抹平,最后一层表面应提浆压光。

(3)聚合物水泥砂浆拌和后应在 1h 内用完,且施工中不得任意加水。

(4)水泥砂浆防水层各层应紧密贴合,每层宜连续施工;如必须留槎时,采用阶梯坡形槎,但离阴阳角处不得小于 200mm;搭接应依层次顺序操作,层层搭接紧密。

(5)水泥砂浆防水层不宜在雨天及 5 级以上大风中施工。冬季施工时,气温不应低于 5℃,且基层表面温度应保持 0℃以上。夏季施工时,不应在 35℃以上或烈日照射下施工。

> **拓展阅读**
>
> **水泥砂浆防水层养护**
>
> (1)普通水泥砂浆防水层终凝后,应及时进行养护,养护温度不宜低于 5℃,养护时间不少于 14d,养护期间应保持湿润。
>
> (2)聚合物水泥砂浆防水层未达到硬化状态时,不得浇水养护或直接受雨水冲刷,硬化后应采用干湿交替的养护方法。在潮湿环境中,可在自然条件下养护。
>
> (3)使用特种水泥、外加剂、掺合料的防水砂浆,养护应按产品有关规定执行。

(三)水泥砂浆防水层质量检验标准

1. 主控项目检验

水泥砂浆防水层主控项目质量检验标准见表 10-31。

2. 一般项目检验

水泥砂浆防水层一般项目质量检验标准见表 10-32。

第十章 屋面及地下防水工程质量控制及检验

表 10-31　　水泥砂浆防水层主控项目质量检验标准

序号	项目	合格质量标准	检验方法	检验数量
1	原材料及配合比	防水砂浆的原材料及配合比必须符合设计规定	检查出厂合格证、质量检验报告、计量措施和现场抽样试验报告	按施工面积每100m² 抽查 1 处,每处 10m²,且不得少于3处
2	粘结强度	防水砂浆的粘结强度和抗渗性能必须符合设计规定	检查砂浆粘结强度抗渗性能检验报告	
3	防水层与基层	水泥砂浆防水层与基层之间应结合牢固,无空鼓现象	观察和用小锤轻击检查	

表 10-32　　水泥砂浆防水层一般项目质量检验标准

序号	项目	合格质量标准	检验方法	检验数量
1	表面质量	水泥砂浆防水层表面应密实、平整,不得有裂纹、起砂、麻面等缺陷	观察检查	按施工面积每 100m² 抽查 1 处,每处 10m²,且不得少于3 处
2	留槎和接槎	水泥砂浆防水层施工缝留槎位置应正确,接槎应按层次顺序操作,层层搭接紧密	观察检查和检查隐蔽工程验收记录	
3	厚度	水泥砂浆防水层的平均厚度应符合设计要求,最小厚度不得小于设计值的85%	用针测法检查	
4	平整度	水泥砂浆防水层表面平整度的允许偏差应为5mm	用2m靠尺和楔形塞尺检查	

课后练习

一、填空题

防水混凝土工程施工质量控制点有_____、_____、_____。

二、选择题(有一个或多个答案)

1. 屋面嵌填细石混凝土的强度等级不应低于(　　)。
   A. C10　　B. C20　　C. C30　　D. C40
2. 屋面保温层工程质量的重点是控制(　　)。
   A. 含水率　　B. 伸缩率　　C. 温度　　D. 结实度
3. 下列关于找平层说法正确的是(　　)。
   A. 找平层不得有空鼓、开裂、脱皮、起砂等缺陷
   B. 找平层的材料质量及配合比,必须符合设计要求
   C. 施工前基层表面必须清理干净,水泥砂浆找平层施工前先用水湿润好,保护层平整度应严格控制
   D. 保证找平层的厚度基本一致,加强成品养护,防止表面开裂
4. 下列属于冷粘法铺贴卷材质量要求的是(　　)。
   A. 胶粘剂涂刷应均匀,不露底,不堆积
   B. 铺贴卷材时应控制胶粘剂涂刷与卷材铺贴的间隔时间
   C. 铺贴卷材应平整、顺直,搭接尺寸正确,不得有扭曲、皱折
   D. 卷材接缝部位应采用专用胶粘剂或胶粘带满粘接缝口应用密封材料封严,其宽度不应小于10mm
5. 下列不属于涂料防水层所选用的涂料质量要求的是(　　)。
   A. 具有良好的耐水性、耐久性、耐腐蚀性及耐菌性
   B. 无毒、难燃、低污染
   C. 无机防水涂料应具有良好的干燥性、耐磨性和抗刺穿性
   D. 有机防水涂料应具有较好的延伸性及较大适应基层变形能力

三、简答题

1. 屋面找平层施工质量控制措施有哪些?

第十章 屋面及地下防水工程质量控制及检验

2. 铺设屋面保温层应注意哪些方面？
3. 防水混凝土的配合比应符合哪些规定？
4. 卷材防水层施工质量控制措施有哪些？
5. 水泥砂浆防水层施工应符合哪些要求？

第十一章 建筑装饰装修工程质量控制及检验

第一节 建筑地面工程质量控制及检验

一、基层工程质量控制及检验

(一)原材料质量控制

(1)基土严禁采用淤泥、腐殖土、冻土、耕植土、膨胀土和含有8%(质量分数)以上有机物质的土作为填土。黏土(或粉质黏土、粉土)内不得含有有机物质,颗粒粒径不得大于15mm。

(2)灰土垫层采用的熟化石灰,使用前应提前3~4d充分熟化并过筛,其颗粒粒径不得大于5mm。熟化石灰可采用磨细生石灰代替,其细度应满足要求。

(3)灰土垫层施工时,填土应保持最优含水率,重要工程或大面积填土前,应取土样按击实试验确定最优含水率与相应的最大干密度。

(4)灰土垫层应采用熟化石灰粉与黏土(含粉质黏土、粉土)的拌合料铺设,其厚度不应小于100mm。灰土体积比应符合设计要求。

(5)混凝土垫层或找平层采用的碎石或卵石,其粒径不应大于其厚度的2/3,含泥量不应大于2%。砂为中粗砂,其含泥量不应大于3%。

(6)找平层应采用水泥砂浆或水泥混凝土铺设,并应符合设计规定。水泥砂浆体积比或水泥混凝土强度等级应符合设计要求,且水泥

第十一章 建筑装饰装修工程质量控制及检验

砂浆体积比不应小于1∶3(或相应的强度等级);水泥混凝土强度等级不应小于C15。

(7)隔离层的材料,其材质应经有资质的检测单位认定。

(二)施工过程质量控制

1. 基土

(1)对软弱土层应按设计要求进行处理。

(2)填土前,其下一层表面应干净、无积水。填土用土料,可采用砂土或黏性土,除去草皮等杂质。土的粒径不应大于50mm。

(3)土方回填前应清除基底的垃圾、树根等杂物,抽除坑穴积水、淤泥,验收基底标高。如在耕植土或松土上填方,应在基底压实后再进行。

(4)对填方土料应按设计要求验收后方可填入。

(5)填方施工过程中应检查排水措施,每层填筑厚度、含水量控制、压实程度。填筑厚度及压实遍数应根据土质、压实系数及所用机具确定。如无试验依据,应符合有关规定。

> 填土时应为最优含水量。重要工程或大面积的地面填土前,应取土样,按击实试验确定最优含水量与相应的最大干密度。

2. 灰土垫层

(1)建筑地面下的沟槽、暗管等工程完工后,经检验合格并做隐蔽记录,方可进行建筑地面工程的施工。

(2)建筑地面工程基层(各构造层)和面层的铺设,均应待其下一层检验合格后方可施工上一层。建筑地面工程各层铺设前与相关专业的分部(子分部)工程、分项工程以及设备管道安装工程之间,应进行交接检验。

(3)建筑地面工程施工时,各层环境温度的控制应符合设计规定。

(4)基层铺设前,其下一层表面应干净、无积水。

(5)灰土拌合料应适当控制含水量,铺设厚度不应小于100mm。

(6)熟化石灰可采用磨细生石灰,亦可用粉煤灰或电石碴代替。

(7) 每层灰土的夯打遍数，应根据设计要求的干密度在现场试验确定。

(8) 灰土垫层应铺设在不受地下水浸泡的基土上。施工后应有防止水浸泡的措施。

> 灰土垫层不宜在冬期施工。当必须在冬期施工时，应采取可靠措施。

(9) 灰土垫层应分层夯实，经湿润养护、晾干后方可进行下一道工序施工。

3. 砂垫层和砂石垫层

(1) 当垫层、找平层内埋设暗管时，管道应按设计要求予以稳固。

(2) 砂垫层厚度不应小于 60mm；砂石垫层厚度不应小于 100mm。

(3) 砂垫层铺平后，应洒水湿润，并宜采用机具振实。

(4) 砂石应选用天然级配材料。铺设时不应有粗细颗粒分离现象，压（夯）至不松动为止。

(5) 砂垫层施工，在现场用环刀取样，测定其干密度，砂垫层干密度以不小于该砂料在中密度状态时的干密度数值为合格。中砂在中密度状态的干密度，一般为 $1.55\sim1.60\text{g/cm}^3$。

4. 碎石垫层和碎砖垫层

(1) 碎石垫层和碎砖垫层厚度均不应小于 100mm。

(2) 碎（卵）石垫层必须摊铺均匀，表面空隙用粒径为 $5\sim25\text{mm}$ 的细石子填缝。

(3) 用碾压机碾压时，应适当洒水使其表面保持湿润，一般碾压不少于 3 遍，并压到不松动为止，达到表面坚实、平整。

(4) 如工程量不大，亦可用人工夯实，但必须达到碾压的要求。

(5) 碎砖垫层每层虚铺厚度应控制不大于 200mm，适当洒水后进行夯实，夯实均匀，表面平整密实；夯实后的厚度一般为虚铺厚度的 3/4。不得在已铺好的垫层上用锤击方法进行碎砖加工。

5. 找平层

(1) 找平层应采用水泥砂浆、水泥混凝土铺设，符合同类面层的相关规定。所采用的碎石或卵石的粒径不应大于找平层厚度的 2/3。水

第十一章 建筑装饰装修工程质量控制及检验

泥砂浆体积比不宜小于1∶3,混凝土强度等级不应小于C15。

(2)铺设找平层前,应将下一层表面清理干净。当找平层下有松散填充料时,应予铺平振实。

(3)用水泥砂浆或水泥混凝土铺设找平层,其下一层为水泥混凝土垫层时,应予湿润。当表面光滑时,应划(凿)毛。铺设时先刷一遍水泥浆,其水灰比宜为0.4~0.5,并应随刷随铺。

(4)在预制钢筋混凝土板上铺设找平层前,板缝填嵌的施工应符合下列要求:

1)预制钢筋混凝土板相邻缝底宽不应小于20mm。

2)填嵌时,板缝内应清理干净,保持湿润。

3)填缝采用细石混凝土,其强度等级不得小于C20。填缝高度应低于板面10~20mm,且振捣密实,表面不应压光;填缝后应养护。混凝土强度等级达到C15时,方可继续施工。

4)当板缝底宽大于40mm时,应按设计要求配置钢筋。

(5)在预制钢筋混凝土楼板上铺设找平层时,其板端间应按设计要求做防裂的构造措施。

(6)有防水要求的楼面工程,在铺设找平层前,应对立管、套管和地漏与楼板节点之间进行密封处理,并应进行隐蔽验收;排水坡度应符合设计要求。

拓展阅读

涂刷基层处理剂

在水泥砂浆或水泥混凝土找平层上铺设防水卷材或涂布防水涂料隔离层时,找平层表面应洁净、干燥,其含水率不应大于9%,并应涂刷基层处理剂。基层处理剂应采用与卷材性能配套的材料或采用同类涂料的底子油。铺设找平层后,涂刷基层处理剂的相隔时间以及其配合比均应通过试验确定。

6. 隔离层

(1)隔离层的材料,其材质应经有资质的检测单位认定。

(2)在水泥类找平层上铺设沥青类防水卷材、防水涂料或以水泥类材料作为防水隔离层时,其表面应坚固、洁净、干燥。铺设前,应涂刷基层处理剂。基层处理剂应采用与卷材性能配套的材料或采用与涂料性能相容的同类涂料的底子油。

(3)当采用掺有防水剂的水泥类找平层作为防水隔离层时,其掺量和强度等级(或配合比)应符合设计要求。

(4)铺设防水隔离层时,在管道穿过楼板面四周,防水材料应向上铺涂,并超过套管的上口;在靠近墙面处,应高出面层200~300mm 或按设计要求的高度铺涂。阴阳角和管道穿过楼板面的根部应增加铺涂附加防水隔离层。

> 隔离层施工质量检验应符合现行国家标准《屋面工程质量验收规范》(GB 50207—2012)的有关规定。

(5)防水材料铺设后,必须蓄水检验。蓄水深度应为20~30mm,24h内无渗漏为合格,并做记录。

(三)工程质量检验标准

1. 基土质量检验标准

(1)主控项目检验。基土主控项目质量检验标准见表11-1。

表11-1　　　　　　　基土主控项目质量检验标准

序号	项目	合格质量标准	检验方法	检查数量
1	基土土料	基土不应用淤泥、腐殖土、冻土、耕植土、膨胀土和建筑杂物作为填土,填土土块的粒径不应大于50mm	观察检查和检查土质记录	每检验批应以各子分部工程的基层(各构造层)和各类面层所划分项工程按自然间(或标准间)检验,抽查数量应随机检验不少于3间,不足3间应全数检查;其中走廊(过道)应以10延长米为1间,工业厂房(按单跨计)、礼堂、门厅应以两个轴线为1间计算。
2	基土压实	基土应均匀密实,压实系数应符合设计要求,设计无要求时,不应小于0.9	观察检查和检查试验记录	有防水要求的建筑地面子分部工程的分项工程施工质量每检验批抽查数量应按其房间部数随机检验不少于4间,不足4间的,应全数检查

· 324 ·

第十一章 建筑装饰装修工程质量控制及检验

续表

序号	项目	合格质量标准	检验方法	检查数量
3	氡浓度	I类建筑基土的氡浓度应符合现行国家标准《民用建筑工程室内环境污染控制规范》(GB 50325—2010)的规定	检查检测报告	同一工程、同一土源地点检查一组

(2)一般项目检验。基土一般项目质量检验标准见表11-2。

表11-2　　　　基土一般项目质量检验标准

项目	合格质量标准	检验方法	检查数量
基土表面允许偏差	表面平整度:15mm 标高:0,−50mm 坡度:不大于房间相应尺寸的2/1000,且不大于30mm 厚度:在个别地方不大于设计厚度的1/10,且不大于20mm	表面平整度:用2m靠尺和楔形塞尺检查 标高:用水准仪检查 坡度:用坡度尺检查 厚度:用钢尺检查	同表11-1序号1、2

2. 灰土垫层质量检验标准

(1)主控项目检验。灰土垫层主控项目质量检验标准见表11-3。

表11-3　　　　灰土垫层主控项目质量检验标准

项目	合格质量标准	检验方法	检查数量
灰土体积比	灰土体积比应符合设计要求	观察检查和检查配合比试验报告	同一工程,同一体积比检查一项

(2)一般项目检验。灰土垫层一般项目质量检验标准见表11-4。

表 11-4　　　　　灰土垫层一般项目质量检验标准

序号	项目	合格质量标准	检验方法	检查数量
1	灰土材料质量	熟化石灰颗粒粒径不应大于5mm；黏土（或粉质黏土、粉土）内不得含有有机物质，颗粒粒径不应大于16mm	观察检查和检查质量合格证明文件	同表11-1序号1、2
2	灰土垫层表面允许偏差	表面平整度：10mm 标高：±10mm 坡度：不大于房间相应尺寸的2/1000，且不大于30mm 厚度：在个别地方不大于设计厚度的1/10，且不大于20mm	表面平整度：用2m靠尺和楔形塞尺检查 标高：用水准仪检查 坡度：用坡度尺检查 厚度：用钢尺检查	（1）随机检验不应少于3间，不足3间，应全数检查；走廊（过道）应以10延长米为1间，工业厂房（按单跨计）、礼堂、门厅应以两个轴线为1间计算。有防水要求的按其房间总数随机检验不应少于4间，不足4间，应全数检查。 （2）一般项目80%以上的检查点（处）符合规范规定的质量要求，其他检查点（处）不得有明显影响使用，且最大偏差值不超过允许偏差值的50%为合格

3. 砂垫层和砂石垫层质量检验标准

（1）主控项目检验。砂垫层和砂石垫层主控项目质量检验标准见表11-5。

第十一章 建筑装饰装修工程质量控制及检验

表 11-5　　　　砂垫层和砂石垫层主控项目质量检验标准

序号	项目	合格质量标准	检验方法	检查数量
1	砂和砂石质量	砂和砂石不应含有草根等有机杂质；砂应采用中砂；石子最大粒径不应大于垫层厚度的 2/3	观察检查和检查质量合格证明文件	(1)每检验批应以各子分部工程的基层(各构造层)所划分的分项工程按自然间(或标准间)检验，抽查数量随机检验不应少于3间，不足3间，应全数检查；其中走廊(过道)应以10延长米为1间，工业厂房(按单跨计)、礼堂、门厅应以两个轴线为1间计算。 (2)有防水要求的建筑地面子分部工程的分项工程施工质量每检验批抽查数量应按其房间总数随机检验不少于4间，不足4间，应全数检查
2	垫层干密度	砂垫层和砂石垫层的干密度(或贯入度)应符合设计要求	观察检查和检查试验记录	

(2)一般项目检验。砂垫层和砂石垫层一般项目质量检验标准见表 11-6。

表 11-6　　　　砂垫层和砂石垫层一般项目质量检验标准

序号	项目	合格质量标准	检验方法	检查数量
1	垫层表面质量	表面不应有砂窝、石堆等现象	观察检查	同表 11-5
2	砂和砂石垫层表面允许偏差	表面平整度：15mm 标高：±20mm 坡度：不大于房间相应尺寸的2/1000，且不大于30mm 厚度：在个别地方不大于设计厚度的1/10，且不大于20mm	表面平整度：用 2m 靠尺和楔形塞尺检查 标高：用水准仪检查 坡度：用坡度尺检查 厚度：用钢尺检查	同表 11-5、同表 11-4 序号 2

4. 碎石垫层和碎砖垫层质量检验标准

(1) 主控项目检验。碎石垫层和碎砖垫层主控项目质量检验标准见表11-7。

表11-7　　　　碎石垫层和碎砖垫层主控项目质量检验标准

序号	项目	合格质量标准	检验方法	检查数量
1	材料质量	碎石的强度应均匀,最大粒径不应大于垫层厚度的2/3;碎砖不应采用风化、酥松、夹有有机杂质的砖料,颗粒粒径不应大于60mm	观察检查和检查质量合格证明文件	(1)抽查数量应随机检验不少于3间;不足3间,应全数检查;其中走廊(过道)应以10延长米为1间,工业厂房(按单跨计)、礼堂、门厅应以两个轴线为1间计算。 (2)有防水要求的建筑地面子分部工程的分项工程施工质量每检验批抽查数量应按其房间总数随机检验不少于4间,不足4间,应全数检查
2	垫层密实度	碎石、碎砖垫层的密实度应符合设计要求	观察检查和检查试验记录	

(2) 一般项目检验。碎石垫层和碎砖垫层一般项目质量检验标准见表11-8。

表11-8　　　　碎石垫层和碎砖垫层一般项目质量检验标准

序号	项目	合格质量标准	检验方法	检查数量
1	碎石、碎砖垫层表面允许偏差	表面平整度:15mm 标高:±20mm 坡度:不大于房间相应尺寸的2/1000,且不大于30mm 厚度:在个别地方不大于设计厚度的1/10,且不大于20mm	表面平整度:用2m靠尺和楔形塞尺检查 标高:用水准仪检查 坡度:用坡度尺检查 厚度:用钢尺检查	同表11-4中序号2

5. 找平层质量检验标准

(1) 主控项目检验。找平层主控项目质量检验标准见表11-9。

第十一章 建筑装饰装修工程质量控制及检验

表 11-9　　　　　找平层主控项目质量检验标准

序号	项目	合格质量标准	检验方法	检查数量
1	材料质量	找平层采用碎石或卵石的粒径不应大于其厚度的 2/3，含泥量不应大于 2%；砂为中粗砂，其含泥量不应大于 3%	观察检查和检查质量合格证明文件	同一工程、同一强度等级、同一配合比检查一次
2	体积比或强度等级	水泥砂浆体积比或水泥混凝土强度等级应符合设计要求，且水泥砂浆体积比不应小于 1:3（或相应的强度等级）；水泥混凝土强度等级不应小于 C15	观察检查和检查配合比试验报告、强度等级检测报告	配合比试验报告按同一工程：(1)同一强度等级、同一配合比检查一次。(2)强度等级检测报告按检验同一施工批次、同一配合比水泥混凝土和水泥砂浆强度的试块，应按每一层（或检验批）建筑地面工程不少于 1 组。当每一层（或检验批）建筑地面工程面积大于 1000m² 时，每增加 1000m² 应增做 1 组试块；小于 1000m² 按 1000m² 计算，取样 1 组；检验同一施工批次、同一配合比的散水、明沟、踏步、台阶、坡道的水泥混凝土、水泥砂浆强度的试块，应按每 150 延长米不少于 1 组
3	有防水要求套管地漏	有防水要求的建筑地面工程的立管、套管、地漏处严禁渗漏，坡向应正确、无积水	观察检查和蓄水、泼水检验及坡度尺检查	(1)抽查数量随机检验应不少于 3 间；不足 3 间，应全数检查；其中走廊（过道）应以 10 延长米为 1 间，工业厂房（按单跨计）、礼堂、门厅应以两个轴线为 1 间计算。(2)有防水要求的建筑地面子分部工程的分项工程施工质量每检验批抽查数量应按其房间总数随机检验不少于 4 间，不足 4 间，应全数检查
4	防静电要求的整体面层	在有防静电要求的整体面层的找平层施工前，其下敷设的导电地网系统应与接地引下线和地上接电体有可靠连接，经电性能检测且符合相关要求后进行隐蔽工程验收	观察检查和检查质量合格证明文件	

· 329 ·

(2) 一般项目检验。找平层一般项目质量检验标准见表 11-10。

表 11-10　　　　找平层一般项目质量检验标准

序号	项　目	合格质量标准	检验方法	检查数量
1	找平层与下层结合	找平层与其下一层结合牢固,不应有空鼓	用小锤轻击检查	同表 11-9 序号 3、4
2	找平层表面质量	找平层表面应密实,不得有起砂、蜂窝和裂缝等缺陷	观察检查	
3	找平层表面允许偏差	找平层的表面允许偏差应符合 11-11 的规定	见表 11-11	同表 11-4 序号 2

表 11-11　　　　找平层表面的允许偏差和检验方法

项目	允许偏差(mm)				检验方法
	用胶结料做结合层铺设板块面层	用水泥砂浆做结合层铺设板块面层	用胶粘剂做结合层铺设拼花木板、浸渍纸层压木质地板、实木复合地板、竹地板、软木地板面层	金属板面层	
表面平整度	3	5	2	3	用 2m 靠尺和楔形塞尺检查
标高	±5	±8	±4	±4	用水准仪检查
坡度	不大于房间相应尺寸的 2/1000,且不大于 30				用坡度尺检查
厚度	在个别地方不大于设计厚度的 1/10,且不大于 20				用钢尺检查

6. 隔离层质量检验标准

(1) 主控项目检验。隔离层主控项目质量检验标准见表 11-12。

第十一章 建筑装饰装修工程质量控制及检验

表 11-12　　　　　隔离层主控项目质量检验标准

序号	项目	合格质量标准	检验方法	检查数量
1	材料质量	隔离层材质应符合设计要求和国家现行有关标准的规定	观察检查和检查形式检验报告、出厂检验报告、出厂合格证	同一工程、同一材料、同一生产厂家、同一型号、同一规格、同一批号检查一次
2	性能指标复验	卷材类、涂料类隔离层材料进入施工现场，应对材料的主要物理性能指标进行复验	检查复试报告	执行现行国家标准《屋面工程质量验收规范》(GB 50207—2012)的有关规定
3	隔离层设置要求	厕浴间和有防水要求的建筑地面必须设置防水隔离层。楼层结构必须采用现浇混凝土或整块预制混凝土板，混凝土强度等级不应小于C20；房间的楼板四周除门洞外，应做混凝土翻边，其高度不应小于200mm，宽同墙厚，混凝土强度等级不应小于C20。施工时结构层标高和预留孔洞位置应准确，严禁乱凿洞	观察和钢尺检查	(1)随机检验不应少于3间；不足3间，应全数检查；其中走廊(过道)应以10延长米为1间，工业厂房(按单跨计)、礼堂、门厅应以两个轴线为1间计算。 (2)有防水要求的应按房间总数随机检验不少于4间，不足4间，应全数检查
4	防水隔离层防水要求	防水隔离层严禁渗漏，排水坡向应正确、排水通畅	观察检查和蓄水、泼水检验或坡度尺检查及检查验收记录	
5	水泥类隔离层防水性能	水泥类防水隔离层的防水等级和强度等级必须符合设计要求	观察检查和检查防水等级检测报告、强度等级检测报告	检验同一施工批次、同一配合比水泥混凝土和水泥砂浆强度的试块，应按每一层(或检验批)建筑地面工程不少于1组。当每一层(或检验批)建筑地面工程面积大于1000m² 时，每增加1000m² 应增做1组试块；小于1000m² 按 1000m² 计算，取样1组；检验同一施工批次、同一配合比的散水、明沟、踏步、台阶、坡道的水泥混凝土、水泥砂浆强度的试块，应按每150延长米不少于1组

（2）一般项目检验。隔离层一般项目质量检验标准见表11-13。

表11-13　　　　　　　隔离层一般项目质量检验标准

序号	项目	合格质量标准	检验方法	检查数量
1	隔离层厚度	隔离层厚度应符合设计要求	观察检查和用钢尺、卡尺检查	抽查数量随机检验不应少于3间；不足3间，应全数检查；其中走廊（过道）应以10延长米为1间，工业厂房（按单跨计）、礼堂、门厅应以两个轴线为1间计算；有防水要求的应按房间总数随机检验不应少于4间，不足4间，应全数检查
2	隔离层与下一层粘结	隔离层与其下一层粘结牢固，不应有空鼓；防水涂层应平整、均匀，无脱皮、起壳、裂缝、鼓泡等缺陷	用小锤轻击检查和观察检查	
3	隔离层表面允许偏差	表面平整度：3mm 标高：±4mm 坡度：不大于房间相应尺寸的2/1000，且不大于30mm 厚度：在个别地方不大于设计厚度的1/10，且不大于20mm	表面平整度：用2m靠尺和楔形塞尺检查 标高：用水准仪检查 坡度：用坡度尺检查 厚度：用钢尺检查	同表11-4序号2

二、整体面层工程质量控制及检验

（一）原材料质量控制

（1）整体楼地面面层材料应有出厂合格证、样品试验报告以及材料性能检测报告。

（2）水泥混凝土采用的粗集料，其最大粒径不应大于面层厚度的2/3，当采用细石混凝土面层时，石子粒径不应大于15mm，含泥量不应大于 2%。

(3)水泥砂浆面层采用硅酸盐水泥、普通硅酸盐水泥,其强度等级不应低于 42.5 级,不同品种、不同强度等级的水泥严禁混用;砂应采用粗砂或中粗砂,且含泥量不应大于 3%。当采用石屑时,其粒径应为 1～5mm。

(4)水磨石面层应采用水泥与石粒拌合料铺设。白色或浅色的水磨石面层,应采用白水泥;深色的水磨石面层,宜采用硅酸盐水泥、普通硅酸盐水泥或矿渣硅酸盐水泥;同颜色的面层应使用同一批水泥。同一彩色水磨石面层应使用同水磨石面层的石粒,应采用坚硬可磨白云石、大理石等岩石加工而成,石粒应洁净无杂物,其粒径除特殊要求外应为 6～15mm。

(5)水磨石面层颜料应采用耐光、耐碱的矿物原料,不得使用酸性颜料。应采用同厂、同批的颜料;其掺入量宜为水泥重量的 3%～6% 或由试验确定。

> 应严格控制各类整体面层的配合比。

(二)施工过程质量控制

1. 水泥混凝土面层

(1)水泥混凝土面层厚度应符合设计要求。

(2)细石混凝土必须搅拌均匀,铺设时按标筋厚度刮平,随后用平板式振捣器振捣密实。待稍收水,即用铁抹子预压一遍,使之平整,不显露石子。或是用铁滚筒往复交叉滚压 3～5 遍,低凹处用混凝土填补,滚压至表面泛浆。如泛出的浆水呈细花纹状,表明已滚压密实,即可进行压光。

(3)细石混凝土浇捣过程中应随压随抹,一般抹 2～3 遍,达到表面光滑、无抹痕、色泽均匀一致。必须是在水泥初凝前完成找平工作,水泥终凝前完成压光,以避免面层产生脱皮和裂缝等质量弊病,且保证强度。

(4)水泥混凝土面层原则上不应留置施工缝。当施工间歇超过允许时间规定,在继续浇筑混凝土时,应对已凝结的混凝土接槎处进行处理,刷一层水泥浆,其水灰比为 0.4～0.5,再浇筑混凝土并捣实压平,不显接槎。

(5)养护和成品保护。细石混凝土面层铺设后 1d 内,可用锯木屑、砂或其他材料覆盖,在常温下洒水养护。养护期不少于 7d,且禁止上人走动或进行其他作业。

2. 水泥砂浆面层

(1)水泥砂浆面层的体积比(强度等级)必须符合设计要求;且体积比应为 1∶2(水泥∶砂),其稠度不应大于 35mm,强度等级不应小于 M15。以石屑代砂的水泥石屑面层其体积比应为 1∶2(水泥∶石屑)。

> 水泥混凝土散水、明沟应设置伸缩缝,其延长米间距不得大于10m;房屋转角处应做45°缝。水泥混凝土散水、明沟和台阶等与建筑物连接处应设缝处理。上述缝宽度15~20mm,缝内填嵌柔性密封材料。

(2)水泥砂浆面层的厚度应符合设计要求,且不应小于 20mm。

(3)地面和楼面的标高与找平、控制线应统一弹到房间的墙上,高度一般比设计地面高 500mm。有地漏等带有坡度的面层,表面坡度应符合设计要求,且不得有倒泛水和积水现象。

(4)基层应清理干净,表面应粗糙、湿润并不得有积水。

(5)铺设时,在基层上涂刷水灰比为 0.4~0.5 的水泥浆,随刷随铺水泥砂浆,随铺随拍实并控制其厚度。抹压时先用刮尺刮平,用木抹子抹平,再用铁抹压光。

(6)水泥砂浆面层的抹平工作应在初凝前完成,压光工作应在终凝前完成,且养护不得少于 7d;抗压强度达到 5MPa 后,方准上人行走;抗压强度应达到设计要求后,方可正常使用。

> 当采用掺有水泥拌合料做踢脚时,严禁用石灰砂浆打底。踢脚线出墙厚度一致,高度应符合设计要求,上口应用铁板压光。

(7)当水泥砂浆面层内埋设管线等出现局部厚度减薄时,应按设计要求做防止面层开裂处理后方可施工。

3. 水磨石面层

(1)水磨石面层应采用水泥与石粒的拌合料铺设。面层厚度除有

第十一章 建筑装饰装修工程质量控制及检验

特殊要求外,宜为12~18mm,且按石粒粒径确定。水磨石面层的颜色和图案应符合设计要求。

(2)白色或浅色的水磨石面层,应采用白水泥;深色的水磨石面层,宜采用硅酸盐水泥、普通硅酸盐水泥或矿渣硅酸盐水泥;同颜色的面层应使用同一批水泥。同一彩色面层应使用同厂、同批的颜料;其掺入量宜为水泥重量的3‰~6‰或由试验确定。

(3)水磨石面层的结合层的水泥砂浆体积比宜为1:3,相应的强度等级不应小于M10,水泥砂浆稠度(以标准圆锥体沉入度计)宜为30~35mm。

(4)水泥石粒浆必须严格按配合比计量。

(5)水磨石开磨的时间与水泥强度及气温高低有关,以开磨后石粒不松动,水泥浆面与石粒面基本平齐为准。水泥浆强度过高,磨面耗费工时;水泥浆强度太低,磨石转动时底面所产生的负压力易把水泥浆拉成槽或将石粒打掉。为掌握相适应的硬度,大面积开磨前宜试磨。

(6)表面如有小孔隙和凹痕,应用同色水泥浆涂抹,适当养护后再磨。与地漏管道交接边缘处应整齐。

(7)普通水磨石面层磨光遍数不应少于三遍。高级水磨石面层的厚度和磨光遍数由设计确定。

(8)水磨石面层的涂草酸和上蜡工作前,其表面严禁污染。应在不影响面层质量的其他工序全部完成后进行。上蜡后可铺锯木屑等进行保护。

特别提示

水磨石面层踢脚线要求

踢脚线的用料如设计未规定,一般采用1:3水泥砂浆打底,用1:(1.25~1.5)水泥石粒砂浆罩面,凸出墙面约8mm。踢脚线可采用机械磨或人工磨,特别注意阴角交接处不要漏磨,镶边用料及尺寸应符合设计要求。

4. 硬化耐磨面层

（1）硬化耐磨面层应采用金属渣、屑、纤维或石英砂、金刚砂等，并应与水泥类胶凝材料拌和铺设或在水泥类基层上撒布铺设。

（2）硬化耐磨面层采用拌合料铺设时，拌合料的配合比应通过试验确定；采用撒布铺设时，耐磨材料的撒布量应符合设计要求，且应在水泥类基层初凝前完成撒布。

（3）硬化耐磨面层采用拌合料铺设时，宜先铺设一层强度等级不小于 M15、厚度不小于 20mm 的水泥砂浆，或水灰比宜为 0.4 的素水泥浆结合层。

（4）硬化耐磨面层采用拌合料铺设时，铺设厚度和拌合料强度应符合设计要求。当设计无要求时，水泥钢（铁）屑面层铺设厚度不应小于 30mm，抗压强度不应小于 40MPa；水泥石英砂浆面层铺设厚度不应小于 20mm，抗压强度不应小于 30MPa；钢纤维混凝土面层铺设厚度不应小于 40mm，抗压强度不应小于 40MPa。

（5）硬化耐磨面层采用撒布铺设时，耐磨材料应撒布均匀，厚度应符合设计要求；混凝土基层或砂浆基层的厚度及强度应符合设计要求，当设计无要求时，混凝土基层的厚度不应小于 50mm，强度等级不应小于 C25；砂浆基层的厚度不应小于 20mm，强度等级不应小于 M15。

（6）硬化耐磨面层分格缝的间距及缝深、缝宽、填缝材料应符合设计要求。

（7）硬化耐磨面层铺设后应在湿润条件下静置养护，养护期限应符合材料的技术要求。

> 硬化耐磨面层应在强度达到设计强度后方可投入使用。

（三）工程质量检验标准

1. 水泥混凝土面层质量检验标准

（1）主控项目检验。水泥混凝土面层主控项目质量检验标准见表 11-14。

第十一章 建筑装饰装修工程质量控制及检验

表 11-14　　　　水泥混凝土面层主控项目质量检验标准

序号	项目	合格质量标准	检验方法	检查数量
1	粗集料粒径	水泥混凝土采用的粗集料，其最大粒径不应大于面层厚度的2/3，细石混凝土面层采用的石子粒径不应大于16mm	观察检查和检查质量合格证明文件	同一工程、同一强度等级、同一配合比检查一次
2	外加剂品种和掺量	防水混凝土中掺入的外加剂的技术性能应符合国家现行有关标准的规定，外加剂的品种和掺量应经试验确定	检查外加剂合格证明文件和配合比试验报告	同一工程、同一品种、同一掺量检查一次
3	面层强度等级	面层的强度等级应符合设计要求，且水泥混凝土面层强度等级不应小于C20	检查配合比试验报告和强度等级检测报告	配合比试验报告同一工程、同一强度等级、同一配合比检查一次；强度等级按检验同一施工批次、同一配合比水泥混凝土和水泥砂浆强度的试块，应按每一层（或检验批）建筑地面工程不少于1组。当每一层（或检验批）建筑地面工程面积大于1000m² 时，每增加1000m² 应增做1组试块；小于1000m² 按1000m² 计算，取样1组；检验同一施工批次、同一配合比的散水、明沟、踏步、台阶、坡道的水泥混凝土、水泥砂浆强度的试块，应按每150延长米不少于1组
4	面层与下一层结合	面层与下一层应结合牢固，且无空鼓和开裂。当出现空鼓时，空鼓面积不应大于400cm²，且每自然间或标准间不应多于2处	观察和用小锤轻击检查	（1）每检验批应以各子分部工程的基层（各构造层）所划分的分项工程按自然间（或标准间）检验，抽查数量随机检验应不少于3间；不足3间，应全数检查；其中走廊（过道）应以10延长米为1间，工业厂房（按单跨计）、礼堂、门厅应以两个轴线为1间计算。（2）有防水要求的建筑地面子分部工程的分项工程施工质量，每检验批抽查数量应按其房间总数随机检验不应少于4间，不足4间，应全数检查

（2）一般项目检验。水泥混凝土面层一般项目质量检验标准见表 11-15。

表 11-15　水泥混凝土面层一般项目质量检验标准

序号	项目	合格质量标准	检验方法	检查数量
1	表面质量	面层表面应洁净，不应有裂纹、脱皮、麻面、起砂等缺陷	观察检查	（1）抽查数量随机检验应不少于3间；不足3间，应全数检查；其中走廊（过道）应以10延长米为1间，工业厂房（按单跨计）、礼堂、门厅应以两个轴线为1间计算。 （2）有防水要求的检验批抽查数量应按其房间总数随机检验应不少于4间，不足4间，应全数检查
2	表面坡度	面层表面的坡度应符合设计要求，不应有倒泛水和积水现象	观察和采用泼水或用坡度尺检查	
3	踢脚线与墙面结合	踢脚线与柱、墙面应紧密结合，踢脚线高度和出柱、墙厚度应符合设计要求且均匀一致。当出现空鼓时，局部空鼓长度不应大于300mm，且每自然间或标准间不应多于2处	用小锤轻击、钢尺和观察检查	
4	楼梯、台阶踏步	楼梯、台阶踏步的宽度、高度应符合设计要求。楼层梯段相邻踏步高度差不应大于10mm，每踏步两端宽度差不应大于10mm；旋转楼梯梯段的每踏步两端宽度的允许偏差不应大于5mm。踏步面层应做防滑处理，齿角应整齐，防滑条应顺直、牢固	观察和用钢尺检查	
5	水泥混凝土面层表面允许偏差	水泥混凝土面层的允许偏差应符合以下规定： 表面平整度：5mm 踢脚线上口平直：4mm 缝格平直：3mm	表面平整度：用2m靠尺和楔形塞尺检查 踢脚线上口平直和缝格平直：拉5m线和用钢尺检查	同表11-4序号2

第十一章 建筑装饰装修工程质量控制及检验

2. 水泥砂浆面层质量检验标准

(1)主控项目检验。水泥砂浆面层主控项目质量检验标准见表11-16。

表 11-16　　　　水泥砂浆面层主控项目质量检验标准

序号	项目	合格质量标准	检验方法	检查数量
1	材料质量	水泥宜用硅酸盐水泥、普通硅酸盐水泥,不同品种、不同强度等级的水泥不应混用;砂应为中粗砂,当采用石屑时,其粒径应为1～5mm,且含泥量不应大于3%;防水水泥砂浆采用的砂或石屑,其含泥量不应大于1%	观察检查和检查质量合格证明文件	同一工程、同一强度等级、同一配合比检查一次
2	掺入外加剂	防水水泥砂浆中掺入的外加剂的技术性能应符合国家现行有关标准的规定,外加剂的品种和掺量应经试验确定	观察检查和检查质量合格证明文件、配合比试验报告	同一工程、同一强度等级、同一配合比、同一外加剂品种、同一掺量检查一次
3	体积比及强度等级	水泥砂浆面层的体积比(强度等级)必须符合设计要求;且体积比应为1:2,强度等级不应小于M15	检查强度等级检测报告	检验同一施工批次、同一配合比水泥混凝土和水泥砂浆强度的试块,应按每一层(或检验批)建筑地面工程不少于1组。当每一层(或检验批)建筑地面工程面积大于1000m²时,每增加1000m²增做1组试块;小于1000m²按1000m²计算,取样1组;检验同一施工批次、同一配合比的散水、明沟、踏步、台阶、坡道的水泥混凝土、水泥砂浆强度的试块,应按每150延长米不少于1组

续表

序号	项目	合格质量标准	检验方法	检查数量
4	有排水要求的坡向地面	有排水要求的水泥砂浆地面，坡向应正确、排水通畅；防水水泥砂浆面层不应渗漏	观察检查和蓄水、泼水检验或坡度尺检查及检查检验记录	(1)抽查数量应随机检验不少于3间；不足3间，应全数检查；其中走廊(过道)应以10延长米为1间，工业厂房(按单跨计)、礼堂、门厅以两个轴线为1间计算。(2)有防水要求的检验批抽查数量应按其房间总数随机检验不少于4间，不足4间，应全数检查
5	面层与下一层结合	面层与下一层应结合牢固，无空鼓和开裂。当出现空鼓时，空鼓面积不应大于400cm²，且每自然间或标准间不应多于2处	观察和用小锤轻击检查	

(2)一般项目检验。水泥砂浆面层一般项目质量检验标准见表11-17。

表11-17　水泥砂浆面层一般项目质量检验标准

序号	项目	合格质量标准	检验方法	检查数量
1	面层坡度	面层表面的坡度应符合设计要求，不应有倒泛水和积水现象	观察和采用泼水或坡度尺检查	(1)抽查数量应随机检验不少于3间；不足3间，应全数检查；其中走廊(过道)应以10延长米为1间，工业厂房(按单跨计)、礼堂、门厅应以两个轴线为1间计算。(2)有防水要求的检验批抽查数量应按其房间总数检验不少于4间，不足4间，应全数检查
2	表面质量	面层表面应洁净，不应有裂纹、脱皮、麻面、起砂等现象	观察检查	
3	踢脚线质量	踢脚线与墙面应紧密结合，踢脚线高度及出柱、墙厚度应符合设计要求且均匀一致。当出现空鼓时，局部空鼓长度应不大于300mm，且每自然间或标准间不多于2处	用小锤轻击、钢尺和观察检查	
4	楼梯、台阶踏步	楼梯、台阶踏步的宽度、高度应符合设计要求。楼层梯段相邻踏步高度差不应大于10mm，每踏步两端宽度差不应大于10mm；旋转楼梯梯段的每踏步两端宽度的允许偏差不应大于5mm。踏步面层应做处理，齿角应整齐，防滑条应顺直、牢固	观察和用钢尺检查	

第十一章　建筑装饰装修工程质量控制及检验

续表

序号	项 目	合格质量标准	检验方法	检查数量
5	水泥砂浆面层允许偏差	水泥砂浆面层的允许偏差应符合以下规定：表面平整度：4mm 踢脚线上口平直：4mm 缝格平直：3mm	表面平整度：用2m靠尺和楔形塞尺检查 踢脚线上口平直和缝格平直：拉5m线和用钢尺检查	同表11-4序号2

3. 水磨石面层质量检验标准

(1)主控项目检验。水磨石面层主控项目质量检验标准见表11-18。

表11-18　　　水磨石面层主控项目质量检验标准

序号	项 目	合格质量标准	检验方法	检查数量
1	材料质量	水磨石面层的石粒，应采用白云石、大理石等岩石加工而成，石粒应洁净无杂物，其粒径除特殊要求外应为6～16mm；颜料应采用耐光、耐碱的矿物原料，不得使用酸性颜料	观察检查和检查质量合格证明文件	同一工程、同一体积比检查一次
2	拌合料体积比(水泥：石粒)	水磨石面层拌合料的体积比应符合设计要求，且水泥与石粒的比例应为1：1.5～1：2.5	检查配合比试验报告	
3	防静电水磨石面层	防静电水磨石面层应在施工前及施工完成表面干燥后进行接地电阻和表面电阻检测，并应做好记录	检查施工记录和检测报告	(1)抽查数量随机检验不应少于3间；不足3间，应全数检查；其中走廊(过道)应以10延长米为1间；工业厂房(按单跨计)、礼堂、门厅应以两个轴线为1间计算。(2)有防水要求的检批抽查数量应按其房间总数随机检验不少于4间，不足4间，应全数检查
4	面层与下一层结合	面层与下一层结合应牢固，无空鼓、裂纹。当出现空鼓时，空鼓面积不应大于400cm^2，且每自然间或标准间不应多于2处	观察和用小锤轻击检查	

(2)一般项目检验。水磨石面层一般项目质量检验标准见表11-19。

表11-19　　　　　水磨石面层一般项目质量检验标准

序号	项目	合格质量标准	检验方法	检查数量
1	面层表面质量	面层表面应光滑,且应无裂纹、砂眼和磨痕;石粒应密实,显露均匀;颜色图案应一致,不混色;分格条牢固、顺直和清晰	观察检查	(1)抽查数量随机检验不应少于3间;不足3间,应全数检查;其中走廊(过道)应以10延长米为1间,工业厂房(按单跨计)、礼堂、门厅应以两个轴线为1间计算。(2)有防水要求的检验批抽查数量应按其房间总数随机检验不少于4间,不足4间,应全数检查
2	踢脚线	踢脚线与柱、墙面应紧密结合,踢脚线高度及出柱、墙厚度应符合设计要求且均匀一致。当出现空鼓时,局部空鼓长度不大于300mm,且每自然间或标准间不多于2处	用小锤轻击、钢尺和观察检查	
3	楼梯、台阶踏步	楼梯、台阶踏步的宽度、高度应符合设计要求。楼层梯段相邻踏步高度差不应大于10mm,每踏步两端宽度差不应大于10mm,旋转楼梯梯段的每踏步两端宽度的允许偏差不大于5mm。踏步面层应做防滑处理,齿角应整齐,防滑条应顺直、牢固	观察和用钢尺检查	
4	水磨石面层表面允许偏差	水磨石面层的允许偏差应符合以下规定: 表面平整度 　高级水磨石:2mm 　普通水磨石:3mm 踢脚线上口平直:3mm 缝格平直: 　高级水磨石:2mm 　普通水磨石:3mm	表面平整度:用2m靠尺和楔形塞尺检查 踢脚线和缝格:拉5m线和用钢尺检查	同表11-4序号2

4. 硬化耐磨面层质量检验标准

(1)主控项目检验。硬化耐磨面层主控项目质量检验标准见表11-20。

表 11-20　　　　硬化耐磨面层主控项目质量检验标准

序号	项目	合格质量标准	检验方法	检查数量
1	材料质量	硬化耐磨面层采用的材料应符合设计要求和国家现行有关标准的规定	观察检查和检查质量合格证明文件	采用拌合料铺设的,按同一工程、同一强度等级检查一次;采用撒布铺设的,按同一工程、同一材料、同一生产厂家、同一型号、同一规格、同一批号检查一次
2	水泥强度及金属渣屑纤维质量	硬化耐磨面层采用拌合料铺设时,水泥的强度不应小于 42.5MPa。金属渣、屑、纤维不应有其他杂质,使用前应去油除锈、冲洗干净并干燥;石英砂应用中粗砂,含泥量不应大于 2%	观察检查和检查质量合格证明文件	同一工程、同一强度等级检查一次
3	面层和结合层强度	硬化耐磨面层的厚度、强度等级、耐磨性能应符合设计要求	用钢尺检查和检查配合比试验报告、强度等级检测报告、耐磨性能检测报告	厚度按序号 4 检查数量的检验批检查;配合比试验报告按同一工程、同一强度等级、同一配合比检查一次;强度等级检测报告按表 11-16 序号 3 的规定检查;耐磨性能检测报告按同一工程抽样检查一次
4	面层与下一层结合	面层与基层(或下一层)结合应牢固,且应无空鼓、裂缝。当出现空鼓时,空鼓面积不应大于 400cm²,且每自然间或标准间不应多于 2 处	观察和用小锤轻击检查	(1)抽查数量随机检验应不少于 3 间,不足 3 间,应全数检查;其中走廊(过道)应以 10 延长米为 1 间;工业厂房(按单跨计)、礼堂、门厅应以两个轴线为 1 间计算。(2)有防水要求的检验批抽查数量应按其房间总数随机检验不少于 4 间,不足 4 间,应全数检查

(2)一般项目检验。硬化耐磨面层一般项目质量检验标准见表11-21。

表 11-21　　　　硬化耐磨面层一般项目质量检验标准

序号	项目	合格质量标准	检验方法	检查数量
1	面层表面坡度	面层表面坡度应符合设计要求,不应有倒泛水和积水现象	观察和采用泼水或用坡度尺检查	(1)抽查数量随机检验不应少于3间;不足3间,应全数检查;其中走廊(过道)应以10延长米为1间;工业厂房(按单跨计)、礼堂、门厅应以两个轴线为1间计算; (2)有防水要求的检验批抽查数量应按其房间总数随机检验不少于4间,不足4间,应全数检查
2	面层表面质量	面层表面应色泽一致,切缝应顺直,不应有裂纹、脱皮、麻面、起砂等缺陷	观察检查	
3	踢脚线	踢脚线与柱、墙面应紧密结合,踢脚线高度及出柱、墙厚度应符合设计要求且均匀一致。当出现空鼓时,局部空鼓长度不大于300mm,且每自然间或标准间不应多于2处	用小锤轻击、钢尺和观察检查	
4	面层表面允许偏差	表面平整度:4mm 踢脚线上口平直:4mm 缝格平直:3mm	表面平整度:用2m靠尺和楔形塞尺检查 踢脚线和缝格:拉5m线和用钢尺检查	同表11-4序号2

三、块状面层施工质量控制及检验

(一)原材料质量控制

(1)板块的品种、规格、花纹图案以及质量必须符合设计要求,必须有材质合格证明文件及检测报告。检查中应注意大理石、花岗岩等天然石材内有害杂质的限量报告,其含量必须符合现行国家相关标准规定。

第十一章　建筑装饰装修工程质量控制及检验

(2)胶粘剂、沥青胶结材料和涂料等材料应按设计选用,并应符合现行国家标准的规定。无裂纹、掉角和缺棱等缺陷。

(3)配制水泥砂浆时应采用硅酸盐水泥、普通硅酸盐水泥或矿渣硅酸盐水泥,其水泥强度等级不宜低于 32.5 级。

(二)施工过程质量控制

1. 砖面层

(1)有防腐蚀要求的砖面层采用的耐酸瓷砖、浸渍沥青砖、缸砖的材质、铺设以及施工质量验收应符合现行国家标准《建筑防腐蚀工程施工及验收规范》(GB 50212—2002)的规定。

(2)铺设板块面层时,应在结合层上铺设。其水泥类基层的抗压强度不得小于 1.2MPa;表面应平整、粗糙、洁净。

(3)在铺贴前,应对砖的规格尺寸(用套板进行分类)、外观质量(剔除缺棱、掉角、裂缝、歪斜、不平等)、色泽等进行预选,浸水湿润晾干待用。

(4)砖面层排设应符合设计要求,当设计无要求时,应避免出现砖面小于 1/4 边长的边角料。

(5)铺砂浆前,基层应浇水湿润,刷一道水泥素浆,务必要随刷随铺。铺贴砖时,砂浆饱满、缝隙一致,当需要调整缝隙时,应在水泥浆结合层终凝前完成。

(6)铺贴宜整间一次完成,如果房间大一次不能铺完,可按轴线分块,须将接槎切齐,余灰清理干净。

(7)勾缝和压缝应采用同品种、同强度等级、同颜色的水泥,并做养护和保护,湿润养护时间应不少于 7d。当砖面层的水泥砂浆结合层的抗压强度达到设计要求后,方可正常使用。

(8)在水泥砂浆结合层上铺贴陶瓷马赛克面层时,砖底面应洁净,每联陶瓷马赛克之间、与结合层之间以及在墙角、镶边和靠墙处,应紧密贴合。在靠墙处不得采用砂浆填补。

(9)在沥青胶结料结合层上铺贴缸砖面层时,缸砖应干净,铺贴时应在摊铺热沥青胶结料上进行,并应在胶结料凝结前完成。

2. 大理石面层和花岗石面层

(1)大理石、花岗石面层采用天然大理石、花岗石(或碎拼大理石、碎拼花岗石)板材应在结合层上铺设。

(2)铺设大理石面层和花岗石面层时,其水泥类基层的抗压强度标准值不得小于1.2MPa。

> 采用胶粘剂在结合层上粘贴砖面层时,胶粘剂选用应符合现行国家标准《民用建筑工程室内环境污染控制规范》(GB 50325—2010)的规定。

(3)板块在铺设前,应根据石材的颜色、花纹、图案、纹理等按设计要求,试拼编号。

(4)板块的排设应符合设计要求,当设计无要求时,应避免出现板块小于1/4边长的边角料。

(5)铺设大理石、花岗石面层前,板材应浸水湿润、晾干。在板块试铺时,放在铺贴位置上的板块对好纵横缝后用皮锤(或木锤)轻轻敲击板块中间,使砂浆振密实,锤到铺贴高度。板块试铺合板后,搬起板块,检查砂浆结合层是否平整、密实。增补砂浆,浇一层水灰比为0.5左右的素水泥浆后,再铺放原板,应四角同时落下,用小皮锤轻敲,用水平尺找平。

(6)在已铺贴的板块上不准站人,铺贴应倒退进行。用与板块同色的水泥浆填缝,然后用软布擦干净粘在板块上的砂浆,在面层铺设后,表面应覆盖、湿润,其养护时间应不少于7d。当板块面层的水泥砂浆结合层的抗压强度达到设计要求后,方可正常使用。

(7)结合层和板块面层填缝的柔性密封材料应符合现行的国家有关产品标准和设计要求。

3. 预制板块面层

(1)预制板块面层采用水泥混凝土板块、水磨石板块应在结合层上铺设。

(2)预制板块面层铺设时,其水泥类基层的抗压强度标准值不得小于1.2MPa。

(3)预制板块面层踢脚线施工时,严

> 板块类踢脚线施工时,严禁采用石灰砂浆打底。出墙厚度应一致,当设计无规定时,出墙厚度不宜大于板厚且小于20mm。

第十一章 建筑装饰装修工程质量控制及检验

禁采用石灰砂浆打底。出墙厚度应一致，当设计无规定时，出墙厚度不宜大于板厚且小于20mm。

(4)楼梯踏步和台阶板块的缝隙宽度一致、齿角整齐、楼层梯段相邻踏步高度差不应大于10mm，防滑条顺直。

4. 料石面层

(1)料石面层采用天然条石和块石应在结合层上铺设。

> 水泥混凝土板块面层的缝隙，应采用水泥浆（或砂浆）填缝；彩色混凝土板块和水磨石板块应用同色水泥浆（或砂浆）擦缝。

(2)条石和块石面层所用的石材的规格、技术等级和厚度应符合设计要求。条石的质量应均匀，形状为矩形六面体，厚度为80～120mm；块石形状为直棱柱体，顶面粗琢平整，底面面积不宜小于顶面面积的60%，厚度为100～150mm。

(3)不导电的料石面层的石料应采用辉绿岩石加工制成。填缝材料亦采用辉绿岩石加工的砂嵌实。耐高温的料石面层的石料，应按设计要求选用。

(4)料石面层铺设时，其水泥类基层的抗压强度标准值不得小于1.2MPa。

(5)条石面层采用水泥砂浆做结合层时厚度应为10～15mm；采用石油沥青胶结料铺设时结合层厚度应为2～5mm；砂结合层厚度应为15～20mm。

(6)块石面层的砂垫层厚度，在打夯实后不应小于60mm。若块面层铺在基土上时，其基土应均匀密实，填土或土层结构被扰动的基土，应予分层压(夯)实。

> 在石油沥青胶结料结合层上铺砌条石面层时，条石应干净干燥，铺贴时应在摊铺热沥青胶结料上进行，并应在沥青胶结料凝结前完成。填缝前，缝隙应清扫干净并使其干燥。

(7)条石应按规格尺寸分类，并垂直于行走方向拉线铺砌成行，相邻石块应错缝石长度的1/3～1/2。不宜出现十字缝。铺砌的方向和坡度应正确。

(8)在砂结合上铺砌条石的缝隙宽度不宜大于5mm。石料间的缝隙，采用水泥砂浆或沥青胶结料填塞时，应预先用砂填缝至高度的1/2。

(9)在水泥砂浆结合层上铺砌条石面层时,用同类砂浆填塞石料缝隙,其缝隙宽度应不大于5mm。

(三)工程质量检验标准

1. 砖面层质量检验标准

(1)主控项目检验。砖面层主控项目质量检验标准见表11-22。

表11-22　　　　　　砖面层主控项目质量检验标准

序号	项目	合格质量标准	检验方法	检查数量
1	板材质量	砖面层所用板块产品应符合设计要求和国家现行有关标准的规定	观察检查和检查形式检验报告、出厂检验报告、出厂合格证	同一工程、同一材料、同一生产厂家、同一型号、同一规格、同一批号检查一次
2	放射性检测	砖面层所用板块产品进入施工现场时,应有放射性限量合格的检测报告	检查检测报告	
3	面层与下一层结合	面层与下一层的结合(粘结)应牢固,无空鼓(单块砖边角允许有局部空鼓,但每自然间或标准间的空鼓砖不应超过总数的5%)	用小锤轻击检查	(1)抽查数量随机检验不应少于3间,不足3间,应全数检查;其中走廊(过道)应以10延长米为1间,工业厂房(按单跨计)、礼堂、门厅应以两个轴线为1间计算。(2)有防水要求的检验批抽查数量应按其房间总数随机检验不少于4间,不足4间,应全数检查

(2)一般项目检验。砖面层一般项目质量检验标准见表11-23。

第十一章 建筑装饰装修工程质量控制及检验

表 11-23　　　　　砖面层一般项目质量检验标准

序号	项目	合格质量标准	检验方法	检查数量
1	面层表面质量	砖面层的表面应洁净、图案清晰,色泽应一致,接缝应平整、深浅应一致,周边应顺直。板块应无裂纹、掉角和缺棱等缺陷	观察检查	(1)抽查数量随机检验不应少于3间;不足3间,应全数检查;其中走廊(过道)应以10延长米为1间,工业厂房(按单跨计)、礼堂、门厅应以两个轴线为1间计算。 (2)有防水要求的检验批抽查数量应按其房间总数随机检验不少于4间,不足4间,应全数检查
2	面层邻接处镶边	面层邻接处的镶边用料及尺寸应符合设计要求,边角应整齐、光滑	观察和用钢尺检查	
3	踢脚线质量	踢脚线表面应洁净,与柱、墙面的结合应牢固。踢脚线高度及出柱、墙厚度应符合设计要求,且均匀一致	观察和用小锤轻击及钢尺检查	
4	楼梯、台阶踏步	楼梯、台阶踏步的宽度、高度应符合设计要求。踏步板块的缝隙宽度应一致;楼层梯段相邻踏步高度差不应大于10mm;每踏步两端宽度差不应大于10mm,旋转楼梯梯段每踏步两端宽度的允许偏差不应大于5mm。踏步面层应做防滑处理,齿角应整齐,防滑条应顺直,牢固	观察和用钢尺检查	
5	面层表面坡度	面层表面的坡度应符合设计要求,不倒泛水、无积水;与地漏、管道结合处应严密牢固,无渗漏	观察、泼水或坡度尺及蓄水检查	
6	面层表面允许偏差	砖面层的允许偏差见表 11-24	见表 11-24	(1)同序号1～5。 (2)一般项目 80% 以上的检查点(处)符合规范规定的质量要求,其他检查点(处)不得有明显影响使用,且最大个偏差值不超过允许偏差的 50% 为合格

表 11-24　　　　　　　　砖面层的允许偏差

项目	允许偏差(mm)		检验方法
表面平整度	缸砖	4.0	用2m靠尺和楔形塞尺检查
	水泥花砖	3.0	
	陶瓷马赛克、陶瓷地砖	2.0	
缝格平直	3.0		拉5m线和用钢尺检查
接缝高低差	陶瓷马赛克、陶瓷地砖	0.5	用钢尺和楔形塞尺检查
	缸砖	1.5	
踢脚线上口平直	陶瓷马赛克、陶瓷地砖、水泥花砖	3.0	拉5m线和用钢尺检查
	水泥花砖	—	
	缸砖	4.0	
板块间隙宽度	2.0		用钢尺检查

2. 大理石面层和花岗石面层质量检验标准

(1)主控项目检验。大理石面层和花岗石面层主控项目质量检验标准见表 11-25。

表 11-25　　大理石面层和花岗石面层主控项目质量检验标准

序号	项目	合格质量标准	检验方法	检查数量
1	板块品种、质量	大理石、花岗石面层所用板块产品应符合设计要求和国家现行有关标准规定	观察检查和检查质量合格证明文件	同一工程、同一材料、同一生产厂家、同型号、同一规格、同一批号检查一次
2	放射性检测	大理石、花岗石面层所用板块产品进入施工现场时,应有放射性限量合格的检测报告	检查检测报告	
3	面层与下一层结合	面层与下一层应结合牢固,无空鼓(单块板块边角允许有局部空鼓,但每自然间或标准间的空鼓板块不应超过总数的5%)	用小锤轻击检查	(1)抽查数量随机检验不应少于3间,不足3间,应全数检查;其中走廊(过道)应以10延长米为1间,工业厂房(按单跨计)、礼堂、门厅应以两个轴线为1间计算。 (2)有防水要求的检验批抽查数量应按其房间总数随机检验不应少于4间,不足4间,应全数检查

(2)一般项目检验。大理石面层和花岗石面层一般项目质量检验标准见表11-26。

表 11-26　大理石面层和花岗石面层一般项目质量检验标准

序号	项目	合格质量标准	检验方法	检查数量
1	碱处理	大理石、花岗石面层铺设前,板块的背面和侧面应进行防碱处理	观察检查和检查施工记录	(1)抽查数量随机检验不应少于3间;不足3间,应全数检查;其中走廊(过道)应以10延长米为1间,工业厂房(按单跨计)、礼堂、门厅应以两个轴线为1间计算。(2)有防水要求的检验批抽查数量应按其房间总数随机检验不少于4间,不足4间,应全数检查
2	面层表面质量	大理石、花岗石面层的表面应洁净、平整、无磨痕,且应图案清晰、色泽一致、接缝均匀、周边顺直、镶嵌正确、板块无裂纹、掉角、缺棱等缺陷	观察检查	
3	踢脚线质量	踢脚线表面应洁净,与柱、墙面的结合应牢固。踢脚线高及出柱、墙厚度应符合设计要求,且均匀一致	观察和用小锤轻击及钢尺检查	
4	楼梯、台阶踏步	楼梯、台阶踏步的宽度、高度应符合设计要求。踏步板块的缝隙宽度应一致;楼层梯段相邻踏步高度差不应大于10mm;每踏步两端宽度差不应大于10mm,旋转楼梯梯段的每踏步两端宽度的允许偏差不应大于5mm 踏步面层应做防滑处理,齿角应整齐,防滑条应顺直、牢固	观察和用钢尺检查	
5	面层坡度及其他要求	面层表面的坡度应符合设计要求,不倒泛水、无积水;与地漏、管道结合处应严密牢固,无渗漏	观察、泼水或用坡度尺及蓄水检查	
6	面层表面允许偏差	见表11-27	见表11-27	同表11-23

表 11-27　大理石和花岗石面层(或碎拼大理石、碎拼花岗石)的允许偏差

项目	允许偏差(mm)	检验方法
表面平整度	1.0	用 2m 靠尺和楔形塞尺检查
缝格平直	2.0	拉 5m 线和用钢尺检查
接缝高低差	0.5	用钢尺和楔形塞尺检查
踢脚线上口平直	1.0	拉 5m 线和用钢尺检查
板块间隙宽度	1.0	用钢尺检查

3. 预制板块面层质量检验标准

(1)主控项目检验。预制板块面层主控项目质量检验标准见表 11-28。

表 11-28　　　预制板块面层主控项目质量检验标准

序号	项目	合格质量标准	检验方法	检查数量
1	板块强度、品种、质量	预制板块面层所用板块产品应符合设计要求和国家现行有关标准的规定	观察检查和检查形式检验报告、出厂检验报告、出厂合格证	同一工程、同一材料、同一生产厂家、同型号、同一规格、同一批号检查一次
2	放射性检测	预制板块面层所用板块产品进入施工现场时,应有放射性限量合格的检测报告	检查检测报告	
3	面层与下一层结合	面层与下一层应结合牢固、无空鼓(单坡板块边角允许有局部空鼓,但每自然间或标准间的空鼓板块不应超过总数的 5%)	用小锤轻击检查	(1)抽查数量随机检验不少于 3 间;不足 3 间,应全数检查;其中走廊(过道)应以 10 延长米为 1 间,工业厂房(按单跨计)、礼堂、门厅以两个轴线为 1 间计算。(2)有防水要求的检验批抽查数量应按其房间总数随机检验不少于 4 间,不足 4 间,应全数检查

(2)一般项目检验。预制板块面层一般项目质量检验标准见表11-29。

表 11-29　　　　预制板块面层一般项目质量检验标准

序号	项目	合格质量标准	检验方法	检查数量
1	板块质量	预制板块表面应无裂缝、掉角、翘曲等明显缺陷	观察检查	(1)抽查数量随机检验不应少于3间；不足3间，应全数检查；其中走廊（过道）应以10延长米为1间，工业厂房（按跨计）、礼堂、门厅以两个轴线为1间计算 (2)有防水要求的检验批抽查数量应按其房间总数随机检验不少于4间，不足4间，应全数检查
2	板块面层质量	预制板块面层应平整洁净，图案清晰，色泽一致，接缝均匀，周边顺直，镶嵌正确	观察检查	
3	面层邻接处镶边	面层邻接处的镶边用料尺寸应符合设计要求，边角应整齐、光滑	观察和钢尺检查	
4	踢脚线质量	踢脚线表面应洁净，与柱、墙面的结合应牢固。踢脚线高度及出柱、墙厚度应符合设计要求，且均匀一致	观察和用小锤轻击及钢尺检查	
5	楼梯、台阶踏步	楼梯、台阶踏步的宽度、高度应符合设计要求。踏步板块的缝隙宽度应一致；楼层梯段相邻踏步高度差不应大于10mm；每踏步两端宽度差不应大于10mm，旋转楼梯段的每踏步两端宽度的允许偏差不应大于5mm，踏步面层应做防滑处理，齿角应整齐，防滑条应顺直、牢固	观察和钢尺检查	
6	面层表面允许偏差	水泥混凝土板块、水磨石板块面层、人造石板块面层的允许偏差应符合表11-30的规定	见表11-30	同表11-23

表 11-30　水泥混凝土板块、水磨石板块、人造石板块面层允许偏差

项　目		允许偏差(mm)	检验方法
表面平整度	人造石板块面层	1.0	用2m靠尺和楔形塞尺检查
	水磨石板块面层	3.0	
	水泥混凝土板块面层	4.0	
缝格平直	人造石板块面层	2.0	拉5m线和用钢尺检查
	水磨石板块面层	3.0	
	水泥混凝土板块面层	3.0	
接缝高低差	人造石板块面层	0.5	用钢尺和楔形塞尺检查
	水磨石板块面层	1.0	
	水泥混凝土板块面层	1.5	
踢脚线上口平直	人造石板块面层	1.0	拉5m线和用钢尺检查
	水磨石板块与水泥混凝土板块面层	4.0	
板块间隙宽度	水磨石板块	2.0	用钢尺检查
	水泥混凝土板块	6.0	
	人造石板块面层	1.0	

4. 料石面层质量检验标准

(1) 主控项目检验。料石面层主控项目质量检验标准见表 11-31。

表 11-31　　料石面层主控项目质量检验标准

序号	项　目	合格质量标准	检验方法	检查数量
1	料石质量	石材应符合设计要求和国家现行有关标准的规定；条石的强度等级应大于MU60，块石的强度等级应大于MU30	观察检查和检查质量合格证明文件	同一工程、同一材料、同一生产厂家、同一型号、同一规格、同一批号检查一次

第十一章 建筑装饰装修工程质量控制及检验

续表

序号	项目	合格质量标准	检验方法	检查数量
2	放射性检测	石材进入施工现场时,应有放射性限量合格的检测报告	检查检测报告	同一工程、同一材料、同一生产厂家、同一型号、同一规格、同一批号检查一次
3	面层与下一层结合	面层与下一层应结合牢固、无松动	观察和用锤击检查	(1)抽查数量应随机检验不应少于3间;不足3间,应全数检查;其中走廊(过道)应以10延长米为1间,工业厂房(按单跨计)、礼堂、门厅应以两个轴线为1间计算。 (2)有防水要求的检验批抽查数量应按其房间总数随机检验不少于4间,不足4间,应全数检查

(2)一般项目检验。料石面层一般项目质量检验标准见表11-32。

表11-32　　　料石面层一般项目质量检验标准

序号	项目	合格质量标准	检验方法	检查数量
1	组砌方法	条石面层应组砌合理,无十字缝,铺砌方向和坡度应符合设计要求;块石面层石料缝隙应相互错开,通缝不应超过两块石料	观察和用坡度尺检查	(1)抽查数量随机检验不应少于3间;不足3间,应全数检查;其中走廊(过道)应以10延长米为1间,工业厂房(按单跨计)、礼堂、门厅应以两个轴线为1间计算。 (2)有防水要求的检验批抽查数量应按其房间总数随机检验不少于4间,不足4间,应全数检查
2	面层允许偏差	条石面层和块石面层的允许偏差应符合表11-33的规定	见表11-33	同表11-23

355

表 11-33　　　　　条石面层和块石面层允许偏差

项　目	允许偏差(mm)		检验方法
表面平整度	条石、块石	10	用 2m 靠尺和楔形塞尺检查
缝格平直	条石、块石	8	5m 线和用钢尺检查
接缝高低差	条石	2.0	用钢尺和楔形塞尺检查
	块石	—	
板块间隙宽度	条石	5	用钢尺检查
	块石	—	

第二节　抹灰工程质量控制及检验

一、一般抹灰工程质量控制及检验

(一)材料质量控制

(1)抹灰常采用的水泥应用不小于 42.5 级的普通硅酸盐水泥、矿渣硅酸盐水泥。不同品种的水泥不得混用。

(2)抹灰用的石灰膏可用块状生石灰熟化,熟化时必须用孔径不大于 3mm×3mm 的筛过滤,并储存在沉淀池中,常温下熟化时间不应少于 15d;罩面用的磨细石灰粉的熟化时间不应少于 30d。

(3)抹灰用砂最好是中砂(平均粒径为 0.35～0.5mm),或粗砂(平均粒径不大于 0.5mm)与中砂混合掺用。砂使用前应过筛,不得含有泥土及杂质,但是不宜使用特细砂(平均粒径小于 0.25mm)。

(4)抹灰用的石膏密度为 2.6～2.75g/cm³,堆积密度为 800～1000kg/m³。石膏加水后凝结硬化速度很快,规范规定初凝时间不得少于 4min,终凝时间不得超过 30min。

(5)麻刀应均匀、坚韧、干燥、不含杂质,长度以 20～30mm 为宜。

第十一章 建筑装饰装修工程质量控制及检验

罩面用纸筋宜用机碾磨细。稻草、麦秸长度不大于 30mm,并经石灰水浸泡 15d 后使用较好。

(二)施工过程质量控制

(1)一般抹灰应在基体或基层的质量检查合格后进行。

(2)各分项工程的检验批应按下列规定划分:

1)相同材料、工艺和施工条件的室外抹灰工程每 500~1000m² 应划分为一个检验批,不足 500m² 也应划分为一个检验批。

2)相同材料、工艺和施工条件的室内抹灰工程每 50 个自然间(大面积房间和走廊按抹灰面积 30m² 为一间)应划分为一个检验批,不足 50 间也应划分为一个检验批。

3)检查数量应符合下列规定:

①室内每个检验批应至少抽查 10%,并不得少于 3 间;不足 3 间时应全数检查。

②室外每个检验批每 100m² 应至少抽查一处,每处不得小于 10m²。

(3)一般抹灰工程施工顺序通常应先室外后室内,先上面后下面,先顶棚后地面。高层建筑采取措施后,也可分段进行。

(4)一般抹灰工程施工的环境温度,高级抹灰不应低于 5℃,中级和普通抹灰应在 0℃以上。

(5)抹灰前,砖石、混凝土等基体表面的灰尘、污垢和油渍等应清除干净,砌块的空壳层要凿掉,光滑的混凝土表面要进行斩毛处理,并洒水湿润。

(6)抹灰前,应纵横拉通线,用与抹灰层相同砂浆设置标志或标筋。

(7)各种砂浆的抹灰层,在凝结前,应防止快干、水冲、撞击和振动;凝结后,应采取措施防止沾污和损坏。

(8)水泥砂浆不得抹在石灰砂浆层上。

(9)抹灰的面层应在踢脚板、门窗贴脸板和挂镜线等木制品安装前进行涂抹。

(10)抹灰线用的模子,其线型、楞角等应符合设计要求,并按墙面、柱面找平后的水平线确定灰线位置。

(11)抹灰用的石灰膏的熟化期不应少于15d;罩面用的磨细石灰粉的熟化期不应少于3d。

(12)室内墙面、柱面和门洞口的阳角做法应符合设计要求。设计无要求时,应采用1∶2水泥砂浆做暗护角,其高度不应低于2m,每侧宽度不应小于50mm。

(13)当要求抹灰层具有防水、防潮功能时,应采用防水砂浆。

(14)外墙抹灰工程施工前应先安装钢木门窗框、护栏等,并应将墙上的施工孔洞堵塞密实。

排水坡度设置

外墙窗台、窗楣、雨蓬、阳台、压顶和突出腰线等,上面应做流水坡度,下面应做滴水线或滴水槽,滴水槽的深度和宽度均不应小于10mm,并整齐一致。阳台底滴水线抹灰要外低内高,厚度为10mm。窗洞、外窗台应在窗框安装验收合格,框与墙体间缝隙填嵌密实符合要求后进行。

(三)工程质量检验标准

1. 主控项目检验

一般抹灰主控项目质量检验标准见表11-34。

表11-34　　　　　一般抹灰主控项目质量检验标准

序号	项目	合格质量标准	检验方法	检查数量
1	基层表面	抹灰前基层表面的尘土、污垢、油渍等应清除干净,并应洒水润湿	检查施工记录	(1)室内每个检验批应至少抽查10%,并不得少于3间;不足3间时应全数检查。 (2)室外每个检验批每100m² 应至少抽查一处,每处不得小于10m²
2	材料品种和性能	一般抹灰所用材料的品种和性能应符合设计要求。水泥的凝结时间和安定性复验应合格。砂浆的配合比应符合设计要求	检查产品合格证书、进场验收记录、复验报告和施工记录	

第十一章 建筑装饰装修工程质量控制及检验

续表

序号	项目	合格质量标准	检验方法	检查数量
3	操作要求	抹灰工程应分层进行。当抹灰总厚度大于或等于35mm时,应采取加强措施。不同材料基体交接处表面的抹灰,应采取防止开裂的加强措施,当采用加强网时,加强网与各基体的搭接宽度应不小于100mm	检查隐蔽工程验收记录和施工记录	(1)室内每个检验批应至少抽查10%,并不得少于3间;不足3间时应全数检查。(2)室外每个检验批每100m²应至少抽查一处,每处不得小于10m²
4	层粘结及面层质量	抹灰层与基层之间及各抹灰层之间必须粘结牢固,抹灰层应无脱层、空鼓,面层应无爆灰和裂缝	观察;用小锤轻击检查;检查施工记录	

2. 一般项目检验

一般抹灰一般项目质量检验标准见表11-35。

表11-35　　　　　一般抹灰一般项目质量检验标准

序号	项目	合格质量标准	检验方法	检查数量
1	表面质量	一般抹灰工程的表面质量应符合下列规定: (1)普通抹灰表面应光滑、洁净、接槎平整,分格缝应清晰; (2)高级抹灰表面应光滑、洁净、颜色均匀、无抹纹,分格缝和灰线应清晰美观	观察;手摸检查	(1)室内每个检验批应至少抽查10%,并不得少于3间;不足3间时应全数检查。
2	细部质量	护角、孔洞、槽、盒周围的抹灰表面应整齐、光滑;管道后面的抹灰表面应平整	观察	
3	抹灰层总厚度及层间材料	抹灰层的总厚度应符合设计要求;水泥砂浆不得抹在石灰砂浆层上;罩面石膏灰不得抹在水泥砂浆层上	检查施工记录	
4	分格缝	抹灰分格缝的设置应符合设计要求,宽度和深度应均匀,表面应光滑,棱角应整齐	观察;尺量检查	

续表

序号	项目	合格质量标准	检验方法	检查数量
5	滴水线（槽）	有排水要求的部位应做滴水线（槽）。滴水线（槽）应整齐顺直，滴水线应内高外低，滴水槽的宽度和深度均应不小于10mm	观察；尺量检查	(2)室外每个检验批每100m² 应至少抽查一处，每处不得小于10m²
6	允许偏差	一般抹灰工程质量的允许偏差和检验方法应符合表11-36的规定	见表11-36	

表11-36　　　　　一般抹灰的允许偏差和检验方法

项次	项目	允许偏差(mm)		检验方法
		普通抹灰	高级抹灰	
1	立面垂直度	4	3	用2m垂直检测尺检查
2	表面平整度	4	3	用2m靠尺和塞尺检查
3	阴阳角方正	4	3	用直角检测尺检查
4	分格条(缝)直线度	4	3	拉5m线，不足5m拉通线，用钢直尺检查
5	墙裙、勒脚上口直线度	4	3	拉5m线，不足5m拉通线，用钢直尺检查

注：1. 普通抹灰，本表第3项阴角方正可不检查。
　　2. 顶棚抹灰，本表第2项表面平整度可不检查，但应平顺。
　　3. 本表摘自《建筑装饰装修工程质量验收规范》(GB 50210—2001)。

二、装饰抹灰工程质量控制及检验

(一)材料质量控制

(1)水泥、砂质量控制要点同一般抹灰质量控制要点。

第十一章 建筑装饰装修工程质量控制及检验

(2)水刷石、干粘石、斩假石的集料，其质量要求是颗粒坚韧、有棱角、洁净且不得含有风化的石粒，使用时应冲洗干净并晾干。

> 水刷石浪费水资源，并对环境有污染，应尽量减少使用。

(3)彩色瓷粒，其粒径为 1.2～3mm，具有大气稳定性好、表面瓷粒均匀等特性。

(4)装饰砂浆中的颜料，应采用耐碱和耐晒(光)的矿物颜料，常用的有氧化铁黄、铬黄、氧化铁红、群青、钴蓝、铬绿、氧化铁棕、氧化铁黑、钛白粉等。

(5)建筑粘结剂应选择无醛粘结剂，产品性能参照《水溶性聚乙烯醇建筑胶粘剂》(JC/T 438—2006)的要求。有害物质限量符合《室内装饰装修材料胶粘剂中有害物质限量》(GB 18583—2008)的要求。

(二)施工过程质量控制

(1)装饰抹灰在基体与基层质量检验合格后方可进行。基层必须清理干净，使抹灰层与基层粘结牢固。

(2)装配式混凝土外墙板，其外墙面和接缝不平处以及缺楞掉角处，用水泥砂浆修补后，可直接进行喷涂、滚涂、弹涂。

(3)装饰抹灰面层应做在已硬化、粗糙而平整的中层砂浆面上，涂抹前应洒水湿润。

(4)装饰抹灰面层的施工缝，应留在分格缝、墙面阴角，水落管背后或独立装饰组成部分的边缘处。每个分块必须连续作业，不显接槎。

> 装饰抹灰的材料、配合比、面层颜色和图案要符合设计要求，以达到理想的装饰效果，为此，应预先做出样板(一个样品或标准间)，经建设、设计、施工、监理四方共同鉴定合格后，方可大面积施工。

(5)喷涂、弹涂等工艺在雨天或天气预报下雨时不得施工；干粘石等工艺在大风天气不宜施工。

(6)装饰抹灰的周围的墙面、窗口等部位，应采取有效措施，进行遮挡，以防污染。

(三)工程质量检验标准

1. 主控项目检验

装饰抹灰主控项目质量检验标准见表 11-37。

表 11-37　　　　装饰抹灰主控项目质量检验标准

序号	项 目	合格质量标准	检验方法	检查数量
1	基层表面	抹灰前基层表面的尘土、污垢、油渍等应清除干净,并应洒水润湿	检查施工记录	(1)室内每个检验批应至少抽查10%,并不得少于3间;不足3间时应全数检查。(2)室外每个检验批每100m²应至少抽查1处,每处不得小于10m²
2	材料品种和性能	装饰抹灰工程所用材料的品种和性能应符合设计要求。水泥的凝结时间和安定性复验应合格。砂浆的配合比应符合设计要求	检查产品合格证书、进场验收记录、复验报告和施工记录	
3	操作要求	抹灰工程应分层进行。当抹灰总厚度大于或等于 35mm 时,应采加强措施。不同材料基体交接处表面的抹灰,应采取防止开裂的加强措施,当采用加强网时,加强网与各基体的搭接宽度应不小于 100mm	检查隐蔽工程验收记录和施工记录	
4	层粘结及面层质量	各抹灰层之间及抹灰层与基体之间必须粘结牢固,抹灰层应无脱层、空鼓和裂缝	观察;用小锤轻击检查;检查施工记录	

2. 一般项目检验

装饰抹灰一般项目质量检验标准见表 11-38。

第十一章 建筑装饰装修工程质量控制及检验

表 11-38　　　　　装饰抹灰一般项目质量检验标准

序号	项目	合格质量标准	检验方法	检查数量
1	表面质量	装饰抹灰工程的表面质量应符合下列规定： (1)水刷石表面应石粒清晰、分布均匀、紧密平整、色泽一致，应无掉粒和接槎痕迹。 (2)斩假石表面剁纹应均匀顺直、深浅一致，应无漏剁处；阳角处应横剁并留出宽窄一致的不剁边条，棱角应无损坏。 (3)干粘石表面应色泽一致、不露浆、不漏粘，石粒应粘结牢固、分布均匀，阳角处应无明显黑边。 (4)假面砖表面应平整、沟纹清晰、留缝整齐、色泽一致，应无掉角、脱皮、起砂等缺陷	观察，手摸检查	(1)室内每个检验批应至少抽查10%，并不得少于3间；不足3间时应全数检查。 (2)室外每个检验批每100m² 应至少抽查1处，每处不得小于10m²
2	分格条(缝)	装饰抹灰分格条(缝)的设置应符合设计要求，宽度和深度应均匀，表面应平整光滑，棱角应整齐	观察	
3	滴水线	有排水要求的部位应做滴水线(槽)。滴水线(槽)应整齐顺直，滴水线应内高外低，滴水槽的宽度和深度均应不小于10mm	观察尺量检查	
4	允许偏差	装饰抹灰工程质量的允许偏差和检验方法应符合表11-39 的规定	见表11-39	

表 11-39　　　　　装饰抹灰的允许偏差和检验方法

项次	项目	允许偏差(mm)				检验方法
		水刷石	斩假石	干粘石	假面砖	
1	立面垂直度	5	4	5	5	用2m垂直检测尺检查
2	表面平整度	3	3	5	4	用2m靠尺和塞尺检查
3	阳角方正	3	3	4	4	用直角检测尺检查
4	分格条(缝)直线度	3	3	3	3	拉5m线，不足5m拉通线，用钢直尺检查
5	墙裙、勒脚上口直线度	3	3	—	—	拉5m线，不足5m拉通线，用钢直尺检查

注：本表摘自《建筑装饰装修工程质量验收规范》(GB 50210—2001)。

第三节 饰面工程质量控制及检验

一、饰面材料质量控制

1. 天然石饰面板

天然大理石饰面板主要用于室内的墙面、楼地面处的装饰。要求表面不得有隐伤、风化等缺陷；表面应平整，无污染颜色，边缘整齐，棱角不得损坏，并应具有产品合格证和放射性指标的复试报告。

花岗石饰面板可用于室内外的墙面、楼地面。花岗石饰面板要求棱角方正，颜色一致，无裂纹、风化、隐伤和缺角等缺陷。

2. 人造石饰面板

人造石饰面板应表面平整，几何尺寸准确，面层石粒均匀、洁净、颜色一致。

3. 饰面砖

饰面砖应表面平整、边缘整齐，棱角不得损坏，并具有产品合格证。外墙釉面砖、无釉面砖，表面应光洁，质地坚固，尺寸、色泽一致，不得有暗痕和裂纹，其性能指标均应符合现行国家标准的规定，并具有复试报告。

4. 其他

安装饰面板用的铁制锚固件、连接件，应镀锌或经防锈处理。镜面和光面的大理石、花岗石饰面板，应用铜或不锈钢的连接件。

安装装饰板（砖）所使用的水泥，体积安定性必须合格，其初凝不得早于45min，终凝不得迟于12h。砂要求颗粒坚硬、洁净，含泥量不得大于3%。石灰膏不得含有未熟化颗粒。

施工所用的其他胶结材料的品种、掺合比例应符合设计要求。

二、饰面工程施工过程质量控制措施

(一)饰面板安装工程

1. 石材饰面板安装

(1)饰面板安装前,应按厂牌、品种、规格和颜色进行分类选配,并将其侧面和背面清扫干净,修边打眼,每块板的上、下边打眼数量不得少于2个,并用防锈金属丝穿入孔内,以作系固之用。

(2)饰面板安装时,接缝宽度可垫木楔调整,并确保外表面平整、垂直及板的上沿平顺。

(3)灌筑砂浆时,应先在竖缝内塞15~20mm深的麻丝或泡沫塑料条,以防漏浆,并将饰面板背面和基体表面湿润。砂浆灌筑应分层进行,每层灌筑高度为150~200mm,且不得大于板高的1/3,插捣密实。施工缝位置应留在饰面板水平接缝以下50~100mm处。待砂浆硬化后,将填缝材料清除。

(4)室内安装天然石光面和镜面的饰面板,接缝应干接,接缝处宜用与饰面板相同颜色的水泥浆填抹;室外安装天然石光面和镜面饰面板,接缝可干接或用水泥细砂浆勾缝,干接缝应用与饰面板相同颜色水泥浆填平。安装天然石粗磨面、麻面、条纹面、天然面饰面板的接缝和勾缝应用水泥砂浆。

(5)安装人造石饰面板,接缝宜用与饰面板相同颜色的水泥浆或水泥砂浆抹勾严实。

(6)饰面板完工后,表面应清洗干净。光面和镜面饰面板经清洗晾干后,方可打蜡擦亮。

2. 瓷板饰面施工

(1)瓷板装饰应在主体结构、穿过墙体的所有管道、线路等施工完毕并经验收合格后进行。

(2)进场材料,按有关规定送检合格,并按不同品种、规格分类堆放在室内,若堆在室外时,应采取有效防雨防潮措施。吊运及施工过程中,严禁随意碰撞板材,不得划花、污损板材光泽面。

石材饰面板的接缝宽度

石材饰面板的接缝宽度,应符合表 11-40 的规定。

表 11-40　　　　　饰面板的接缝宽度

项次	名　　称		接缝宽度(mm)
1	天然石	光面、镜面	1
2		粗磨面、麻面、条纹面	5
3		天然面	10
4	人造石	水磨石	2
5		水刷石	10
6		大理石、花岗石	1

3. 干挂瓷质饰面施工

(1)瓷板的安装顺序宜由下往上进行,避免交叉作业。

(2)瓷板编号、开槽或钻孔;胀锚螺栓、窗墙螺栓安装;挂件安装应满足设计及《建筑瓷板装饰工程技术规程》(CECS:101—1998)的规定。

(3)瓷板安装前应修补施工中损坏的外墙防水层。

(4)瓷板的拼缝应符合设计要求,瓷板的槽(孔)内及挂件表面的灰粉应清除。

(5)扣齿板的长度应符合设计要求,当设计未作规定时,不锈钢扣齿板与瓷板支承边等长,铝合金扣齿板比瓷板支承边短 20~50mm。

(6)扣齿或销钉插入瓷板深度应符合设计要求。

(7)当为不锈钢挂件时,应将环氧树脂浆液抹入槽(孔)内,与瓷接合部位的挂件应满涂,然后插入扣齿或销钉。

(8)瓷板中部加强点的连接件与基面连接应可靠,其位置及面积应符合设计要求。

(9)灌缝的密封胶应符合设计要求,其颜色应与瓷板色彩相配,灌缝应饱满平直,宽窄一致,不得在潮湿时灌密封胶。灌缝时不得污损瓷板面。

(10)底板的拼缝有排水孔设置要求时,其排水通道不得阻塞。

4. 挂贴瓷质饰面施工

(1)瓷板应按作业流水编号,瓷板拉结点的竖孔应钻在板厚中心线上,孔径为3.2~3.5mm,深度为20~30mm,板背模孔应与竖孔连通;用防锈金属丝穿孔固定,金属丝直径大于瓷板拼缝宽度时,应凿槽埋置。

(2)瓷板挂贴窗由下而上进行,出墙面勒脚的瓷板,应待上层饰面完成后进行。楼梯栏杆、栏板及墙裙的瓷板,应在楼梯踏步、地面面层完成后进行。

(3)当基层用拉结钢筋网时,钢筋网应与锚固点焊接牢固。锚固点为螺栓时,其紧固力矩应取40~45N·m。

(4)挂装的瓷板、同幅墙的瓷板色彩应一致(特殊要求除外)。

(5)瓷板挂装时,应找正吊直后用金属丝绑牢在拉结钢筋网上,挂装时可用木楔调整,瓷板的拼缝宽度应符合设计要求,并不宜大于1mm。

(6)灌筑填缝砂浆前,应将墙体及瓷板背面浇水润湿,并用石膏灰临时封闭瓷板竖缝,以防漏浆。用稠度100~150mm的1∶2.5~1∶3水泥砂浆(体积比)分层灌筑,每层高度为150~200mm,应插捣密实,待初凝后,应检查板面位置,合格后方可灌筑上层砂浆,否则应拆除重装,施工缝应留在瓷板水平接缝以下50~100mm处,待填缝砂浆初凝后,方可拆除石膏及临时固定物。

(7)瓷板的拼缝处理应符合设计要求,当设计无要求时,用瓷板颜色相配的水泥浆抹匀严密。

> 冬期施工应采取相应措施保护砂浆,以免受冻。

5. 金属饰面板安装

(1)金属饰面板安装,当设计无要求时,宜采用抽芯铝铆钉,中间必须垫橡胶垫圈。抽芯铝铆钉间距以控制在100~150mm为宜。

(2)板材安装时严禁采用对接,搭接长度应符合设计要求,不得有透缝现象。

(3)阴阳角宜采用预制角装饰板安装,角板与大面搭接方向应与主导风向一致,严禁逆向安装。

6. 聚氯乙烯塑料板饰面安装

(1)水泥砂浆基体必须垂直,要坚硬、平整、不起壳,不应过光,也不宜过毛,应洁净,如有麻面,宜用乳胶腻子修补平整,再刷一遍乳胶水溶液,以增加粘结力。

(2)粘贴前,在基层上分块弹线预排。

(3)胶粘剂一般宜用脲醛树脂、聚酯酸乙酯、环氧树脂或氯丁胶粘剂。

(4)调制胶粘剂不宜太稀或太稠,应在基层表面和罩面板背面同时均匀涂刷胶粘剂,待用手触试已涂胶液、感到黏性较大时,即可进行粘贴。

(5)粘贴后应采取临时措施固定,同时及时清除板缝中多余的胶液,否则会污染板面。

(6)硬聚氯乙烯装饰板,用木螺钉和垫圈或金属压条固定,金属压条时,应先用钉将装饰板临时固定,然后加盖金属压条。

> (1)储运时,应防止损坏板材。严禁曝晒或高温、撞击。凡缺棱少角或有裂缝者不宜使用。
> (2)完成后的产品,应及时做好产品保护工作。

(二)饰面砖粘贴工程

1. 粘贴室内面砖

(1)粘贴室内面砖时一般由下往上逐层粘贴,从阳角起贴,先贴大面,后贴阴阳角、凹槽等难度较大的部位。

(2)每皮砖上口平齐成一线,竖缝应单边按墙上控制线齐直,砖缝应横平竖直。

(3)粘贴室内面砖时,如设计无要求,接缝宽度为1~1.5mm。

(4)墙裙、浴盆、水池等处和阴阳角处应使用配件砖。

(5)粘贴室内面砖的房间,阴阳角须找方,防止地面沿墙边出现宽窄不一的现象。

(6)如设计无特殊要求,砖缝用白水泥擦缝。

2. 粘贴室外面砖

(1)粘贴室外面砖时,水平缝用嵌缝条控制(应根据设计要求排砖确定的缝宽做嵌缝木条)使用前木条应先捆扎后用水浸泡,以保证缝格均匀。施工中每次重复使用木条前都要及时清除余灰。

(2)粘贴室外面砖的竖缝用竖向弹线控制,其弹线密度可根据操作工人水平确定,可每块弹,也可 5~10 块弹一垂线,操作时,面砖下面坐在嵌条上,一边与弹线齐平。然后依次向上粘贴。

(3)外墙面砖不应并缝粘贴。完成后的外墙面砖,应用 1:1 水泥砂浆勾缝,先勾横缝,后勾竖缝,缝深宜凹进面砖 2~3mm,宜用方板平底缝,不宜勾圆弧底缝,完成后用布或纱头擦净面砖。必要时可用浓度 10% 稀盐酸刷洗,但必须随即用水冲洗干净。

(4)外墙饰面粘贴前和施工过程中,均应在相同基层上做样板件,并对样板件的饰面砖粘结强度进行检验。每 $300m^2$ 同类墙体取 1 组试样,每组 3 个,每楼层不得少于 1 组;不足 $300m^2$ 每二楼层取 1 组。每组试样的平均粘结强度不应小于 0.4MPa;每组可有一个试样的粘结强度小于 0.4MPa,但不应小于 0.3MPa。

(5)饰面板(砖)工程的抗震缝、伸缩缝、沉降缝等部位的处理应保证缝的使用功能和饰面的完整性。

3. 粘贴陶瓷马赛克

(1)外墙粘贴陶瓷马赛克时,整幢房屋宜从上往下进行,但如上下分段施工时亦可从下往上进行粘贴,整间或独立部位应一次完成。

(2)陶瓷马赛克宜采用水泥浆或聚合物水泥浆粘贴。在粘贴之前基层应湿润,并刷水泥浆一遍,同时将每联陶瓷马赛克铺在木垫板上(底面朝上),清扫干净,缝中灌 1:2 干水泥砂。用软毛刷刷净底面砂,涂上 2~3mm 厚的一层水泥浆(水泥:石灰膏=1:0.3),然后进行粘贴。

(3)在陶瓷马赛克粘贴完后约 20~30min,将纸面用水润湿,揭去纸面,再拨缝使达到横平竖直,应仔细拍实、拍平,用水泥浆揹缝后擦净面层。

特别提示

饰面砖粘贴注意事项

(1)饰面砖粘贴应预排,使接缝顺直、均匀。同一墙面上的横竖排列,不得有一项以上的非整砖。非整砖应排在次要部位或阴角处。

(2)基层表面如有管线、灯具、卫生设备等突出物,周围的砖应用整砖套割吻合,不得用非整砖拼凑镶贴。

(3)粘贴饰面砖横竖须按弹线标志进行。表面应平整,不显接槎,接缝平直、宽度一致。

(4)饰面砖的品种、规格、图案、颜色和性能应符合设计要求。进场后应派人进行挑选,并分类堆放备用。使用前,应在清水中浸泡2h以上,晾干后方可使用。

三、饰面工程质量检验标准

(一)饰面板安装质量检验标准

1. 主控项目检验

饰面板安装主控项目质量检验标准见表11-41。

表11-41　　　　饰面板安装主控项目质量检验标准

序号	项目	合格质量标准	检验方法	检查数量
1	材料质量	饰面板的品种、规格、颜色和性能应符合设计要求,木龙集、木饰面板和塑料饰面板的燃烧性能等级应符合设计要求	观察;检查产品合格证书、进场验收记录和性能检测报告	室内每个检验批应至少抽查10%,并不得少于3间;不足3间时应全数检查。室外每个检验批每100m²应至少抽查一处,每处不得小于10m²
2	饰面板孔、槽	饰面板孔、槽的数量、位置和尺寸应符合设计要求	检查进场验收记录和施工记录	
3	饰面板安装	饰面板安装工程的预埋件(或后置埋件)、连接件的数量、规格、位置、连接方法和防腐处理必须符合设计要求。后置埋件的现场拉拔强度必须符合设计要求。饰面板安装必须牢固	手扳检查;检查进场验收记录、现场拉拔检测报告、隐蔽工程验收记录和施工记录	

第十一章 建筑装饰装修工程质量控制及检验

2. 一般项目检验

饰面板安装一般项目质量检验标准见表11-42。

表11-42　　　　饰面板安装一般项目质量检验标准

序号	项目	合格质量标准	检验方法	检查数量
1	饰面板表面质量	饰面板表面应平整、洁净、色泽一致,无裂痕和缺损。石材表面应无泛碱等污染	观察	同主控项目
2	饰面板嵌缝	饰面板嵌缝应密实、平直,宽度和深度应符合设计要求,嵌填材料色泽应一致	观察;尺量检查	
3	湿作业施工	采用湿作业法施工的饰面板工程,石材应进行防碱背涂处理。饰面板与基体之间的灌筑材料应饱满、密实	用小锤轻击检查;检查施工记录	
4	饰面板孔洞套割	饰面板上的孔洞应套割吻合,边缘应整齐	观察	
5	安装允许偏差	饰面板安装的允许偏差和检验方法应符合表11-43的规定	见表11-43	

表11-43　　　　饰面板安装的允许偏差和检验方法

项次	项目	允许偏差(mm)							检验方法
		石材			瓷板	木材	塑料	金属	
		光面	剁斧石	蘑菇石					
1	立面垂直度	2	3	3	2	1.5	2	2	用2m垂直检测尺检查
2	表面平整度	2	3	—	1.5	1	3	3	用2m靠尺和塞尺检查
3	阴阳角方正	2	4	4	2	1.5	3	3	用直角检测尺检查
4	接缝直线度	2	4	4	2	1	1	1	拉5m线,不足5m拉通线,用钢直尺检查
5	墙裙、勒脚上口直线度	2	3	3	2	2	2	2	
6	接缝高低差	0.5	3	—	0.5	0.5	1	1	用钢直尺和塞尺检查
7	接缝宽度	1	2	2	1	1	1	1	用钢直尺检查

注:本表摘自《建筑装饰装修工程质量验收规范》(GB 50210—2001)。

(二)饰面砖粘贴质量检验标准

1. 主控项目检验

饰面砖粘贴主控项目质量检验标准见表11-44。

表 11-44　　　　　饰面砖粘贴主控项目质量检验标准

序号	项目	合格质量标准	检验方法	检查数量
1	饰面砖质量	饰面砖的品种、规格、图案、颜色和性能应符合设计要求	观察;检查产品合格证书、进场验收记录、性能检测报告和复验报告	室内每个检验批应至少抽查10%,并不得少于3间;不足3间时应全数检查;室外每个检验批每100m²应至少抽查一处,每处不得小于10m²
2	饰面砖粘贴材料	饰面砖粘贴工程的找平、防水、粘结和勾缝材料及施工方法应符合设计要求及国家现行产品标准和工程技术标准的规定	检查产品合格证书、复验报告和隐蔽工程验收记录	
3	饰面砖粘贴	饰面砖粘贴必须牢固	检查样板件粘结强度检测报告和施工记录	
4	满粘法施工	满粘法施工的饰面砖工程应无空鼓、裂缝	观察;用小锤轻击检查	

2. 一般项目检验

饰面砖粘贴一般项目质量检验标准见表 11-45。

表 11-45　　　　　饰面砖粘贴一般项目质量检验标准

序号	项目	合格质量标准	检验方法	检查数量
1	饰面砖表面质量	饰面砖表面应平整、洁净、色泽一致,无裂痕和缺损	观察	室内每个检验批应至少抽查10%,并不得少于3间;不足3间时应全数检查;室外每个检验批每100m²应至少抽查一处,每处不得小于10m²
2	阴阳角及非整砖	阴阳角处搭接方式、非整砖使用部位应符合设计要求		
3	墙面突出物	墙面突出物周围的饰面砖应整砖套割吻合,边缘应整齐。墙裙、贴脸突出墙面的厚度应一致	观察;尺量检查	
4	饰面砖接缝、填嵌、宽深	饰面砖接缝应平直、光滑,填嵌应连续、密实;宽度和深度应符合设计要求		
5	滴水线	有排水要求的部位应做滴水线(槽)。滴水线(槽)应顺直,流水坡向应正确,坡度应符合设计要求	观察;用水平尺检查	
6	允许偏差	饰面砖粘贴的允许偏差和检验方法应符合表 11-46 的规定	见表 11-46	

表 11-46　　　　饰面砖粘贴的允许偏差和检验方法

项次	项目	允许偏差(mm)		检验方法
		外墙面砖	内墙面砖	
1	立面垂直度	3	2	用2m垂直检测尺检查
2	表面平整度	4	3	用2m靠尺和塞尺检查
3	阴阳角方正	3	3	用直角检测尺检查
4	接缝直线度	3	2	拉5m线,不足5m拉通线,用钢直尺检查
5	接缝高低差	1	0.5	用钢直尺和塞尺检查
6	接缝宽度	1	1	用钢直尺检查

注:本表摘自《建筑装饰装修工程质量验收规范》(GB 50210—2001)。

第四节　门窗工程质量控制及检验

一、木门窗制作和安装质量控制及检验

(一)木门窗原材料质量控制

(1)木门窗的木材品种、材质等级、规格、尺寸、框扇的线型及人造木板的甲醛含量应符合设计要求,当设计对材质等级未作规定时,所用木材的质量应符合表 11-47 和表 11-48 的规定。

(2)木门窗应采用烘干的木材,其含水率不应大于当地气候的平衡含水率,一般在气候干燥地区不宜大于 12%,在南方气候潮湿地区不宜大于 15%。

(3)木门窗框与砌体、混凝土接触面及预埋木砖均应防腐处理。沥青防腐剂不得用于室内。对易腐朽和虫蛀的木材应进行防腐、防虫处理。木材的防火、防腐、防虫处理应符合设计要求。

表 11-47　　普通木门窗用木材的质量要求

木材缺陷		门窗扇的立梃、冒头、中冒头	窗棂、压条、门窗及气窗的线脚、通风窗立梃	门心板	门窗框
活节	不计个数,直径(mm)	<15	<5	<15	<15
	计算个数,直径	≤材宽的 1/3	≤材宽的 1/3	≤30mm	≤材宽的 1/3
	任 1 延米个数	≤3	≤2	≤3	≤5
死节		允许,计入活节总数	不允许	允许,计入活节总数	
髓心		不露出表面的,允许	不允许		不露出表面的,允许
裂缝		深度及长度≤厚度及材长的 1/5	不允许	允许可见裂缝	深度及长度≤厚度及材长的 1/4
斜纹的斜率(%)		≤7	≤5	不限	≤12
油眼		非正面,允许			
其他		浪形纹理、圆形纹理、偏心及化学变色,允许			

表 11-48　　高级木门窗用木材的质量要求

木材缺陷		木门扇的立梃、冒头、中冒头	窗棂、压条、门窗及气窗的线脚、通风窗立梃	门心板	门窗框
活节	不计个数,直径(mm)	<10	<5	<10	<10
	计算个数,直径	≤材宽的 1/4	≤材宽的 1/4	≤20mm	≤材宽的 1/3
	任 1 延米个数	≤2	≤0	≤2	≤3
死节		允许,包括在活节总数中	不允许	允许,包括在活节总数中	不允许

续表

木材缺陷	木门扇的立梃、冒头、中冒头	窗棂、压条、门窗及气窗的线脚、通风窗立梃	门心板	门窗框
髓心	不露出表面的,允许	不允许	不露出表面的,允许	
裂缝	深度及长度≤厚度及材长的1/6	不允许	允许可见裂缝	深度及长度≤厚度及材长的1/5
斜纹的斜率(%)	≤6	≤4	≤15	≤10
油眼		非正面,允许		
其他		浪形纹理、圆形纹理、偏心及化学变色,允许		

(二)木门窗制作和安装施工过程质量控制措施

(1)木门窗及门窗五金从生产厂运到工地,必须做验收,按图纸检查框扇型号,检查产品防锈红丹无漏涂,薄刷现象,不合格者严格退回。

(2)门窗框、扇进场后,框的靠墙、靠地的一面应刷防腐涂料,其他各面应刷清油一道。刷油后分类码放平整,底层应垫平、垫高,每层框间衬木板条通风,防止日晒雨淋。

(3)门窗框安装应安排在地面,墙面湿作业完成之后;窗扇安装应在室内抹灰施工前进行;门窗安装应在室内抹灰完成和水泥地面达到强度以后进行。

(4)木门窗安装宜采用预留洞口的方法施工。如果采用先安装后砌口的方法施工,则应注意避免门窗框在施工中受损、受挤压变形或受到污染。

> 同一品种、类型和规格的木门窗及门窗玻璃每100樘划分为一个检验批,不足100樘也应划分为一个检验批。

(5)木门窗与砖石砌体、混凝土或抹灰层接触处应进行防腐处理并应设置防潮层;埋入砌体或混凝土中的木砖应进行防腐处理。

(三)木门窗制作和安装质量检验标准

1. 木门窗制作

(1)主控项目检验。木门窗制作主控项目质量检验标准见表 11-49。

表 11-49　　　　木门窗制作主控项目质量检验标准

序号	项目	合格质量标准	检验方法	检查数量
1	材料质量	木门窗的木材品种、材质等级、规格、尺寸、框扇的线型及人造木板的甲醛含量应符合设计要求。设计未规定材质等级时,所用木材的质量应符合表 11-47 和表 11-48 的规定	观察;检查材料进场验收记录和复验报告	每个检验批应至少抽查 5%,并不得少于 3 樘,不足 3 樘时应全数检查;高层建筑外窗,每个检验批应至少抽查 10%,并不得少于 6 樘,不足 6 樘时应全数检查
2	木材烘干	木门窗应采用烘干的木材	检查材料进场验收记录	
3	木材防护	木门窗的防火、防腐、防虫处理应符合设计要求	观察;检查材料进场验收记录	
4	木节及虫眼	木门窗的结合处和安装配件处不得有木节或已填补的木节。木门窗如有允许限值以内的死节及直径较大的虫眼时,应用同一材质的木塞加胶填补。对于清漆制品,木塞的木纹和色泽应与制品一致	观察	
5	榫槽连接	门窗框和厚度大于 50mm 的门窗扇应用双榫连接。榫槽应采用胶料严密嵌合,并应用胶楔加紧	观察;手扳检查	
6	胶合板门、纤维板门、压模质量	胶合板门、纤维板门和模压门不得脱胶。胶合板不得刨透表层单板,不得有戗槎。制作胶合板门、纤维板门时,边框和横楞应在同一平面上,面层、边框及横楞应加压胶结。横楞和上、下冒头应各钻两个以上的透气孔,透气孔应通畅	观察	

第十一章 建筑装饰装修工程质量控制及检验

(2)一般项目检验。木门窗制作一般项目质量检验标准见表 11-50。

表 11-50　　　　木门窗制作一般项目质量检验标准

序号	项目	合格质量标准	检验方法	检查数量
1	木门窗表面质量	木门窗表面应洁净,不得有刨痕、锤印	观察	同主控项目
2	木门窗割角拼缝	木门窗的割角、拼缝应严密平整。门窗框、扇裁口应顺直,刨面应平整		
3	木门窗槽、孔	木门窗上的槽、孔应边缘整齐,无毛刺		
4	制作允许偏差	木门窗制作的允许偏差和检验方法应符合表 11-51 的规定	见表 11-51	

表 11-51　　　　木门窗制作的允许偏差和检验方法

项次	项目	构件名称	允许偏差(mm) 普通	允许偏差(mm) 高级	检验方法
1	翘曲	框	3	2	将框、扇平放在检查平台上,用塞尺检查
1	翘曲	扇	2	2	将框、扇平放在检查平台上,用塞尺检查
2	对角线长度差	框、扇	3	2	用钢尺检查,框量裁口里角,扇量外角
3	表面平整度	扇	2	2	用 1m 靠尺和塞尺检查
4	高度、宽度	框	0;-2	0;-1	用钢尺检查,框量裁口里角,扇量外角
4	高度、宽度	扇	+2;0	+1;0	用钢尺检查,框量裁口里角,扇量外角
5	裁门、线条结合处高低差	框、扇	1	0.5	用钢直尺和塞尺检查
6	相邻棂子两端间距	扇	2	1	用钢直尺检查

注:表中允许偏差栏中所列数值,凡注明正负号的,表示 GB 50210—2001 对此偏差的不同方向有不同要求,应严格遵守。凡没有注明正负号的,即使其偏差可能具有方向性,但 GB 50210—2001 并未对这类偏差的方向性做出规定,故检查时对这些偏差可以不考虑方向性要求。

2. 木门窗安装

（1）主控项目检验。木门窗安装主控项目质量检验标准见表11-52。

表 11-52　　　　　木门窗安装主控项目质量检验标准

序号	项　目	合格质量标准	检验方法	检查数量
1	木门窗品种、规格、安装方向位置	木门窗的品种、类型、规格、开启方向、安装位置及连接方式应符合设计要求	观察；尺量检查；检查成品门的产品合格证书	每个检验批应至少抽查5%，并不得少于3樘，不足3樘时应全数检查；高层建筑外窗，每个检验批应至少抽查10%，并不得少于6樘，不足6樘时应全数检查
2	木门窗安装牢固	木门窗框的安装必须牢固。预埋木砖的防腐处理、木门窗框固定点的数量、位置及固定方法应符合设计要求	观察；手扳检查；检查隐蔽工程验收记录和施工记录	
3	木门窗扇安装	木门窗扇必须安装牢固，并应开关灵活，关闭严密，无倒翘	观察；开启和关闭检查；手扳检查	
4	门窗配件安装	木门窗配件的型号、规格、数量应符合设计要求，安装应牢固，位置应正确，功能应满足使用要求	观察；开启和关闭检查；手扳检查	

（2）一般项目检验。木门窗安装一般项目质量检验标准见表11-53。

表 11-53　　　　　木门窗安装一般项目质量检验标准

序号	项　目	合格质量标准	检验方法	检查数量
1	缝隙嵌填材料	木门窗与墙体间缝隙的填嵌材料应符合设计要求，填嵌应饱满。寒冷地区外门窗（或门窗框）与砌体间的空隙应填充保温材料	轻敲门窗框检查；检查隐蔽工程验收记录和施工记录	同表11-52
2	批水、盖口条等细部	木门窗批水、盖口条、压缝条、密封条的安装应顺直，与门窗结合应牢固、严密	观察；手扳检查	
3	安装留缝限值及允许偏差	木门窗安装的留缝限值、允许偏差和检验方法应符合表11-54的规定	见表11-54	

表 11-54　木门窗安装的留缝限值、允许偏差和检验方法

项次	项目		留缝限值(mm)		允许偏差(mm)		检验方法
			普通	高级	普通	高级	
1	门窗槽口对角线长度差		—	—	3	2	用钢尺检查
2	门窗框的正、侧面垂直度		—	—	2	1	用1m垂直检测尺检查
3	框与扇、扇与扇接缝高低差		—	—	2	1	用钢直尺和塞尺检查
4	门窗扇对口缝		1~2.5	1.5~2	—	—	用塞尺检查
5	工业厂房双扇大门对口缝		2~5	—	—	—	
6	门窗扇与上框间留缝		1~2	1~1.5	—	—	
7	门窗扇与侧框间留缝		1~2.5	1~1.5	—	—	
8	窗扇与下框间留缝		2~3	2~2.5	—	—	
9	门扇与下框间留缝		3~5	3~4	—	—	
10	双层门窗内外框间距		—	—	4	3	用钢尺检查
11	无下框时门扇与地面间留缝	外门	4~7	5~6	—	—	用塞尺检查
		内门	5~8	6~7	—	—	
		卫生间门	8~12	8~10	—	—	
		厂房大门	10~20	—	—	—	

注：1. 表中除给出允许偏差外，对留缝尺寸等给出了尺寸限值。考虑到所给尺寸限值是一个范围，故不再给出允许偏差。

2. 表中允许偏差栏中所列数值，凡注明正负号的，表示 GB 50210—2001 对此偏差的不同方向有不同要求，应严格遵守。凡没有注明正负号的，即使其偏差可能具有方向性，但 GB 50210—2001 并未对这类偏差的方向性做出规定，故检查时对这些偏差可以不考虑方向性要求。

3. 本表摘自《建筑装饰装修工程质量验收规范》(GB 50210—2001)。

二、金属门窗安装质量控制及检验

(一)产品质量控制

1. 钢门窗的产品要求

(1)钢门窗及其附件的质量必须符合钢门窗产品和五金配件的相关标准的规定。

(2)钢门窗及其附件的规格、品种、开启方向必须符合设计要求。

(3)钢门窗在运输、堆放时，应轻拿轻放，不得用钢管、棍棒穿入框内吊运，不得受外力挤压，堆放时应竖立，其竖立倾斜坡度不大于 20°，

以防变形。

(4)钢门窗在安装前必须进行检查,对翘曲、变形、脱焊、铆接松动、铰链损坏、歪曲者均应予整修,符合要求后方可使用。对于锈蚀或防锈漆脱落的必须经防锈处理后再予安装。

2. 铝合金门窗的产品要求

(1)铝合金门窗必须有出厂质量证书、准用证和抗压强度、气密性、水密性测试报告。

(2)铝合金门窗选用的铝合金材料的品种、规格、型号、开启方向必须符合设计的要求。选用的五金件和其他配件必须符合相关规范的规定和设计要求。金属零附件应采用不锈钢、轻金属或其他表面防腐处理的材料。

(3)组合门窗应采用中竖框、中横框或拼樘料的组合形式,其构造应满足曲面组合的要求。

(4)产品进场和安装前必须进行检验,不得将扭曲变形、节点松脱、表面损坏和附件缺损等缺陷的不合格产品用于工程上。

3. 涂色钢板门窗的产品要求

(1)涂色钢板门窗产品的外观、外形尺寸、装配质量等必须符合国家现行有关规范和企业标准的规定。

(2)涂色钢板门窗产品必须有出厂质量证书、准用证和抗风压、雨水渗漏、空气渗透的测试等级报告,并符合设计规定的要求。

(3)门窗所用的五金件、紧固件、密封条的规格、性能等必须符合规范规定和设计要求。

(二)金属门窗安装施工过程质量控制

(1)金属门窗安装应采用预留洞口的方法施工,不得采用边安装边砌口或先安装后砌口的方法施工。

(2)金属门窗安装前要求墙体预留门洞尺寸检查符合设计要求,铁脚洞孔或预埋铁件的位置正确并已清扫干净。

(3)钢门窗安装前,应在离地、楼面500mm高的墙面上弹一条水平控制线,再按门窗的安装标高、尺寸和开启方向,在墙体预留洞口四

第十一章 建筑装饰装修工程质量控制及检验

周弹出门窗落位线。

(4) 门窗安装就位后应暂时用木楔固定,木楔固定钢门窗的位置,应设置于门窗四角和框挺端部,否则易产生变形。

(5) 门窗附件安装,必须待墙面、顶棚等抹灰完成后,并在安装玻璃之前进行,且应检查门窗扇质量,对附件安装有影响的应先校正,然后再安装。

> 同一品种、类型和规格的金属门窗及门窗玻璃每100樘应划分为一个检验批,不足100樘也应划分为一个检验批。

(二) 金属门窗安装质量检验标准

1. 主控项目检验

金属门窗安装主控项目质量检验标准见表11-55。

表 11-55 金属门窗安装主控项目质量检验标准

序号	项目	合格质量标准	检验方法	检查数量
1	门窗质量	钢门窗的品种、类型、规格、尺寸、性能、开启方向、安装位置、连接方式及铝合金门窗的型材壁厚应符合设计要求。金属门窗的防腐处理及填嵌、密封处理应符合设计要求	观察;尺量检查;检查产品合格证书、性能检测报告、进场验收记录和复验报告;检查隐蔽工程验收记录	每个检验批应至少抽查5%,并不得少于3樘,不足3樘时应全数检查;高层建筑的外窗,每个检验批应至少抽查10%,并不得少于6樘,不足6樘时应全数检查
2	框和副框安装及预埋件	钢门窗框和副框的安装必须牢固。预埋件的数量、位置、埋设方式、与框的连接方式必须符合设计要求	手扳检查;检查隐蔽工程验收记录	
3	门窗扇安装	钢门窗扇必须安装牢固,并应开关灵活、关闭严密,无倒翘。推拉门窗扇必须有防脱落措施	观察;开启和关闭检查;手扳检查	
4	配件质量及安装	钢门窗配件的型号、规格、数量应符合设计要求,安装应牢固,位置应正确,功能应满足使用要求	观察;开启和关闭检查;手扳检查	

2. 一般项目检验

金属门窗安装一般项目质量检验标准见表11-56。

表 11-56　　　　　金属门窗安装一般项目质量检验标准

序号	项目	合格质量标准	检验方法	检查数量
1	表面质量	钢门窗表面应洁净、平整、光滑、色泽一致,无锈蚀。大面应无划痕、碰伤。漆膜或保护层应连续	观察	每个检验批应至少抽查5%,并不得少于3樘,不足3樘时应全数检查。高层建筑的外窗,每个检验批应至少抽查10%,并不得少于6樘,不足6樘时应全数检查
2	框与墙体间缝隙	钢门窗框与墙体之间的缝隙应填嵌饱满,并采用密封胶密封。密封胶表面应光滑、顺直、无裂纹	观察;轻敲门窗框检查;检查隐蔽工程验收记录	
3	扇密封胶条或毛毡密封条	钢门窗扇的橡胶密封条或毛毡密封条应安装完好,不得脱槽	观察;开启和关闭检查	
4	排水孔	有排水孔的钢门窗,排水孔应畅通,位置和数量应符合设计要求	观察	
5	留缝限值和允许偏差	金属门窗安装的留缝限值、允许偏差和检验方法应符合表11-57、表11-58和表11-59的规定	见表11-57、表11-58和表11-59	

3. 允许偏差

(1)钢门窗安装的留缝限值、允许偏差和检验方法见表 11-57。

表 11-57　　　钢门窗安装的留缝限值、允许偏差和检验方法

项次	项目		留缝限值(mm)	允许偏差(mm)	检验方法
1	门窗槽口宽度、高度	≤1500mm	—	2.5	用钢尺检查
		>1500mm	—	3.5	
2	门窗槽口对角线长度差	≤2000mm	—	5	
		>2000mm	—	6	
3	门窗框的正、侧面垂直度			3	用1m垂直检测尺检查
4	门窗横框的水平度			3	用1m水平尺和塞尺检查

第十一章 建筑装饰装修工程质量控制及检验

续表

项次	项目	留缝限值(mm)	允许偏差(mm)	检验方法
5	门窗横框标高	—	5	用钢尺检查
6	门窗竖向偏离中心	—	4	
7	双层门窗内外框间距	—	5	
8	门窗框、扇配合间隙	≤2	—	用塞尺检查
9	无下框时门扇与地面间留缝	4~8	—	

注：1. 表中允许偏差栏中所列数值，凡注明正负号的，表示 GB 50210—2001 对此偏差的不同方向有不同要求，应严格遵守。凡没有注明正负号的，即使其偏差可能具有方向性，但 GB 50210—2001 并未对这类偏差的方向性做出规定，故检查时对这些偏差可以不考虑方向性要求。

2. 本表摘自《建筑装饰装修工程质量验收规范》(GB 50210—2001)。

(2)铝合金门窗安装的允许偏差和检验方法见表 11-58。

表 11-58　　　　铝合金门窗安装的允许偏差和检验方法

项次	项目		允许偏差(mm)	检验方法
1	门窗槽口宽度、高度	≤1500mm	1.5	用钢尺检查
		>1500mm	2	
2	门窗槽口对角线长度差	≤2000mm	3	
		>2000mm	4	
3	门窗框的正、侧面垂直度		2.5	用垂直检测尺检查
4	门窗横框的水平度		2	用1m水平尺和塞尺检查
5	门窗横框标高		5	用钢尺检查
6	门窗竖向偏离中心		5	
7	双层门窗内外框间距		4	
8	推拉门窗扇与框搭接量		1.5	

注：1. 表中允许偏差栏中所列数值，凡注明正负号的，表示 GB 50210—2001 对此偏差的不同方向有不同要求，应严格遵守。凡没有注明正负号的，即使其偏差可能具有方向性，但 GB 50210—2001 并未对这类偏差的方向性做出规定，故检查时对这些偏差可以不考虑方向性要求。

2. 本表摘自《建筑装饰装修工程质量验收规范》(GB 50210—2001)。

(3)涂色镀锌钢板门窗安装的允许偏差和检验方法见表11-59。

表11-59 涂色镀锌钢板门窗安装的允许偏差和检验方法

项次	项目		允许偏差(mm)	检验方法
1	门窗槽口宽度、高度	≤1500mm	2	用钢尺检查
		>1500mm	3	
2	门窗槽口对角线长度差	≤2000mm	4	
		>2000mm	5	
3	门窗框的正、侧面垂直度		3	用垂直检测尺检查
4	门窗横框的水平度		3	用1m水平尺和塞尺检查
5	门窗横框标高		5	用钢尺检查
6	门窗竖向偏离中心		5	
7	双层门窗内外框间距		4	
8	推拉门窗扇与框搭接量		2	

注：表中允许偏差栏中所列数值，凡注明正负号的，表示GB 50210—2001对此偏差的不同方向有不同要求，应严格遵守。凡没有注明正负号的，即使其偏差可能具有方向性，但GB 50210—2001并未对这类偏差的方向性做出规定，故检查时对这些偏差可以不考虑方向性要求。

三、塑料门窗安装质量控制及检验

(一)塑料门窗产品质量控制

(1)塑料门窗产品的外观、外形尺寸、装配质量、力学性能和抗老化性能等必须符合国家现行有关规范的规定。

(2)塑料门窗必须有出厂质量证书、准用证和抗风压强度、气密性、水密性测试等级报告。

(3)门窗采用的异型材、密封条、紧固件、五金件、增强型钢、金属衬板、玻璃等的型号、规格、性能等必须符合规范规定和设计要求。

(4)玻璃垫块应用邵氏硬度为70～9d(A)的橡胶或塑料，不得使用硫化再生橡胶垫片或其他吸水性材料。其长度宜为80～150mm，厚度应按框、扇与玻璃的间隙确定，宜为2～6mm。

第十一章 建筑装饰装修工程质量控制及检验

(二)塑料门窗安装施工过程质量控制

(1)塑料门窗安装应采用预留洞口的方法施工,不得采用边安装边砌口或先安装后砌口的方法施工。

(2)贮存塑料门窗的环境温度应小于50℃,与热源的距离不应小于1m。门窗在安装现场放置的时间不应超过两个月。

> 同一品种、类型和规格的塑料门窗及门窗玻璃每100樘应划分为一个检验批,不足100樘也应划分为一个检验批。

(3)塑料门窗在安装前,应先装五金配件及固定件。安装螺钉时,不能直接撞击拧入,应先钻孔,再用自攻螺钉拧入。安装五金配件时,必须加衬增强金属板。

(三)塑料门窗安装质量检验标准

1. 主控项目检验

塑料门窗安装主控项目质量检验标准见表11-60。

表11-60　　　塑料门窗安装主控项目质量检验标准

序号	项目	合格质量标准	检验方法	检查数量
1	门窗质量	塑料门窗的品种、类型、规格、尺寸、开启方向、安装位置、连接方式及填嵌密封处理应符合设计要求,内衬增强型钢的壁厚及设置应符合国家现行产品标准的质量要求	观察;尺量检查;检查产品合格证书、性能检测报告、进场验收记录和复验报告;检查隐蔽工程验收记录	每个检验批应至少抽查5%,并不得少于3樘,不足3樘时应全数检查;高层建筑的外窗,每个检验批应至少抽查10%,并不得少于6樘,不足6樘时应全数检查
2	框、扇安装	塑料门窗框、副框和扇的安装必须牢固。固定片或膨胀螺栓的数量与位置应正确,连接方式应符合设计要求。固定点应距窗角、中横框、中竖框150～200mm,固定点间距应不大于600mm	观察;手扳检查;检查隐蔽工程验收记录	
3	拼樘料与框连接	塑料门窗拼樘料内衬增强型钢的规格、壁厚必须符合设计要求,型钢应与型材内腔紧密吻合,其两端必须与洞口固定牢固。窗框必须与拼樘料连接紧密,固定点间距应不大于600mm	观察;手扳检查;尺量检查;检查进场验收记录	

· 385 ·

续表

序号	项目	合格质量标准	检验方法	检查数量
4	门窗扇安装	塑料门窗扇应开关灵活、关闭严密、无倒翘。推拉门窗扇必须有防脱落措施	观察；开启和关闭检查；手扳检查	每个检验批应至少抽查5%，并不得少于3樘，不足3樘时应全数检查；高层建筑的外窗，每个检验批应至少抽查10%，并不得少于6樘，不足6樘时应全数检查
5	配件质量及安装	塑料门窗配件的型号、规格、数量应符合设计要求，安装应牢固，位置应正确，功能应满足使用要求	观察；手扳检查；尺量检查	
6	框与墙体缝隙填嵌	塑料门窗框与墙体间缝隙应采用闭孔弹性材料填嵌饱满，表面应采用密封胶密封。密封胶应粘结牢固，表面应光滑、顺直、无裂纹	观察；检查隐蔽工程验收记录	

2. 一般项目检验

塑料门窗安装一般项目质量检验标准见表11-61。

表11-61　　　　塑料门窗安装一般项目质量检验标准

序号	项目	合格质量标准	检验方法	检查数量
1	表面质量	塑料门窗表面应洁净、平整、光滑，大面应无划痕、碰伤	观察	同主控项目
2	密封条及旋转门窗间隙	塑料门窗扇的密封条不得脱槽。旋转窗间隙应基本均匀		
3	门窗扇开关力	塑料门窗扇的开关力应符合下列规定： (1)平开门窗扇平铰链的开关力应不大于80N；滑撑铰链的开关力应不大于80N，并不小于30N； (2)推拉门窗扇的开关力应不大于100N	观察；用弹簧秤检查	

第十一章 建筑装饰装修工程质量控制及检验

续表

序号	项 目	合格质量标准	检验方法	检查数量
4	玻璃密封条、玻璃槽口	玻璃密封条与玻璃及玻璃槽口的接缝应平整,不得卷边、脱槽	观察	同主控项目
5	排水孔	排水孔应畅通,位置和数量应符合设计要求		
6	安装允许偏差	塑料门窗安装的允许偏差和检验方法应符合表11-62的规定	见表11-62	

表11-62　　　塑料门窗安装的允许偏差和检验方法

项次	项 目		允许偏差(mm)	检验方法
1	门窗槽口宽度、高度	≤1500mm	2	用钢尺检查
		>1500mm	3	
2	门窗槽口对角线长度差	≤2000mm	3	
		>2000mm	5	
3	门窗框的正、侧面垂直度		3	用1m垂直检测尺检查
4	门窗横框的水平度		3	用1m水平尺和塞尺检查
5	门窗横框标高		5	用钢尺检查
6	门窗竖向偏离中心		5	
7	双层门窗内外框间距		4	
8	同樘平开门窗相邻扇高度差		2	
9	平开门窗铰链部位配合间隙		+2;-1	用塞尺检查
10	推拉门窗扇与框搭接量		+1.5;-2.5	用钢直尺检查
11	推拉门窗扇与竖框平行度		2	用1m水平尺和塞尺检查

注:本表摘自《建筑装饰装修工程质量验收规范》(GB 50210—2001)。

四、特种门安装质量控制及检验

(一)特种门产品质量控制

(1)特种门应有产生许可证、产品合格证和性能检测报告,其质量和各项性能应符合设计要求。

(2)带有机械装置、自动装置或智能化装置的特种门,其机械装置、自动装置或智能化装置的功能应符合设计要求和有关标准的规定。

> 同一品种、类型和规格的特种门每50樘应划分为一个检验批,不足50樘也应划分为一个检验批。

(二)特种门安装施工过程质量控制

特种门安装除应符合设计要求和《建筑装饰装修工程质量验收规范》(GB 50210—2001)规定外,还应符合有关专业标准和主管部门的规定。

(二)特种门安装质量检验标准

1. 主控项目检验

特种门安装主控项目质量检验标准见表11-63。

表11-63 特种门安装主控项目质量检验标准

序号	项目	合格质量标准	检验方法	检查数量
1	门质量和性能	特种门的质量和各项性能应符合设计要求	检查生产许可证、产品合格证书和性能检测报告	每个检验批应至少抽查5%,并不得少于10樘,不足10樘时应全数检查
2	门品种、规格、方向位置	特种门的品种、类型、规格、尺寸、开启方向、安装位置及防腐处理应符合设计要求	观察;尺量检查;检查进场验收记录和隐蔽工程验收记录	
3	机械、自动和智能化装置	带有机械装置、自动装置或智能化装置的特种门,其机械装置、自动装置或智能化装置的功能应符合设计要求和有关标准的规定	启动机械装置、自动装置或智能化装置,观察	
4	安装及预埋件	特种门的安装必须牢固。预埋件的数量、位置、埋设方式、与框的连接方式必须符合设计要求	观察;手扳检查;检查隐蔽工程验收记录	
5	配件、安装及功能	特种门的配件应齐全,位置应正确,安装应牢固,功能应满足使用要求和特种门的各项性能要求	观察;手扳检查;检查产品合格证书、性能检测报告和进场验收记录	

2. 一般项目检验

特种门安装一般项目质量检验标准见表 11-64。

表 11-64　　　　特种门安装一般项目质量检验标准

序号	项目	合格质量标准	检验方法	检查数量
1	表面装饰	特种门的表面装饰应符合设计要求	观察	每个检验批应至少抽查5%，并不得少于10樘，不足10樘时应全数检查
2	表面质量	特种门的表面应洁净、无划痕、碰伤		
3	推拉自动门留缝限值及允许偏差	推拉自动门安装的留缝限值、允许偏差和检验方法应符合表 11-65 的规定	见表 11-65	
4	推拉自动门感应时间限值	推拉自动门的感应时间限值和检验方法应符合表 11-66 的规定	见表 11-66	
5	旋转门安装允许偏差	旋转门安装的允许偏差和检验方法应符合表 11-67 的规定	见表 11-67	

3. 允许偏差

(1) 推拉自动门安装的留缝限值、允许偏差和检验方法见表 11-65。

表 11-65　　　推拉自动门安装的留缝限值、允许偏差和检验方法

项次	项目		留缝限值(mm)	允许偏差(mm)	检验方法
1	门槽口宽度、高度	≤1500mm	—	1.5	用钢尺检查
		>1500mm	—	2	
2	门槽口对角线长度差	≤2000mm	—	2	
		>2000mm	—	2.5	
3	门框的正、侧面垂直度		—	1	用1m垂直检测尺检查
4	门构件装配间隙		—	0.3	用塞尺检查
5	门梁导轨水平度		—	1	用1m水平尺和塞尺检查

续表

项次	项目	留缝限值(mm)	允许偏差(mm)	检验方法
6	下导轨与门梁导轨平行度	—	1.5	用塞尺检查
7	门扇与侧框间留缝	1.2～1.8	—	
8	门扇对口缝	1.2～1.8	—	

注：1. 表中允许偏差栏中所列数值，凡注明正负号的，表示 GB 50210—2001 对此偏差的不同方向有不同要求，应严格遵守。凡没有注明正负号的，即使其偏差可能具有方向性，但 GB 50210—2001 并未对这类偏差的方向性做出规定，故检查时对这些偏差可以不考虑方向性要求。

2. 本表摘自《建筑装饰装修工程质量验收规范》(GB 50210—2001)。

(2) 推拉自动门的感应时间限值和检验方法见表 11-66。

表 11-66　　推拉自动门的感应时间限值和检验方法

项次	项目	感应时间限值(s)	检验方法
1	开门响应时间	≤0.5	用秒表检查
2	堵门保护延时	16～20	
3	门扇全开启后保持时间	13～17	

注：1. 表中允许偏差栏中所列数值，凡注明正负号的，表示 GB 50210—2001 对此偏差的不同方向有不同要求，应严格遵守。凡没有注明正负号的，即使其偏差可能具有方向性，但 GB 50210—2001 并未对这类偏差的方向性做出规定，故检查时对这些偏差可以不考虑方向性要求。

2. 本表摘自《建筑装饰装修工程质量验收规范》(GB 50210—2001)。

(3) 旋转门安装的允许偏差和检验方法见表 11-67。

表 11-67　　旋转门安装的允许偏差和检验方法

| 项次 | 项目 | 允许偏差(mm) | | 检验方法 |
		金属框架玻璃旋转门	木质旋转门	
1	门扇正、侧面垂直度	1.5	1.5	用1m垂直检测尺检查

续表

项次	项目	允许偏差(mm)		检验方法
		金属框架玻璃旋转门	木质旋转门	
2	门扇对角线长度差	1.5	1.5	用钢尺检查
3	相邻扇高度差	1	1	
4	扇与圆弧边留缝	1.5	2	
5	扇与上顶间留缝	2	2.5	用塞尺检查
6	扇与地面间留缝	2	2.5	

注：1. 表中允许偏差栏中所列数值，凡注明正负号的，表示 GB 50210—2001 对此偏差的不同方向有不同要求，应严格遵守。凡没有注明正负号的，即使其偏差可能具有方向性，但 GB 50210—2001 并未对这类偏差的方向性做出规定，故检查时对这些偏差可以不考虑方向性要求。

2. 本表摘自《建筑装饰装修工程质量验收规范》(GB 50210—2001)。

第五节 轻质隔墙工程质量控制及检验

一、轻质隔墙材料质量控制

（1）龙集。木龙集一般宜选用针叶树类，其含水率不得大于18%。轻钢龙集、铝合金龙集应具备出厂合格证。

龙集不得变形、生锈，规格品种应符合设计及规范要求。

（2）罩面板。罩面板应具有出厂合格证。罩面板表面应平整、边缘整齐，不应有污垢、裂缝、缺角、翘曲、起皮、色差和图案不完整等缺陷。胶合板、木质纤维板不应脱胶、变色和腐朽。

（3）板材。板材隔墙所用的复合轻质墙板、石膏空心板、预制或现制的钢丝网水泥板等板材的品种、规格、性能、颜色应符合设计要求。

有隔声、隔热、阻燃、防潮等特殊要求的工程，板材应有相应性能等级的检测报告。

（4）玻璃(玻璃砖)。隔墙工程所用玻璃必须为国家规定的安全玻璃。玻璃和玻璃砖的品种、规格和颜色应符合设计要求,质量应符合有关产品标准,具有出厂合格证。

轻质隔墙施工

(1)隔墙工程罩面板所使用的螺钉、钉子宜为镀锌的。

(2)玻璃橡胶定位垫块、镶嵌条、密封膏等的品种、规格、断面尺寸、颜色、物理及化学性质应符合设计要求,其相互间的材料性质必须相容。

二、轻质隔墙施工过程质量控制

(一)板材隔墙工程

(1)墙位放线应清晰,位置应准确。隔墙上下基层应平整、牢固。

(2)板材隔墙安装拼接应符合设计和产品构造要求。

(3)安装板材隔墙所用的金属件应进行防腐处理。

(4)板材隔墙拼接用的芯材应符合防火要求。

(5)在板材隔墙上开槽、打孔应用云石机切割或电钻钻孔,不得直接剔凿和用力敲击。

(二)集架隔墙工程

1. 轻钢龙集安装

(1)应按弹线位置固定沿地、沿顶龙集及边框龙集,龙集的边线应与弹线重合。龙集的端部应安装牢固,龙集与基体的固定点间距应不大于1m。

(2)安装竖向龙集应垂直,龙集间距应符合设计要求。潮湿房间的龙集间距不宜大于400mm。

(3)安装支撑龙集时,应先将支撑卡安装在竖向龙集的开口方向,卡距宜为400~600mm,与龙集两端的距离宜为20~25mm。

(4)安装贯通系列龙集时,低于3m的隔墙安装一道,3~5m隔墙安装两道。

(5)饰面板横向接缝处不在沿地、沿顶龙集上时,应加横撑龙集固定。

(6)门窗或特殊接点处安装附加龙集应符合设计要求。

2. 木龙集安装

(1)木龙集的横截面积及纵、横向间距应符合设计要求。

(2)横、竖龙集宜采用开半榫、加胶、加钉连接。

(3)安装墙面板前应对龙集进行防火处理。

3. 纸面石膏板安装

(1)石膏板宜竖向铺设,长边接缝应安装在竖向龙集上。

(2)龙集两侧的石膏板及龙集一侧的双层板的接缝应错开,不得在同一根龙集上接缝。

(3)纸面石膏板在轻钢龙集上应用自攻螺钉固定;木龙集上应用木螺钉固定。沿石膏板周边钉间距不得大于200mm,板中钉间距不得大于300mm,钉至板边距离应为10~15mm。

(4)安装纸面石膏板时应从板的中部向板的四边固定。钉头略埋入板内,但不得损坏纸面。钉眼应进行防锈处理。

(5)石膏板的接缝应按设计要求进行板缝处理。石膏板与周围墙或柱应留有3mm的槽口,以便进行防开裂处理。

4. 胶合板安装

(1)胶合板安装前应对板背面进行防火处理。

(2)胶合板在轻钢龙集上应采用自攻螺钉固定;在木龙集上采用圆钉固定时,钉距宜为80~150mm,钉帽应砸扁;采用钉枪固定时,钉距宜为80~100mm。

(3)阳角处宜作护角。

(4)胶合板用木压条固定时,固定点间距不应大于200mm。

(三)玻璃隔墙

(1)玻璃隔墙的固定框与接(地)面、两端墙体的固定,按设计要求先弹出隔墙位置线,固定方法与轻钢龙集、木龙集相同。固定框的顶框,通常在吊平顶下,而无法与楼板顶(或梁)的下面直接固定,因此顶框的固定须按设计施工详图处理。固定框与连接基体的结合部应用弹性密封材料封闭。

（2）玻璃与固定框的结合不能太紧密，玻璃放入固定框时，应设置橡胶支承垫块和定位块，支承块的长度不得小于 50mm，宽度应等于玻璃厚度加上前部余隙和后部余隙，厚度应等于边缘余隙。定位块的长度应不小于 25mm，宽度、厚度同支承块相同。支承垫块与定位块的安装位置应距固定框槽角 1/4 边的位置处。

（3）固定压条通常用自攻螺钉固定，在压条与玻璃间（即前部余隙和后部余隙）注入密封胶或嵌密封条。如果压条为金属槽条，且为了表面美观不得直接用自攻螺钉固定时，可采用先将木压条用自攻螺钉固定，然后用万能胶将金属槽条卡在木压条外，以达到装饰目的。

（4）安装好的玻璃应平整、牢固，不得有松动现象；密封条与玻璃、玻璃槽口的接触应紧密、平整，并不得露在玻璃槽口外面。

（5）用橡胶垫镶嵌的玻璃，橡胶垫应与裁口、玻璃及压条紧贴，并不得露在压条外面；密封胶与玻璃、玻璃槽口的边缘应粘结牢固，接缝齐平。

（6）玻璃隔断安装完毕后，应在玻璃单侧或双侧设置护栏或摆放花盆等装饰物，或在玻璃表面，距地面 1500～1700mm 处设置醒目彩条或文字标志，以避免人体直接冲击玻璃。

拓展阅读

空心玻璃砖隔墙安装控制

（1）固定金属型材框用的镀锌钢膨胀螺栓直径不得小于 8mm，间距不得大于 500mm。用于 80mm 厚的空心玻璃砖的金属型材框，最小截面应为 90mm×50mm×3.0mm；用于 100mm 厚的空心玻璃砖的金属型材框，最小截面应为 108mm×50mm×3.0mm。

（2）空心玻璃砖的砌筑砂浆等级应为 M5，一般宜使用白色硅酸盐水泥与粒径小于 3mm 的砂拌制。

第十一章 建筑装饰装修工程质量控制及检验

(3)室内空心玻璃砖隔墙的高度和长度均超过 1.5m 时,应在垂直方向上每二层空心玻璃砖水平布 2 根 $\phi 6$(或 $\phi 8$)的钢筋(当只有隔墙的高度超过 1.5m 时,放一根钢筋),在水平方向上每 3 个缝至少垂直布一根钢筋(错缝砌筑时除外),钢筋每端伸入金属型材框的尺寸不得小于 35mm。最上层的空心玻璃砖应深入顶部的金属型材框中,深入尺寸不得小于 10mm,且不得大于 25mm。

(4)空心玻璃砖之间的接缝不得小于 10mm,且不得大于 30mm。

(5)空心玻璃砖与金属型材框两翼接触的部位应留有滑缝,且不得小于 4mm,腹面接触的部位应留有胀缝,且不得小于 10mm。滑缝和胀缝应用沥青毡和硬质泡沫塑料填充。金属型材框与建筑墙体和屋顶的结合部,以及空心玻璃砖砌体与金属型材框翼端的结合部应用弹性密封剂。

三、轻质隔墙质量检验标准

(一)板材隔墙质量检验标准

1. 主控项目检验

板材隔墙主控项目质量检验标准见表 11-68。

表 11-68　　　　板材隔墙主控项目质量检验标准

序号	项目	合格质量标准	检验方法	检查数量
1	板材质量	隔墙板材的品种、规格、性能、颜色应符合设计要求。有隔声、隔热、阻燃、防潮等特殊要求的工程,板材应有相应性能等级的检测报告	观察;检查产品合格证书、进场验收记录和性能检测报告	每个检验批应至少抽查 10%,并不得少于 3 间;不足 3 间时应全数检查
2	预埋体、连接件	安装隔墙板材所需预埋件、连接件的位置、数量及连接方法应符合设计要求	观察;尺量检查;检查隐蔽工程验收记录	
3	安装质量	隔墙板材安装必须牢固。现制钢丝网水泥隔墙与周边墙体的连接方法应符合设计要求,并应连接牢固	观察;手扳检查	
4	接缝材料、方法	隔墙板材所用接缝材料的品种及接缝方法应符合设计要求	观察;检查产品合格证书和施工记录	

2. 一般项目检验

板材隔墙一般项目质量检验标准见表11-69。

表11-69　　　　　板材隔墙一般项目质量检验标准

序号	项 目	合格质量标准	检验方法	检查数量
1	安装位置	隔墙板材安装应垂直、平整、位置正确，板材不应有裂缝或缺损	观察;尺量检查	每个检验批应至少抽查10%，并不得少于3间；不足3间时应全数检查
2	表面质量	板材隔墙表面应平整光滑、色泽一致、洁净，接缝应均匀、顺直	观察;手摸检查	
3	孔洞、槽、盒	隔墙上的孔洞、槽、盒应位置正确、套割方正、边缘整齐	观察	
4	允许偏差	板材隔墙安装的允许偏差和检验方法应符合表11-70的规定	见表11-70	

表11-70　　　　　板材隔墙安装的允许偏差和检验方法

| 项次 | 项 目 | 允许偏差(mm) | | | | 检验方法 |
| | | 复合轻质墙板 | | 石膏空心板 | 钢丝网水泥板 | |
		金属夹芯板	其他复合板			
1	立面垂直度	2	3	3	3	用2m垂直检测尺检查
2	表面平整度	2	3	3	3	用2m靠尺和塞尺检查
3	阴阳角方正	3	3	3	4	用直角检测尺检查
4	接缝高低差	1	2	2	3	用钢直尺和塞尺检查

注:本表摘自《建筑装饰装修工程质量验收规范》(GB 50210—2001)。

(二)集架隔墙质量检验标准

1. 主控项目检验

集架隔墙主控项目质量检验标准见表11-71。

表11-71　　　　集架隔墙主控项目质量检验标准

序号	项目	合格质量标准	检验方法	检查数量
1	材料质量	集架隔墙所用龙集、配件、墙面板、填充材料及嵌缝材料的品种、规格、性能和木材的含水率应符合设计要求。有隔声、隔热、阻燃、防潮等特殊要求的工程,材料应有相应性能等级的检测报告	观察;检查产品合格证书、进场验收记录、性能检测报告和复验报告	每个检验批应至少抽查10%,并不得少于3间;不足3间时应全数检查
2	龙集连接	集架隔墙工程边框龙集必须与基体结构连接牢固,并应平整、垂直、位置正确	手扳检查;尺量检查;检查隐蔽工程验收记录	
3	龙集间距及构造连接	集架隔墙中龙集间距和构造连接方法应符合设计要求。集架内设备管线的安装、门窗洞口等部位加强龙集应安装牢固、位置正确,填充材料的设置应符合设计要求	检查隐蔽工程验收记录	每个检验批应至少抽查10%,并不得少于3间;不足3间时应全数检查
4	防火、防腐	木龙集及木墙面板的防火和防腐处理必须符合设计要求	检查隐蔽工程验收记录	
5	墙面板安装	集架隔墙的墙面板应安装牢固,无脱层、翘曲、折裂及缺损	观察;手扳检查	
6	墙面板接缝材料及方法	墙面板所用接缝材料的接缝方法应符合设计要求	观察	

2. 一般项目检验

集架隔墙一般项目质量检验标准见表11-72。

表11-72　　　　　集架隔墙一般项目质量检验标准

序号	项目	合格质量标准	检验方法	检查数量
1	表面质量	集架隔墙表面应平整光滑、色泽一致、洁净、无裂缝，接缝应均匀、顺直	观察；手摸检查	每个检验批应至少抽查10%，并不得少于3间；不足3间时应全数检查
2	孔洞、槽、盒要求	集架隔墙上的孔洞、槽、盒应位置正确、套割吻合、边缘整齐	观察	
3	填充材料要求	集架隔墙内的填充材料应干燥，填充应密实、均匀、无下坠	轻敲检查；检查隐蔽工程验收记录	
4	安装允许偏差	集架隔墙安装的允许偏差和检验方法应符合表11-73的规定	见表11-73	

表11-73　　　　集架隔墙安装的允许偏差和检验方法

项次	项目	允许偏差(mm)		检验方法
		纸面石膏板	人造木板、水泥纤维板	
1	立面垂直度	3	4	用2m垂直检测尺检查
2	表面平整度	3	3	用2m靠尺和塞尺检查
3	阴阳角方正	3	3	用直角检测尺检查
4	接缝直线度	—	3	拉5m线，不足5m拉通线，用钢直尺检查
5	压条直线度	—	3	
6	接缝高低差	1	1	用钢直尺和塞尺检查

注：本表摘自《建筑装饰装修工程质量验收规范》(GB 50210—2001)。

(三)玻璃隔墙质量检验标准

1. 主控项目检验

玻璃隔墙主控项目质量检验标准见表 11-74。

表 11-74　　　　玻璃隔墙控项目质量检验标准

序号	项目	合格质量标准	检验方法	检查数量
1	材料质量	玻璃隔墙工程所用材料的品种、规格、性能、图案和颜色应符合设计要求。玻璃板隔墙应使用安全玻璃	观察;检查产品合格证书、进场验收记录和性能检测报告	每个检验批应至少抽查20%,并不得少于6间;不足6间时应全数检查
2	砌筑或安装	玻璃砖隔墙的砌筑或玻璃板隔墙的安装方法应符合设计要求	观察	
3	砖隔墙拉结筋	玻璃砖隔墙砌筑中埋设的拉结筋必须与基体结构连接牢固,并应位置正确	手扳检查;尺量检查;检查隐蔽工程验收记录	
4	板隔墙安装	玻璃板隔墙的安装必须牢固。玻璃板隔墙胶垫的安装应正确	观察;手推检查;检查施工记录	

2. 一般项目检验

玻璃隔墙一般项目质量检验标准见表 11-75。

表 11-75　　　　玻璃隔墙一般项目质量检验标准

序号	项目	合格质量标准	检验方法	检查数量
1	表面质量	玻璃隔墙表面应色泽一致、平整洁净、清晰美观	观察	每个检验批应至少抽查20%,并不得少于6间;不足6间时应全数检查
2	接缝	玻璃隔墙接缝应横平竖直,玻璃应无裂痕、缺损和划痕		
3	嵌缝及勾缝	玻璃板隔墙嵌缝及玻璃砖隔墙勾缝应密实平整、均匀顺直、深浅一致	观察	
4	安装允许偏差	玻璃隔墙安装的允许偏差和检验方法应符合表 11-76 的规定	见表 11-76	

表 11-76　　玻璃隔墙安装的允许偏差和检验方法

项次	项目	允许偏差(mm)		检验方法
		玻璃砖	玻璃板	
1	立面垂直度	3	2	用2m垂直检测尺检查
2	表面平整度	3	—	用2m靠尺和塞尺检查
3	阴阳角方正	—	2	用直角检测尺检查
4	接缝直线度	—	2	拉5m线,不足5m拉通线,用钢直尺检查
5	接缝高低差	3	2	用钢直尺和塞尺检查
6	接缝宽度	—	1	用钢直尺检查

注:本表摘自《建筑装饰装修工程质量验收规范》(GB 50210—2001)。

第六节　吊顶工程质量控制及检验

一、吊顶材料质量控制

1. 龙骨

木龙骨一般宜选用针叶树类,其含水率不得大于18%。轻钢龙骨、铝合金龙骨应具备出厂合格证。

龙骨不得变形、生锈,规格品种应符合设计及规范要求。

2. 罩面板

罩面板应具有出厂合格证。罩面板不应有气泡、起皮、裂纹、缺角、污垢和图案不完整等缺陷;表面应平整,边缘整齐,色泽一致。穿孔板的孔距排列整齐;胶合板、木质纤维板不应脱胶、变色和腐朽;金属装饰板不得生锈。

第十一章 建筑装饰装修工程质量控制及检验

经验总结

罩面板的安装

(1)安装吊顶罩面板的紧固件、螺钉、钉子宜为镀锌的,吊杆所用的钢筋、角铁等应作防锈处理。

(2)胶粘剂的类型应按所用罩面板的品种配套选用,现场配制的胶粘剂,其配合比应由试验确定。

二、吊顶施工过程质量控制

(1)吊顶工程应对人造木板的甲醛含量进行复验。

(2)各分项工程的检验批应按下列规定划分:同一品种的吊顶工程每 50 间(大面积房间和走廊按吊顶面积 $30m^2$ 为一间)应划分为一个检验批,不足 50 间也应划分为一个检验批。

(3)吊顶标高、尺寸、起拱和造型应符合设计要求,当设计对起拱未规定时,吊顶中间部分起拱高度不小于房间短向跨度的 1/200。

(4)安装龙集前,应按设计要求对房间净高、洞口标高和吊顶内管道、设备及其支架的标高进行交接检验。

(5)吊顶工程的木吊杆、木龙集和木饰面板必须进行防火处理,并应符合有关设计防火规范的规定。

(6)吊顶工程中的预埋件、钢筋吊杆和型钢吊杆应进行防治处理。

(7)安装饰面板前应完成吊顶内管道和设备的调试及验收。

(8)吊杆与主龙集端部距离不得大于 300mm,当大于 300mm 时,应增加吊杆。当吊杆长度大于 1.5m 时,应设置反支撑。当吊杆与设备相遇时,应调整并增设吊杆。

(9)重型灯具、电扇及其他重型设备严禁安装在吊顶工程的龙集上。

三、吊顶质量检验标准

(一)暗龙集吊顶质量检验标准

1. 主控项目检验

暗龙集吊顶主控项目质量检验标准见表 11-77。

表 11-77　　　　　暗龙集吊顶项目质量检验标准

序号	项目	合格质量标准	检验方法	检查数量
1	标高、尺寸、起拱、造型	吊顶标高、尺寸、起拱和造型应符合设计要求	观察；尺量检查	每个检验批应至少抽查10%，并不得少于3间，不足3间时应全数检查
2	饰面材料	饰面材料的材质、品种、规格、图案和颜色应符合设计要求	观察；检查产品合格证书、性能检测报告、进场验收记录和复验报告	
3	吊杆、龙集、饰面材料安装	暗龙集吊顶工程的吊杆、龙集和饰面材料的安装必须牢固	观察；手扳检查；检查隐蔽工程验收记录和施工记录	
4	吊杆、龙集材质	吊杆、龙集的材质、规格、安装间距及连接方式应符合设计要求。金属吊杆、龙集应经过表面防腐处理；木吊杆、龙集应进行防腐、防火处理	观察；尺量检查；检查产品合格证书、性能检测报告、进场验收记录和隐蔽工程验收记录	
5	石膏板接缝	石膏板的接缝应按其施工工艺标准进行板缝防裂处理。安装双层石膏板时，面层板与基层板的接缝应错开，并不得在同一根龙集上接缝	观察	

2. 一般项目检验

暗龙集吊顶一般项目质量检验标准见表 11-78。

表 11-78　　　　　暗龙集吊顶一般项目质量检验标准

序号	项目	合格质量标准	检验方法	检查数量
1	材料表面质量	饰面材料表面应洁净、色泽一致，不得有翘曲、裂缝及缺损。压条应平直、宽窄一致	观察；尺量检查	同主控项目

续表

序号	项目	合格质量标准	检验方法	检查数量
2	灯具等设备	饰面板上的灯具、烟感器、喷淋头、风口箅子等设备的位置应合理、美观,与饰面板的交接应吻合、严密	观察	同主控项目
3	龙集、吊杆接缝	金属吊杆、龙集的接缝应均匀一致,角缝应吻合,表面应平整,无翘曲、锤印。木质吊杆、龙集应顺直,无劈裂、变形	检查隐蔽工程验收记录和施工记录	同主控项目
4	填充材料	吊顶内填充吸声材料的品种和铺设厚度应符合设计要求,并应有防散落措施		
5	允许偏差	暗龙集吊顶工程安装的允许偏差和检验方法应符合表 11-79 的规定	见表 11-79	

表 11-79　暗龙集吊顶工程安装的允许偏差和检验方法

项次	项目	允许偏差(mm)				检验方法
		纸面石膏板	金属板	矿棉板	木板、塑料板、格栅	
1	表面平整度	3	2	2	2	用 2m 靠尺和塞尺检查
2	接缝直线度	3	1.5	3	3	拉 5m 线,不足 5m 拉通线,用钢直尺检查
3	接缝高低差	1	1	1.5	1	用钢直尺和塞尺检查

注:本表摘自《建筑装饰装修工程质量验收规范》(GB 50210—2001)。

(二)明龙集吊顶质量检验标准

1. 主控项目检验

明龙集吊顶主控项目质量检验标准见表 11-80。

表 11-80　　　明龙集吊顶主控项目质量检验标准

序号	项目	合格质量标准	检验方法	检查数量
1	吊杆标高起拱及造型	吊顶标高、尺寸、起拱和造型应符合设计要求	观察；尺量检查	每个检验批应至少抽查10%，并不得少于3间；不足3间时应全数检查
2	饰面材料	饰面材料的材质、品种、规格、图案和颜色应符合设计要求。当饰面材料为玻璃板时，应使用安全玻璃或采取可靠的安全措施	观察；检查产品合格证书、性能检测报告和进场验收记录	
3	饰面材料安装	饰面材料的安装应稳固严密。饰面材料与龙集的搭接宽度应大于龙集受力面宽度的2/3	观察；手扳检查；尺量检查	
4	吊杆、龙集材质	吊杆、龙集的材质、规格、安装间距及连接方式应符合设计要求。金属吊杆、龙集应进行表面防腐处理；木龙集应进行防腐、防火处理	观察；尺量检查；检查产品合格证书、进场验收记录和隐蔽工程验收记录	
5	吊杆、龙集安装	明龙集吊顶工程的吊杆和龙集安装必须牢固	手扳检查；检查隐蔽工程验收记录和施工记录	

2. 一般项目检验

明龙集吊顶一般项目质量检验标准见表 11-81。

表 11-81　　　明龙集吊顶一般项目质量检验标准

序号	项目	合格质量标准	检验方法	检查数量
1	饰面材料表面质量	饰面材料表面应洁净、色泽一致，不得有翘曲、裂缝及缺损。饰面板与明龙集的搭接应平整、吻合，压条应平直、宽窄一致	观察；尺量检查	同主控项目

续表

序号	项目	合格质量标准	检验方法	检查数量
2	灯具等设备	饰面板上的灯具、烟感器、喷淋头、风口箅子等设备的位置应合理、美观,与饰面板的交接应吻合、严密	观察	同主控项目
3	龙集接缝	金属龙集的接缝应平整、吻合、颜色一致,不得有划伤、擦伤等表面缺陷。木质龙集应平整、顺直,无劈裂	观察	同主控项目
4	填充材料	吊顶内填充吸声材料的品种和铺设厚度应符合设计要求,并应有防散落措施	检查隐蔽工程验收记录和施工记录	同主控项目
5	允许偏差	明龙集吊顶工程安装的允许偏差和检验方法应符合表11-82的规定	见表11-82	同主控项目

表11-82　明龙集吊顶工程安装的允许偏差和检验方法

项次	项目	允许偏差(mm)				检验方法
		石膏板	金属板	矿棉板	塑料板、玻璃板	
1	表面平整度	3	2	3	2	用2m靠尺和塞尺检查
2	接缝直线度	3	2	3	3	拉5m线,不足5m拉通线,用钢直尺检查
3	接缝高低差	1	1	2	1	用钢直尺和塞尺检查

注:本表摘自《建筑装饰装修工程质量验收规范》(GB 50210—2001)。

第七节　幕墙工程质量控制及检验

一、玻璃幕墙质量控制及检验

(一)玻璃幕墙材料质量控制

(1)应检查所用材料的产品合格证书、性能检测报告。各种材料、构件和组件的质量应符合设计要求及国家现行产品标准和工程技术规范的规定。

（2）玻璃幕墙的造型和立面分格应符合设计要求。

（3）玻璃幕墙使用的玻璃应符合下列规定：

1）玻璃幕墙应使用安全玻璃，玻璃的品种、规格、颜色、光学性能及安装方向应符合设计要求。

2）幕墙玻璃的厚度不应小于6.0mm。全玻幕墙肋玻璃的厚度不应小于12mm。

3）幕墙的中空玻璃应采用双道密封。明框幕墙的中空玻璃应采用聚硫密封胶及丁基密封胶；隐框和半隐框幕墙的中空玻璃应采用硅酮结构密封胶及丁基密封胶；镀膜面应在中空玻璃的第2或第3面上。

4）幕墙的夹层玻璃应采用聚乙烯醇缩丁醛胶片干法加工合成的夹层玻璃。点支式玻璃幕墙夹层玻璃的夹层胶片厚度不应小于0.76mm。

5）钢化玻璃表面不得有损伤；8mm以下的钢化玻璃应进行引爆处理。

（二）玻璃幕墙施工过程质量控制

（1）安装玻璃幕墙的主体工程，应符合有关结构施工及验收规范的要求。

（2）单元幕墙连接处和吊挂处的铝合金型材的壁厚应通过计算确定，并不得小于5.0mm。

（3）幕墙的金属框架与主体结构应通过预埋件连接，预埋件应在主体结构混凝土施工时埋入，预埋件的位置应准确。当没有条件采用预埋件连接时，应采用其他可靠的连接措施，并应通过试验确定其承载力。

（4）立柱应采用螺栓与角码连接，螺栓直径应经过计算，并不应小于10mm。不同金属材料接触时应采用绝缘垫片分隔。

（5）构件加工尺寸应准确，在搬运、吊装时不得碰撞、损坏和污染。构件应平直、规方，不得有变形和刮痕。不合格的构件不得安装。

（6）玻璃幕墙分格轴线的测量应与主体结构的测量配合，其误差应及时调整，不得积累。

第十一章 建筑装饰装修工程质量控制及检验

(7)立柱和横梁等主要受力构件,其截面受力部分的壁厚应经计算确定,且铝合金型材壁厚不应小于3.0mm,钢型材壁厚不应小于3.5mm。

(8)玻璃幕墙立柱的安装应符合下列要求:

1)应将立柱先与连接件连接,然后连接件再与主体预埋件连接,并应进行调整和固定。立柱安装标高偏差不应大于3mm,轴线前后偏差不应大于2mm,左右偏差不应大于3mm。

2)相邻两根立柱安装标高偏差不应大于3mm,同层立柱的最大标高偏差不应大于5mm;相邻两根立柱的距离偏差不应大于2mm。

(9)玻璃幕墙横梁的安装应符合下列要求:

1)应将横梁两端的连接件及弹性胶垫安装在立柱的预定位置,并应安装牢固,其接缝应严密。

2)相邻两根横梁的水平标高偏差不应大于1mm。同层标高偏差:当一幅幕墙宽度小于或等于35m时,不应大于5mm;当一幅幕墙宽度大于35m时,不应大于7mm。

3)同一层的横梁安装应由下向上进行,并应逐层进行检查、调整、校正、固定。

(10)幕墙及其连接件应具有足够的承载力、刚度和相对于主体结构的位移能力。幕墙构架立柱的连接金属角码与其他连接件应采用螺栓连接,并应有防松动措施。

拓展阅读

幕墙其他主要附件安装质量要求

1)幕墙有热工要求的,其保温部分宜从内向外安装。当采用内衬板时,四周应套装弹性橡胶密封条,其接缝应严密;内衬板就位后,应进行密封处理。

2)固定防火保温材料应平整,拼接紧密,锚钉牢固。

3)冷凝水排出管及附件应与水平构件预留孔连接严密,与内衬板出水孔连接处应设橡胶密封条。

4）通气留槽孔及雨水排出口等应按设计施工。

5）玻璃幕墙立柱安装就位，调整后应及时紧固。其他安装的临时螺栓应及时拆除。

6）玻璃幕墙中与铝合金接触的螺栓及金属配件应采用不锈钢或轻金属制品。现场焊接或高强螺栓紧固的构件固定后，应及时进行防锈处理。

7）不同金属的接触面应采用垫片作隔离处理。

(11) 玻璃在安装前应擦干净。热反射玻璃安装应将镀膜面朝向室内。

(12) 玻璃幕墙四周与主体结构之间的缝隙，应用防火的保温材料填塞；内外表面用密封胶封闭，确保严密不漏水。

> 玻璃幕墙施工过程中应分层进行抗雨水渗漏性能检查。

(13) 隐框、半隐框幕墙构件中板材与金属框之间硅酮结构密封胶的粘结宽度，应分别计算风荷载标准值和板材自重标准值作用下硅酮结构密封胶的粘结宽度，并取其较大值，且不得小于7.0mm。

(14) 硅酮结构密封胶应打注饱满，并应在温度15～30℃、相对湿度50%以上、洁净的室内进行；不得在现场墙上打注。

(15) 幕墙的防火除应符合现行国家标准《建筑设计防火规范》(GB 50016—2006) 和《高层民用建筑设计防火规范》(GB 50045—1995)的有关规定外，还应符合下列规定：

1）应根据防火材料的耐火极限决定防火层的厚度和宽度，并应在楼板处形成防火带。

2）防火层应采取隔离措施。防火层的衬板应采用经防腐处理且厚度不小于1.5mm的钢板，不得采用铝板。

3）防火层的密封材料应采用防火密封胶。

4）防火层与玻璃不应直接接触，一块玻璃不应跨两个防火分区。

(16) 幕墙的抗震缝、伸缩缝、沉降缝等部位的处理应保证缝的使用功能和饰面的完整性。

(17) 铝合金装饰压板应符合设计要求，表面平整、色彩一致，不得

第十一章 建筑装饰装修工程质量控制及检验

有肉眼可见的变形、波纹和凹凸不平,接缝应均匀严密。

(18)耐候硅酮密封胶的施工应符合下列要求:

1)耐候硅酮密封胶的施工厚度应大于3.5mm,施工宽度不应小于施工厚度的2倍;较深的密封槽口底部应采用聚乙烯发泡材料填塞。

2)耐候硅酮密封胶在接缝内应形成相对两面粘结,并不得三面粘结。

(三)玻璃幕墙质量检验标准

1. 主控项目检验

玻璃幕墙主控项目质量检验标准见表11-83。

表11-83　　　　玻璃幕墙主控项目质量检验标准

序号	项目	合格质量标准	检验方法	检查数量
1	各种材料、构件、组件	玻璃幕墙工程所使用的各种材料、构件和组件的质量,应符合设计要求及国家现行产品标准和工程技术规范的规定	检查材料、构件、组件的产品合格证书、进场验收记录、性能检测报告和材料的复验报告	每个检验批每100m²应至少抽查一处,每处不得小于10m²;对于异型或有特殊要求的幕墙工程,应根据幕墙的结构和工艺特点,由监理单位(或建设单位)和施工单位协商确定
2	造型和立面分格	玻璃幕墙的造型和立面分格应符合设计要求		
3	玻璃	玻璃幕墙使用的玻璃应符合下列规定: (1)幕墙应使用安全玻璃,玻璃的品种、规格、颜色、光学性能及安装方向应符合设计要求。 (2)幕墙玻璃的厚度应不小于6.0mm。全玻幕墙肋玻璃的厚度应不小于12mm。 (3)幕墙的中空玻璃应采用双道密封。明框幕墙的中空玻璃应采用聚硫密封胶及丁基密封胶;隐框和半隐框幕墙的中空玻璃应采用硅酮结构密封胶及丁基密封胶;镀膜面应在中空玻璃的第2或第3面上。 (4)幕墙的夹层玻璃应采用聚乙烯醇缩丁醛(PVB)胶片干法加工合成的夹层玻璃。点支承玻璃幕墙夹层玻璃的夹层胶片(PVB)厚度应不小于0.76mm。 (5)钢化玻璃表面不得有损伤;8.0mm以下的钢化玻璃应进行引爆处理。 (6)所有幕墙玻璃均应进行边缘处理	观察;尺量检查	

续一

序号	项目	合格质量标准	检验方法	检查数量
4	与主体结构连接件	玻璃幕墙与主体结构连接的各种预埋件、连接件、紧固件必须安装牢固,其数量、规格、位置、连接方法和防腐处理应符合设计要求	观察;检查隐蔽工程验收记录和施工记录	每个检验批每 $100m^2$ 应至少抽查一处,每处不得小于 $10m^2$;对于异型或有特殊要求的幕墙工程,应根据幕墙的结构和工艺特点,由监理单位(或建设单位)和施工单位协商确定
5	螺栓防松及焊接连接	各种连接件、紧固件的螺栓应有防松动措施;焊接连接应符合设计要求和焊接规范的规定		
6	玻璃下端托条	隐框或半隐框玻璃幕墙,每块玻璃下端应设置两个铝合金或不锈钢托条,其长度应不小于100mm,厚度应不小于2mm,托条外端应低于玻璃外表面2mm	观察;检查施工记录	
7	明框幕墙玻璃安装	明框玻璃幕墙的玻璃安装应符合下列规定: (1)玻璃槽口与玻璃的配合尺寸应符合设计要求和技术标准的规定; (2)玻璃与构件不得直接接触,玻璃四周与构件凹槽底部应保持一定的空隙,每块玻璃下部应至少放置两块宽度与槽口宽度相同、长度不小于100mm的弹性定位垫块;玻璃两边嵌入量及空隙应符合设计要求; (3)玻璃四周橡胶条的材质、型号应符合设计要求,镶嵌应平整,橡胶条长度应比边框内槽长1.5%~2.0%,橡胶条在转角处应斜面断开,并应用粘结剂粘结牢固后嵌入槽内	观察;检查施工记录	
8	超过4m高全玻璃幕墙安装	高度超过4m的全玻幕墙应吊挂在主体结构上,吊夹具应符合设计要求,玻璃与玻璃、玻璃与玻璃肋之间的缝隙,应采用硅酮结构密封胶填嵌严密	观察;检查隐蔽工程验收记录和施工记录	
9	点支承幕墙安装	点支承玻璃幕墙应采用带万向头的活动不锈钢爪,其钢爪间的中心距离应大于250mm	观察;尺量检查	
10	细部	玻璃幕墙四周、玻璃幕墙内表面与主体结构之间的连接节点、各种变形缝、墙角的连接节点应符合设计要求和技术标准的规定	观察;检查隐蔽工程验收记录和施工记录	

第十一章 建筑装饰装修工程质量控制及检验

续二

序号	项 目	合格质量标准	检验方法	检查数量
11	幕墙防水	玻璃幕墙应无渗漏	在易渗漏部位进行淋水检查	(1)每个检验批每100m²应至少抽查一处，每处不得小于10m²。(2)对于异型或有特殊要求的幕墙工程，应根据幕墙的结构和工艺特点，由监理单位(或建设单位)和施工单位协商确定
12	结构胶、密封胶打注	玻璃幕墙结构胶和密封胶的打注应饱满、密实、连续、均匀、无气泡，宽度和厚度应符合设计要求和技术标准的规定	观察;尺量检查;检查施工记录	
13	幕墙开启窗	玻璃幕墙开启窗的配件应齐全，安装应牢固，安装位置和开启方向、角度应正确;开启应灵活，关闭应严密	观察;手扳检查;开启和关闭检查	
14	防雷装置	玻璃幕墙的防雷装置必须与主体结构的防雷装置可靠连接	观察;检查隐蔽工程验收记录和施工记录	

2. 一般项目检验

玻璃幕墙一般项目质量检验标准见表11-84。

表11-84　　　　　玻璃幕墙一般项目质量检验标准

序号	项 目	合格质量标准	检验方法	检查数量
1	表面质量	玻璃幕墙表面应平整、洁净;整幅玻璃的色泽应均匀一致;不得有污染和镀膜损坏	观察	同主控项目
2	玻璃表面质量	每平方米玻璃的表面质量和检验方法应符合表11-85的规定	见表11-85	
3	铝合金型材表面质量	一个分格铝合金型材的表面质量和检验方法应符合表11-86的规定	见表11-86	
4	明框外露框或压条	明框玻璃幕墙的外露框或压条应横平竖直，颜色、规格应符合设计要求，压条安装应牢固。单元玻璃幕墙的单元拼缝或隐框玻璃幕墙的分格玻璃拼缝应横平竖直、均匀一致	观察;手扳检查;检查进场验收记录	

续表

序号	项目	合格质量标准	检验方法	检查数量
5	密封胶缝	玻璃幕墙的密封胶缝应横平竖直、深浅一致、宽窄均匀、光滑顺直	观察；手摸检查	
6	防火、保温材料	防火、保温材料填充应饱满、均匀，表面应密实、平整	检查隐蔽工程验收记录	
7	隐蔽节点	玻璃幕墙隐蔽节点的遮封装修应牢固、整齐、美观	观察；手扳检查	同主控项目
8	明框幕墙安装允许偏差	明框玻璃幕墙安装的允许偏差和检验方法应符合表11-87的规定	见表11-87	
9	隐框、半隐框玻璃幕墙安装允许偏差	隐框、半隐框玻璃幕墙安装的允许偏差和检验方法应符合表11-88的规定	见表11-88	

表11-85　　　　每平方米玻璃的表面质量和检验方法

项次	项目	质量要求	检验方法
1	明显划伤和长度>100mm的轻微划伤	不允许	观察
2	长度≤100mm的轻微划伤	≤8条	用钢尺检查
3	擦伤总面积	≤500mm^2	用钢尺检查

注：本表摘自《建筑装饰装修工程质量验收规范》(GB 50210—2001)。

表11-86　　　　一个分格铝合金型材的表面质量和检验方法

项次	项目	质量要求	检验方法
1	明显划伤和长度>100mm的轻微划伤	不允许	观察
2	长度≤100mm的轻微划伤	≤2条	用钢尺检查
3	擦伤总面积	≤500mm^2	

注：本表摘自《建筑装饰装修工程质量验收规范》(GB 50210—2001)。

3. 允许偏差

(1)明框玻璃幕墙安装的允许偏差和检验方法见表11-87。

第十一章 建筑装饰装修工程质量控制及检验

表 11-87　　明框玻璃幕墙安装的允许偏差和检验方法

项次	项目		允许偏差(mm)	检验方法
1	幕墙垂直度	幕墙高度≤30m	10	用经纬仪检查
		30m<幕墙高度≤60m	15	
		60m<幕墙高度≤90m	20	
		幕墙高度>90m	25	
2	幕墙水平度	幕墙幅宽≤35m	5	用水平仪检查
		幕墙幅宽>35m	7	
3	构件直线度		2	用2m靠尺和塞尺检查
4	构件水平度	构件长度≤2m	2	用水平仪检查
		构件长度>2m	3	
5	相邻构件错位		1	用钢直尺检查
6	分格框对角线长度差	对角线长度≤2m	3	用钢尺检查
		对角线长度>2m	4	

注：本表摘自《建筑装饰装修工程质量验收规范》(GB 50210—2001)。

(2)隐框、半隐框玻璃幕墙安装的允许偏差和检验方法见表11-88。

表 11-88　　隐框、半隐框玻璃幕墙安装的允许偏差和检验方法

项次	项目		允许偏差(mm)	检验方法
1	幕墙垂直度	幕墙高度≤30m	10	用经纬仪检查
		30m<幕墙高度≤60m	15	
		60m<幕墙高度≤90m	20	
		幕墙高度>90m	25	
2	幕墙水平度	层高≤3m	3	用水平仪检查
		层高>3m	5	

续表

项次	项 目	允许偏差（mm）	检验方法
3	幕墙表面平整度	2	用2m靠尺和塞尺检查
4	板材立面垂直度	2	用垂直检测尺检查
5	板材上沿水平度	2	用1m水平尺和钢直尺检查
6	相邻板材板角错位	1	用钢直尺检查
7	阳角方正	2	用直角检测尺检查
8	接缝直线度	3	拉5m线,不足5m拉通线,用钢直尺检查
9	接缝高低差	1	用钢直尺和塞尺检查
10	接缝宽度	1	用钢直尺检查

注：本表摘自《建筑装饰装修工程质量验收规范》（GB 50210—2001）。

二、金属幕墙质量控制及检验

（一）金属幕墙材料质量控制

（1）金属幕墙中所用的钢材，其牌号、化学成分、机械性能、尺寸允许偏差、精度等级等指标，均应符合现行国家标准的规定；碳素结构钢和低合金结构钢应进行有效的防腐处理。当采用热浸镀锌处理时，其膜厚应大于或等于45μm；如采用不锈钢的则应用奥氏体不锈钢；钢材的表面不得有裂纹、气泡、结疤、泛锈、夹渣等缺陷。

> 铝合金型材表面应清洁，色泽均匀。不应有皱纹、裂纹、起皮、腐蚀斑点、气泡、流痕，以及涂层脱落等质量缺陷。

（2）所有铝合金材料的牌号、化学成分、机械性能、尺寸允许偏差、精度等级等指标，均应符合现行国家标准的规定。

（二）金属幕墙施工过程质量控制

（1）安装金属幕墙应在主体工程验收后进行。

第十一章 建筑装饰装修工程质量控制及检验

(2)构件安装前应检查制造合格证,不合格的构件不得安装。

(3)金属幕墙与主体结构连接的预埋件,应在主体结构施工时按设计要求埋设。预埋件应牢固,位置准确,预埋件的位置误差应按设计要求进行复查。当设计无明确要求时,预埋件的标高偏差不应大于10mm,预埋位置差不应大于20mm。后置埋件的拉拔力必须符合设计要求。

(4)安装施工测量应与主体结构的测量配合,其误差应及时调整。

(5)金属幕墙立柱的安装应符合下列规定:

1)立柱安装标高偏差不应大于3mm,轴线前后偏差不应大于2mm,左右偏差不应大于3mm。

2)相邻两根立柱安装标高偏差不应大于3mm,同层立柱的最大标高偏差不应大于5mm,相邻两根立柱的距离偏差不应大于2mm。

(6)金属幕墙横梁的安装应符合下列规定:

1)应将横梁两端的连接件及垫片安装在立柱的预定位置,并应安装牢固,其接缝应严密。

2)相邻两根横梁的水平标高偏差不应大于1mm。同层标高偏差:当一幅幕墙宽度小于或等于35m时,不应大于5mm;当一幅幕墙宽度大于35m时,不应大于7mm。

(7)金属板安装应符合下列规定:

1)应对横竖连接件进行检查、测量、调整。

2)金属板、石板安装时,左右、上下的偏差不应大于1.5mm。

3)金属板在板空缝安装时,必须有防水措施,并应有符合设计要求的排水出口。

4)填充硅酮耐候密封胶时,金属板、石板缝的宽度、厚度应根据硅酮耐候密封胶的技术参数,经计算后确定。

> 对幕墙的构件、面板等,应采取保护措施,不得发生变形、变色、污染等现象。粘附物应清除,清洁剂不得产生腐蚀和污染。

(8)幕墙钢构件施焊后,其表面应采取有效防腐措施。

(9)幕墙安装过程中宜进行接缝部位的雨水渗漏检验。

(三)金属幕墙质量检验标准

1. 主控项目检验

金属幕墙主控项目质量检验标准见表 11-89。

表 11-89　　　　金属幕墙主控项目质量检验标准

序号	项目	合格质量标准	检验方法	检查数量
1	材料、配件质量	金属幕墙工程所使用的各种材料和配件,应符合设计要求及国家现行产品标准和工程技术规范的规定	检查产品合格证书、性能检测报告、材料进场验收记录和复验报告	每个检验批每 100m² 应至少抽查一处,每处不得小于 10m²。对于异型或有特殊要求的幕墙工程,应根据幕墙的结构和工艺特点,由监理单位(或建设单位)和施工单位协商确定
2	造型和立面分格	金属幕墙的造型和立面分格应符合设计要求	观察;尺量检查	
3	金属面板质量	金属面板的品种、规格、颜色、光泽及安装方向应符合设计要求	观察;检查进场验收记录	
4	预埋件、后置件	金属幕墙主体结构上的预埋件、后置埋件的数量、位置及后置埋件的拉拔力必须符合设计要求	检查拉拔力检测报告和隐蔽工程验收记录	
5	连接与安装	金属幕墙的金属框架立柱与主体结构预埋件的连接、立柱与横梁的连接、金属面板的安装必须符合设计要求,安装必须牢固	手扳检查;检查隐蔽工程验收记录	
6	防火、保温、防潮材料	金属幕墙的防火、保温、防潮材料的设置应符合设计要求,并应密实、均匀、厚度一致	检查隐蔽工程验收记录	
7	框架及连接件防腐	金属框架及连接件的防腐处理应符合设计要求	检查隐蔽工程验收记录和施工记录	
8	防雷装置	金属幕墙的防雷装置必须与主体结构的防雷装置可靠连接	检查隐蔽工程验收记录	
9	连接节点	各种变形缝、墙角的连接节点应符合设计要求和技术标准的规定	观察;检查隐蔽工程验收记录	
10	板缝注胶	金属幕墙的板缝注胶应饱满、密实、连续、均匀、无气泡,宽度和厚度应符合设计要求和技术标准的规定	观察;尺量检查;检查施工记录	
11	防水	金属幕墙应无渗漏	在易渗漏部位进行淋水检查	

2. 一般项目检验

金属幕墙一般项目质量检验标准见表11-90。

表11-90　　　　　金属幕墙一般项目质量检验标准

序号	项　目	合格质量标准	检验方法	检查数量
1	表面质量	金属板表面应平整、洁净、色泽一致	观察	同主控项目
2	压条安装	金属幕墙的压条应平直、洁净、接口严密、安装牢固	观察；手扳检查	
3	密封胶缝	金属幕墙的密封胶缝应横平竖直、深浅一致、宽窄均匀、光滑顺直	观察	
4	滴水线、流水坡	金属幕墙上的滴水线、流水坡向应正确、顺直	观察；用水平尺检查	
5	每平方米表面质量	每平方米金属板的表面质量和检验方法应符合表11-91的规定	见表11-91	
6	安装允许偏差	金属幕墙安装的允许偏差和检验方法应符合表11-92的规定	见表11-92	

表11-91　　　　每平方米金属板的表面质量和检验方法

项次	项　目	质量要求	检验方法
1	明显划伤和长度>100mm的轻微划伤	不允许	观察
2	长度≤100mm的轻微划伤	≤8条	用钢尺检查
3	擦伤总面积	≤500mm^2	

注：本表摘自《建筑装饰装修工程质量验收规范》(GB 50210—2001)。

表 11-92　　　　金属幕墙安装的允许偏差和检验方法

项次	项目		允许偏差（mm）	检验方法
1	幕墙垂直度	幕墙高度≤30m	10	用经纬仪检查
		30m<幕墙高度≤60m	15	
		60m<幕墙高度≤90m	20	
		幕墙高度>90m	25	
2	幕墙水平度	层高≤3m	3	用水平仪检查
		层高>3m	5	
3	幕墙表面平整度		2	用2m靠尺和塞尺检查
4	板材立面垂直度		3	用垂直检测尺检查
5	板材上沿水平度		2	用1m水平尺和钢直尺检查
6	相邻板材板角错位		1	用钢直尺检查
7	阳角方正		2	用直角检测尺检查
8	接缝直线度		3	拉5m线,不足5m拉通线,用钢直尺检查
9	接缝高低差		1	用钢直尺和塞尺检查
10	接缝宽度		1	用钢直尺检查

注：本表摘自《建筑装饰装修工程质量验收规范》(GB 50210—2001)。

三、石材幕墙质量控制及检验

(一)石材幕墙材料质量控制

石材幕墙中所用的钢材、铝合金、密封胶等和玻璃幕墙、金属幕墙相同,这里不再介绍,主要对石材的质量要求进行介绍。

(1)天然石板厚度应不小于25mm,火烧板厚度应不小于28mm;单块石板面积不宜大于$1m^2$;石材吸水率应小于0.8%;抗弯强度应不小于$8.0N/mm^2$。

(2)大理石不宜作幕墙板材。石板崩边不应大于 5mm×20mm，缺角不应大于 20mm，石板不应有暗裂缝，在连接部位不得有崩坏现象。检查石板暗裂缝时，可采用在板材表面淋水后擦干进行观察。石板在允许范围内的缺损应经修补后使用，且宜用于立面不明显部位。

(3)石材外表面色泽应符合设计要求，不得有明显色差。

(二)石材幕墙施工过程质量控制

(1)石材幕墙立柱的安装应符合下列规定：

1)立柱安装标高偏差不应大于 3mm，轴线前后偏差不应大于 2mm，左右偏差不应大于 3mm。

2)相邻两根立柱安装标高偏差不应大于 3mm，同层立柱的最大标高偏差不应大于 5mm，相邻两根立柱的距离偏差不应大于 2mm。

(2)石材幕墙横梁的安装应符合下列规定：

1)应将横梁两端的连接件及垫片安装在立柱的预定位置，并应安装牢固，其接缝应严密。

2)相邻两根横梁的水平标高偏差不应大于 1mm。同层标高偏差：当一幅幕墙宽度小于或等于 35m 时，不应大于 5mm；当一幅幕墙宽度大于 35mm 时，不应大于 7mm。

(3)石板的安装应符合下列规定：

1)应对横竖连接件进行检查、测量、调整。

2)石板安装时，左右、上下的偏差不应大于 1.5mm。

3)石板空缝安装时，必须有防水措施，并应有符合设计要求的排水出口。

> 填充硅酮耐候密封胶时，石板缝的宽度、厚度应根据硅酮耐候密封胶的技术参数，经计算后确定。

(三)石材幕墙质量检验标准

1. 主控项目检验

石材幕墙主控项目质量检验标准见表 11-93。

表 11-93　　石材幕墙主控项目质量检验标准

序号	项目	合格质量标准	检验方法	检查数量
1	材料质量	石材幕墙工程所用材料的品种、规格、性能和等级,应符合设计要求及国家现行产品标准和工程技术规范的规定。石材的弯曲强度应不小于 8.0MPa;吸水率应小于 0.8%。石材幕墙的铝合金挂件厚度应不小于 4.0mm,不锈钢挂件厚度应不小于 3.0mm	观察;尺量检查;检查产品合格证书、性能检测报告、材料进场验收记录和复验报告	每个检验批每 100m² 应至少抽查一处,每处不得小于 10m²;对于异型或有特殊要求的幕墙工程,应根据幕墙的结构和工艺特点,由监理单位(或建设单位)和施工单位协商确定
2	外观质量	石材幕墙的造型、立面分格、颜色、光泽、花纹和图案应符合设计要求	观察	
3	石材孔、槽	石材孔、槽的数量、深度、位置、尺寸应符合设计要求	检查进场验收记录或施工记录	
4	预埋件和后置埋件	石材幕墙主体结构上的预埋件和后置埋件的位置、数量及后置埋件的拉拔力必须符合设计要求	检查拉拔力检测报告和隐蔽工程验收记录	
5	构件连接	石材幕墙的金属框架立柱与主体结构预埋件的连接、立柱与横梁的连接、连接件与金属框架的连接、连接件与石材面板的连接必须符合设计要求,安装必须牢固	手扳检查;检查隐蔽工程验收记录	
6	框架和连接件防腐	金属框架和连接件的防腐处理应符合设计要求	检查隐蔽工程验收记录	
7	防雷装置	石材幕墙的防雷装置必须与主体结构防雷装置可靠连接	观察;检查隐蔽工程验收记录和施工记录	
8	防火、保温、防潮材料	石材幕墙的防火、保温、防潮材料的设置应符合设计要求,填充应密实、均匀、厚度一致	检查隐蔽工程验收记录	
9	结构变形缝、墙角连接点	各种结构变形缝、墙角的连接节点应符合设计要求和技术标准的规定	检查隐蔽工程验收记录和施工记录	
10	表面和板缝处理	石材表面和板缝的处理应符合设计要求	观察	
11	板缝注胶	石材幕墙的板缝注胶应饱满、密实、连续、均匀、无气泡,板缝宽度和厚度应符合设计要求和技术标准的规定	观察;尺量检查;检查施工记录	
12	防水	石材幕墙应无渗漏	在易渗漏部位进行淋水检查	

2. 一般项目检验

石材幕墙一般项目质量检验标准见表 11-94。

表 11-94　　　　石材幕墙一般项目质量检验标准

序号	项目	合格质量标准	检验方法	检查数量
1	表面质量	石材幕墙表面应平整、洁净、无污染、缺损和裂痕。颜色和花纹应协调一致，无明显色差，无明显修痕	观察	同主控项目
2	压条	石材幕墙的压条应平直、洁净、接口严密、安装牢固	观察；手扳检查	
3	细部质量	石材接缝应横平竖直、宽窄均匀；阴阳角石板压向应正确，板边合缝应顺直；凸凹线出墙厚度应一致，上下口应平直；石材面板上洞口、槽边应套割吻合，边缘应整齐	观察；尺量检查	
4	密封胶缝	石材幕墙的密封胶缝应横平竖直、深浅一致、宽窄均匀、光滑顺直	观察	
5	滴水线	石材幕墙上的滴水线、流水坡向应正确、顺直	观察；用水平尺检查	
6	石材表面质量	每平方米石材的表面质量和检验方法应符合表 11-95 的规定	见表 11-95	
7	安装允许偏差	石材幕墙安装的允许偏差和检验方法应符合表 11-96 的规定	见表 11-96	

表 11-95　　　　每平方米石材的表面质量和检验方法

项次	项目	质量要求	检验方法
1	裂痕、明显划伤和长度＞100mm 的轻微划伤	不允许	观察
2	长度≤100mm 的轻微划伤	≤8 条	用钢尺检查
3	擦伤总面积	≤500mm^2	

注：本表摘自《建筑装饰装修工程质量验收规范》(GB 50210—2001)。

表 11-96　　　　　石材幕墙安装的允许偏差和检验方法

项次	项目		允许偏差(mm)		检验方法
			光面	麻面	
1	幕墙垂直度	幕墙高度≤30m	10		用经纬仪检查
		30m<幕墙高度≤60m	15		
		60m<幕墙高度≤90m	20		
		幕墙高度>90m	25		
2	幕墙水平度		3		用水平仪检查
3	板材立面垂直度		3		用水平仪检查
4	板材上沿水平度		2		用1m水平尺和钢直尺检查
5	相邻板材板角错位		1		用钢直尺检查
6	幕墙表面平整度		2	3	用垂直检测尺检查
7	阳角方正		2	4	用直角检测尺检查
8	接缝直线度		3	4	拉5m线,不足5m拉通线,用钢直尺检查
9	接缝高低差		1	—	用钢直尺和塞尺检查
10	接缝宽度		1	2	用钢直尺检查

注:本表摘自《建筑装饰装修工程质量验收规范》(GB 50210—2001)。

第八节　涂饰工程质量控制及检验

一、涂饰材料质量控制

1. 涂料

(1)涂料工程所用的涂料和半成品(包括施涂现场配制的),均应有品名、种类、颜色、制作时间、贮存有效期、使用说明和产品合格证书、性能检测报告及进场验收记录。

(2)内墙涂料要求耐碱性、耐水性、耐粉化性良好,并有一定的透气性。

(3)外墙涂料要求耐水性、耐污染性和耐候性良好。

2. 腻子

涂料工程使用的腻子的塑性和易涂性应满足施工要求,干燥后应坚固,不得粉化、起皮和开裂,并按基层、底涂料和面涂料的性能配套使用。处于潮湿环境的腻子应具有耐性。

二、涂饰施工过程质量控制

1. 水性涂料涂饰

(1)水性涂料涂饰工程应当在抹灰工程、地面工程、木装修工程、水暖电气安装工程等全部完成后,并在清洁干净的环境下施工。

(2)水性涂料涂饰工程的施工环境温度应在 5～35℃ 之间。冬期施工,室内涂饰应在采暖条件下进行,保持均衡室温,防止浆膜受冻。

(3)水性涂料涂饰工程施工前,应根据设计要求做样板间,经有关部门同意认可后,才准大面积施工。

(4)基层表面必须干净、平整。表面麻面等缺陷应用腻子填平并用砂纸磨平磨光。

2. 溶剂型涂料涂饰

(1)一般溶剂型涂料涂饰工程施工时的环境温度不宜低于 10℃,相对湿度不宜大于 60%。遇有大风、雨、雾等情况时,不宜施工(特别是面层涂饰,更不宜施工)。

> 室外涂饰,同一墙面应用相同的材料和配合比。涂料在施工时,应经常搅拌,每遍涂层不应过厚,涂刷均匀。若分段施工时,其施工缝应留在分格缝、墙的阴阳角处或水落管后。

(2)冬期施工室内溶剂型涂料涂饰工程时,应在采暖条件下进行,室温保持均衡。

(3)溶剂型涂料涂饰工程施工前,应根据设计要求做样板件或样板间。经有关部门同意认可后,才准大面积施工。

(4)木材表面涂饰溶剂型混色涂料应符合下列要求:

1）刷底涂料时，木料表面、橱柜、门窗等玻璃口四周必须涂刷到位，不可遗漏。

2）木料表面的缝隙、毛刺、戗茬和脂囊修整后，应用腻子多次填补，并用砂纸磨光。较大的脂囊应用木纹相同的材料用胶镶嵌。

3）抹腻子时，对于宽缝、深洞要填入压实，抹平刮光。

4）打磨砂纸要光滑，不能磨穿油底，不可磨损棱角。

5）橱柜、门窗扇的上冒头顶面和下冒头底面不得漏刷涂料。

6）涂刷涂料时应横平竖直，纵横交错、均匀一致。涂刷顺序应先上后下，先内后外，先浅色后深色。按木纹方向理平理直。

7）每遍涂料应涂刷均匀，各层必须结合牢固。每遍涂料施工时，应待前一遍涂料干燥后进行。

（5）金属表面涂饰溶剂型涂料应符合下列要求：

1）涂饰前，金属面上的油污、鳞皮、锈斑、焊渣、毛刺、浮砂、尘土等，必须清除干净。

2）防锈涂料不得遗漏，且涂刷要均匀。在镀锌表面涂饰时，应选用C53－33锌黄醇酸防锈涂料，其面漆宜用C04－45灰醇酸磁涂料。

3）防锈涂料和第一遍银粉涂料，应在设备、管道安装就位前涂刷，最后一遍银粉涂料应在刷浆工程完工后涂刷。

4）薄钢板屋面、檐沟、水落管、泛水等涂刷涂料时，可不刮腻子，但涂刷防锈涂料不应少于两遍。

5）金属构件和半成品安装前，应检查防锈有无损坏，损坏处应补刷。

6）薄钢板制作的屋脊、檐沟和天沟等咬口处，应用防锈油腻子填抹密实。

7）金属表面除锈后，应在8h内（湿度大时为4h内）尽快刷底涂料，待底涂料充分干燥后再涂刷后层涂料，其间隔时间视具体条件而定，一般不应少于48h。第一和第二度防锈涂料涂刷间隔时间不应超过7d。当第二度防锈干后，应尽快涂刷第一度涂饰。

8）高级涂料做磨退时，应用醇酸磁涂刷，并根据涂膜厚度增加1～2遍涂料和磨退，打砂蜡、打油蜡、擦亮的工作。

9)金属构件、在组装前应先涂刷一遍底子油(干性油、防锈涂料),安装后再涂刷涂料。

(6)混凝土表面和抹灰表面涂饰溶剂型涂料应符合下列要求:

1)在涂饰前,基层应充分干燥洁净,不得有起皮、松散等缺陷。粗糙处应磨光,缝隙、小洞及不平处应用油腻子补平。外墙在涂饰前先刷一遍封闭涂层,然后再刷底子涂料,中间层和面层。

2)涂刷乳胶漆时,稀释后的乳胶漆应在规定时间内用完,并不得加入催干剂;外墙表面的缝隙、孔洞和磨面,不得用大白纤维素等低强度的腻子填补,应用水泥乳胶腻子填补。

3)外墙面油漆,应选用有防水性能的涂料。

木材表面涂刷清漆质量要求

(1)应当注意色调均匀,拼色相互一致,表面不得显露节疤。

(2)在涂刷清漆、蜡克时,要做到均匀一致,理平理光,不可显露刷纹。

(3)对修拼色必须十分重视,在修色后,要求在距离1m内看不见修色痕迹为准。对颜色明显不一致的木材,要通过拼色达到颜色基本一致。

(4)有打蜡出光要求的工程,应当将砂蜡打匀,擦油蜡时要薄而匀、赶光一致。

3. 美术涂饰

(1)滚花:先在完成的涂饰表面弹垂直粉线,然后沿粉线自上而下滚涂,滚筒的轴必须垂直于粉线,不得歪斜。滚花完成后,周边应划色线或做边花,方格线。

(2)仿木纹、仿石纹:应在第一遍涂料表面上进行。待模仿纹理或油色拍丝等完成后,表面应涂刷一遍罩面清漆。

(3)鸡皮皱:在油漆中需掺入 20%~30%的大白粉(重量比),用松节油进行稀释。涂刷厚度一般为 2mm,表面拍打起粒应均匀、大小一致。

(4)拉毛:在油漆中需掺入石膏粉或滑石粉,其掺量和涂刷厚度,应根据波纹大小由试验确定。面层干燥后,宜用砂纸磨去毛尖。

(5)套色漏花,刻制花饰图案套漏板,宜用喷印方法进行,并按分色顺序进行喷印。前一套漏板喷印完,应待涂料稍干后,方可进行下一套漏板的喷印。

三、涂饰质量检验标准

(一)水性涂料涂饰质量检验标准

1. 主控项目检验

水性涂料涂饰主控项目质量检验标准见表11-97。

表11-97　　　　水性涂料涂饰主控项目质量检验标准

序号	项目	合格质量标准	检验方法	检查数量
1	材料质量	水性涂料涂饰工程所用涂料的品种、型号和性能应符合设计要求	检查产品合格证书、性能检测报告和进场验收记录	室外涂饰工程每100m² 应至少抽查一处,每处不得小于10m²;室内涂饰工程每个检验批应至少抽查10%,并不得少于3间;不足3间时应全数检查
2	涂饰颜色和图案	水性涂料涂饰工程的颜色、图案应符合设计要求	观察	
3	涂饰综合质量	水性涂料涂饰工程应涂饰均匀、粘结牢固,不得漏涂、透底、起皮和掉粉	观察;手摸检查	
4	基层处理的要求	水性涂料涂饰工程的基层处理应符合基层处理要求	观察;手摸检查;检查施工记录	

2. 一般项目检验

水性涂料涂饰一般项目质量检验标准见表11-98。

表11-98　　　　水性涂料涂饰一般项目质量检验标准

序号	项目	合格质量标准	检验方法	检查数量
1	与其他材料和设备衔接处	涂层与其他装修材料和设备衔接处应吻合,界面应清晰	观察	同主控项目

续表

序号	项 目	合格质量标准	检验方法	检查数量
2	薄涂料涂饰质量允许偏差	薄涂料的涂饰质量和检验方法应符合表11-99的规定	见表11-99	
3	厚涂料涂饰质量允许偏差	厚涂料的涂饰质量和检验方法应符合表11-100的规定	见表11-100	同主控项目
4	复层涂料涂饰质量允许偏差	复层涂料的涂饰质量和检验方法应符合表11-101的规定	见表11-101	

表11-99 薄涂料的涂饰质量和检验方法

项次	项 目	普通涂饰	高级涂饰	检验方法
1	颜色	均匀一致	均匀一致	观察
2	泛碱、咬色	允许少量轻微	不允许	
3	流坠、疙瘩	允许少量轻微	不允许	
4	砂眼、刷纹	允许少量轻微砂眼，刷纹通顺	无砂眼，无刷纹	
5	装饰线、分色线直线度允许偏差(mm)	2	1	拉5m线，不足5m拉通线，用钢直尺检查

注：本表摘自《建筑装饰装修工程质量验收规范》(GB 50210—2001)。

表11-100 厚涂料的涂饰质量和检验方法

项次	项 目	普通涂饰	高级涂饰	检验方法
1	颜色	均匀一致	均匀一致	观察
2	泛碱、咬色	允许少量轻微	不允许	
3	点状分布	—	疏密均匀	

注：本表摘自《建筑装饰装修工程质量验收规范》(GB 50210—2001)。

表 11-101　　　　复层涂料的涂饰质量和检验方法

项次	项目	质量要求	检验方法
1	颜色	均匀一致	观察
2	泛碱、咬色	不允许	
3	喷点疏密程度	均匀,不允许连片	

注:本表摘自《建筑装饰装修工程质量验收规范》(GB 50210—2001)。

(二)溶剂型涂料涂饰质量检验标准

1. 主控项目检验

溶剂型涂料涂饰主控项目质量检验标准见表 11-102。

表 11-102　　　溶剂型涂料涂饰主控项目质量检验标准

序号	项目	合格质量标准	检验方法	检查数量
1	涂料质量	溶剂型涂饰工程所选用涂料的品种、型号和性能应符合设计要求	检查产品合格证书、性能检测报告和进场验收记录	室外涂饰工程每 100m^2 应至少检查一处,每处不得小于 10m^2 室内涂饰工程每个检验批应至少抽查 10%,并不得少于3间;不足3间时应全数检查
2	颜色、光泽、图案	溶剂型涂饰工程的颜色、光泽、图案应符合设计要求	观察	
3	涂饰综合质量	溶剂型涂饰工程应涂饰均匀、粘结牢固,不得漏涂、透底、起皮和反锈	观察;手摸检查	
4	基层处理	溶剂型涂饰工程的基层处理应符合以下要求: (1)新建筑物的混凝土或抹灰基层在涂饰涂料前应涂刷抗碱封闭底漆。 (2)旧墙面在涂饰涂料前应清除疏松的旧装修层,并涂刷界面剂。 (3)混凝土或抹灰基层涂刷溶剂型涂料时,含水率不得大于 8%;涂刷乳液型涂料时,含水率不得大于 10%。木材基层的含水率不得大于 12%。 (4)基层腻子应平整、坚实、牢固,无粉化、起皮和裂缝。 (5)厨房、卫生间墙面必须使用耐水腻子	观察;手摸检查;检查施工记录	

2. 一般项目检验

溶剂型涂料涂饰一般项目质量检验标准见表11-103。

表 11-103　　　　溶剂型涂料涂饰一般项目质量检验标准

序号	项　目	合格质量标准	检验方法	检查数量
1	与其他材料、设备衔接	涂层与其他装修材料和设备衔接处应吻合,界面应清晰	观察	同主控项目
2	色漆涂饰质量	色漆的涂饰质量和检验方法应符合表11-104的规定	见表11-104	
3	清漆涂饰质量	清漆的涂饰质量和检验方法应符合表11-105的规定	见表11-105	

表 11-104　　　　色漆的涂饰质量和检验方法

项次	项　目	普通涂饰	高级涂饰	检验方法
1	颜色	均匀一致	均匀一致	观察
2	光泽、光滑	光泽基本均匀光滑无挡手感	光泽均匀一致光滑	观察、手摸检查
3	刷纹	刷纹通顺	无刷纹	观察
4	裹棱、流坠、皱皮	明显处不允许	不允许	
5	装饰线、分色线直线度允许偏差(mm)	2	1	拉5m线,不足5m拉通线,用钢直尺检查

注:1. 无光色漆不检查光泽。
　　2. 本表摘自《建筑装饰装修工程质量验收规范》(GB 50210—2001)。

表 11-105　　　　清漆的涂饰质量和检验方法

项次	项　目	普通涂饰	高级涂饰	检验方法
1	颜色	基本一致	均匀一致	观察
2	木纹	棕眼刮平、木纹清楚	棕眼刮平、木纹清楚	
3	光泽、光滑	光泽基本均匀光滑无挡手感	光泽均匀一致光滑	观察、手摸检查
4	刷纹	无刷纹	无刷纹	观察
5	裹棱、流坠、皱皮	明显处不允许	不允许	

注:本表摘自《建筑装饰装修工程质量验收规范》(GB 50210—2001)。

(三)美术涂饰质量检验标准

1. 主控项目检验

美术涂饰主控项目质量检验标准见表 11-106。

表 11-106 美术涂饰主控项目质量检验标准

序号	项目	合格质量标准	检验方法	检查数量
1	材料质量	美术涂饰所用材料的品种、型号和性能应符合设计要求	观察;检查产品合格证书、性能检测报告和进场验收记录	室外涂饰工程每100m²应至少检查一处,每处不得小于10m²。室内涂饰工程每个检验批应至少抽查10%,并不得少于3间;不足3间时应全数检查
2	涂饰综合质量	美术涂饰工程应涂饰均匀、粘结牢固,不得漏涂、透底、起皮、掉粉和反锈	观察;手摸检查	
3	基层处理	美术涂饰工程的基层处理应符合以下要求: (1)新建筑物的混凝土或抹灰基层在涂饰涂料前应涂刷抗碱封闭底漆。 (2)旧墙面在涂饰涂料前应清除疏松的旧装修层,并涂刷界面剂。 (3)混凝土或抹灰基层涂刷溶剂型涂料时,含水率不得大于8%;涂刷乳液型涂料时,含水率不得大于10%。木材基层的含水率不得大于12%。 (4)基层腻子应平整、坚实、牢固,无粉化、起皮和裂缝。 (5)厨房、卫生间墙面必须使用耐水腻子	观察;手摸检查;检查施工记录	
4	套色、花纹、图案	美术涂饰的套色、花纹和图案应符合设计要求	观察	

2. 一般项目检验

美术涂饰一般项目质量检验标准见表 11-107。

表 11-107　　　　美术涂饰一般项目质量检验标准

序号	项　目	合格质量标准	检验方法	检查数量
1	表面质量	美术涂饰表面应洁净,不得有流坠现象	观察	同主控项目
2	仿花纹理涂饰表面质量	仿花纹涂饰的饰面应具有被模仿材料的纹理		
3	套色涂饰图案	套色涂饰的图案不得移位,纹理和轮廓应清晰		

第九节　裱糊与软包工程

一、裱糊质量控制及检验

(一)裱糊材料质量控制

1. 壁纸、墙布

壁纸、墙布要求整洁,图案清晰,颜色均匀,花纹一致,燃烧性能等级必须符合设计要求及国家现行标准的有关规定,具有产品出厂合格证。运输和贮存时,不得日晒雨淋,也不得贮存在潮湿处,以防发霉。压延壁纸和墙布应平放;发泡壁纸和复合壁纸则应竖放。

2. 胶粘剂

胶粘剂有成品和现场调制两种。胶粘剂应按壁纸、墙布的品种选用,要求具有一定的防霉和耐久性。当现场调制时,应当天调制当天用完。胶粘剂应盛放在塑料桶内。

(二)裱糊施工过程质量控制

(1)壁纸、墙布的种类、规格、图案、颜色和燃烧性能等级必须符合设计要求及国家现行标准的有关规定。同一房间的壁纸、墙布应用同一批料,即使同一批料,当有色差时,也不应贴在同一墙面上。

(2)裱糊前应以1∶1的108胶水溶液等作底胶涂刷基层。对附着牢固、表面平整的旧溶剂型涂料墙面,裱糊前应打平处理。

(3)在深暗墙面上粘贴易透底的壁纸、玻璃纤维墙布时,需加刷溶剂型浅色油漆一遍,以达到较好的质量效果。

(4)在湿度较大的房间和经常潮湿的墙体表面裱糊,应采用具有防水性能的壁纸和胶粘剂等材料。

(5)裱糊前,应将突出基层表面的设备或附件卸下。钉帽应进入基层表面,钉眼用油腻子填平。

(6)裁纸(布)时,长度应有一定余量,剪口应考虑对花并与边线垂直、裁成后卷拢,横向存放。不足幅宽的窄幅,应贴在较暗的阴角处。窄条下料时,应考虑对缝和搭缝关系,手裁的一边只能搭接不能对缝。

(7)胶粘剂应集中调制,并通过400孔/cm^2箍子过滤,调制好的胶粘剂应当天用完。

(8)裱糊第一幅前,应弹垂直线,作为裱糊时的基准线。

(9)墙面应采用整幅裱糊,并统一设置对缝,阳角处不得有接缝,阳角处接缝应搭接。

(10)无花纹的壁纸,可采用两幅间重叠2cm搭线。有花纹的壁纸,则采取两幅间壁纸花纹重叠对准,然后用钢直尺压在重叠处,用刀切断、撕去余纸、粘贴压实。

(11)裱糊普通壁纸,应先将壁纸浸水湿润3~5min(视壁纸性能而定),取出静置20min。裱糊时,基层表面和壁纸背面同时涂刷胶粘剂(壁纸刷胶后应静置5min上墙)。

(12)裱糊玻璃纤维墙布,应先将墙布背面清理干净。裱糊时,应在基层表面涂刷胶粘剂。

(13)裱糊后各幅拼接应横平竖直,拼接处花纹、图案应吻合,不离缝、不搭接、不显拼缝;粘贴牢固,不得有漏贴、补贴、脱层、空鼓和翘边。

(14)裱糊过程中和干燥前,应防止穿堂风和温度的突然变化。

(15)裱糊工程完成后,应有可靠的产品保护措施。

第十一章　建筑装饰装修工程质量控制及检验

> **特别提示**
>
> **裱糊注意事项**
> (1)裱糊后的壁纸,墙布表面应平整,色泽应一致,不得有波纹起伏、气泡、裂缝、皱折及斑污,斜视时应无胶痕。
> (2)复合压花壁纸的压痕及发泡壁纸的发泡层应无损坏。
> (3)壁纸、墙布与各种装饰线,设备线盒应交接严密。
> (4)壁纸、墙布边缘应平直整齐,不得有纸毛、飞刺。
> (5)壁纸、墙布阴角处搭接应顺光,阳角处应无接缝。

(三)裱糊质量检验标准

1. 主控项目检验

裱糊主控项目质量检验标准见表11-108。

表11-108　　　　　　　裱糊主控项目质量检验标准

序号	项目	合格质量标准	检验方法	检查数量
1	材料质量	壁纸、墙布的种类、规格、图案、颜色和燃烧性能等级必须符合设计要求及国家现行标准的有关规定	观察;检查产品合格证书、进场验收记录和性能检测报告	每个检验批应至少抽查10%,并不得少于3间,不足3间时应全数检查
2	基层处理	裱糊工程基层处理质量应符合以下要求: (1)新建筑物的混凝土或抹灰基层墙面在刮腻子前应涂刷抗碱封闭底漆; (2)旧墙面在裱糊前应清除疏松的旧装修层,并涂刷界面剂; (3)混凝土或抹灰基层含水率不得大于8%;木材基层的含水率不得大于12%; (4)基层腻子应平整、坚实、牢固,无粉化、起皮和裂缝; (5)基层表面平整度、立面垂直度及阴阳角方正应达到允许偏差不大于3mm的高级抹灰的要求; (6)基层表面颜色应一致; (7)裱糊前应用封闭底胶涂刷基层	观察;手摸检查;检查施工记录	

续表

序号	项目	合格质量标准	检验方法	检查数量
3	各幅拼接	裱糊后各幅拼接应横平竖直,拼接处花纹、图案应吻合,不离缝,不搭接,不显拼缝	观察;拼缝检查距离墙面1.5m处正视	每个检验批应至少抽查10%,并不得少于3间,不足3间时应全数检查
4	壁纸、墙布粘贴	壁纸、墙布应粘贴牢固,不得有漏贴、补贴、脱层、空鼓和翘边	观察;手摸检查	

2. 一般项目检验

裱糊一般项目质量检验标准见表 11-109。

表 11-109 裱糊一般项目质量检验标准

序号	项目	合格质量标准	检验方法	检查数量
1	裱糊表面质量	裱糊后的壁纸、墙布表面应平整,色泽应一致,不得有波纹起伏、气泡、裂缝、皱折及斑污,斜视时应无胶痕	观察;手摸检查	每个检验批应至少抽查10%,并不得少于3间,不足3间时应全数检查
2	壁纸压痕及发泡层	复合压花壁纸的压痕及发泡壁纸的发泡层应无损坏		
3	与装饰线、设备线盒交接	壁纸、墙布与各种装饰线、设备线盒应交接严密	观察	
4	壁纸、墙布边缘	壁纸、墙布边缘应平直整齐,不得有纸毛、飞刺		
5	壁纸、墙布阴、阳角	壁纸、墙布阴角处搭接应顺光,阳角处应无接缝		

第十一章 建筑装饰装修工程质量控制及检验

二、软包质量控制及检验

(一)软包材料质量控制

软包面料、内衬材料及边框的材料、颜色、图案、燃烧性能等级和木材的含水率应符合设计要求及国家现行标准的有关规定。

(二)软包施工过程质量控制

(1)同一房间的软包面料,应一次进足同批号货,以防色差。

(2)当软包面料采用大的网格型或大花型时,使用时在其房间的对应部位应注意对格对花,确保软包装饰效果。

(3)软包应尺寸准确,单块软包面料不应有接缝、毛边,四周应绷压严密。

(4)软包在施工中不应污染,完成后应做好产品保护。

(三)软包质量检验标准

1. 主控项目检验

软包主控项目质量检验标准见表11-110。

表11-110　　　　软包主控项目质量检验标准

序号	项目	合格质量标准	检验方法	检查数量
1	材料质量	软包面料、内衬材料及边框的材质、颜色、图案、燃烧性能等级和木材的含水率应符合设计要求及国家现行标准的有关规定	观察;检查产品合格证书、进场验收记录和性能检测报告	每个检验批应至少抽查20%,并不得少于6间,不足6间时应全数检查
2	安装位置、构造做法	软包工程的安装位置及构造做法应符合设计要求	观察;尺量检查;检查施工记录	
3	龙集、衬板、边框安装	软包工程的龙集、衬板、边框应安装牢固,无翘曲,拼缝应平直	观察;手扳检查	
4	单块面料	单块软包面料不应有接缝,四周应绷压严密	观察;手摸检查	

2. 一般项目检验

软包一般项目质量检验标准见表11-111。

表 11-111　　　　　软包一般项目质量检验标准

序号	项　目	合格质量标准	检验方法	检查数量
1	软包表面质量	软包工程表面应平整、洁净、无凹凸不平及皱折；图案应清晰、无色差，整体应协调美观	观察	每个检验批应少抽查20%，并不得少于6间，不足6间时应全数检查
2	边框安装质量	软包边框应平整、顺直、接缝吻合。其表面涂饰质量应符合本章第八节的有关规定	观察；手摸检查	
3	清漆涂饰	清漆涂饰木制边框的颜色、木纹应协调一致	观察	
4	安装允许偏差	软包工程安装的允许偏差和检验方法应符合表11-112的规定	见表11-112	

表 11-112　　　软包工程安装的允许偏差和检验方法

项次	项　目	允许偏差(mm)	检验方法
1	垂直度	3	用1m垂直检测尺检查
2	边框宽度、高度	0；-2	用钢尺检查
3	对角线长度差	3	
4	裁口、线条接缝高低差	1	用钢直尺和塞尺检查

注：本表摘自《建筑装饰装修工程质量验收规范》(GB 50210—2001)。

课后练习

一、填空题

1. 基土所用黏土(或粉质黏土、粉土)内不得含有有机物质，颗粒粒径不得大于＿＿＿＿＿mm。

2. 抹灰常采用的水泥应用不小于42.5级的＿＿＿＿、＿＿＿＿＿。

3. 铝合金组合门窗应采用＿＿＿＿＿、＿＿＿＿＿或＿＿＿＿＿的组合形式。

4. 轻质隔墙的木龙集一般宜选用＿＿＿＿，其含水率不得大于18%。

5. 内墙涂料要求＿＿＿＿＿、＿＿＿＿＿、＿＿＿＿＿性良好，且有一定的透气性。

二、选择题(有一个或多个答案)

1. 细石混凝土浇捣过程中应随压随抹,一般抹( )遍,达到表面光滑、无抹痕、色泽均匀一致。
   A. 1~2 B. 2~3 C. 3~4 D. 4~5

2. 装饰砂浆中的颜料,应采用( )和耐晒(光)的矿物颜料。
   A. 耐碱 B. 耐酸 C. 耐高温 D. 耐碱

3. 木门窗应采用烘干的木材,其含水率不应大于当地气候的平衡含水率,一般在气候干燥地区不宜大于_____%,在南方气候潮湿地区不宜大于_____%。横线上应填写的数值分别为( )。
   A. 10,12 B. 12,15 C. 13,15 D. 14,15

4. 下列关于金属幕墙材料质量控制说法正确的是( )。
   A. 金属幕墙中所用的钢材,其牌号、化学成分、机械性能、尺寸允许偏差、精度等级等指标,均应符合现行国家标准的规定
   B. 当采用热浸镀锌处理时,其膜厚应大于或等于45;如采用不锈钢的则应用奥氏体不锈钢
   C. 钢材的表面不得有裂纹、气泡、结疤、泛锈、夹渣等缺陷
   D. 所有铝合金材料的牌号、化学成分、机械性能、尺寸允许偏差、精度等级等指标,均应符合现行国家标准的规定

三、简答题

1. 如何进行一般抹灰施工过程质量控制?
2. 石材饰面板安装质量控制措施有哪些?
3. 金属门窗安装施工过程质量控制措施有哪些?
4. 如何进行吊顶施工过程质量控制?
5. 如何进行玻璃幕墙施工过程质量控制?
6. 混凝土表面和抹灰表面涂饰溶剂型涂料应符合哪些要求?
7. 裱糊施工过程质量控制注意事项有哪些?

下篇 建筑工程项目质量管理

第十二章 建筑工程质量管理概述

第一节 工程质量管理的基本概念

一、质量的概念

我国标准《质量管理体系 基础和术语》(GB/T 19000—2008)关于质量的定义是：一组固有特性满足要求的程度。

对上述定义可从以下几个方面来理解：

(1)质量不仅是指产品质量，也可以是某项活动或过程的工作质量，还可以是质量管理体系运行的质量。质量由一组固有特性组成，这些固有特性是指满足顾客和其他相关方的要求的特性，并由其满足要求的程度加以表征。

(2)特性是指区分的特征。特性可以是固有的或赋予的，可以是定性的或定量的。特性有各种类型，如物质特性(如机械的、电的、化学的或生物的特性)、感官特性(如嗅觉、触觉、味觉、视觉及感觉控测的特性)、行为特性(如礼貌、诚实、正直)、人体工效特性(如语言或生理特性、人身安全特性)、功能特性(如飞机的航程、速度)等。质量特性是固有的特性，并通过产品、过程或体系设计和开发及其后之实现过程形成的属性。固有的意思是指在某事或某物中本来就有的，尤其是那种永久的特性。赋予的特性(如某一产品的价格)并非是产品、过程或体系的固有特性，不是它们的质量特性。

(3)满足要求就是应满足明示的(如合同、规范、标准、技术、文件、图纸中明确规定的)、通常隐含的(如组织的惯例、一般习惯)或必须履行的(如法律、法规、行业规则)需要和期望。满足要求的程度的高低反映为质量的好坏。对质量的要求除考虑满足顾客的需求外,还应考虑其他相关方即组织自身利益、提供原材料和零部件等的供方的利益和社会的利益等多种需求,如需考虑安全性、环境保护、节约能源等外部的强制要求。只有全面满足这些要求,才能评定为好的质量或优秀的质量。

质量要求的变化

顾客和其他相关方对产品、过程或体系的质量要求是动态、发展和相对的。质量要求随着时间、地点、环境的变化而变化。如随着技术的发展、生活水平的提高,人们对产品、过程或体系会提出新的质量要求。因此,应定期评定质量要求、修订规范标准,不断开发新产品,改进老产品,以满足已变化的质量要求。另外,不同国家、不同地区因自然环境条件不同、技术发达程度不同、消费水平和民俗习惯等的不同都会对产品提出不同的要求,产品应具有这种环境的适应性,对不同地区应提供不同性能的产品,以满足该地区用户的明示或隐含的要求。

二、工程质量的概念

工程质量是指国家现行的法律、法规、技术标准、设计文件及工程合同中对工程的安全、适用、经济、美观等特性的综合要求。工程质量包括狭义和广义两个方面的含义。狭义的工程质量是指施工的工程质量(即施工质量);广义的工程质量除施工质量外,还包括工序质量和工作质量。

1. 施工质量

施工质量是指承建工程的适用价值,也就是施工工程的适用性。正确认识施工的工程质量是至关重要的。质量是为适用目的而具备的工程适用性,而不是绝对最佳的意思,应考虑实际用途和社会生产条件的平衡,考虑技术可能性和经济合理性。建设单位提出的质量要求,是考虑质量性能的一个重要条件,通常表示为一定幅度。施工企业应按照质量标准,进行最经济的施工,以降低工程造价,提高动能,从而提高工程质量。

2. 工序质量

工序质量也称施工过程质量,指施工过程中劳动力、机械设备、原材料、操作方法和施工环境等五大要素对工程质量的综合作用过程,也称生产过程中五大要素的综合质量。在整个施工过程中,任何一个工序的质量存在问题,整个工程的质量都会受到影响。为了保证工程质量达到质量标准,必须对工序质量给予足够重视,充分掌握五大要素的变化与质量波动的内在联系,改善不利因素,及时控制质量波动,调整各要素间的相互关系,保证连续不断地生产合格产品。

3. 工作质量

工作质量是指参与工程的建设者,为了保证工程的质量所从事工作的水平和完善程度。

工作质量包括社会工作质量,如社会调查、市场预测、质量回访等;生产过程工作质量,如思想政治工作质量、管理工作质量、技术工作质量和后勤工作质量等。工程质量的好坏是建筑工程形成过程的各方面、各环节工作质量的综合反映,而不是单纯靠质量检验检查出来的。为保证工程质量,要求有关部门和人员认真工作,对决定和影响工程质量的所有因素严加控制,即通过工作质量来保证和提高工程质量。

三、质量管理的概念

质量管理是指确定质量方针、目标和职责,并在质量体系中通过诸如质量策划、质量控制、质量保证和质量改进使其实施的全部管理职能活动。质量管理是下述管理职能中的所有活动:

> 全面质量管理是指"一个组织以质量为中心,以全员参与为基础,目的在于通过让顾客满意和本组织所有成员及社会受益而达到长期成功的管理途径"。

(1)确定质量方针和目标。
(2)确定岗位职责和权限。
(3)建立质量体系并使其有效运行。

第二节 工程项目质量管理

一、工程项目质量管理基本特征

由于项目施工涉及面广,是一个极其复杂的综合过程,再加上项目位置固定、生产流动、结构类型不一、质量要求不一、施工方法不一、体形大、整体性强、建设周期长、受自然条件影响大等特点,因此,项目的质量管理比一般工业产品的质量管理更难以实施,主要表现在以下几个方面:

(1)影响质量的因素多。如设计、材料、机械、地形、地质、水文、气象、施工工艺、操作方法、技术措施、管理制度等,均直接影响施工项目的质量。

(2)容易产生质量变异。因项目施工不像工业产品生产,有固定的自动性和流水线,有规范化的生产工艺和完善的检测技术,有成套的生产设备和稳定的生产环境,有相同系列规格和相同功能的产品;同时,由于影响施工项目质量的偶然性因素和系统性因素都较多,因此,很容易产生质量变异。如材料性能的微小差异、机械设备正常的磨损、操作的细微变化、环境的微小波动等,均会引起偶然性因素的质量变异;当使用材料的规格、品种有误,施工方法不妥,操作不按规程,机械故障,仪表失灵,设计计算错误等,则会引起系统性因素的质量变异,造成工程质量事故。为此,在施工中要严防出现系统性因素的质量变异,要把质量变异控制在偶然性因素范围内。

(3)容易产生第一、第二判断错误。施工项目由于工序交接多,中间产品多,隐蔽工程多,若不及时检查实质,事后再看表面,就容易产生第二判断错误,也就是说,容易将不合格的产品认为是合格的产品;反之,若检查不认真,测量仪表不准,读数有误,就会产生第一判断错误,也就是说,容易将合格产品认为是不合格的产品。这些在进行质量检查验收时,应特别注意。

(4)质量检查不能解体、拆卸。工程项目建成后,不可能像某些工业产品那样,再拆卸或解体检查内在的质量,或重新更换零件;即使发现质量有问题,也不可能像工业产品那样实行"包换"或"退款"。

(5)质量要受投资、进度的制约。施工项目的质量受投资、进度的制约较大,如一般情况下,投资大、进度慢,质量就好;反之,质量则差。因此,项目在施工中,还必须正确处理质量、投资、进度三者之间的关系,使其达到对立统一。

二、工程项目质量管理原则

(1)坚持"质量第一,用户至上"。社会主义商品经营的原则是"质量第一,用户至上"。建筑产品作为一种特殊的商品,使用年限较长,是"百年大计",直接关系到人民生命财产的安全。所以,工程项目在施工中应自始至终地把"质量第一,用户至上"作为质量控制的基本原则。

(2)"以人为核心"。人是质量的创造者,质量控制必须"以人为核心",把人作为控制的动力,调动人的积极性、创造性;增强人的责任感,树立"质量第一"观念;提高人的素质,避免人为失误;以人的工作质量保证工序质量和工程质量。

(3)"以预防为主"。"以预防为主",就是要从对质量的事后检查把关,转向对质量的事前控制及事中控制;从对产品质量的检查,转向对工作质量的检查及对工序质量的检查及对中间产品的质量检查。这是确保工程项目质量的有效措施。

(4)依据质量标准严格检查,一切用数据说话。质量标准是评价产品质量的尺度,数据是质量控制的基础和依据。产品质量是否符合质量标准,必须通过严格检查,用数据说话。

(5)贯彻科学、公正、守法的职业规范。建筑施工企业的项目经理,在处理质量问题过程中,应尊重客观事实,尊重科学,正直、公正、不持偏见;遵纪、守法、杜绝不正之风;既要坚持原则、严格要求、秉公办事,又要谦虚谨慎、实事求是、以理服人、热情帮助。

三、工程项目质量管理过程

任何工程项目都是由分项工程、分部工程和单位工程组成的,而工程项目的建设,则通过一道道工序来完成。所以,工程项目的质量管理是从工序质量到分项工程质量、分部工程质量、单位工程质量的系统控制过程,如图 12-1 所示;也是一

> 对建筑工程施工项目而言,质量管理就是为了确保合同、规范所规定的质量标准,所采取的一系列检测、监控措施、手段和方法。

个由对投入原材料的质量控制开始,直到完成工程质量检验为止的全过程的系统控制过程,如图 12-2 所示。

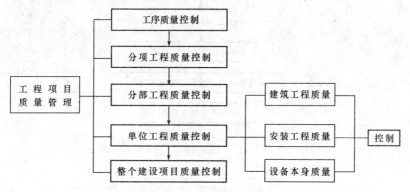

图 12-1　工程项目质量控制过程(一)

图 12-2　工程项目质量控制过程(二)

四、工程项目质量管理程序

在进行建筑产品质量管理的全过程中,项目管理者要对建筑产品

施工生产进行全过程、全方位的监督、检查与管理,它与工程竣工验收不同,它不是对最终产品的检查、验收,而是对生产中各环节或中间产品进行监督、检查与验收。这种全过程、全方位的中间质量管理的简要程序如图12-3所示。

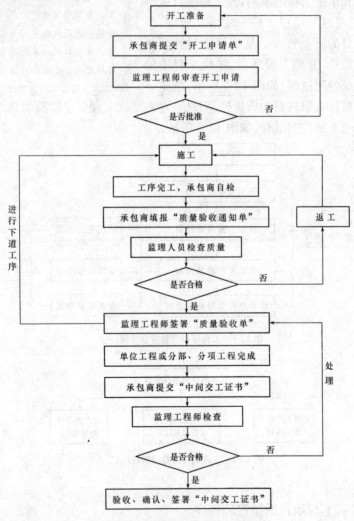

图12-3 工程项目质量管理程序简图

第十二章　建筑工程质量管理概述

拓展阅读

做好工程项目质量管理的基础工作

工程项目质量管理基础工作主要包括质量教育、标准化、计量和质量信息工作。

(1)质量教育工作。要对全体职工进行质量意识的教育,质量与人民生活密切相关,质量是企业的生命。进行质量教育工作要持之以恒,有计划、有步骤地实施。

(2)标准化工作。对工程项目来说,从原材料进场到工程竣工验收,都要有技术标准和管理标准,要建立一套完整的标准化体系。技术标准是根据科学技术水平和实践经验,针对具有普遍性和重复出现的技术问题提出的技术准则。在工程项目施工中,除了要认真贯彻国家和上级颁发的技术标准、规范外,还应结合本工程的情况制定工艺标准,作为指导施工操作和工程质量要求的依据。管理标准是对各项管理工作的规定,如各项工作的办事守则、职责条例、规章制度等。

(3)计量工作。计量工作是保证工程质量的重要手段和方法。要采用法定计量单位,做好量值传递,保证量值的统一。对本工程项目中采用的各项计量器具,要建立台账,按国家和上级规定的周期,定期进行检定。

(4)质量信息工作。质量信息反映工程质量和各项管理工作的基本数据和情况。在工程项目施工中,要及时了解建设单位、设计单位、质量监督部门的信息,及时掌握各施工班组的质量信息,认真做好原始记录,如分项工程的自检记录等,便于项目经理和有关人员及时采取对策。

第三节　工程质量的政府监督管理

一、工程质量政府监督管理体制与职能

政府监督工程质量是一种国际惯例。建设工程质量关系到社会公众的利益和公共安全。因此,无论是在发达国家,还是在发展中国家,政府均应对工程质量进行监督管理。

· 445 ·

1. 政府监督管理体制

国务院建设行政主管部门对全国的建设工程质量实施统一监督管理。国务院铁路、交通、水利等有关部门按国务院规定的职责分工,负责对全国的有关专业建设工程质量的监督管理。县级以上地方人民政府建设行政主管部门对本行政区域内的建设工程质量实施监督管理。县级以上地方人民政府交通、水利等有关部门在各自职责范围内,负责本行政区域内的专业建设工程质量的监督管理。

国务院发展计划部门按照国务院规定的职责,组织稽查特派员,对国家出资的重大建设项目实施监督检查;国务院经济贸易主管部门按国务院规定的职责,对国家重大技术改造项目实施监督检查。国务院建设行政主管部门和国务院铁路、交通、水利等有关专业部门、县级以上地方人民政府建设行政主管部门和其他有关部门,对有关建设工程质量的法律、法规和强制性标准执行情况加强监督检查。

政府的工程质量监督管理具有权威性、强制性、综合性的特点。

2. 政府监督管理职能

(1) 建立和完善工程质量管理法规。包括行政性法规和工程技术规范标准,前者如《中华人民共和国建筑法》、《中华人民共和国招标投标法》、《建设工程质量管理条例》等,后者如工程设计规范、建筑工程施工质量验收统一标准、工程施工质量验收规范等。

> **拓展阅读**
>
> **工程质量文件管理**
>
> 县级以上政府建设行政主管部门和其他有关部门履行检查职责时,有权要求被检查的单位提供有关工程质量的文件和资料,有权进入被检查单位的施工现场进行检查。在检查中发现工程质量存在问题时,有权责令其改正。

(2) 建立和落实工程质量责任制。包括工程质量行政领导的责任、项目法定代表人的责任、参建单位法定代表人的责任和工程质量终身负责制等。

(3)建设活动主体资格的管理。国家对从事建设活动的单位实行严格的从业许可制度,对从事建设活动的专业技术人员实行严格的执业资格制度。建设行政主管部门及有关专业部门按各自分工,负责各类资质标准的审查、从业单位的资质等级的最后认定、专业技术人员资格等级的核查和注册,并对资质等级和从业范围等实施动态管理。

(4)工程承发包管理。包括规定工程招投标承发包的范围、类型、条件,对招投标承发包活动的依法监督和工程合同管理。

(5)控制工程建设程序。包括工程报建、施工图设计文件审查、工程施工许可、工程材料和设备准用、工程质量监督、施工验收备案等管理。

二、工程质量监督管理法规

政府实施的建设工程质量监督管理以法律、法规和强制性标准为依据,以政府认可的第三方强制监督为主要方式。

1. 法律——《中华人民共和国建筑法》

《中华人民共和国建筑法》(以下简称《建筑法》)于1997年11月1日经第八届全国人大常委会第二十八次会议审议通过,自1998年3月1日起施行。《建筑法》第六章规范了建筑工程质量管理,包括建筑工程的质量要求、质量义务和质量管理制度;第七章规范了建筑工程的法律责任。《建筑法》是我国社会主义市场经济法律体系中的重要法律,对于加强建筑活动的监督管理,维护建筑市场秩序,保证建筑工程的质量和安全,促进建筑业的健康发展都具有重要意义。

2. 行政法规——《建设工程质量管理条例》

《建设工程质量管理条例》于2000年1月10日经国务院第二十五次常务会议通过,2000年1月30日发布实施。《建设工程质量管理条例》以参与建筑活动各方主体为主线,分别规定了建设单位、勘察单位、设计单位、施工单位和工程监理单位的质量责任和义务,确立了施工图设计文件审查制度、工程竣工验收制度、建设工程质量保修制度、工程质量监督管理制度等内容。《建设工程质量管理条例》对违法行为的种类和相应处罚做出了原则性的规定,同时还完善了责任追究制度,加大了处罚力度。《建设工程质量管理条例》的发布施行,对于强化政府质量监督、规范建设工程各方主体的质量责任和义务、维护建筑市场秩序、全面提高建设工程质量都具有重要意义。

3. 技术规范

《工程建设标准强制性条文》虽然是技术法规的过渡成果,但《建设工程质量管理条例》确立了其法律地位,已经成为工程质量管理法律规范体系中的重要组成部分。

4. 地方性法规

地方性法规是由省、自治区、直辖市、省级政府所在地的市、经国务院批准的较大市的人大及其常委会制定的,效力不超过本行政区域范围,作为地方司法依据之一的法规。如《北京市建设工程质量条例》、《深圳经济特区建设工程质量条例》等。

5. 规章

规章分为部门规章和地方政府规章两种。部门规章如《建筑工程施工许可管理办法》(据 1999 年 10 月 15 日建设部令第 71 号,2001 年 7 月 4 日建设部令第 91 号修正)、《房屋建筑工程质量保修办法》(2000 年 6 月 30 日建设部令第 80 号)等。地方政府规章是省、自治区、直辖市和较大的市的人民政府,根据法律、行政法规及相应的地方性法规而制定的规章。

三、工程质量监督管理制度

国家实行建设工程质量监督管理制度。工程质量监督管理的主体是各级政府建设行政主管部门和其他有关部门。但由于工程建设周期长、环节多、点多面广,工程质量监督工作是一项专业技术性强且很繁杂的工作,政府部门不可能亲自进行日常检查工作。因此,工程质量监督管理由建设行政主管部门或其他有关部门委托的工程质量监督机构具体实施。

工程质量监督机构是经省级以上建设行政主管部门或有关专业部门考核认定,具有独立法人资格的单位。它受县级以上地方人民政

第十二章 建筑工程质量管理概述

府建设行政主管部门或有关专业部门的委托，依法对工程质量进行强制性监督，并对委托部门负责。

工程质量监督机构的主要任务

(1)根据政府主管部门的委托，受理建设工程项目的质量监督。

(2)制定质量监督工作方案。确定负责该项工程的质量监督工程师和助理质量监督工程师。根据有关法律、法规和工程建设强制性标准，针对工程特点，明确监督的具体内容、监督方式。在方案中对地基基础、主体结构和其他涉及结构安全的重要部位和关键过程，做出实施监督的详细计划安排，并将质量监督工作方案通知建设、勘察、设计、施工、监理单位。

(3)检查施工现场工程建设各方主体的质量行为。包括检查施工现场工程建设各方主体及有关人员的资质或资格；检查勘察、设计、施工、监理单位的质量管理体系和质量责任制落实情况；检查有关质量文件、技术资料是否齐全、符合规定。

(4)检查建设工程实体质量。按照质量监督工作方案，对建设工程地基基础、主体结构和其他涉及安全的关键部位进行现场实地抽查，对用于工程的主要建筑材料、构配件的质量进行抽查。对地基基础分部、主体结构分部和其他涉及安全的分部工程的质量验收进行监督。

(5)监督工程质量验收。监督建设单位组织的工程竣工验收的组织形式、验收程序以及在验收过程中提供的有关资料和形成的质量评定文件是否符合有关规定，实体质量是否存在严重缺陷，工程质量验收是否符合国家标准。

(6)向委托部门报送工程质量监督报告。报告的内容应包括对地基基础和主体结构质量检查的结论，工程施工验收的程序、内容和质量检验评定是否符合有关规定，以及历次抽查该工程的质量问题和处理情况等。

(7)对预制建筑构件和商品混凝土的质量进行监督。

(8)对受委托部门委托按规定收取工程质量监督费。

(9)负责政府主管部门委托的工程质量监督管理的其他工作。

课后练习

一、填空题

1. 工程质量是指_____。
2. 质量管理是指_____。
3. 工程项目质量管理应遵循以下原则：_____、_____、_____、_____、_____。
4. 任何工程项目都是由_____、_____和_____组成的。

二、选择题（有一个或多个答案）

1. 做好工程项目质量管理的基础工作包括(　　)。
   A. 质量教育工作　　　　　B. 标准化工作
   C. 计量工作　　　　　　　D. 质量信息工作
2. 下列不属于政府的工程质量监督管理的特点的是(　　)。
   A. 权威性　　B. 强制性　　C. 综合性　　D. 灵活性

三、简答题

1. 工程项目管理有哪些基本特征？应遵循哪些原则？
2. 试述工程项目管理过程及程序。
3. 试述工程质量政府监督管理的体制与职能。
4. 工程质量监督管理法规主要包括哪些内容？
5. 工程质量监督机构的主要任务有哪些？

第十三章 质量管理体系

第一节 质量管理体系的建立

一、质量管理体系要素

1. 建筑施工企业质量管理体系要素

质量管理体系要素是构成质量管理体系的基本单元。它是产生和形成工程产品的主要因素。

质量管理体系是由若干个相互关联、相互作用的基本要素组成。在建筑施工企业施工建筑安装工程的全部活动中,工序内容多,施工环节多,工序交叉作业多,有外部条件和环境的因素,也有内部管理和技术水平的因素,企业要根据自身的特点,参照质量管理和质量保证国际标准和国家标准中所列的质量管理体系要素的内容,选用和增删要素,建立和完善施工企业的质量体系。

质量管理体系的要素中,根据建筑企业的特点可列出 17 个要素。这 17 个要素可分为 5 个层次。第一层次阐述了企业的领导职责,指出厂长、经理的职责是制定实施本企业的质量方针和目标,对建立有效的质量管理体系负责,是质量的第一责任人。质量管理的职能就是负责质量方针的制定与实施。这是企业质量管理的第一步,也是最关键的一步。第二层次阐述了展开质量体系的原理和原则,指出建立质量管理体系必须以质量形成规律——质量环为依据,要建立与质量体系相适应的组织机构,并明确有关人员和部门的质量责任和权限。第三层次阐述了质量成本,从经济角度来衡量体系的有效性,这是企业的主要目的。第四层次阐述了质量形成的各阶段如何进行质量控制和内部质量保证。第五层次阐述了质量形成过程中的间接影响因素。

2. 建筑工程项目质量管理体系要素

项目是建筑施工企业的施工对象。企业要实施 ISO 9000—2008R 质量管理体系系列标准,就要把质量管理和质量保证落实到工程项目上。一方面要按企业质量管理体系要素的要求形成本工程项目的质量管理体系,并使之有效运行,达到提高工程质量和服务质量的目的;另一方面,工程项目要实施质量保证,特别是建设单位或第三方提出的外部质量保证要求,以赢得社会信誉,并且是企业进行质量管理体系认证的重要内容。这里着重介绍工程项目质量管理体系要素。

> **拓展阅读**
>
> **工程项目施工应达到的质量目标**
>
> (1)工程项目领导班子应坚持全员、全过程、各职能部门的质量管理,保持并实现工程项目的质量,以不断满足规定要求。
>
> (2)应使企业领导和上级主管部门相信工程施工正在实现并能保持所期望的质量;开展内部质量审核和质量保证活动。
>
> (3)开展一系列有系统、有组织的活动,提供证实文件,使建设单位、建设监理单位确信该工程项目能达到预期的目标。若有必要,应将这种证实的内容和证实的程度明确地写入合同之中。

二、质量管理体系的建立程序

按照《质量管理体系——基础和术语》(GB/T 19000—2008),建立一个新的质量管理体系或更新、完善现行的质量管理体系,一般应按照下列程序进行。

1. 企业领导决策

企业主要领导要下决心走质量效益型的发展道路,有建立质量管理体系的迫切需要。建立质量管理体系是涉及企业内部很多部门参加的一项全面性的工作,如果没有企业主要领导亲自领导、实践和统筹安排,是很难做好这项工作的。因此,领导真心实意地要求建立质量管理体系,是建立健全质量管理体系的首要条件。

2. 编制工作计划

工作计划包括培训教育、体系分析、职能分配、文件编制、配备仪器仪表设备等内容。

3. 分层次教育培训

组织学习《质量管理体系——基础和术语》(GB/T 19000—2008),结合本企业的特点,了解建立质量管理体系的目的和作用,详细研究与本职工作有直接联系的要素,提出控制要素的办法。

4. 分析企业特点

结合建筑业企业的特点和具体情况,确定采用哪些要素和采用程度。确定的要素要对控制工程实体质量起主要作用,能保证工程的适用性和符合性。

5. 落实各项要素

企业在选好合适的质量管理体系要素后,要进行二级要素展开,制定实施二级要素所必需的质量活动计划,并把各项质量活动落实到具体部门或个人。

一般,企业在领导的亲自主持下,合理地分配各级要素与活动,使企业各职能部门都明确各自在质量管理体系中应担负的责任、应开展的活动和各项活动的衔接办法。分配各级要素与活动的一个重要原则就是责任部门只能是一个,但允许有若干个配合部门。

在各级要素和活动分配落实后,为了便于实施、检查和考核,还要把工作程序文件化,即把企业的各项管理标准、工作标准、质量责任制、岗位责任制形成与各级要素和活动相对应的有效运行的文件。

6. 编制质量管理体系文件

质量管理体系文件按其作用可分为法规性文件和见证性文件两类。质量管理体系的法规性文件是用来规定质量管理工作的原则,阐述质量管理体系的构成,明确有关部门和人员的质量职能,规定各项活动的目的要求、内容和程序的文件。在合同环境下,这些文件是供方向需方证实质量管理体系适用性的证据。质量管理体系的见证性文件是用以表明质量管理体系的运行情况和证实其有效性的文件(如质量记录、报告等)。这些文件记载了各质量管理体系要素的实施情况和工程实体质量的状态,是质量管理体系运行的见证。

拓展阅读

企业建立质量管理体系的一般步骤

建筑业企业,因其性质、规模和活动、产品和服务的复杂性不同,其质量管理体系也与其他管理体系有所差异。但不论情况如何,组成质量管理体系的管理要素是相同的。建立质量管理体系的步骤也基本相同,一般建筑业企业认证周期最快需半年。企业建立质量管理体系的一般步骤见表 13-1。

表 13-1　　　　　　企业建立质量管理体系的步骤

序号	阶段	主要内容	时间/月
1	准备阶段	(1)最高管理者决策。 (2)任命管理者代表、建立组织机构。 (3)提供资源保障(人、财、物、时间)	企业自定
2	人员培训	(1)内审员培训。 (2)体系策划、文件编写培训	0.5~1
3	体系分析与设计	(1)企业法律法规符合性。 (2)确定要素及其执行程度和证实程度。 (3)评价现有的管理制度与 ISO 9001 的差距	0.5~1
4	体系策划和文件编写	(1)编写质量管理手册、程序文件、作业书指导。 (2)文件修改一至两次并定稿	1~2

续表

序号	阶段	主要内容	时间/月
5	体系试运行	(1)正式颁布文件。 (2)进行全员培训。 (3)按文件的要求实施	3~6
6	内审及管理评审	(1)企业组成审核组进行审核。 (2)对不符合项进行整改。 (3)最高管理者组织管理评审	0.5~1
7	模拟审核	(1)由咨询机构对质量管理体系进行审核。 (2)对不符合项进行整改建议。 (3)协助企业办理正式审核前期工作	0.25~1
8	认证审核准备	(1)选择确定认证审核机构。 (2)提供所需文件及资料。 (3)必要时接受审核机构预审性	0.5~1
9	认证审核	(1)现场审核。 (2)不符合项整改	0.5~1
10	颁发证书	(1)提交整改结果。 (2)审核机构的评审。 (3)审核机构打印并颁发证书	0.5~1

第二节 质量管理体系的运行和改进

一、质量管理体系的实施运行

保持质量管理体系的正常运行和持续实用有效,是企业质量管理的一项重要任务,也是质量管理体系发挥实际效能、实现质量目标的主要阶段。质量管理体系的运行是执行质量管理体系文件、实现质量目标、保持质量管理体系持续有效和不断优化的过程。

质量管理体系的有效运行是依靠体系的组织机构进行组织协调、实施质量监督、开展信息管理、进行质量管理体系审核和评审实现的。

1. 组织协调

质量管理体系的运行是借助于质量管理体系组织结构的组织和协调来进行运行的。组织和协调工作是维护质量管理体系运行的动力。质量管理体系的运行涉及企业众多部门的活动。

2. 质量监督

质量管理体系在运行过程中,各项活动及其结果不可避免地会有发生偏离标准的可能。为此,必须实施质量监督。

质量监督有企业内部监督和外部监督两种,需方或第三方对企业进行的监督是外部质量监督。需方的监督权是在合同环境下进行的。

质量监督是符合性监督。质量监督的任务是对工程实体进行连续性的监视和验证。发现偏离管理标准和技术标准的情况时及时反馈,要求企业采取纠正措施,严重者责令其停工整顿,从而促使企业的质量活动和工程实体质量均符合标准所规定的要求。

> 实施质量监督是保证质量管理体系正常运行的手段。外部质量监督应与企业本身的质量监督考核工作相结合,杜绝重大质量的发生,促进企业各部门认真贯彻各项规定。

3. 质量信息管理

企业的组织机构是企业质量管理体系的集架,而企业的质量信息系统则是质量管理体系的神经系统,是保证质量管理体系正常运行的重要系统。在质量管理体系的运行中,通过质量信息反馈系统,对异常信息的反馈和处理进行动态控制,从而使各项质量活动和工程实体质量保持受控状态。

质量信息管理和质量监督、组织协调工作是密切联系在一起的。异常信息一般来自质量监督,异常信息的处理要依靠组织协调工作。

三者的有机结合,是使质量管理体系有效运行的保证。

4. 质量管理体系审核与评审

企业进行定期的质量管理体系审核与评审,一是对体系要素进行审核、评价,确定其有效性;二是对运行中出现的问题采取纠正措施,对体系的运行进行管理,保持体系的有效性;三是评价质量管理体系对环境的适应性,对体系结构中不适用的采取改进措施。开展质量管理体系审核和评审是保持质量管理体系持续有效运行的主要手段。

二、质量管理体系的持续改进

事物是在不断发展的,都会经历一个由不完善到完善直至更新的过程。顾客的要求在不断变化,所以为了适应变化着的环境,组织需要对其质量管理体系进行一种持续的改进活动,以增强满足要求的能力。其目的就在于增强顾客和其他相关方满意的机会,实现组织所设定的质量方针和质量目标。质量管理体系持续改进的最终目的是提高组织的有效性和效率,它包括了围绕改善产品的特征及特性,提高过程的有效性和效率所开展的所有活动、方法和路径。

1. 持续改进的活动

为了促进质量管理体系有效性的持续改进,按 ISO 9001:2008 标准的要求,组织应考虑下列活动:

(1)通过质量方针和质量目标的建立,并在相关职能和层次中展开,营造一个激励改进的氛围和环境。

(2)通过对顾客满意程度、产品要求符合性以及过程、产品的特性等测量数据,来分析其趋势、分析和评价现状。

(3)利用审核结果进行内部质量管理体系审核,不断发现组织质量管理体系中的薄弱环节,确定改进的目标。

(4)进行管理评审,对组织质量管理体系的适宜性、充分性和有效性进行评价,做出改进产品、过程和质量管理体系的决策,寻找解决办法,以实现这些目标。

(5)采取纠正和预防的措施,避免不合格的再次出现或潜在不合格的发生。因此,组织应当建立识别和管理改进活动的过程,这些改进可能导致组织对产品或过程的更改,直至对质量管理体系进行修正或对组织进行调整。

2. 持续改进的方法

为了进行质量管理体系的持续改进,可采用"PDCA"循环的模式方法,即:

P——策划:根据顾客的要求和组织的方针,分析和评价现状,确定改进目标,寻找解决办法并评价这些解决办法,最后做出选择。

D——实施:实施选定的解决办法。

C——检查:根据方针、目标和产品要求,对过程、产品和质量管理体系进行测量、验证、分析和评价实施结果,以确定这些目标是否已经实现。

A——处置:采取措施,正式采纳更改,持续改进过程业绩。

> **拓展阅读**
>
> **持续改进活动的两个基本途径**
>
> (1)渐进式的日常持续改进,管理者应营造一种文化,使全体员工都能积极参与、识别改进机会,它可以对现有过程做出修改和改进,或实施新过程;它通常由日常运作之外的跨职能小组来实施;由组织内人员对现有过程进行渐进的过程改进,例如QC小组活动等。
>
> (2)突破性项目通常应针对现有过程的再设计来确定。它应该包括以下阶段:
>
> 1)确定目标和改进项目的总体框架。
>
> 2)分析现有的"过程"并认清变更的机会。
>
> 3)确定和策划过程改进。
>
> 4)实施改进。
>
> 5)对过程的改进进行验证和确认。
>
> 6)对已完成的改进做出评价。

课后练习

一、填空题

1. 企业建立质量管理体系的原则性工作,主要有:_____;_____;_____;_____。

2. 质量管理体系的有效运行是依靠体系的组织机构进行_____、_____、_____、进行_____实现的。

3. 为了进行质量管理体系的持续改进,可采用_____的模式方法。

二、简答题

1. 质量管理体系建立的基础工作主要有哪些?
2. 试述质量管理体系的建立程序。
3. 如何进行质量管理体系的有效运行?

第十四章 建筑工程施工质量计划

第一节 质量策划概述

一、质量策划的概念

质量策划是指确定项目质量及采用的质量体系要求的目标和要求的活动,致力于设定质量目标并规定必要的作业过程和相关资源,以实现质量目标。

对上述定义,可从以下几个方面进行理解:

(1)质量策划是质量管理的前期活动,是对整个质量管理活动的策划和准备。质量策划的好坏对质量管理活动的影响是非常关键的。

(2)质量策划,首先是对产品质量的策划。这项工作涉及了大量在有关产品专业以及有关市场调研和信息收集方面的专门知识,因此在产品策划工作中,必须有设计部门和营销部门人员的积极参与和支持。

> 质量策划是质量管理的一部分。通过质量策划,将质量策划设定的质量目标及其规定的作业过程和相关资源用书面形式表示出来,就是质量计划。因此,编制质量计划的过程,实际上就是质量策划过程的一部分。

(3)应根据产品策划的结果来确定适用的质量体系要素和采用的程度。质量体系的设计和实施应与产品的质量特性、目标、质量要求和约束条件相适应。

(4)对有特殊要求的产品、合同和措施应制定质量计划,并为质量改进做出规定。

二、质量策划的依据

(1)质量方针。质量方针指由最高管理者正式发布的与质量有关的组织总的意图和方向。它是一个工程项目组织内部的行为准则,是该组织成员的质量意识和质量追求,也体现了顾客的期望和对顾客做出的承诺。质量方针是根据工程项目的具体需要而确定的,一般采用实施组织(即承包商)的质量方针;若实施组织无正式的质量方针,或该项目有多个实施组织,则需要提出一个统一的项目质量方针。

(2)范围说明。即以文件的形式规定了主要项目成果和工程项目的目标(即业主对项目的需求)。它是工程项目质量策划所需的一个关键依据。

(3)产品描述。一般包括技术问题及可能影响工程项目质量策划的其他问题的细节。无论其形式和内容如何,其详细程度应能保证以后工程项目计划的进行。而且一般初步的产品描述由业主提供。

(4)标准和规则。指可能对该工程项目产生影响的任何应用领域的专用标准和规则。许多工程项目在项目策划中常考虑通用标准和规则的影响。当这些标准和规则的影响不确定时,有必要在工程项目风险管理中加以考虑。

(5)其他过程的结果。指其他领域所产生的可视为质量策划组成部分的结果,例如采购计划可能对承包商的质量要求做出规定。

三、质量策划的步骤

开展质量策划,一般可以分为总体策划和细部策划两个步骤进行。

1. 总体策划

总体策划由分公司经理主持进行。对大型、特殊工程,可邀请公司质量经理、总工程师和相关职能负责人等参与策划。

总体策划的内容有:

(1)确定选聘项目经理、项目工程师。应挑选有相应资格、有工程施工管理经验的人员,任命为项目经理、项目工程师,并能持证上岗。

同时根据工程特点、施工规模、技术难度等情况确定项目部人数,不宜超编,也不宜无限度压缩,确保项目部工作能够高效地运转。

(2)确定项目总体质量目标。依据合同条款的要求,确定项目的总体质量目标。总体目标可以摘抄合同要求,后面也可以附加"力争创……"等。如果项目分为几个单位工程,还应明确质量目标各是什么。

(3)确定项目进度目标。施工工期应依据公司生产任务量和资源供应量综合考虑。在保证满足本工程项目的合同要求,又不影响其他工程施工的前提下,下达工期承包指标。

(4)确定项目目标成本。所有工程项目均应进行承包,执行"多劳多得"的原则。分公司核算员应根据分项、分部的工程量、人工费,加上一定比例的管理费和不可预见费,核算出本项目的成本目标,并以此作为项目承包的依据。

(5)物资供应。应依据工程量的大小、施工地点的远近、材料的种类等,确定好各种材料的供应方式,如物资处协助供应哪些物资,自行采购哪些物资,业主提供哪些物资,采用哪种检验方法等,都应策划周全。只有控制好材料,质量、效益才有保证。

(6)项目部的临建设置。对项目部的生活、生产区的建设也应做出明确的指导,这样才有利于消除施工安全隐患,降低材料浪费,工程质量才有保证,生产效率才能提高。

2. 细部策划

被任命的项目经理、项目工程师应立即进入角色,熟悉施工现场和图纸,沟通各种联系渠道,同时组织临建施工。待项目部人员到位后,项目经理组织项目工程师、技术质量、成本核算、材料设备等方面的负责人根据总体策划的意图进行细部策划。

(1)分部、分项工程的策划。项目部应按国家标准的规定,统一划分分部分项工程,为质量目标分解、分项承包、成本核算等管理上提供方便。

(2)质量目标的分解。项目的总体质量目标虽已经明确,但还必须依靠分部、分项工程来实现。项目部应该对工程分部、分项逐一确定质量等级,是合格还是优良?以便当实际完成效果有偏差时尽快调整和部署,确保项目总体目标的实现。

(3)项目质量、进度目标的控制方法。项目质量控制虽已有质量体系文件规定,但其中有许多是概述性的内容。这在策划时需要做出具体的规定,但要明确关键过程或特殊过程,列出检验和试验计划,规定哪些过程的测量分析要应用统计技术等。工程进度控制应该在施工进度图中,确定关键路线和关键工序,从而安排施工顺序,通过人力、物力合理调动,保证进度符合规定的要求;当安全、成本与之发生冲突时,应该怎样协调,也是质量策划的一项重要内容。

(4)文件、资料的配备。与工程有关的标准规范、质量体系文件等都是施工必备的文件。怎样获得这些有效的适用文件,还缺哪些文件,项目部还应补充编制哪些内部的技术性文件和管理办法等,都应明确规定。

(5)施工人员、材料和机械的配备。根据工期、成本目标及工程特点,策划出本项目各施工阶段的机械、劳力和主要物资的详细需要量计划,提交给相关部门,以便为项目部提前配备各种资源。

工程质量计划的重要性

质量策划完成后,应将项目质量总体策划和细部策划的结果形成文件,诸如项目质量计划、施工组织设计、工程承包责任状、质量责任书、任命书等,并加以控制。其中工程质量计划是一种针对性很强的控制和保证工程质量的文件,在项目质量策划中占有相当重要的位置。

四、质量策划的方法

(1)成本/效益分析。工程项目满足质量要求的基本效益就是少返工、提高生产率、降低成本、使业主满意。工程项目满足质量要求的基本成本则是开展项目质量管理活动的开支。成本效益分析就是在成本和效益之间进行权衡,使效益大于成本。

(2)基准比较。就是将该工程项目的做法同其他工程项目的实际做法进行比较,希望在比较中获得改进。

(3)流程图。流程图能表明系统各组成部分间的相互关系,有助于项目班子事先估计会发生哪些质量问题,并提出解决问题的措施。

五、质量策划的实施

(1)落实责任,明确质量目标。项目质量策划的目的就是要确保项目质量目标的实现,项目经理部是质量策划贯彻落实的基础。首先要组织精干、高效的项目领导班子,特别是选派训练有素的项目经理,这是保证质量体系持续有效运行的关键。其次,对质量策划的工程总体质量目标,实施分解,确定工序质量目标,并落实到班组和个人。有了这两条,贯标工作就有了基本的保障。

> 项目部贯标工作能够保持经常性和系统性,领导层的重视和各职能部门的协调也是必不可少的因素。

(2)做好采购工作,保证原材料的质量。施工材料的好坏直接影响到建筑工程质量。如果没有精良的原材料,就不可能建造出优质工程。公司应从材料计划的提出、采购及验收检验每个环节都进行严格规定和控制。项目部必须严格按采购程序的要求执行,特别是要从指定的物资合格供方名册中选择厂家进行采购,并做好检验记录。对"三无产品"坚决不采用,以保证施工进度的施工质量。

(3)加强过程控制,保证工程质量。过程控制是贯标工作和施工管理工作的一项重要内容。只有保证施工过程的质量,才能确保最终建筑产品的质量。

(4)加强检测控制。质量检测是及时发现和消除不合格工序的主要手段。质量检验的控制,主要是从制度上加以保证。如:技术复核制度、现场材料进货验收制度、三检制度、隐蔽验收制度、首件样板制度、质量联查制度和质量奖惩办法等。通过这些检测控制,有效地防止不合格工序转序,并能制定出有针对性的纠正和预防措施。

(5)监督质量策划的落实,验证实施效果。对项目质量策划的检查重点应放在对质量计划的监督检查上。公司检查部门要围绕质量计划不定期地对项目部进行监督和指导,项目经理要经常对质量计划的落实情况进行符合性和有效性的检查,发现问题,及时纠正。在质量计划考核时,应注意证据是否确凿,奖惩分明,使项目的质量体系运行正常有效。

质量策划过程控制内容

(1)认真实施技术质量交底制度。每个分项工程施工前,项目部专业人员都应按技术交底质量要求,向直接操作的班组做好有关施工规范、操作规程的交底工作,并按规定做好质量交底记录。

(2)实施首件样板制。样板检查合格后,再全面展开施工,确保工程的质量。

(3)对关键过程和特殊过程应该制定相应的作业指导书,设置质量控制点,并从人、机、料、法、环等方面实施连续监控。必要时,开展QC小组活动进行质量攻关。

第二节 施工项目质量计划

一、施工项目质量计划的概念

质量计划是指确定项目质量及采用的质量体系要求的目标和要求的活动,致力于设定质量目标并规定必要的作业过程和相关资源,以实现质量目标。

质量计划是质量管理的前期活动,是对整个质量管理活动的策划和准备。质量计划的好坏对质量管理活动的影响是非常关键的。质量计划首先是对产品质量的计划。这项工作涉及了大量在有关产品专业以及有关市场调研和信息收集方面的专门知识,因此在产品计划工作中,必须有设计部门和营销部门人员的积极参与和支持。质量计划应根据产品计划的结果来确定适用的质量体系要素和采用的程度。质量体系的设计和实施应与产品的质量特性、目标、质量要求和约束条件相适应。对有特殊要求的产品、合同和措施应制定质量计划,并为质量改进做出规定。

二、施工项目质量计划编制依据

(1)施工合同规定的产品质量特性、产品应达到的各项指标及其验收标准。

(2)施工项目管理规划。

(3)施工项目实施应执行的法律、法规、技术标准、规范。

(4)施工企业和施工项目部的质量管理体系文件及其要求。

三、施工项目质量计划编制要求

质量计划应由项目经理主持编制。质量计划作为对外质量保证和对内质量控制的依据文件,应体现工程项目从分项工程、分部工程到单位工程的过程控制,同时也要体现从资源投入到完成工程质量最终检验和试验的全过程控制。建筑工程项目质量计划编写的要求主要包括以下几个方面。

1. 质量目标

合同范围内的全部工程的所有使用功能符合设计(或更改)图纸要求。分项、分部、单位工程质量达到既定的施工质量验收统一标准,合格率100%。

> **拓展阅读**
>
> **专项质量目标**
> (1)所有隐蔽工程为业主质检部门验收合格。
> (2)卫生间不渗漏,地下室、地面不出现渗漏,所有门窗不渗漏雨水。
> (3)所有保温层、隔热层不出现冷热桥。
> (4)所有高级装饰达到有关设计规定。
> (5)所有的设备安装、调试符合有关验收规范。
> (6)特殊工程的目标。
> (7)工程交工后维修期为一年,其中屋面防水维修期为三年。

2. 管理职责

项目经理是本工程实施的最高负责人，对工程符合设计、验收规范、标准要求负责；对各阶段、各工号按期交工负责。项目经理委托项目质量副经理（或技术负责人）负责本工程质量计划和质量文件的实施及日常质量管理工作；当有更改时，负责更改后的质量文件活动的控制和管理。

（1）对本工程的准备、施工、安装、交付和维修整个过程质量活动的控制、管理、监督、改进负责。

（2）对进场材料、机械设备的合格性负责。

（3）对分包工程质量的管理、监督、检查负责。

（4）对设计和合同有特殊要求的工程和部位负责组织有关人员、分包商和用户按规定实施，指定专人进行相互联络，解决相互间接口发生的问题。

（5）对施工图纸、技术资料、项目质量文件、记录的控制和管理负责。

项目生产副经理对工程进度负责，调配人力、物力保证按图纸和规范施工，协调同业主、分包商的关系，负责审核结果、整改措施和质量纠正措施和实施。

队长、工长、测量员、试验员、计量员在项目质量副经理的直接指导下，负责所管部位和分项施工全过程的质量，使其符合图纸和规范要求，有更改者符合更改要求，有特殊规定者符合特殊要求。

材料员、机械员对进场的材料、构件、机械设备进行质量验收或退货、索赔，有特殊要求的物资、构件、机械设备执行质量副经理的指令。对业主提供的物资和机械设备负责按合同规定进行验收；对分包商提供的物资和机械设备按合同规定进行验收。

3. 资源提供

规定项目经理部管理人员及操作工人的岗位任职标准及考核认定方法。规定项目人员流动时进出人员的管理程序。规定人员进场培训（包括供方队伍、临时工、新进场人员）的内容、考核、记录等。规定对新技术、新结构、新材料、新设备修订的操作方法和操作人员进行培训并记录等。规定施工所需的临时设施(含临建、办公设备、住宿房屋等)、支持性服务手段、施工设备及通信设备等。

4. 工程项目实现过程策划

规定施工组织设计或专项项目质量的编制要点及接口关系。规定重要施工过程的技术交底和质量策划要求。规定新技术、新材料、新结构、新设备的策划要求。规定重要过程验收的准则或技艺评定方法。

5. 材料、机械、设备、劳务及试验等采购控制

由企业自行采购的工程材料、工程机械设备、施工机械设备、工具等,质量计划作如下规定:

(1)对供方产品标准及质量管理体系的要求。

(2)选择、评估、评价和控制供方的方法。

(3)必要时对供方质量计划的要求及引用的质量计划。

(4)采购的法规要求。

(5)有可追溯性(追溯所考虑对象的历史、应用情况或所处场所的能力)要求时,要明确追溯内容的形成、记录、标志的主要方法。

(6)需要的特殊质量保证证据。

6. 施工工艺过程的控制

对工程从合同签订到交付全过程的控制方法做出规定。对工程的总进度计划、分段进度计划、分包工程的进度计划、特殊部位进度计划、中间交付的进度计划等做出过程识别和管理规定。

拓展阅读

施工工艺过程的控制规定

(1)规定工程实施全过程各阶段的控制方案、措施、方法及特别要求等。

(2)规定工程实施过程需用的程序文件、作业指导书(如工艺标准、操作规程、工法等),作为方案和措施必须遵循的办法。

(3)规定对隐蔽工程、特殊工程进行控制、检查、鉴定验收、中间交付的方法。

第十四章 建筑工程施工质量计划

> (4)规定工程实施过程需要使用的主要施工机械、设备、工具的技术和工作条件,运行方案,操作人员上岗条件和资格等内容,作为对施工机械设备的控制方式。
>
> (5)规定对各分包单位项目上的工作表现及其工作质量进行评估的方法、评估结果送交有关部门、对分包单位的管理办法等,以此控制分包单位。

7. 搬运、贮存、包装、成品保护和交付过程的控制

规定工程实施过程在形成的分项、分部、单位工程的半成品、成品保护方案、措施、交接方式等内容,作为保护半成品、成品的准则。规定工程期间交付、竣工交付、工程的收尾、维护、验评、后续工作处理的方案、措施,作为管理的控制方式。规定重要材料及工程设备的包装防护的方案及方法。

8. 安装和调试的过程控制

对于工程水、电、暖、电信、通风、机械设备等的安装、检测、调试、验评、交付、不合格的处置等内容规定方案、措施、方式。由于这些工作同土建施工交叉配合较多,因此对于交叉接口程序、验证哪些特性、交接验收、检测、试验设备要求、特殊要求等内容要做明确规定,以便各方面实施时遵循。

9. 检验、试验和测量的过程控制

规定材料、构件、施工条件、结构形式在什么条件、什么时间必须进行检验、试验、复验,以验证是否符合质量和设计要求,如钢材进场必须进行型号、钢种、炉号、批量等内容的检验,不清楚时要进行取样试验或复验。

(1)规定施工现场必须设立试验室(室、员)配置相应的试验设备,完善试验条件,规定试验人员资格和试验内容;对于特定要求要规定试验程序及对程序过程进行控制的措施。

(2)当企业和现场条件不能满足所需各项试验要求时,要规定委托上级试验或外单位试验的方案和措施。当有合同要求的专业试验时，应规定有关的试验方案和措施。

（3）对于需要进行状态检验和试验的内容，必须规定每个检验试验点所需检验、试验的特性、所采用程序、验收准则、必需的专用工具、技术人员资格、标识方式、记录等要求。例如结构的荷载试验等。

（4）当有业主亲自参加见证或试验的过程或部位时，要规定该过程或部位的所在地，见证或试验时间，如何按规定进行检验试验，前后接口部位的要求等内容。例如屋面、卫生间的渗漏试验。

（5）当有当地政府部门要求进行或亲临的试验、检验过程或部位时，要规定该过程或部位在何处、何时、如何按规定由第三方进行检验和试验。例如搅拌站空气粉尘含量测定、防火设施验收、压力容器使用验收，污水排放标准测定等。

（6）对于施工安全设施、用电设施、施工机械设备安装、使用、拆卸等，要规定专门安全技术方案、措施、使用的检查验收标准等内容。

（7）要编制现场计量网络图、明确工艺计量、检测计量、经营计量的网络、计量器具的配备方案、检测数据的控制管理和计量人员的资格。

（8）编制控制测量、施工测量的方案，制定测量仪器配置，人员资格、测量记录控制、标识确认、纠正、管理等措施。

（9）编制分项、分部、单位工程和项目检查验收、交付验评的方案，作为交验时进行控制的依据。

10. 检验、试验、测量设备的过程控制

规定要在本工程项目上使用所有检验、试验、测量和计量设备的控制和管理制度，包括：

（1）设备的标识方法。

（2）设备校准的方法。

（3）标明、记录设备准状态的方法。

（4）明确哪些记录需要保存，以便一旦发现设备失准时，便确定以前的测试结果是否有效。

11. 不合格品的控制

编制工种、分项、分部工程不合格产品出现的方案、措施，以及防

第十四章 建筑工程施工质量计划

止与合格品之间发生混淆的标识和隔离措施。规定哪些范围不允许出现不合格;明确一旦出现不合格哪些允许修补返工,哪些必须推倒重来,哪些必须局部更改设计或降级处理。

编制控制质量事故发生的措施及一旦发生后的处置措施。

规定当分项分部和单位工程不符合设计图纸(更改)和规范要求时,项目和企业各方面对这种情况的处理有如下职权:

(1)质量监督检查部门有权提出返工修补处理、降级处理或做不合格品处理。

(2)质量监督检查部门以图纸(更改)、技术资料、检测记录为依据用书面形式向以下各方发出通知:当分项分部项目工程不合格时通知项目质量副经理和生产副经理;当分项工程不合格时通知项目经理;当单位工程不合格时通知项目经理和公司生产经理。

> **经验总结**
>
> **对返工修补、降级或不合格的处理**
>
> 对于返工修补处理、降级处理或不合格的处理,接收通知方有权接受和拒绝这些要求;当通知方和接收通知方意见不能调解时,则上级质量监督检查部门、公司质量主管负责人,乃至经理裁决;若仍不能解决时申请由当地政府质量监督部门裁决。

四、施工项目质量计划编制内容

(1)编制依据。质量手册和质量体系程序。

(2)施工项目概况。质量计划一般是一个系列文件而不是单独文件,对于不同的部分应交代清楚项目的情况。

(3)质量目标。必须明确并应分解到各部门及项目的全体成员,以便于实施检查、考核。

(4)组织机构(管理体系)。组织机构指为实现质量目标而组成的管理机构。

(5)质量控制及管理组织协调的系统描述。有关部门和人员应承担的任务、责任、权限和质量控制完成情况的奖罚情况。

(6)必要的质量控制手段,施工过程、服务、检验和试验程序等。

(7)确定关键工序和特殊过程及作业的指导书。

(8)与施工阶段相适应的检验、试验、测量、验证要求。

(9)更改和完善质量计划的程序。

课后练习

一、填空题

1. 通过质量策划,将质量策划设定的质量目标及其规定的作业过程和相关资源用书面形式表示出来,就是_____。

2. 质量策划完成后,应将项目质量_____和_____策划的结果形成文件。

二、选择题(有一个或多个答案)

1. 下列属于质量策划依据的是(   )。
   A. 质量方针   B. 范围说明
   C. 产品描述   D. 标准和规则

2. 编制施工项目质量计划应依据的资料有(   )。
   A. 施工合同规定的产品质量特性、产品应达到的各项指标及其验收标准
   B. 施工项目管理规划
   C. 施工项目实施应执行的法律、法规、技术标准、规范
   D. 施工企业和施工项目部的质量管理体系文件及其要求

3. 工程项目实现过程策划内容包括(   )。
   A. 规定施工组织设计或专项项目质量的编制要点及接口关系
   B. 规定重要施工过程的技术交底和质量策划要求
   C. 规定新技术、新材料、新结构、新设备的策划要求
   D. 规定重要过程验收的准则或技艺评定方法

4. 下列不属于质量细部策划内容的是(   )。
   A. 质量目标的分解   B. 确定项目目标成本
   C. 项目质量、进度目标的控制方法 D. 文件、资料的配备

三、简答题

1. 什么是质量策划?
2. 质量总体策划的内容有哪些?
3. 试述质量策划的方法。
4. 什么是质量计划?
5. 施工项目质量计划的编制内容有哪些?

第十五章 建筑工程施工质量控制

第一节 施工质量控制概述

一、施工质量控制的概念

工程施工是使工程设计意图最终实现并形成工程实体的阶段,也是最终形成建筑工程产品质量和工程项目使用价值的重要阶段。因此施工阶段的质量管理是工程项目质量管理的重点。施工质量控制,就是按合同赋予的权利,围绕影响工程质量的各种因素,对工程项目的施工进行有效的监督和管理。

二、施工质量控制的依据

施工质量控制的依据主要是指那些适用于工程项目施工阶段与质量控制有关的、具有普遍指导意义和必须遵守的基本文件。

(一)国家法律法规及合同

1. 工程承包合同文件

工程施工承包合同文件中,分别规定了参建各方在质量控制方面的权利和义务的条款,有关各方必须履行在合同中的承诺。因此,施工单位要依据合同的约定进行质量管理与控制。

(1)《中华人民共和国合同法》(简称《合同法》)关于合同的履行中规定"合同内容有关质量要求不明确的,按照国家标准、行业标准履行;没有国家标准、行业标准的,按照通常标准或者符合合同目的的特定标准履行"。

第十五章 建筑工程施工质量控制

(2)《合同法》还规定"质量不符合约定的,应为按照当事人的约定承担违约责任"。受害方根据标的性质及损失的大小,可以合理选择要求对方承担修理、重作、退货、减少价款或者报酬等违约的责任。

(3)《合同法》第十六章建设工程合同中规定了施工合同的内容包括工程范围、建设工期,工程的开工和竣工时间、工程质量、工程造价、技术资料交付时间、材料和设备的供应责任、付款和结算、竣工验收、质量保修范围和质量保证期、双方相互协作等条款。

> 禁止总包单位将工程分包给不具备相应资质条件的单位,禁止分包单位将其承包的工程再分包。

(4)《建筑法》和《合同法》均规定,施工总承包的建筑工程主体结构的施工必须由总承包单位自行完成。

2. 设计文件

"按图施工"是施工阶段质量控制的一项重要原则,因此,经过批准的设计图纸和技术说明书等设计文件,无疑是质量控制的重要依据。但是从严格质量管理和质量控制的角度出发,施工单位应当认真做好对设计交底及图纸会审工作,以达到完全了解设计意图和质量要求,发现图纸差错和施工过程难以控制质量的问题,以期确保工程质量,减少质量隐患。

3. 有关质量管理方面的法律、法规和规章、文件

为了维护建筑市场秩序,加强建筑活动的监督管理,保证工程质量和安全,国家和政府颁布了有关工程质量管理和控制的法规性文件。这些都是从事建筑活动的各方,包括施工企业应当遵循的。建筑施工企业的领导和管理人员以及参与建筑活动的所有人员都要认真、全面地领会其精神实质和法律、法规条文的具体含义,在施工过程中,结合工程质量管理和控制工作,正确理解和执行。

另外,各省、自治区、直辖市根据各地的不同情况,颁布的有关建筑市场管理、工程质量管理的地方法规、地方规章、规定,适用于各地区的工程质量管理和控制,施工企业也应当认真领会并执行,确保建筑工程的质量和安全。

(二)有关质量检验与控制的技术法规

质量检验与控制的技术法规指针对不同专业、不同性质质量控制对象制定的各类技术法规性的文件,包括各种有关的标准、规范、规程或规定。

技术标准有国家标准(如 ISO 9000 系列)、国家标准(强制性标准和推荐性标准)、行业标准和企业标准,是建立和维护正常生产和工作秩序的准则,也是衡量工程、设备和材料质量的尺度。

技术规范或规程是指执行技术标准,保证施工有秩序进行,而为有关专业和操作人员制定的行为准则,与质量的形成有着密切的关系,应当遵守。

有关质量方面的规定是由主管部门根据需要而发布的具有方针目标性的文件,它对于保证标准和规范、规程的实施,以及改善实际存在的问题,具有指令性和及时性的特点,是质量管理与控制的重要内容。

施工单位首先应熟悉有关施工质量检验与控制的专门技术法规性文件,具体有以下几类。

1. 工程质量验收规范体系

新版的建筑工程施工质量验收规范将有关建筑工程的施工及验收规范和工程质量检验评定标准合并,组成新的工程质量验收规范体系,以统一建筑工程施工质量的验收方法、质量标准和程序。建筑工程各专业工程施工质量验收规范必须与该标准配合使用。

有关标准如下:

(1)《建筑工程施工质量验收统一标准》(GB 50300—2013)。

(2)《建筑地基基础工程施工质量验收规范》(GB 50202—2002)。

(3)《砌体工程施工质量验收规范》(GB 50203—2011)。

(4)《混凝土结构工程施工质量验收规范(2010 版)》(GB 50204—2002)。

(5)《钢结构工程施工质量验收规范》(GB 50205—2001)。

(6)《木结构工程施工质量验收规范》(GB 50206—2012)。

(7)《屋面工程质量验收规范》(GB 50207—2012)。
(8)《地下防水工程质量验收规范》(GB 50208—2011)。
(9)《建筑地面工程施工质量验收规范》(GB 50209—2010)。
(10)《建筑装饰装修工程质量验收规范》(GB 50210—2001)。
(11)《建筑给水排水及采暖工程施工质量验收规范》(GB 50242—2002)。
(12)《通风与空调工程施工质量验收规范》(GB50243—2002)。
(13)《建筑电气工程施工质量验收规范》(2012版)(GB 50303—2002)。
(14)《电梯工程施工质量验收规范》(GB 50310—2002)。

2. 有关工程材料、半成品和构配件质量控制方面的专门技术法规性依据

(1)有关材料及其制品质量的技术标准。如水泥、木材及其制品、钢材、砖瓦、砌块、混凝土、石材、石灰、砂、玻璃、陶瓷及其制品、涂料、保温及吸声材料、防水材料、塑料制品、建筑五金、电缆电线、绝缘材料、门窗以及其他材料或制品的质量标准。

(2)有关材料或半成品等的取样、试验等方面的技术标准或规程。

(3)有关材料验收、包装、标志方面的技术标准和规定。

3. 控制质量的依据

对采用新工艺、新技术和新方法的工程,事先应进行试验,并应有权威性的技术部门的技术鉴定书,在此基础上制定有关的质量标准和施工工艺规程,以此作为判断与控制质量的依据。

三、施工质量控制的系统过程

由于施工阶段是使工程设计最终实现并形成工程实体的阶段,是最终形成工程实体质量的过程,所以施工阶段的质量控制是一个由对投入的资源和条件的质量控制,进而对生产过程及各环节质量进行控制,直到对所完成的工程产出品的质量检验与控制为止的全过程的系统控制过程。这个过程根据三阶段控制原理划分三个环节。

(1)事前控制。指施工准备控制,即在各工程对象正式施工活动开始前,对各项准备工作及影响质量的各因素进行控制,这是确保施工质量的先决条件。

(2)事中控制。指施工过程控制,即在施工过程中对实际投入的生产要素质量及作业技术活动的实施状态和结果所进行的控制,包括作业者发挥技术能力过程的自控行为和来自有关管理者的监控行为。

(3)事后控制。指竣工验收控制,即对于通过施工过程所完成的具有独立的功能和使用价值的最终产品(单位工程或整个工程项目)及有关方面(如质量文档)的质量进行控制。

上述三个环节的施工质量控制系统过程及其所涉及的主要方面如图15-1所示。

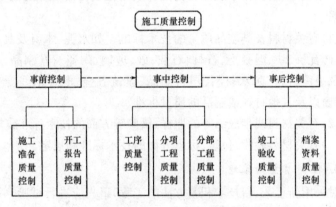

图15-1 施工质量控制系统过程

四、施工质量控制的方法

施工质量控制的方法,主要包括审核有关技术文件、报告和直接进行现场检查或必要的试验等。

(一)审核有关技术文件、报告或报表

对技术文件、报告、报表的审核,是项目经理对工程质量进行全面控制的重要手段,具体内容有:

(1) 审核有关技术资质证明文件。
(2) 审核开工报告,并经现场核实。
(3) 审核施工方案、施工组织设计和技术措施。
(4) 审核有关材料、半成品的质量检验报告。
(5) 审核反映工序质量动态的统计资料或控制图表。
(6) 审核设计变更、修改图纸和技术核定书。
(7) 审核有关质量问题的处理报告。
(8) 审核有关应用新工艺、新材料、新技术、新结构的技术核定书。
(9) 审核有关工序交接检查,分项、分部工程质量检查报告。
(10) 审核并签署现场有关技术签证、文件等。

(二)现场质量检查

1. 现场质量检查的内容

(1) 开工前检查。目的是检查是否具备开工条件,开工后能否连续正常施工,能否保证工程质量。

(2) 工序交接检查。对于重要的工序或对工程质量有重大影响的工序,在自检、互检的基础上,还要组织专职人员进行工序交接检查。

(3) 隐蔽工程检查。凡是隐蔽工程均应检查认证后方能掩盖。

(4) 停工后复工前的检查。因处理质量问题或某种原因停工后需复工时,经检查认可后方能复工。

(5) 分项、分部工程完工后,应经检查认可,签署验收记录后才可进行下一工程项目施工。

(6) 成品保护检查。检查成品有无保护措施,或保护措施是否可靠。

2. 现场质量检查的方法

(1) 目测法。目测法的手段可归纳为看、摸、敲、照四个字。

看,就是根据质量标准进行外观目测。如墙纸裱糊质量应做到:纸面无斑痕、空鼓、气泡、折皱;每张墙纸的颜色、花

> 现场质量检查还应经常深入现场,对施工操作质量进行巡视检查;必要时,还应进行跟班或追踪检查。

纹一致;斜视无胶痕,纹理无压平、起光现象;对缝无离缝、搭缝、张嘴;对缝处图案、花纹完整;裁纸的一边不能对缝,只能搭接;墙纸只能在阴角处搭接,阳角应采用包角等。又如,清水墙面是否洁净,喷涂是否密实,颜色是否均匀,内墙抹灰大面及口角是否平直,地面是否光洁平整,油漆浆活表面观感、施工顺序是否合理,工人操作是否正确等,均需通过目测检查、评价。观察检验方法的使用人需要有丰富的经验,经过反复实践才能掌握标准、统一口径。所以这种方法虽然简单,但是难度却最大,应予以充分重视,加强训练。

摸,就是手感检查,主要用于装饰工程的某些检查项目,如水刷石、干粘石粘结牢固程度,油漆的光滑度,浆活是否掉粉,地面有无起砂等,均可通过手摸加以鉴别。

敲,是运用工具进行音感检查。对地面工程、装饰工程中的水磨石、面砖、锦砖和大理石贴面等,均应进行敲击检查,通过声音的虚实确定有无空鼓,还可根据声音的清脆和沉闷,判定属于面层空鼓还是底层空鼓。此外,用手敲玻璃,如发出颤动声响,一般是底灰不满或压条不实。

照,对于难以看到或光线较暗的部位,可采用镜子反射或灯光照射的方法进行检查。

(2)实测法。实测法就是通过实测数据与施工规范及质量标准所规定的允许偏差对照,来判别质量是否合格。实测检查法的手段,可归纳为靠、吊、量、套四个字。

靠,是用直尺、塞尺检查墙面、地面、屋面的平整度。如对墙面、地面等要求平整的项目都可利用这种方法检验。

吊,是用托线板以线锤吊线检查垂直度。可在托线板上系以线锤吊线,紧贴墙面,或在托板上下两端粘以突出小块,以触点触及受检面进行检验。板上线锤的位置可压托线板的刻度,表示出垂直度。

量,是用测量工具和计量仪表等检查断面尺寸、轴线、标高、湿度、温度等的偏差。这种方法用得最多,主要是检查容许偏差项目。如外墙砌砖上下窗口偏移用经纬仪或吊线检查,钢结构焊缝余高用"量规"检查,管道保温厚度用钢针刺入保温层和尺量检查等。

套,是以方尺套方,辅以塞尺检查。如对阴阳角的方正、踢脚线的垂直度、预制构件的方正等项目的检查。对门窗口及构配件的对角线(窜角)检查,也是套方的特殊手段。

(3)试验法。试验法是指必须通过试验手段,才能对质量进行判断的检查方法。如对桩或地基的静载试验,确定其承载力;对钢结构的稳定性试验,确定是否产生失稳现象;对钢筋对焊接头进行拉力试验,检验焊接的质量等。

项目施工环境质量控制

项目施工阶段是施工项目形成的关键阶段,此阶段是施工企业在项目的施工现场将设计的蓝图建造成实物的阶段,因而施工阶段的环境因素对施工项目质量有着非常重要的影响,在施工项目质量的控制中应重视施工现场环境因素的影响,并加以有效合理的控制。

第二节　施工准备阶段的质量控制

施工准备是为保证施工生产正常进行而必须事先做好的工作。施工准备工作不仅是在工程开工前要做好,而且贯穿于整个施工过程。施工准备的基本任务就是为施工项目建立一切必要的施工条件,确保施工生产顺利进行,确保工程质量符合要求。

一、技术准备

1. 研究和会审图纸及技术交底

通过研究和会审图纸,可以广泛听取使用人员、施工人员的正确意见,弥补设计上的不足,提高设计质量;可以使施工人员了解设计意图、技术要求、施工难点,为保证工程质量打好基础。技术交底是施工前的一项重要准备工作,以使参与施工的技术人员与工人了解承建工程的特点、技术要求、施工工艺及施工操作要点。

2. 施工组织设计和施工方案编制阶段

施工组织设计或施工方案,是指导施工的全面性技术经济文件,保证工程质量的各项技术措施是其中的重要内容。这个阶段的主要工作有以下几点:

(1)签订承发包合同和总分包协议书。

(2)根据建设单位和设计单位提供的设计图纸和有关技术资料,结合施工条件编制施工组织设计。

(3)及时编制并提出施工材料、劳动力和专业技术工种培训,以及施工机具、仪器的需用计划。

(4)认真编制场地平整、土石方工程、施工场区道路和排水工程的施工作业计划。

(5)及时参加全部施工图纸的会审工作,对设计中的问题和有疑问之处应随时解决和弄清,并协助设计部门消除图纸差错。

(6)属于国外引进工程项目,应认真参加与外商进行的各种技术谈判和引进设备的质量检验,以及包装运输质量的检查工作。

> **经验总结**
>
> **施工组织设计编制阶段质量管理工作**
>
> 施工组织设计编制阶段,质量管理工作除上述几点外,还要着重制定好质量管理计划,编制切实可行的质量保证措施和各项工程质量的检验方法,并相应地准备好质量检验测试器具。质量管理人员要参加施工组织设计的会审,以及各项保证质量技术措施的制定工作。

二、物质准备

1. 材料质量控制的要求

(1)掌握材料信息,优选供货厂家。

(2)合理组织材料供应,确保施工正常进行。

(3)合理地组织材料使用,减少材料的损失。

(4)加强材料检查验收,严把材料质量关。

1)对用于工程的主要材料,进场时必须具备正式的出厂合格证的材质化验单。如不具备或对检验证明有影响时,应补做检验。

2)工程中所有各种构件,必须具有厂家批号和出厂合格证。钢筋混凝土和预应力钢筋混凝土构件,均应按规定的方法进行抽样检验。由于运输、安装等原因出现的构件质量问题,应分析研究,经处理鉴定后方能使用。

3)凡标志不清或认为质量有问题的材料,对质量保证资料有怀疑或与合同规定不符的一般材料;由于工程重要程度决定,应进行一定比例试验的材料;需要进行追踪检验,以控制和保证其质量的材料等,均应进行抽检。对于进口的材料设备和重要工程或关键施工部位所用的材料,则应进行全部检验。

4)材料质量抽样和检验的方法,应符合相关标准规定,要能反映该批材料的质量性能。对于重要构件或非匀质的材料,还应酌情增加采样的数量。

5)在现场配制的材料,如混凝土、砂浆、防水材料、防腐材料、绝缘材料、保温材料等的配合比,应先提出试配要求,经试配检验合格后才能使用。

6)对进口材料、设备应会同商检局检验,如核对凭证书发现问题,应取得供方和商检人员签署的商务记录,按期提出索赔。

7)高压电缆、电压绝缘材料要进行耐压试验。

(5)要重视材料的使用认证,以防错用或使用不合格的材料。

2. 材料质量控制的内容

材料质量控制的内容主要有材料质量的标准,材料的性能,材料取样、试验方法,材料的适用范围和施工要求等。

(1)材料质量标准。材料质量标准是用来衡量材料质量的尺度,也是作为验收、检验材料质量的依据。不同的材料有不同的质量标准,掌握材料的质量标准,便于可靠地控制材料和工程的质量。

(2)材料质量的检(试)验。材料质量检验的目的,是通过一系列的检测手段,将所取得的材料数据与材料的质量标准相比较,借以判断材料质量的可靠性,能否使用于工程中;同时,还有利于掌握材料信息。

(3)材料的选择和使用。材料的选择和使用不当,均会严重影响工程质量或造成质量事故。为此,必须针对工程特点,根据材料的性能、质量标准、适用范围和对施工要求等方面进行综合考虑,慎重地来选择和使用材料。

> **特别提示**
>
> **材料质量控制注意事项**
>
> (1)对主要装饰材料及建筑配件,应在订货前要求厂家提供样品或看样订货;主要设备订货时,要审核设备清单,是否符合设计要求。
>
> (2)对材料性能、质量标准、适用范围和对施工要求必须充分了解,以便慎重选择和使用材料。
>
> (3)凡是用于重要结构、部位的材料,使用时必须仔细地核对、认证,其材料的品种、规格、型号、性能有无错误,是否适合工程特点和满足设计要求。
>
> (4)新材料应用,必须通过试验和鉴定;代用材料必须通过计算和充分的论证,并要符合结构构造的要求。
>
> (5)材料认证不合格时,不许用于工程中;有些不合格的材料,如过期、受潮的水泥是否降级使用,亦需结合工程的特点予以论证,但决不允许用于重要的工程或部位。

3. 施工机械设备的选用

施工机械设备是实现施工机械化的重要物质基础,是现代施工中必不可少的设备,对施工项目的质量有直接的影响。为此,施工机械设备的选用,必须综合考虑施工场地的条件、建筑结构形式、机械设备性能、施工工艺和方法、施工组织与管理、建筑经济等各种因素进行多方案比较,使之合理装备、配套使用、有机联系,以充分发挥机械设备的效能,力求获得较好的综合经济效益。

机械设备的选用,应着重从机械设备的选型、机械设备的主要性能参数和机械设备使用操作要求三方面予以控制。

(1)机械设备的选型。机械设备的选择,应本着因地制宜、因工程制宜,按照技术上先进、经济上合理、生产上适用、性能上可靠、使用上安全、操作方便和维修方便的原则,贯彻执行机械化、半机械化与改良工具相结合的方针,突出施工与机械相结合的特色,使其具有工程的适用性,具有保证工程质量的可靠性,具有使用操作的方便性和安全性。

(2)机械设备的主要性能参数。机械设备的主要性能参数是选择机械设备的依据,要能满足需要和保证质量的要求。

(3)机械设备的使用与操作要求。合理使用机械设备,正确地进行操作,是保证项目施工质量的重要环节。应贯彻"人机固定"原则,实行定机、定人、定岗位责任的"三定"制度。操作人员必须认真执行各项规章制度,严格遵守操作规程,防止出现安全质量事故。机械设备在使用中,要尽量避免发生故障,尤其是预防事故损坏(非正常损坏),即指人为的损坏。

造成机械设备损坏的主要原因
(1)操作人员违反安全技术操作规程和保养规程。
(2)操作人员技术不熟练或麻痹大意。
(3)机械设备保养、维修不良。
(4)机械设备运输和保管不当。
(5)施工使用方法不合理和指挥错误,气候和作业条件的影响等。

三、组织准备

组织准备工作主要包括建立项目组织机构;集结施工队伍;对施工队伍进行入场教育等。

四、施工现场准备

施工现场准备工作包括控制网、水准点、标桩的测量;"五通一平";生产、生活临时设施等的准备;组织机具、材料进场;拟定有关试验、试制和技术进步项目计划;编制季节性施工措施;制定施工现场管理制度等。

五、择优选择分包商并对其进行分包培训

分包是直接的操作者,只有管理水平和技术实力提高了,工程质量才能达到既定的目标,因此要着重对分包队伍进行技术培训和质量教育,帮助分包提高管理水平。项目对分包班组长及主要施工人员,按不同专业进行技术、工艺、质量综合培训,未经培训或培训不合格的分包队伍不允许进场施工。

> 项目要责成分包建立责任制,并将项目的质量保证体系贯彻落实到各自施工质量管理中,督促其对各项工作的落实。

第三节 施工过程的质量控制

施工过程体现在一系列的作业活动中,作业活动的效果将直接影响到施工过程的施工质量。因此,施工过程质量控制工作应体现在对作业活动的控制上。施工阶段质量控制的主要工作是以工序质量控制为核心,设置质量控制点,严格质量检查、工程变更,做好成品的保护。

一、施工工序质量控制

施工项目的施工过程是由一系列相互关联、相互制约的工序所构成的。工序质量是基础,直接影响工程项目的整体质量。要控制工程项目施工过程的质量,首先必须控制工序的质量。

(一)工序质量的概念

工序质量是指施工中人、材料、机械、工艺方法和环境等对产品起综合作用的过程的质量,又称过程质量,它体现为产品质量。

工序质量包含两方面的内容：一是工序活动条件的质量；二是工序活动效果的质量。从质量管理的角度来看，这两者是互为关联的，一方面要管理工序活动条件的质量，即每道工序投入品的质量（即人、材料、机械、方法和环境的质量）是否符合要求；另一方面又要管理工序活动效果的质量，即每道工序施工完成的工程产品是否达到有关质量标准。

（二）工序质量控制的内容

工序质量控制主要包括两方面的控制，即对工序施工条件的控制和对工序施工效果的控制，如图 15-2 所示。

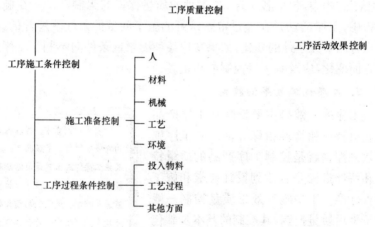

图 15-2 施工工序质量控制内容

1. 工序施工条件的控制

工序施工条件是指从事工序活动的各种生产要素及生产环境条件。控制方法主要可以采取检查、测试、试验、跟踪监督等方法。控制依据是要坚持设计质量标准、材料质量标准、机械设备技术性能标准、操作规程等。控制方式对工序准备的各种生产要素及环境条件宜采用事前质量控制的模式（即预控）。

工序施工条件的控制包括以下两个方面：

(1)施工准备方面的控制。即在工序施工前,应对影响工序质量的因素或条件进行监控。要控制的内容一般包括:人的因素,如施工操作者和有关人员是否符合上岗要求;材料因素,如材料质量是否符合标准,能否使用;施工机械设备的条件,如其规格、性能、数量能否满足要求,质量有无保障;采用的施工方法及工艺是否恰当,产品质量有无保证;施工的环境条件是否良好等。这些因素或条件应当符合规定的要求或保持良好状态。

(2)施工过程中对工序活动条件的控制。对影响工序产品质量的各因素的控制不仅体现在开工前的施工准备中,而且还应当贯穿于整个施工过程中,包括各工序、各工种的质量保证与强制活动。在施工过程中,工序活动是在经过审查认可的施工准备的条件下展开的,要注意各因素或条件的变化,如果发现某种因素或条件向不利于工序质量方面变化,应及时予以控制或纠正。

2. 工序施工效果的控制

工序施工效果主要反映在工序产品的质量特征和特性指标方面。对工序施工效果控制就是控制工序产品的质量特征和特性指标是否达到设计要求和施工验收标准。工序施工效果质量控制一般属于事后质量控制,其控制的基本步骤包括实测、统计、分析、判断、纠正或认可。

> 在各种因素中,投入施工的物料如材料、半成品等,以及施工操作或工艺是最活跃和最易变化的因素,应予以特别监督与控制,使它们的质量始终处于控制之中,符合标准及要求。

(1)实测。即采用必要的检测手段,对抽取的样品进行检验,测定其质量特性指标(例如混凝土的抗拉强度)。

(2)分析。即对检测所得数据进行整理、分析,找出规律。

(3)判断。根据对数据分析的结果,判断该工序产品是否达到了规定的质量标准,如果未达到,应找出原因。

(4)纠正或认可。如发现质量不符合规定标准,应采取措施纠正,如果质量符合要求则予以确认。

(三)工序质量分析

在施工过程中,有许多影响工程质量的因素,但是它们并非同等重要,重要的只是少数,往往是某个因素对质量起决定作用,处于支配地位,控制了它,质量就可以得到保证。人、材料、机械、方法、环境、时间、信息中的任何一个要素,都可能在工序质量中起关键作用。有些工序往往不是一种因素起作用,而是同时有几种因素混合起支配作用。

工序质量分析,概括地讲,就是要找出对工序的关键或重要质量特性起支配性作用的全部活动。对这些支配性要素,要制定成标准,加以重点控制。不进行工序质量分析,就做不好工序质量控制,也就不能保证工序质量。工序质量不能保证,工程质量也就不能保证。如果搞好工序质量分析,就能迅速提高质量。工序质量分析是施工现场质量体系的一项基础工作。

工序质量分析可按三个步骤、八项活动进行:

第一步,应用因果分析图法进行分析,通过分析,在书面上找出支配性要素。该步骤包括五项活动:

(1)选定分析的工序。对关键、重要工序或根据过去资料认定经常发生问题的工序,可选定为工序分析对象。

(2)确定分析者,明确任务,落实责任。

(3)对经常发生质量问题的工序,应掌握现状和问题点,确定改善工序质量的目标。

(4)组织开会,应用因果分析图法进行工序分析,找出工序支配性要素。

(5)针对支配性要素拟订对策计划,决定试验方案。

第二步,实施对策计划。

(6)按试验方案进行试验,找出质量特性和工序支配性要素之间的关系,经过审查,确定试验结果。

第三步,制定标准,控制工序支配性要素。

(7)将试验核实的支配性要素编入工序质量表,纳入标准或规范,落实责任部门或人员,并经批准。

(8)各部门或有关人员对属于自己负责的支配性要素,按标准规定实行重点管理。

(四)工序施工质量的动态控制

影响工序施工质量的因素对工序质量所产生的影响,可能表现为一种偶然的、随机性的影响,也可能表现为一种系统性的影响。前者表现为工序产品的质量特征数据是以平均值为中心,上下波动不定,呈随机性变化,此时的工序质量基本上是稳定的,质量数据波动是正常的,它是由于工序活动过程中一些偶然的、不可避免的因素造成的,如所用材料上的微小差异、施工设备运行的正常振动、检验误差等。这种正常的波动一般对产品质量影响不大,在管理上是容许的。而后者则表现为在工序产品质量特征数据方面出现异常大的波动或散差,其数据波动呈一定的规律性或倾向性变化,如数值不断增大或减小、数据均大于(或小于)标准值或呈周期性变化等。这种质量数据的异常波动通常是由于系统性的因素造成的,如使用了不合格的材料、施工机具设备严重磨损、违章操作、检验量具失准等。这种异常波动在质量管理上是不允许的,施工单位应采取措施设法加以消除。

> 工序质量分析方法的第一步是书面分析,用因果分析图法;第二步进行试验核实,可根据不同的工序用不同的方法,如优选法等;第三步,制定标准进行管理,主要应用系统图法和矩阵图法。

经验总结

动态跟踪控制

施工管理者应当在整个工序活动中,连续实施动态跟踪控制,通过对工序产品的抽样检验,判定其产品质量波动状态,若工序活动处于异常状态,则应查找出影响质量的原因,采取措施排除系统性因素的干扰,使工序活动恢复到正常状态,从而保证工序活动及其产品的质量。

第十五章 建筑工程施工质量控制

二、质量控制点的设置

质量控制点是指为了保证工序质量而确定的重点控制对象、关键部位或薄弱环节。设置质量控制点是保证达到工序质量要求的必要前提,质量管理人员在拟定质量控制工作计划时,应予以详细的考虑,并以制度来保证落实。对于质量控制点,一般要事先分析可能造成质量问题的原因,再针对原因制定对策和措施进行预控。

1. 质量控制点设置的原则

质量控制点设置的原则,是根据工程的重要程度,即质量特性值对整个工程质量的影响程度来确定。为此,在设置质量控制点时,首先要对施工的工程对象进行全面分析、比较,以明确质量控制点;之后进一步分析所设置的质量控制点在施工中可能出现的质量问题或造成质量隐患的原因,针对隐患的原因,相应地提出对策、措施予以预防。由此可见,设置质量控制点,是对工程质量进行预控的有力措施。

质量控制点的涉及面较广,根据工程特点,视其重要性、复杂性、精确性、质量标准和要求,可能是结构复杂的某一工程项目,也可能是技术要求高、施工难度大的某一结构构件或分项、分部工程,也可能是影响质量关键的某一环节中的某一工序或若干工序。总之,无论是操作、材料、机械设备、施工顺序、技术参数、自然条件、工程环境等,均可作为质量控制点来设置,主要是视其对质量特征影响的大小及危害程度而定。

2. 质量控制点的实施要点

(1)交底。将控制点的"控制措施设计"向操作班组进行认真交底,必须使工人真正了解操作要点,这是保证"制造质量",实现"以预防为主"思想的关键一环。

(2)对重要的质量控制点,质量管理人员应当进行旁站指导、检查和验收。

(3)工人按作业指导书进行认真操作,保证操作中每个环节的质量。

(4)按规定做好检查并认真记录检查结果,取得第一手数据。

(5)运用数理统计方法不断进行分析与改进(实施 PDCA 循环),直至质量控制点验收合格。

质量控制点设置部位

(1)重要的和关键性的施工环节和部位。

(2)质量不稳定、施工质量没有把握的施工工序和环节。

(3)施工技术难度大的、施工条件困难的部位或环节。

(4)质量标准或质量精度要求高的施工内容和项目。

(5)对后续施工或后续工序质量或安全有重要影响的施工工序或部位。

(6)采用新技术、新工艺、新材料施工的部位或环节。

3. 见证点和停止点

"见证点"(WitnessPoint)和"停止点"(HoldPoint)是国际上(如 ISO—9000 族标准)对于重要程度不同及监督控制要求不同的质量控制对象的一种区分方式。实际上它们都是质量控制点,只是由于它们的重要性或其质量后果影响程度有所不同,所以在实施监督控制时的动作程序和监督要求也有区别。

(1)见证点(也称截流点,或简称 W 点)。见证点是指重要性一般的质量控制点,在这种质量控制点施工之前,施工单位应提前(例如 24h 之前)通知监理单位派监理人员在约定的时间到现场进行见证,对该质量控制点的施工进行监督和检查,并在见证表上详细记录该质量控制点所在的建筑部位、施工内容、数量、施工质量和工时,并签字以作为凭证。如果在规定的时间监理人员未能到达现场进行见证和监督,施工单位可以认为已取得监理单位的同意(默认),有权进行该见证点的施工。

(2)停止点(也称待检点,或简称 H 点)。停止点是指重要性较高、其质量无法通过施工以后的检验来得到证实的质量控制点。例如,无法依靠事后检验来证实其内在质量或无法事后把关的特殊工序或特殊过程。对于这种质量控制点,在施工之前施工单位应提前通知监理单位,并约定施工时间,由监理单位派出监督员到现场进行监督控制,如果在约定的时间监理人员未到现场进行监督和检查,则施工单位应停止该质量控制点的施工,并按合同规定,等待监理人员,或另行约定该质量控制点的施工时间。

见证点、停止点的设置

在实际工程实施质量控制时,通常是由工程承包单位在分项工程施工前制定施工计划时,就选定设置的质量控制点,并在相应的质量计划中再进一步明确哪些是见证点,哪些是停止点,施工单位应将该施工计划及质量计划提交监理工程师审批。如监理工程师对上述计划及见证点与停止点的设置有不同的意见,应书面通知施工单位,要求予以修改;修改后再上报监理工程师审批后执行。

三、施工过程质量检查

(1)施工操作质量巡视检查。有些质量问题是由于操作不当所致,虽然表面上似乎影响不大,却隐藏着潜在的危害。所以,在施工过程中,必须注意加强对操作质量的巡视检查。对违章操作、不符合质量要求的要及时纠正,以防患于未然。

(2)工序质量交接检查。严格执行"三检"制度,即自检、互检、交接检。各工序按施工技术标准进行质量控制,每道工序完成后应进行检查。各专业工种相互之间应进行交接检验,并形成记录。未经监理工程师检查认可,不得进行下道工序施工。

(3)隐蔽检查验收。隐蔽检查验收,是指将被其他工序施工所隐蔽的分项、分部工程,在隐蔽前所进行的检查验收。实践证明,坚持隐蔽验收检查是消除隐患、避免质量事故的重要措施。隐蔽工程未验收签字,不得进行下道工序施工。隐蔽工程验收后,要办理隐蔽签证手续,列入工程档案。

(4)工程施工预检。预检是指工程在未施工前所进行的预先检查。预检是确保工程质量、防止可能发生偏差造成重大质量事故的有力措施。

四、成品的质量保护

成品质量保护一般是指在施工过程中,某些分项工程已经完成,而其他一些分项工程尚在施工;或者是在其分项工程施工过程中,某些部位已完成,而其他部位正在施工。在这种情况下,施工单位必须负责对已完成部分采取妥善措施予以保护,以免因成品缺乏保护或保护不善而造成损伤或污染,影响工程整体质量。

1. 合理安排施工顺序

合理安排施工顺序,按正确的施工流程组织施工,是进行成品保护的有效途径之一。

(1)遵循"先地下后地上"、"先深后浅"的施工顺序,就不至于破坏地下管网和道路路面。

(2)地下管道与基础工程相配合进行施工,可避免基础完工后再打洞挖槽安装管道,影响质量和进度。

(3)先在房心回填土后再做基础防潮层,则可保护防潮层不致受填土夯实损伤。

(4)装饰工程采取自上而下的流水顺序,可以使房屋主体工程完成后,有一定沉降期;已做好的屋面防水层,可防止雨水渗漏。这些都有利于保护装饰工程质量。

(5)先做地面,后做顶棚、墙面抹灰,可以保护下层顶棚、墙面抹灰不致受渗水污染;但在已做好的地面上施工,需对地面加以保护。若先做顶棚、墙面抹灰,后做地面时,则要求楼板灌缝密实,以免漏水污染墙面。

(6)楼梯间和踏步饰面,宜在整个饰面工程完成后,再自上而下地进行;门窗扇的安装通常在抹灰后进行;一般先油漆,后安装玻璃;这些施工顺序均有利于成品保护。

(7)当采用单排外脚手砌墙时,由于砖墙上面有脚手洞眼,故一般情况下内墙抹灰需待同一层外粉刷完成,脚手架拆除,洞眼填补后,才能进行,以免影响内墙抹灰的质量。

(8)先喷浆而后安装灯具,可避免安装灯具后又修理浆活,从而污染灯具。

(9)当铺贴连续多跨的卷材防水屋面时,应按先高跨、后低跨,先远(离交通进出口)、后近,先天窗油漆、玻璃,后铺贴卷材屋面的顺序进行。这样可避免在铺好的卷材屋面上行走和堆放材料、工具等物,有利于保护屋面的质量。

2. 成品的质量保护措施

根据建筑产品特点的不同,可以分别对成品采取"防护"、"包裹"、"覆盖"、"封闭"等保护措施,以及合理安排施工顺序等来达到保护成品的目的。具体如下所述:

(1)防护。就是针对被保护对象的特点采取各种防护的措施。例如对清水楼梯踏步,可以采取护棱角铁上下连接固定;对于进出口台阶可垫砖或方木搭脚手板供人通过的方法来保护台阶;对于门口易碰部位,可以钉上防护条或槽型盖铁保护;门扇安装后可加楔固定等。

(2)包裹。就是将被保护物包裹起来,以防损伤或污染。例如对镶面大理石柱可用立板包裹捆扎保护;铝合金门窗可用塑料布包扎保护等。

(3)覆盖。就是用表面覆盖的办法防止堵塞或损伤。例如对地漏、落水口排水管等安装后可加以覆盖,以防止异物落入而被堵塞;预制水磨石或大理石楼梯可用木板覆盖加以保护;地面可用锯末、苫布等覆盖以防止喷浆等污染;其他需要防晒、防冻、保温养护等项目也应采取适当的防护措施。

(4)封闭。就是采取局部封闭的办法进行保护。例如垃圾道完成后,可将其进口封闭起来,以防止建筑垃圾堵塞通道;

> 在建筑工程项目施工过程中,必须充分重视成品的保护工作。

房间水泥地面或地面砖完成后,可将该房间局部封闭,防止人们随意进入而损害地面;房内装修完成后,应加锁封闭,防止人们随意进入而受到损伤等。

课后练习

一、填空题

1. 施工质量控制的依据主要是指_____。
2. 施工质量控制过程根据三阶段控制原理划分_____、_____、_____三个环节。
3. 施工质量控制的方法,主要包括_____和_____或_____等。
4. 材料质量控制的内容主要有:_____,_____,_____,_____等。
5. 工序质量包含两方面的内容:一是_____;二是_____。
6. 质量控制点是指为了保证工序质量而确定的_____、_____或_____。
7. 根据建筑产品特点的不同,可以分别对成品采取_____、_____、_____、_____等保护措施。

二、选择题(有一个或多个答案)

1. 现场进行质量检查的方法有(　　)。
   A. 目测法　　　　　　　B. 实测法
   C. 试验法　　　　　　　D. 调查法
2. 质量控制点设置的原则,是根据工程的重要程度,即(　　)对整个工程质量的影响程度来确定。
   A. 质量大小值　　　　　B. 质量特性值
   C. 质量平均值　　　　　D. 质量关键值
3. 施工过程质量检查主要包括(　　)。
   A. 施工操作质量巡视检查　B. 工序质量交接检查
   C. 隐蔽检查验收　　　　　D. 工程施工预检

4. 下列关于施工顺序安排说法错误的是(　　)。
   A. 遵循"先地下后地上"、"先深后浅"的施工顺序，就不至于破坏地下管网和道路路面。
   B. 地下管道与基础工程相配合进行施工，可避免基础完工后再打洞挖槽安装管道，影响质量和进度。
   C. 先在房心回填土后再做基础防潮层，则可保护防潮层不致受填土夯实损伤。
   D. 装饰工程采取自下而上的流水顺序，可以使房屋主体工程完成后，有一定沉降期；已做好的屋面防水层，可防止雨水渗漏。这些都有利于保护装饰工程质量。

三、简答题

1. 什么是施工质量控制？
2. 试述施工质量控制的系统过程。
3. 常用施工质量控制方法主要有哪些？
4. 技术准备控制工作主要包括哪些内容？
5. 如何进行承包及分包单位资质的审核？
6. 现场施工准备的质量控制工作主要包括哪些内容？
7. 施工工序质量控制工作主要包括哪些内容？
8. 如何进行工序质量分析？
9. 简述质量控制点设置实施的要点。
10. 成品质量保护主要有哪些措施？

第十六章 建筑工程质量验收

第一节 建筑工程质量验收概述

一、建筑工程质量验收的概念

工程质量验收是建设成果转入生产使用的标志,也是全面考核建设成果的重要环节。

关于工程质量验收,国外有不同的定义,我国关于工程项目质量验收的概念是:由建设单位、施工单位和项目验收委员会,以项目批准的设计任务书和设计文件(如施工图),以及国家(或部门)颁发的施工验收规范和质量检验标准为依据,按照一定的程序和手续,在项目建成并试生产合格后(工业生产性项目),对项目的质量总体进行检验和认证(综合评价、鉴定)的活动。

二、建筑工程质量验收的要求

(1)凡在中华人民共和国境内新建、扩建、改建的各类房屋建筑工程和市政基础设施工程的竣工验收,均应按有关规定进行。

(2)国务院建设行政主管部门和有关专业部门负责全国工程竣工验收的监督管理工作。县级以上地方人民政府建设行政主管部门负责本行政区域内工程竣工验收的监督管理工作。

(3)施工单位在完成工程设计和合同约定的各项内容后,应对工程质量进行检查,确认工程质量符合有关法律、法规和工程建设强制性标准,符合设计文件及合同要求,并向建设单位提出工程竣工报告,申请竣工验收。实行监理的工程,工程竣工报告需经总监理工程师签署意见。

（4）建设单位收到工程竣工报告后,对符合竣工验收要求的工程,组织勘察、设计、施工、监理等单位和其他有关方面的专家组成验收组,对工程质量和各管理环节等方面做出全面评价。

> **拓展阅读**
>
> **工程质量监督**
>
> 负责监督工程的工程质量监督机构应当对工程竣工验收的组织形式、验收程序、执行验收标准等情况进行现场监督,发现有违反建设工程质量管理监督规定行为的,责令改正,并将对工程竣工验收的监督情况作为工程监督报告的重要内容。

三、建筑工程质量验收的依据

1.《建筑工程施工质量验收统一标准》(GB 50300—2013)和相关专业验收规范

建筑工程施工质量验收应依据《建筑工程施工质量验收统一标准》(GB 50300—2013)和专业验收规范所规定的程序、方法、内容和质量标准。检验批、分项工程的质量验收应符合专业验收规范的要求,并应符合《建筑工程施工质量验收统一标准》(GB 50300—2013)的规定,单位工程验收也应符合《建筑工程施工质量验收统一标准》(GB 50300—2013)的规定。

2. 工程勘察、设计文件和设计变更

工程勘察、设计文件和设计变更是施工的依据,同时也是验收的依据。施工图设计文件应经过审查,取得施工图设计文件审查批准书。施工单位应当严格按图施工,不得擅自变更或不按图样要求施工,如有变更,应有设计单位同意变更的书面(文字或变更图)文件。

3. 工程质量管理各阶段的验收记录

验收记录包括施工单位为了加强施工过程质量的管理,采取的各

种有效的措施、记录、工序交接自检验收记录以及相关施工技术管理资料,同时也包括建设监理对各阶段的施工质量验收记录。

四、建筑工程质量验收基本规定

1. 施工现场质量管理

施工现场应具有健全的质量管理体系、相应的施工技术标准、施工质量检验制度和综合施工质量水平评定考核制度。施工现场质量管理可按表 16-1 的要求进行检查记录。

表 16-1　　　　　施工现场质量管理检查记录

开工日期：

工程名称			施工许可证	
建设单位			项目负责人	
设计单位			项目负责人	
监理单位			总监理工程师	
施工单位		项目经理		项目技术负责人
序号	项目		主要内容	
1	项目部质量管理体系			
2	现场质量责任制			
3	主要专业工种操作岗位证书			
4	分包单位管理制度			
5	图纸会审记录			
6	地质勘查资料			
7	施工技术标准			
8	施工组织设计、施工方案编制及审批			
9	物资采购管理制度			
10	施工设施和机械设备管理制度			
11	计量设备配备			
12	检测试验管理制度			
13	工程质量检查验收制度			
14				
自检结果：			检查结论：	
施工单位项目负责人：　　年　月　日			总监理工程师　　　　年　月　日	

2. 建筑工程施工质量控制

建筑工程的施工质量控制应符合下列规定：

(1)建筑工程采用的主要材料、半成品、成品、建筑构配件、器具和设备应进行进场检验。凡涉及安全、节能、环境保护和主要使用功能的重要材料、产品，应按各专业工程施工规范、验收规范和设计文件等规定进行复验，并应经监理工程师检查认可。

> 未实行监理的建筑工程，建设单位相关人员应履行《建筑工程施工质量验收统一标准》（GB 50300—2013）涉及的监理职责。

(2)各施工工序应按施工技术标准进行质量控制，每道施工工序完成后，经施工单位自检符合规定后，才能进行下道工序施工。各专业工种之间的相关工序应进行交接检验，并应记录。

(3)对于监理单位提出检查要求的重要工序，应经监理工程师检查认可，才能进行下道工序施工。

(4)符合下列条件之一时，可按相关专业验收规范的规定适当调整抽样复验、试验数量，调整后的抽样复验、试验方案应由施工单位编制，并报监理单位审核确认。

1)同一项目中由相同施工单位施工的多个单位工程，使用同一生产厂家的同品种、同规格、同批次的材料、构配件、设备。

2)同一施工单位在现场加工的成品、半成品、构配件用于同一项目中的多个单位工程。

3)在同一项目中，针对同一抽样对象已有检验成果可以重复利用。

> 当专业验收规范对工程中的验收项目未作出相应规定时，应由建设单位组织监理、设计、施工等相关单位制定专项验收要求。涉及安全、节能、环境保护等项目的专项验收要求应由建设单位组织专家论证。

3. 建筑工程施工质量验收要求

(1)工程质量验收均应在施工单位自检合格的基础上进行。

(2)参加工程施工质量验收的各方人员应具备相应的资格。

(3)检验批的质量应按主控项目和一般项目验收。

(4)对涉及结构安全、节能、环境保护和主要使用功能的试块、试件及材料,应在进场时或施工中按规定进行见证检验。

(5)隐蔽工程在隐蔽前应由施工单位通知监理单位进行验收,并应形成验收文件,验收合格后方可继续施工。

(6)对涉及结构安全、节能、环境保护和使用功能的重要分部工程,应在验收前按规定进行抽样检验。

(7)工程的观感质量应由验收人员现场检查,并应共同确认。

(8)建筑工程施工质量验收合格应符合下列规定:

1)符合工程勘察、设计文件的要求。

2)符合《建筑工程施工质量验收统一标准》(GB 50300—2013)和相关专业验收规范的规定。

4. 检验批的质量检验

检验批的质量检验,可根据检验项目的特点在下列抽样方案中选取:

(1)计量、计数或计量一计数的抽样方案。

(2)一次、二次或多次抽样方案。

(3)对重要的检验项目,当有简易快速的检验方法时,选用全数检验方案。

(4)根据生产连续性和生产控制稳定性情况,采用调整型抽样方案。

(5)经实践证明有效的抽样方案。

检验批抽样样本应随机抽取,满足分布均匀、具有代表性的要求,抽样数量应符合有关专业验收规范的规定。当采用计数抽样时,最小抽样数量应符合表 16-2 的要求。

表 16-2   检验批最小抽样数量

检验批的容量	最小抽样数量	检验批的容量	最小抽样数量
2~15	2	151~280	13
16~25	3	281~500	20
26~90	5	501~1200	32
91~150	8	1201~3200	50

明显不合格的个体可不纳入检验批,但应进行处理,使其满足有关专业验收规范的规定,对处理的情况应予以记录并重新验收。

错判概率和漏判概率

计量抽样的错判概率 α 和漏判概率 β 可按下列规定采取:

(1)主控项目:对应于合格质量水平的 α 和 β 均不宜超过 5%。

(2)一般项目:对应于合格质量水平的 α 不宜超过 5%,β 不宜超过 10%。

五、建筑工程质量验收的程序和组织

(1)检验批应由专业监理工程师组织施工单位项目专业质量检查员、专业工长等进行验收。

(2)分项工程应由专业监理工程师组织施工单位项目专业技术负责人等进行验收。

(3)分部工程应由总监理工程师组织施工单位项目负责人和项目技术负责人等进行验收。

勘察、设计单位项目负责人和施工单位技术、质量部门负责人应参加地基与基础分部工程的验收。

设计单位项目负责人和施工单位技术、质量部门负责人应参加主体结构、节能分部工程的验收。

(4)单位工程中的分包工程完工后,分包单位应对所承包的工程项目进行自检,并应按标准规定的程序进行验收。验收时,总包单位应派人参加。分包单位应将所分包工程的质量控制资料整理完整,并移交给总包单位。

(5)单位工程完工后,施工单位应组织有关人员进行自检。总监理工程师应

建设单位收到工程竣工报告后,应由建设单位项目负责人组织监理、施工、设计、勘察等单位项目负责人进行单位工程验收。

组织各专业监理工程师对工程质量进行竣工预验收。存在施工质量问题时,应由施工单位整改。整改完毕后,由施工单位向建设单位提交工程竣工报告,申请工程竣工验收。

第二节 建筑工程质量验收的划分

根据《建筑工程施工质量验收统一标准》(GB 50300—2013)的要求,建筑工程质量验收应划分为单位工程、分部工程、分项工程和检验批。现代化的办公环境,要求建筑物内部设施越来越多样化,按建筑物的重要部位和安装专业划分的分部工程已不适应当前工程质量验收的要求,为此,建筑工程的质量验收又增设了子分部工程。实践表明:工程质量验收划分愈明细,愈有利于正确评价工程质量。

一、单位工程的划分

单位工程应按下列原则划分:
(1)具备独立施工条件并能形成独立使用功能的建筑物或构筑物为一个单位工程。
(2)对于规模较大的单位工程,可将其能形成独立使用功能的部分划分为一个子单位工程。

> 一个单位工程中,子单位工程不宜划分过多,对于建设方没有分期投入使用要求的较大规模的工程,不应划分子单位工程。

二、分部与分项工程的划分

(1)分部工程应按下列原则划分:
1)可按专业性质、工程部位确定。
2)当分部工程较大或较复杂时,可按材料种类、施工特点、施工程序、专业系统及类别将分部工程划分为若干子分部工程。
(2)分项工程可按主要工种、材料、施工工艺、设备类别进行划分。

第十六章 建筑工程质量验收

建筑工程的分部工程、分项工程划分宜按表 16-3 采用。

表 16-3　　　　　　建筑工程的分部工程、分项工程划分

序号	分部工程	子分部工程	分　项　工　程
1	地基与基础	地基	素土、灰土地基,砂和砂石地基,土工合成材料地基,粉煤灰地基,强夯地基,注浆地基,预压地基,砂石桩复合地基,高压旋喷注浆地基,水泥土搅拌地基,土和灰土挤密桩复合地基,水泥粉煤灰碎石桩复合地基,夯实水泥土桩复合地基
		基础	无筋扩展基础,钢筋混凝土扩展基础,筏形与箱形基础,钢结构基础,钢管混凝土结构基础,型钢混凝土结构基础,钢筋混凝土预制桩基础,泥浆护壁成孔灌注桩基础,干作业成孔桩基础,长螺旋钻孔压灌桩基础,沉管灌注桩基础,钢桩基础,锚杆静压桩基础,岩石锚杆基础,沉井与沉箱基础
		基坑支护	灌注桩排桩围护墙,板桩围护墙,咬合桩围护墙,型钢水泥土搅拌墙,土钉墙,地下连接墙,水泥土力式挡墙,内支撑,锚杆,与主体结构相结合的基坑支护
		地下水控制	降水与排水,回灌
		土方	土方开挖,土方回填,场地平整
		边坡	喷锚支护,挡土墙,边坡开挖
		地下防水	主体结构防水,细部构造防水,特殊施工法结构防水,排水,注浆
2	主体结构	混凝土结构	模板,钢筋,混凝土,预应力,现浇结构,装配式结构
		砌体结构	砖砌体,混凝土小型空心砌块砌体,石砌体,配筋砌体,填充墙砌体

续一

序号	分部工程	子分部工程	分项工程
2	主体结构	钢结构	钢结构焊接,紧固件连接,钢零部件加工,钢构件组装及预拼装,单层钢结构安装,多层及高层钢结构安装,钢筋结构安装,预应力钢索和膜结构,压型金属板,防腐涂料涂装,防火涂料涂装
		钢管混凝土结构	构件现场拼装,构件安装,钢管焊接,构件连接,钢管内钢筋集架,混凝土
		型钢混凝土结构	型钢焊接,紧固件连接,型钢与钢筋连接,型钢构件组装及预拼装,型钢安装,模板,混凝土
		铝合金结构	铝合金焊接,紧固件连接,铝合金零部件加工,铝合金构件组装,铝合金构件预拼装,铝合金框架结构安装,铝合金空间网络结构安装,铝合金面板,铝合金幕墙结构安装,防腐处理
		木结构	方木与原木结构,胶合木结构,轻型木结构,木结构的防护
3	建筑装饰装修	建筑地面	基层铺设,整体面层铺设,板块面层铺设,木、竹面层铺设
		抹灰	一般抹灰,保温层薄抹灰,装饰抹灰,清水砌体勾缝
		外墙防水	外墙砂浆防水,涂膜防水,透气膜防水
		门窗	木门窗安装,金属门窗安装,塑料门窗安装,特种门安装,门窗玻璃安装
		吊顶	整体面层吊顶,板块面层吊顶,格栅吊顶
		轻质隔墙	板材隔离,集架隔墙,活动隔墙,玻璃隔墙
		饰面板	石板安装,陶瓷板安装,木板安装,金属板安装,塑料板安装

续二

序号	分部工程	子分部工程	分项工程
3	建筑装饰装修	饰面砖	外墙饰面砖粘贴,内墙饰面砖粘贴
		幕墙	玻璃幕墙安装,金属幕墙安装,石材幕墙安装,陶板幕墙安装
		涂饰	水性涂料涂饰,溶液型涂料涂饰,美术涂饰
		裱糊与软包	裱糊,软包
		细部	橱柜制作与安装,窗帘盒和窗台板制作与安装,门窗套制作与安装,护栏和扶手制作与安装,花饰制作与安装
4	屋面	基层与保护	找坡层和找平层,隔气层,隔离层,保护层
		保温与隔热	板装材料保温层,纤维材料保温层,喷涂硬泡聚氨酯保温层,现浇泡沫混凝土保温层,种植隔热层,架空隔热层,蓄水隔热层
		防水与密封	卷材防水层,涂膜防水层,复合防水层,接缝密封防水
		瓦面与板面	烧结瓦和混凝土瓦铺装,沥青瓦铺装,金属板铺装,玻璃采光顶铺装
		细部构造	檐口,檐沟和天沟,女儿墙和山墙,水落口,变形缝,伸出屋面管道,屋面出入口,反梁过水孔,设施基座,屋脊,屋顶窗
5	建筑给水排水及供暖	室内给水系统	给水管道及配件安装,给水设备安装,室内消火栓系统安装,消防喷淋系统安装,防腐,绝热,管道冲洗、消毒,试验与调试
		室内排水系统	排水管道及配件安装,雨水管道及配件安装,防腐,试验与调试
		室内热水系统	管道及配件安装,辅助设备安装,防腐,绝热,试验与调试
		卫生器具	卫生器具安装,卫生器具给水配件安装,卫生器具排水管道安装,试验与调试

续三

序号	分部工程	子分部工程	分项工程
5	建筑给水排水及供暖	室内供暖系统	管道及配件安装,辅助设备安装,散热器安装,低温热水地板辐射供暖系统安装,电加热供暖系统安装,燃气红外辐射供暖系统安装,热风供暖系统安装,热计量及调控装置安装,试验与调试,防腐,绝热
		室外给水管网	给水管道安装,室外消火栓系统安装,试验与调试
		室外排水管网	排水管道安装,排水管沟与井池,试验与调试
		室内供热管网	管道及配件安装,系统水压试验,土建结构,防腐,绝热,试验与调试
		建筑饮用水供应系统	管道及配件安装,水处理设备及控制设施安装,防腐,绝热,试验与调试
		建筑中水系统及雨水利用系统	建筑中水系统、雨水利用系统管道及配件安装,水处理设备及控制设备安装,防腐,绝热,试验与调试
		游泳池及公共浴池水系统	管道及配件系统安装,水处理设备及控制设施安装,防腐,绝热,试验与调试
		水景喷泉系统	管道系统及配件安装,防腐,绝热,试验及调试
		热源及辅助设备	锅炉安装,辅助设备及管道安装,安全附件安装,换热站安装,防腐,绝热,试验与调试
		监测与控制仪表	检测仪器及仪表安装,试验与调试
6	通风与空调	送风系统	网管与配件制作,部件制作,风管系统安装,风机与空气处理设备安装,风管与设备防腐,旋流风口、岗位送风口、织物(布)风管安装,系统调试
		排风系统	风管与配件制作,部件制作,风管系统安装,风机与空气处理设备安装,风管与设备防腐,吸风罩及其他空气处理设备,厨房、卫生间排风系统安装,系统调试

续四

序号	分部工程	子分部工程	分 项 工 程
6	通风与空调	防排烟系统	风管与配件制作,部件制作,风管系统安装,风机与空气处理设备安装,风管与设备防腐,排烟风阀(口)、常闭正压风口、防火风管安装,系统调试
		防尘系统	风管与配件制作,部件制作,风管系统安装,风机与空气处理设备安装,风管与设备防腐,除尘器与排污设备安装,吸尘罩安装,高温风管绝热,系统调试
		舒适性空调系统	风管与配件制作,部件制作,风管系统安装,风机与空气处理设备安装,风管与设备防腐,组合式空调机组安装,消声器、静电除尘器、换热器、紫外线灭菌器等设备安装,风机盘管、变风量与定风量送风装置、射流喷口等末端设备安装,风管与设备绝热,系统调试
		恒温恒湿空调系统	风管与配件制作,部件制作,风管系统安装,风机与空气处理设备安装,风管与设备防腐,组合式空调机组安装,电加热器、加湿器等设备安装,精密空调机组安装,风管与设备绝热,系统调试
		净化空调系统	风管与配件制作,部件制作,风管系统安装,风机与空气处理设备安装,风管与设备防腐,净化空调机组安装,消声器、静电除尘器、换热器、紫外线灭菌器等设备安装,中、高效过滤器及风机过滤器单元等末端设备清洗与安装,洁净度测试,风管与设备绝热,系统调试
		地下人防通风系统	风管与配件制作,部件制作,风管系统安装,风机与空气处理设备安装,风管与设备防腐,过滤吸收器,防爆波活门、防爆超压排气活门等专用设备安装,系统调试
		真空吸尘系统	风管与配件制作,部件制作,风管系统安装,风机与空气处理设备安装,风管与设备防腐,管道安装,快速接口安装,风机与滤尘设备安装,系统压力试验与调试
		冷凝水系统	管道系统及部件安装,水泵及附属设备安装,管道冲洗,管道、设备防腐、板式热交换器,辐射板及辐射供热、供冷地埋管,热泵机组设备安装,管道、设备绝热,系统压力试验与调试

续五

序号	分部工程	子分部工程	分项工程
6	通风与空调	空调(冷、热)水系统	管道系统及部件安装,水泵及附属设备安装,管道冲洗,管道、设备防腐,冷却塔与水处理设备安装,防冻伴热设备安装,管道、设备绝热,系统压力试验及调试
		冷却水系统	管道系统及部件安装,水泵及附属设备安装,管道冲洗,管道、设备防腐,系统灌水渗漏及排放试验,管道、设备绝热
		土壤源热泵换热系统	管道系统及部件安装,水泵及附属设备安装,管道冲洗,管道、设备防腐,埋地换热系统与管网安装,管道、设备绝热,系统压力试验及调试
		水源热泵换热系统	管道系统及部件安装,水泵及附属设备安装,管道冲洗,管道、设备防腐,地表水源换热管及管网安装,除垢设备安装,管道、设备绝热,系统压力试验及调试
		蓄能系统	管道系统及部件安装,水泵及附属设备安装,管道冲洗,管道、设备防腐,蓄水罐与蓄冰槽、罐安装,管道、设备绝热,系统压力试验及调试
		压缩式制冷(热)设备系统	制冷机组及附属设备安装,管道、设备和防腐,制冷剂管道及部件安装,制冷剂灌注,管道、设备绝热,系统压力试验及调试
		吸收式制冷设备系统	制冷机组及附属设备安装,管道、设备防腐,系统真空试验,溴化锂溶液加灌,蒸汽管道系统安装,燃气或燃油设备安装,管道、设备绝热,试验及调试
		多联机(热泵)空调系统	室外机组安装,室内机组安装,制冷剂管路连接及控制开关安装,风管安装,冷凝水管道安装,制冷剂灌注,系统压力试验及调试
		太阳能供暖空调系统	太阳能集热器安装,其他辅助能源、换热设备安装,蓄能水箱、管道及配件安装,防腐,绝热,低温热水地板辐射采暖系统安装,系统压力试验及调试
		设备自控系统	温度、压力与流量传感器安装,执行机构安装调试,防排烟系统功能测试,自动控制及系统智能控制软件调试

续六

序号	分部工程	子分部工程	分项工程
7	建筑电气	室外电气	变压器、箱式变电所安装,成套配电柜、控制柜(屏、台)和动力、照明配电箱(盘)及控制柜安装,梯架、支架、托盘和槽盒安装,导管敷设,电缆敷设,管内穿线和槽盒内敷线,电缆头制作、导线连接和线路绝缘测试,普通灯具安装,专用灯具安装,建筑照明通电试运行,接地装置安装
		变配电室	变压器、箱式变电所安装,成套配电柜、控制柜(屏、台)和动力、照明配电箱(盘)安装,母线槽安装,梯架、支架、托盘和槽盒安装,电缆敷设,电缆头制作、导线连接和线路绝缘测试,接地装置安装,接地干线敷设
		供电干线	电气设备试验和试运行,母线槽安装,梯架、支架、托盘和槽盒安装,导管敷设,电缆敷设,管内穿线和槽盒内敷线,电缆头制作、导线连接和线路绝缘测试,接地干线敷设
		电气动力	成套配电柜、控制柜(屏、台)和动力配电箱(盘)安装,电动机、电加热器及电动执行机构检查接线,电气设备试验和试运行,梯架、支架、托盘和槽盒安装,导管敷设,电缆敷设,管内穿线和槽盒内敷线,电缆头制作、导线连接和线路绝缘测试
		电气照明	成套配电柜、控制柜(屏、台)和照明配电箱(盘)安装,梯架、支架、托盘和槽盒安装,导管敷设,管内穿线和槽盒内敷线,塑料护套线直敷布线,钢索配线,电缆头制作、导线连接和线路绝缘测试,普通灯具安装,专用灯具安装,开关、插座、风扇安装,建筑照明通电试运行
		备用和不间断电源	成套配电柜、控制柜(屏、台)和动力、照明配电箱(盘)安装,柴油发电机组安装,不间断电源装置及应急电源装置安装,母线槽安装,导管敷设,电缆敷设,管内穿线和槽盒内敷线,电缆头制作、导线连接和线路绝缘测试,接地装置安装

续七

序号	分部工程	子分部工程	分项工程
7	建筑电气	防雷及接地	接地装置安装,防雷引下线及接闪器安装,建筑物等电位联结,浪涌保护器安装
8	智能建筑	智能化集成系统	设备安装,软件安装,接口及系统调试,试运行
		信息接入系统	安装场地检查
		用户电话交换系统	线缆敷设,设备安装,软件安装,接口及系统调试,试运行
		信息网络系统	计算机网络设备安装,计算机网络软件安装,网络安装设备安装,网络安全软件安装,系统调试,试运行
		综合布线系统	梯架、托盘、槽盒和导管安装,线缆敷设,机柜、机架、配线架安装,信息插座安装,链路或信道测试,软件安装,系统调试,试运行
		移动通信室内信号覆盖系统	安装场地检查
		卫星通信系统	安装场地检查
		有线电视及卫星电视接收系统	梯架、托盘、槽盒和导管安装,线缆敷设,设备安装,软件安装,系统调试,试运行
		公共广播系统	梯架、托盘、槽盒和导管安装,线缆敷设,设备安装,软件安装,系统调试,试运行
		会议系统	梯架、托盘、槽盒和导管安装,线缆敷设,设备安装,软件安装,系统调试,试运行
		信息导引及发布系统	梯架、托盘、槽盒和导管安装,线缆敷设,显示设备安装,机房设备安装,软件安装,系统调试,试运行
		时钟系统	梯架、托盘、槽盒和导管安装,线缆敷设,设备安装,软件安装,系统调试,运行
		信息化应用系统	梯架、托盘、槽盒和导管安装,线缆敷设,设备安装,软件安装,系统调试,试运行

第十六章 建筑工程质量验收

续八

序号	分部工程	子分部工程	分 项 工 程
8	智能建筑	建筑设备监控系统	梯架、托盘、槽盒和导管安装,线缆敷设,传感器安装,执行器安装,控制器、箱安装,中央管理工作站和操作分站设备安装,软件安装,系统调试,试运行
		火灾自动报警系统	梯架、托盘、槽盒和导管安装,线缆敷设,探测器类设备安装,控制器类设备安装,其他设备安装,软件安装,系统调试,试运行
		安全技术防范系统	梯架、托盘、槽盒和导管安装,线缆敷设,设备安装,软件安装,系统调试,试运行
		应急响应系统	设备安装,软件安装,系统高度,试运行
		机房	供配电系统,防雷与接地系统,空气调节系统,给水排水系统,综合布线系统,监控与安全防范系统,消防系统,室内装饰装修,电磁屏蔽,系统调试,试运行
		防雷与接地	接地装置,接地线,等电位联结,屏蔽设施,电涌保护器,线缆敷设,系统调试,试运行
9	建筑节能	围护系统节能	墙体节能,幕墙节能,门窗节能,屋面节能,地面节能
		供暖空调设备及管网节能	供暖节能,通风与空调设备节能,空调与供暖系统冷热源节能,空调与供暖系统管网节能
		电气动力节能	配电节能,照明节能
		监控系统节能	监测系统节能,控制系统节能
		可再生能源	地源热泵系统节能,太阳能光热系统节能,太阳能光伏节能
10	电梯	电力驱动的曳引式或强制式电梯	设备进场验收,土建交接检验,驱动主机,导轨,门系统,轿厢,对重,安全部件,悬挂装置,随行电缆,补偿装置,电气装置,整机安装验收
		液压电梯	设备进场验收,土建交接检验,液压系统,导轨,门系统,轿厢,对重,安全部件,悬挂装置,随行电缆,电气装置,整机安装验收
		自动扶梯、自动人行道	设备进场验收,土建交接检验,整机安装验收

三、检验批的划分

检验批可根据施工、质量控制和专业验收的需要,按工程量、楼层、施工段、变形缝进行划分。

检验批就是"按同一生产条件或按规定的方式汇总起来供检验用的,由一定数量样本组成的检验体"。分项工程划分成检验批进行验收有助于及时纠正施工中出现的质量问题,确保工程质量,也符合施工实际需要。多层及高层建筑工程中主体分部的分项工程可按楼层或施工段来划分检验批,单层建筑工程中的分项工程可按变形缝等划分检验批;地基基础分部工程中的分项工程一般划分为一个检验批,有地下层的基础工程可按不同地下层划分检验批;屋面分部工程中的分项工程按不同楼层屋面可划分为不同的检验批,其他分部工程中的分项工程,一般按楼层划分检验批;对于工程量较少的分项工程可统一划为一个检验批。安装工程一般按一个设计系统或设备组别划分为一个检验批。室外工程统一划分为一个检验批。散水、台阶、明沟等含在地面检验批中。

> 施工前,应由施工单位制定分项工程和检验批的划分方案,并由监理单位审核。对于表16-3及相关专业验收规范未涵盖的分项工程和检验批,可由建设单位组织监理、施工等单位协商确定。

四、室外工程的划分

室外工程可根据专业类别和工程规模按表16-4的规定划分子单位工程、分部工程和分项工程。

表 16-4   室外工程的划分

单位工程	子单位工程	分部工程
室外设施	道路	路基、基层、面层、广场与停车场、人行道、人行地道、挡土墙、附属构筑物
	边坡	土石方、挡土墙、支护

续表

单位工程	子单位工程	分部工程
附属建筑及室外环境	附属建筑	车棚,围墙,大门,挡土墙
	室外环境	建筑小品,亭台,水景,连廊,花坛,场坪绿化,景观桥

第三节 建筑工程质量验收标准

一、建筑工程质量验收合格条件

(一)检验批合格条件

1. 检验批质量验收合格要求

(1)主控项目的质量经抽样检验均应合格。

(2)一般项目的质量经抽样检验合格。当采用计数抽样时,合格点率应符合有关专业验收规范的规定,且不得存在严重缺陷。对于计数抽样的一般项目,正常检验一次、二次抽样可按以下规则判定:

1)对于计数抽样的一般项目,正常检验一次抽样可按表16-5判定,正常检验二次抽样可按表16-6判定。抽样方案应在抽样前确定。

2)样本容量在表16-5或表16-6给出的数值之间时,合格判定数可通过插值并四舍五入取整确定。

表16-5 一般项目正常检验一次抽样判定

样本容量	合格判定数	不合格判定数	样本容量	合格判定数	不合格判定数
5	1	2	32	7	8
8	2	3	50	10	11
13	3	4	80	14	15
20	5	6	125	21	22

表 16-6　　　　　　　　一般项目正常检验二次抽样判定

抽样次数	样本容量	合格判定数	不合格判定数	抽样次数	样本容量	合格判定数	不合格判定数
(1)	3	0	2	(1)	20	3	6
(2)	6	1	2	(2)	40	9	10
(1)	5	0	3	(1)	32	5	9
(2)	10	3	4	(2)	64	12	13
(1)	8	1	3	(1)	50	7	11
(2)	16	4	5	(2)	100	18	19
(1)	13	2	5	(1)	80	11	16
(2)	26	6	7	(2)	160	26	27

(3)具有完整的施工操作依据、质量验收记录。

检验批质量验收

　　检验批的合格质量主要取决于对主控项目和一般项目的检验结果。主控项目是对检验批的基本质量起决定性影响的检验项目,因此必须全部符合有关专业工程验收规范的规定。这意味着主控项目不允许有不符合要求的检验结果,即这种项目的检查具有否决权。鉴于主控项目对基本质量的决定性影响,从严要求是必需的。

2. 检验批质量验收记录

　　检验批质量验收记录可按表 16-7 填写,填写时应具有现场验收检查原始记录。

第十六章 建筑工程质量验收

表 16-7 　　　　　　检验批质量验收记录

编号：_____

单位(子单位)工程名称		分部(子分部)工程名称			分项工程名称	
施工单位		项目负责人			检验批容量	
分包单位		分包单位项目负责人			检验批部位	
施工依据			验收依据			
	验收项目	设计要求及规范规定	最小/实际抽样数量		检查记录	检查结果
主控项目	1					
	2					
	3					
	4					
	5					
	6					
	7					
	8					
	9					
	10					
一般项目	1					
	2					
	3					
	4					
	5					
施工单位检查结果		专业工长 项目专业质量检查员： 　　　　　　　　　　年　月　日				
监理单位验收结论		专业监理工程师： 　　　　　　　　　　年　月　日				

(二)分项工程质量合格条件

1. 分项工程质量验收合格要求

(1)所含检验批的质量均应验收合格。

(2)所含检验批的质量验收记录应完整。

> 有关质量检查的内容、数据、评定,由施工单位项目专业质量检查员填写,检验批验收记录及结论由监理单位监理工程师填写完整。

分项工程的验收在检验批的基础上进行。一般情况下,两者具有相同或相近的性质,只是批量的大小不同而已。因此,将有关的检验批汇集构成分项工程。分项工程合格质量的条件比较简单,只要构成分项工程的各检验批的验收资料文件完整,并且均已验收合格,则分项工程验收合格。

特别提示

分项工程质量验收注意事项

(1)核对检验批的部位、区段是否全部覆盖分项工程的范围,是否有缺漏的部位没有验收到。

(2)一些在检验批中无法检验的项目,在分项工程中直接验收。如砖砌体工程中的全高垂直度、砂浆强度的评定等。

(3)检验批验收记录的内容及签字人是否正确、齐全。

2. 分项工程质量验收记录

分项工程质量验收记录可按表16-8填写。

(三)分部工程质量合格条件

1. 分部工程质量验收合格要求

(1)所含分项工程的质量均应验收合格。

(2)质量控制资料应完整。

(3)有关安全、节能、环境保护和主要使用功能的抽样检验结果应符合相应规定。

(4)观感质量应符合要求。

表 16-8 _____分项工程质量验收记录

编号：_____

单位(子单位)工程名称		分部(子分部)工程名称		
分项工程数量		检验批容量		
施工单位		项目负责人		项目技术负责人
分包单位		分包单位项目负责人		分包内容

序号	检验批名称	检验批容量	部位/区段	施工单位检查结果	监理单位验收结论
1					
2					
3					
4					
5					
6					
7					
8					
9					
10					
11					
12					
13					
14					
15					

说明：

施工单位检查结果	项目专业技术负责人： 年 月 日
监理单位验收结论	专业监理工程师： 年 月 日

> **特别提示**
>
> **分部工程质量验收注意事项**
>
> 分部工程的验收在其所含各分项工程验收的基础上进行。首先,分部工程的各分项工程必须已验收合格且相应的质量控制资料文件必须完善,这是验收的基本条件。此外,由于各分项工程的性质不尽相同,因此作为分部工程不能简单组合而加以验收,尚须增加以下两类检查项目。
>
> (1)涉及安全和使用功能的地基基础、主体结构、有关安全及重要使用功能的安装分部工程应进行有关见证取样送样试验或抽样检测。
>
> (2)关于观感质量验收,这类检查往往难以定量,只能以观察、触摸或简单量测的方式进行,并由个人的主观印象判断,对于"差"的检查点应通过返修处理等补救。

2. 分部工程质量验收记录

分部工程质量验收记录可按表 16-9 填写。

表 16-9　　　　　　　分部工程质量验收记录

编号:_____

单位(子单位)工程名称			子分部工程数量		分项工程数量	
施工单位			项目负责人		技术(质量)负责人	
分包单位			分包单位负责人		分包内容	
序号	子分部工程名称	分项工程名称	检验批数量	施工单位检查结果	监理单位验收结论	
1						
2						
3						
4						
5						

续表

序号	子分部工程名称	分项工程名称	检验批数量	施工单位检查结果	监理单位验收结论
6					
7					
8					
质量控制资料					
安全和功能检验结果					
观感质量检验结果					
结论	综合验收				

施工单位 项目负责人： 年 月 日	勘察单位 项目负责人： 年 月 日	设计单位 项目负责人： 年 月 日	监理单位 总监理工程师： 年 月 日

注：1. 地基与基础分部工程的验收应由施工、勘察、设计单位项目负责人和总监理工程师参加并签字。

2. 主体结构、节能分部工程的验收应由施工、设计单位项目负责人和总监理工程师参加并签字。

(四)单位工程质量合格条件

1. 单位工程质量验收合格要求

(1)所含分部工程的质量均应验收合格。

(2)质量控制资料应完整。

(3)所含分部工程中有关安全、节能、环境保护和主要使用功能的检验资料应完整。

(4)主要使用功能的抽查结果应符合相关专业验收规范的规定。

(5)观感质量应符合要求。

> 表16-10中的验收记录由施工单位填写，验收结论由监理单位填写。综合验收结论经参加验收各方共同商定，由建设单位填写，应对工程质量是否符合设计文件和相关标准的规定及总体质量水平作出评价。

2. 单位工程质量验收记录

单位工程质量竣工验收记录、质量控制资料核查记录、安全和功能检验资料核查及主要功能抽查记录、观感质量检查记录应按表16-10～表16-13填写。

表 16-10　　　　　单位工程质量竣工验收记录

工程名称		结构类型		层数/建筑面积	
施工单位		技术负责人		开工日期	
项目负责人		项目技术负责人		完工日期	
序号	项目	验收记录		验收结论	
1	分部工程验收	共　　分部,经查符合设计及标准规定　　分部			
2	质量控制资料核查	共　项,经核查符合规定　项			
3	安全和使用功能核查及抽查结果	共核查　项,符合规定　项,共抽查　项,符合规定　项,经返工处理符合规定　项			
4	观感质量验收	共抽查　项,达到"好"和"一般"的　项,经返修处理符合要求的　项			
综合验收结论					
参加验收单位	建设单位	监理单位	施工单位	设计单位	勘察单位
	（公章）项目负责人：　年 月 日	（公章）总监理工程师：　年 月 日	（公章）项目负责人：　年 月 日	（公章）项目负责人：　年 月 日	（公章）项目负责人：　年 月 日

注：单位工程验收时,验收签字人员应由相应单位的法人代表书面授权。

表 16-11　　　　　单位工程质量控制资料核查记录

工程名称				施工单位			
序号	项目	资料名称	份数	施工单位		监理单位	
				核查意见	核查人	核查意见	核查人
1	建筑与结构	图纸会审记录、设计变更通知单、工程洽商记录					
2		工程定位测量、放线记录					
3		原材料出厂合格证书及进场检验、试验报告					
4		施工试验报告及见证检测报告					
5		隐蔽工程验收记录					
6		施工记录					
7		地基、基础、主体结构检验及抽样检测资料					
8		分项、分部工程质量验收记录					
9		工程质量事故调查处理资料					
10		新技术论证、备案及施工记录					
1	给水排水与供暖	图纸会审记录、设计变更通知单、工程洽商记录					
2		原材料出厂合格证书及进场检验、试验报告					
3		管道、设备强度试验、严密性试验记录					
4		隐蔽工程验收记录					
5		系统清洗、灌水、通水、通球试验记录					
6		施工记录					
7		分项、分部工程质量验收记录					
8		新技术论证、备案及施工记录					

续一

工程名称			施工单位				
序号	项目	资料名称	份数	施工单位		监理单位	
				核查意见	核查人	核查意见	核查人
1	通风与空调	图纸会审记录、设计变更通知单、工程洽商记录					
2		原材料出厂合格证书及进场检验、试验报告					
3		制冷、空调、水管道强度试验、严密性试验记录					
4		隐蔽工程验收记录					
5		制冷设备运行调试记录					
6		通风、空调系统调试记录					
7		施工记录					
8		分项、分部工程质量验收记录					
9		新技术论证、备案及施工记录					
1	建筑电气	图纸会审记录、设计变更通知单、工程洽商记录					
2		原材料出厂合格证书及进场检验、试验报告					
3		设备调试记录					
4		接地、绝缘电阻测试记录					
5		隐蔽工程验收记录					
6		施工记录					
7		分项、分部工程质量验收记录					
8		新技术论证、备案及施工记录					

续二

工程名称			施工单位				
序号	项目	资料名称	份数	施工单位		监理单位	
				核查意见	核查人	核查意见	核查人
1	智能建筑	图纸会审记录、设计变更通知单、工程洽商记录					
2		原材料出厂合格证书及进场检验、试验报告					
3		隐蔽工程验收记录					
4		施工记录					
5		系统功能测定及设备调试记录					
6		系统技术、操作和维护手册					
7		系统管理、操作人员培训记录					
8		系统检测报告					
9		分项、分部工程质量验收记录					
10		新技术论证、备案及施工记录					
1	建筑节能	图纸会审记录、设计变更通知单、工程洽商记录					
2		原材料出厂合格证书及进场检验、试验报告					
3		隐蔽工程验收记录					
4		施工记录					
5		外墙、外窗节能检验报告					
6		设备系统节能检测报告					
7		分项、分部工程质量验收记录					
8		新技术论证、备案及施工记录					

续三

工程名称			施工单位				
序号	项目	资料名称	份数	施工单位		监理单位	
				核查意见	核查人	核查意见	核查人
1	电梯	图纸会审记录、设计变更通知单、工程洽商记录					
2		设备出厂合格证书及开箱检验记录					
3		隐蔽工程验收记录					
4		施工记录					
5		接地、绝缘电阻试验记录					
6		负荷试验、安全装置检查记录					
7		分项、分部工程质量验收记录					
8		新技术论证、备案及施工记录					

结论：

施工单位项目负责人：　　　　　　　　　总监理工程师：

　　　　　　　年　月　日　　　　　　　　　　　　　　年　月　日

表16-12　单位工程安全和功能检验资料核查及主要功能抽查记录

工程名称			施工单位			
序号	项目	安全和功能检查项目	份数	核查意见	抽查结果	核查(抽查)人
1	建筑与结构	地基承载力检验报告				
2		桩基承载力检验报告				
3		混凝土强度试验报告				
4		砂浆强度试验报告				
5		主体结构尺寸、位置抽查记录				

续一

工程名称			施工单位			
序号	项目	安全和功能检查项目	份数	核查意见	抽查结果	核查(抽查)人
6	建筑与结构	建筑物垂直度、标高、全高测量记录				
7		屋面淋水或蓄水试验记录				
8		地下室渗漏水检测记录				
9		有防水要求的地面蓄水试验记录				
10		抽气(风)道检查记录				
11		外窗气密性、水密性、耐风压检测报告				
12		幕墙气密性、水密性、耐风压检测报告				
13		建筑物沉降观测测量记录				
14		节能、保温测试记录				
15		室内环境检测报告				
16		土壤氡气浓度检测报告				
1	给水排水与供暖	给水管道通水试验记录				
2		暖气管道、散热器压力试验记录				
3		卫生器具满水试验记录				
4		消防管道、燃气管道压力试验记录				
5		排水干管通球试验记录				
6		锅炉试运行、安全阀及报警联动测试记录				
1	通风与空调	通风、空调系统试运行记录				
2		风量、温度测试记录				
3		空气能量回收装置测试记录				
4		洁净室洁净度测试记录				
5		制冷机组试运行调试记录				

续二

工程名称			施工单位			
序号	项目	安全和功能检查项目	份数	核查意见	抽查结果	核查(抽查)人
1	建筑电气	建筑照明通电试运行记录				
2		灯具固定装置及悬吊装置的载荷强度试验记录				
3		绝缘电阻测试记录				
4		剩余电流动作保护器测试记录				
5		应急电源装置应急持续供电记录				
6		接地电阻测试记录				
7		接地故障回路阻抗测试记录				
1	智能建筑	系统试运行记录				
2		系统电源及接地检测报告				
3		系统接地检测报告				
1	建筑节能	外墙节能构造检查记录或热工性能检验报告				
2		设备系统节能性能检查记录				
1	电梯	运行记录				
2		安全装置检测报告				

结论：

施工单位项目负责人： 　　　　　总监理工程师：
　　　　年　月　日　　　　　　　　　　　　　　年　月　日

注：抽查项目由验收组协商确定。

第十六章 建筑工程质量验收

表 16-13　　　　　　　　单位工程观感质量检查记录

工程名称			施工单位	
序号		项目	抽查质量状况	质量评价
1	建筑与结构	主体结构外观	共检查　点,好　点,一般　点,差　点	
2		室外墙面	共检查　点,好　点,一般　点,差　点	
3		变形缝、雨水管	共检查　点,好　点,一般　点,差　点	
4		屋面	共检查　点,好　点,一般　点,差　点	
5		室内墙面	共检查　点,好　点,一般　点,差　点	
6		室内顶棚	共检查　点,好　点,一般　点,差　点	
7		室内地面	共检查　点,好　点,一般　点,差　点	
8		楼梯、踏步、护栏	共检查　点,好　点,一般　点,差　点	
9		门窗	共检查　点,好　点,一般　点,差　点	
10		雨罩、台阶、坡道、散水	共检查　点,好　点,一般　点,差　点	
1	给水排水与供暖	管道接口、坡度、支架	共检查　点,好　点,一般　点,差　点	
2		卫生器具、支架、阀门	共检查　点,好　点,一般　点,差　点	
3		检查口、扫除口、地漏	共检查　点,好　点,一般　点,差　点	
4		散热器、支架	共检查　点,好　点,一般　点,差　点	
1	通风与空调	风管、支架	共检查　点,好　点,一般　点,差　点	
2		风口、风阀	共检查　点,好　点,一般　点,差　点	
3		风机、空调设备	共检查　点,好　点,一般　点,差　点	
4		管道、阀门、支架	共检查　点,好　点,一般　点,差　点	
5		水泵、冷却塔	共检查　点,好　点,一般　点,差　点	
6		绝热	共检查　点,好　点,一般　点,差　点	

续表

序号	项目		抽查质量状况	质量评价
1	建筑电气	配电箱、盘、板、接线盒	共检查 点,好 点,一般 点,差 点	
2		设备器具、开关、插座	共检查 点,好 点,一般 点,差 点	
3		防雷、接地、防火	共检查 点,好 点,一般 点,差 点	
1	智能建筑	机房设备安装及布局	共检查 点,好 点,一般 点,差 点	
2		现场设备安装	共检查 点,好 点,一般 点,差 点	
1	电梯	运行、平层、开关门	共检查 点,好 点,一般 点,差 点	
2		层门、信号系统	共检查 点,好 点,一般 点,差 点	
3		机房	共检查 点,好 点,一般 点,差 点	

结论:

施工单位项目负责人: 总监理工程师:
　　　　　　年　月　日 　　　　　　年　月　日

注:1. 对质量评价为差的项目应进行返修。
　　2. 观感质量现场检查原始记录应作为本表附件。

二、工程质量不符合要求时的处理规定

当建筑工程施工质量不符合要求时,应按下列规定进行处理:

(1)经返工或返修的检验批,应重新进行验收。

(2)经有资质的检测机构检测鉴定能够达到设计要求的检验批,应予以验收。

(3)经有资质的检测机构检测鉴定达

> 经返修或加固处理仍不能满足安全或重要使用要求的分部工程及单位工程,严禁验收。

不到设计要求,但经原设计单位核算认可能够满足安全和使用功能的检验批,可予以验收。

(4)经返修或加固处理的分项、分部工程,满足安全及使用功能要求时,可按技术处理方案和协商文件的要求予以验收。

课后练习

一、填空题

1. 建筑工程质量验收应依据_____、_____和_____三类文件。

2. 根据《建筑工程施工质量验收统一标准》(GB 50300—2013)的要求,建筑工程质量验收应划分为_____、_____、_____和_____。

3. 当采用计数抽样时,合格点率应符合_____的规定,且_____。

二、选择题(有一个或多个答案)

1. 符合下列( )条件之一时,可按相关专业验收规范的规定适当调整抽样复验、试验数量,调整后的抽样复验、试验方案应由施工单位编制,并报监理单位审核确认。
   A. 同一项目中由相同施工单位施工的多个单位工程,使用同一生产厂家的同品种、同规格、同批次的材料、构配件、设备
   B. 同一施工单位在现场加工的成品、半成品、构配件用于同一项目中的多个单位工程
   C. 在同一项目中,针对同一抽样对象已有检验成果可以重复利用
   D. 同一建筑工程采用的主要材料、半成品、成品、建筑构配件、器具和设备

2. 检验批的质量检验,可根据检验项目的特点在下列( )抽样方案中选取。
   A. 计量、计数或计量—计数的抽样方案
   B. 一次、二次或多次抽样方案

C. 对重要的检验项目,当有简易快速的检验方法时,选用全数检验方案
D. 根据生产连续性和生产控制稳定性情况,采用调整型抽样方案

3. 下列关于计量抽样的错判概率 α 和漏判概率 β 说法错误的是( )。

A. 主控项目:对应于合格质量水平的 α 和 β 均不宜超过 5%
B. 主控项目:对应于合格质量水平的 α 和 β 均不宜超过 10%
C. 一般项目:对应于合格质量水平的 α 不宜超过 5%
D. 一般项目:对应于合格质量水平的 β 不宜超过 10%

三、简答题

1. 什么是工程质量验收?
2. 工程质量验收的要求是什么?
3. 试述工程质量验收程序。
4. 如何进行工程质量验收的划分?
5. 简述工程质量验收标准。

第十七章 建筑工程质量问题分析及处理

第一节 建筑工程质量问题分析

一、工程质量问题的概念及质量事故分类

(一)工程质量问题的基本概念

1. 质量不合格

根据我国有关质量、质量管理和质量保证方面的国家标准的定义，凡工程产品质量没有满足某个规定的要求，称之为质量不合格；而没有满足某个预期的使用要求或合理的期望，则称之为质量缺陷。

2. 质量问题

凡是质量不合格的工程，必须进行返修、加固或报废处理，其造成直接经济损失低于 5000 元的称为质量问题。

3. 质量事故

直接经济损失在 5000 元(含 5000 元)以上的称为质量事故。

(二)工程质量事故的分类

工程质量事故的分类方法较多，可按造成损失的严重程度划分，也可按其产生的原因、造成的后果和责任划分。

生产安全事故报告和调查处理条例》根据生产安全事故(以下简称事故)造成的人员伤亡或直接经济损失，事故一般分为以下等级：

(1)特别重大事故，是指造成 30 人以上死亡，或者 100 人以上重

伤(包括急性工业中毒,下同),或者 1 亿元以上直接经济损失的事故。

(2)重大事故,是指造成 10 人以上 30 人以下死亡,或 50 人以上 100 人以下重伤,或 5000 万元以上 1 亿元以下直接经济损失的事故。

(3)较大事故,是指造成 3 人以上 10 人以下死亡,或者 10 人以上 50 人以下重伤,或者 1000 万元以上 5000 万元以下直接经济损失的事故。

(4)一般事故,是指造成 3 人以下死亡,或者 10 人以下重伤,或者 1000 万元下直接经济损失的事故。

二、工程质量问题的成因

建筑工程质量问题表现的形式多种多样,诸如建筑结构的错位、变形、倾斜、倒塌、破坏、开裂、渗水、漏水、刚度差、强度不足、断面尺寸不准等。究其原因,可归纳如下几点:

1. 违背建设程序

如不经可行性论证,不做调查分析就拍板定案;没有弄清工程地质、水文地质就仓促开工;无证设计,无图施工;任意修改设计,不按图纸施工;工程竣工不进行试车运转、不经验收就交付使用等现象。这些常常是致使不少工程项目留有严重隐患,房屋倒塌事故发生的原因之一。

2. 工程地质勘查原因

未认真进行地质勘查,提供地质资料、数据有误;地质勘查时,钻孔间距太大,不能全面反映地基的实际情况,如当基岩地面起伏变化较大时,软土层厚薄相差亦甚大;地质勘查钻孔深度不够,没有查清地下软土层、滑坡、墓穴、孔洞等地层构造;地质勘查报告不详细、不准确等,均会导致采用错误的基础方案,造成地基不均匀沉降、失稳,使上部结构及墙体开裂、破坏、倒塌。

3. 未加固处理好地基

对软弱土、冲填土、杂填土、湿陷性黄土、膨胀土、岩层出露、熔岩、土洞等不均匀地基未进行加固处理或处理不当,均是导致重大质量问

第十七章 建筑工程质量问题分析及处理

题的原因。必须根据不同地基的工程特性，按照地基处理应与上部结构相结合，使其共同工作的原则，从地基处理、设计措施、结构措施、防水措施、施工措施等方面综合考虑治理。

4. 设计计算问题

设计考虑不周，结构构造不合理，计算简图不正确，计算荷载取值过小，内力分析有误，沉降缝及伸缩缝设置不当，悬挑结构未进行抗倾覆验算等，都是诱发质量问题的隐患。

5. 建筑材料及制品不合格

如钢筋物理力学性能不符合标准，水泥受潮、过期、结块、安定性不良，砂石级配不合理，有害物含量过多，混凝土配合比不准，外加剂性能、掺量不符合要求时，均会影响混凝土强度、和易性、密实性、抗渗性，导致混凝土结构强度不足、裂缝、渗漏、蜂窝、露筋等质量问题；预制构件断面尺寸不准，支承锚固长度不足，未可靠建立预应力值，钢筋漏放、错位，板面开裂等，必然会出现断裂、垮塌。

6. 自然条件影响

施工项目周期长，露天作业多，受自然条件影响大，温度、湿度、日照、雷电、供水、大风、暴雨等都可能造成重大的质量事故，施工中应特别重视，采取有效措施予以预防。

7. 建筑结构使用问题

建筑物使用不当，亦易造成质量问题。如不经校核、验算，就在原有建筑物上任意加层；使用荷载超过原设计的容许荷载；任意开槽、打洞、削弱承重结构的截面等。

> **经验总结**
>
> ### 施工和管理问题
>
> 许多工程质量问题，往往是由施工和管理不善所造成的。通常表现为以下几方面：
>
> （1）不熟悉图纸，盲目施工；图纸未经会审，仓促施工。未经监理、设计部门同意，擅自修改设计。

(2) 不按图施工。如把铰接做成刚接,把简支梁做成连续梁,抗裂结构用光圆钢筋代替变形钢筋等,致使结构裂缝破坏;挡土墙不按图设滤水层,留排水孔,致使土压力增大,造成挡土墙倾覆。

(3) 不按有关施工验收规范施工。如现浇混凝土结构不按规定的位置和方法任意留设施工缝;不按规定的强度拆除模板;砌体不按组砌形式砌筑,留直槎不加拉结条,在小于1m宽的窗间墙上留设脚手眼等。

(4) 不按有关操作规程施工。如用插入式振捣器捣实混凝土时,不按插点均布、快插慢拔、上下抽动、层层扣搭的操作方法,致使混凝土振捣不实,整体性差;又如,砖砌体包心砌筑,上下通缝,灰浆不均匀饱满,游丁走缝,不横平竖直等都是导致砖墙、砖柱破坏、倒塌的主要原因。

(5) 缺乏基本结构知识,施工蛮干。如将钢筋混凝土预制梁倒放安装;将悬臂梁的受拉钢筋放在受压区;结构构件吊点选择不合理,不了解结构使用受力和吊装受力的状态;施工中在楼面超载堆放构件和材料等,均将给质量和安全造成严重的后果。

(6) 施工管理紊乱,施工方案考虑不周,施工顺序错误,技术组织措施不当,技术交底不清,违章作业,不重视质量检查和验收工作等,都是导致质量问题的祸根。

三、工程质量问题分析方法

由于影响工程质量的因素众多,一个工程质量问题的实际发生,既可能由于设计计算和施工图纸中存在错误,还可能由于施工中出现不合格或质量问题,还可能由于使用不当,或者由于设计、施工甚至使用、管理、社会体制等多种原因的复合作用。要分析究竟是哪种原因所引起的,必须对质量问题的特征表现,以及其在施工中和使用中所处的实际情况和条件进行具体分析。对工程质量问题进行分析时经常用到的方法是成因分析方法,其基本步骤和要领可概括如下:

1. 基本步骤

(1) 进行细致的现场研究,观察记录全部实况,充分了解与掌握引发质量问题的现象和特征。

第十七章 建筑工程质量问题分析及处理

(2)收集调查与问题有关的全部设计和施工资料,分析摸清工程在施工或使用过程中所处的环境。

(3)找出可能产生质量问题的所有因素。分析、比较和判断,找出最可能造成质量问题的原因。

(4)进行必要的计算分析或模拟实验予以论证确认。

2. 事故调查报告

事故发生后,应及时组织调查处理。调查的主要目的是要确定事故的范围、性质、影响和原因等,通过调查为事故的分析与处理提供依据,一定要力求全面、准确、客观。调查结果要整理撰写成事故调查报告,其内容包括:

(1)工程概况,重点介绍事故有关部分的工程情况。

(2)事故情况,事故发生的时间、性质、现状及发展变化的情况。

(3)是否需要采取临时应急防护措施。

(4)事故调查中的数据、资料。

(5)事故原因的初步判断。

(6)事故涉及人员与主要责任者的情况等。

3. 分析要领

(1)确定质量问题的初始点,即原点,它是一系列独立原因集合起来形成的爆发点。因其反映出质量问题的直接原因,而在分析过程中具有关键性作用。

(2)围绕原点对现场各种现象和特征进行分析,区别导致同类质量问题的不同原因,逐步揭示质量问题萌生、发展和最终形成的过程。

(3)综合考虑原因复杂性,确定诱发质量问题的起源,即真正原因。

工程质量问题原因分析

工程质量问题原因分析反映的是一堆模糊不清的事物和现象的客观属性与联系,它的准确性与管理人员的能力学识、经验和态度有极大关系,其结果不是简单的信息描述,而是逻辑推理的产物,可用于工程质量的事前控制。

第二节　工程质量事故处理

一、工程质量事故处理的依据

建筑工程质量事故发生后，主要应查明原因，落实措施，妥善处理，清除隐患，界定责任。工程质量事故处理的主要依据如下：

1. 质量事故状况

要查明质量事故的原因和确定处理对策，首要的是要掌握质量事故的实际情况，有关质量事故状况的资料主要来自以下几个方面：

(1)施工单位的质量事故调查报告。质量事故发生后，施工单位有责任就所发生的质量事故进行周密的调查、研究掌握情况，并在此基础上写出事故调查报告，对有关质量事故的实际情况做详尽的说明。

(2)事故调查组研究所获得的第一手材料，以及调查组所提供的工程质量事故调查报告。该材料主要用来和施工单位所提供的情况进行对照、核实。

> **拓展阅读**
>
> **质量事故调查报告内容**
>
> (1)质量事故发生的时间、地点，工程项目名称及工程的概况，如结构类型、建筑(工作量)、建筑物的层数，发生质量事故的部位，参加工程建设的各单位名称。
>
> (2)质量事故状况的描述。如分布状态及范围，发生事故的类型；缺陷程度及直接经济损失，是否造成人身伤亡及伤亡人员。
>
> (3)质量事故现场勘察笔录，事故现场证物照片、录像，质量事故的证据资料，质量事故的调查笔录。
>
> (4)质量事故的发展变化情况(是否继续扩大其范围、是否已经稳定)。

2. 有关合同和合同文件

所涉及的合同文件有工程承包合同，设计委托合同，设备与器材购销合同,监理合同及分包工程合同等。有关合同和合同文件在处理质量事故中的作用,是对施工过程中有关各方是否按照合同约定的有关条款实施其活动,界定其质量责任的重要依据。

3. 有关的技术文件和档案

(1)有关的设计文件。

(2)与施工有关的技术文件和档案资料。

1)施工组织设计或施工方案、施工计划。

2)施工记录、施工日志等。根据这些记录可以查对发生质量事故的工程施工时的情况;借助这些资料可以追溯和探寻出事故的可能原因。

3)有关建筑材料的质量证明文件资料。如材料进场的批次,出厂日期、出厂合格证书,进场验收或检验报告、施工单位按标准规定进行抽检、有见证取样的试验报告等。

4)现场制备材料的质量证明资料。如混凝土拌合料的级配、配合比、计量搅拌、运输、浇筑、振捣及坍落度记录,混凝土试块制作、标准养护或同条件养护的强度试验报告等。

5)质量事故发生后,对事故状况的观测记录、试验记录或试验、检测报告等。如对地基沉降的观测记录;对建筑物倾斜或变形的观测记录;对地基钻探取样的记录或试验报告,对混凝土结构物钻取芯样、回弹或超声检测的记录及检测结果报告等。

6)其他有关资料。

4. 有关的建设法规

(1)设计、施工、监理单位资质管理方面的法规。属于这类法规的如1986年国家计委颁发的《关于全国工程勘察、设计单位资格认证管理暂行办法》、《建筑业企业资质管理规定》、《建筑企业资质等级标准》等。

> 上述各类技术资料对于分析事故原因、判断其发展变化趋势、推断事故影响及严重程度,考虑处理措施等都起着重要的作用。

(2)建筑市场方面的法规。这类法规主要涉及工程发包、承包活动,以及国家对建筑市场的管理活动。属于这类法规文件的有《关于禁止在工程建设中垄断市场和肢解发包工程的通知》、《工程项目建设管理单位管理暂行办法》等。

（3）建筑施工方面的法规。这类法规主要涉及有关施工技术管理、建设工程质量监督管理、建筑安全生产管理和施工机械设备管理、工程监理等方面的法律规定，它们都与现场施工密切相关，与工程施工质量有密切关系或直接关系。属于这类法规文件的有《建设行政处罚程序暂行规定》、《工程建设重大事故报告和调查程序规定》、《建筑安全生产监督管理规定》及近年来发布的一系列有关建设监理方面的法规文件。

二、工程质量事故的处理程序

建筑工程项目质量事故处理的程序，一般可按图 17-1 所示进行。

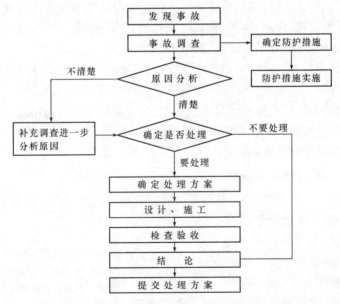

图 17-1　建筑工程质量事故处理程序

工程质量事故发生后,应及时组织调查处理。调查的主要目的,是要确定事故的范围、性质、影响和原因等,通过调查为事故的分析与处理提供依据,一定要力求全面、准确、客观。调查结果,要整理撰写成事故调查报告。

事故的原因分析,要建立在事故情况调查的基础上,避免情况不明就主观分析判断事故的原因。尤其是有些事故,其原因错综复杂,往往涉及勘察、设计、施工、材质、使用管理等几方面,只有对调查提供的数据、资料进行详细分析后,才能去伪存真,找到造成事故的主要原因。

> **特别提示**
>
> **事故处理注意事项**
>
> 事故的处理要建立在原因分析的基础上,对有些事故一时认识不清时,只要事故不致产生严重的恶化,可以继续观察一段时间,做进一步调查分析,不要急于求成,以免造成同一事故多次处理的不良后果。在事故处理中,还必须加强质量检查和验收。对每一个质量事故,无论是否需要处理都要经过分析,做出明确的结论。

三、工程质量事故性质的确定方法

工程质量事故性质的确定,是最终确定质量事故处理办法的首要工作和根本依据。一般通过下列方法来确定质量事故的性质:

(1)了解和检查。对有缺陷的工程进行现场情况、施工过程、施工设备和全部基础资料的了解和检查,主要包括调查、检查质量试验检测报告、施工日志、施工工艺流程、施工机械情况以及气候情况等。

(2)检测与试验。通过检查和了解可以发现一些表面的问题,得出初步结论,但往往需要进一步的检测与试验来加以验证。检测与试验,主要是检验该缺陷工程的有关技术指标,以便准确找出产生缺陷的原因。例如,若发现石灰土的强度不足,则在检验强度指标的同时,还应检验石灰剂量,石灰与土的物理化学性质,以便发现石灰土强度不足是因为材料不合格、配比不合格或养护不好,还是因为其他如气候之类的原因造成的。检测和试验的结果将作为确定缺陷性质的主要依据。

(3)专门调研。有些质量问题,仅仅通过以上两种方法仍不能确定。如某工程出现异常现象,但在发现问题时,有些指标却无法被证明是否满足规范要求,只能采用参考的检测方法。如水泥混凝土,规范要求的是28d的强度,而对于已经浇筑的混凝土无法再检测,只能通过规范以外的方法进行检测,其检测结果将作为参考依据之一。为了得到这样的参考依据并对其进行分析,往往有必要组织有关方面的专家或专题调查组,提出检测方案,对所得到的一系列参考依据和指标进行综合分析研究,找出产生缺陷的原因,确定缺陷的性质。这种专题研究,对缺陷问题的妥善解决起很大作用,因此经常被采用。

四、工程质量事故处理方法及验收

1. 工程质量事故处理方法

对于建筑工程质量事故,通常可以根据质量问题的情况,给出以下四类不同性质的处理方法。

(1)修补处理。这是最常采用的一类处理方案。通常当工程的某些部分的质量虽未达到规定的规范、标准或设计要求,存在一定的缺陷,但经过修补后还可达到要求,且不影响使用功能或外观要求时,可以做出进行修补处理的决定。

属于修补这类方案的具体方案有很多,诸如封闭保护、复位纠偏、结构补强、表面处理等均是。例如,某些混凝土结构表面出现蜂窝麻面,经调查、分析,该部位经修补处理后,不会影响其使用及外观;某些结构混凝土发生表面裂缝,根据其受力情况,仅作表面封闭保护即可等。

(2)返工处理。在工程质量未达到规定的标准或要求,有明显的严重质量问题,对结构的使用和安全有重大影响,而又无法通过修补的办法纠正所出现的缺陷情况下,可以做出返工处理的决定。例如,某防洪堤坝在填筑压实后,其压实土的干密度未达到规定的要求干密度值,核算将影响土体的稳定和抗渗要求,可以进行返工处理,即挖除不合格土,重新填筑。又如某工程预应力按混凝土规定张力系数为

第十七章 建筑工程质量问题分析及处理

1.3,但实际仅为0.8,属于严重的质量缺陷,也无法修补,即需做出返工处理的决定。十分严重的质量事故甚至要做出整体拆除的决定。

(3)限制使用。在工程质量事故按修补方案处理无法保证达到规定的使用要求和安全指标,而又无法返工处理的情况下,可以做出诸如结构卸荷或减荷以及限制使用的决定。

(4)不作处理。某些工程质量事故虽然不符合规定的要求或标准,但如其情况不严重,对工程或结构的使用及安全影响不大,经过分析、论证和慎重考虑后,也可做出不作专门处理的决定。

不作处理的情况

(1)不影响结构安全和使用要求者。例如,有的建筑物出现放线定位偏差,若要纠正则会造成重大经济损失,若其偏差不大,不影响使用要求,在外观上也无明显影响,经分析论证后,可不作处理;又如,某些隐蔽部位的混凝土表面裂缝,经检查分析,属于表面养护不够的干缩微裂,不影响使用及外观,也可不作处理。

(2)有些不严重的质量问题,经过后续工序可以弥补的。例如,混凝土的轻微蜂窝麻面或墙面,可通过后续的抹灰、喷涂或刷白等工序弥补,可以不对该缺陷进行专门处理。

(3)出现的质量问题,经复核验算,仍能满足设计要求者。例如,某一结构断面做小了,但复核后仍能满足设计的承载能力,可考虑不作处理。这种做法实际上是挖掘设计潜力或降低设计的安全系数,因此需要慎重处理。

2. 工程质量事故处理的验收

工程质量事故处理是否达到预期的目的,是否留有隐患,需要通过检查验收来做出结论。事故处理质量检查验收,必须严格按施工验收规范中的有关规定进行;必要时,还要通过实测、实量,荷载试验,取样试压,仪表检测等方法来获取可靠的数据。这样,才可能对事故做出明确的处理结论。

建筑工程事故处理结论的内容有以下几种:

(1)事故已排除,可以继续施工。

(2)隐患已经消除,结构安全可靠。

(3)经修补处理后,完全满足使用要求。

(4)基本满足使用要求,但附有限制条件,如限制使用荷载,限制使用条件等。

(5)对耐久性影响的结论。

(6)对建筑外观影响的结论。

(7)对事故责任的结论等。

此外,对一时难以做出结论的事故,还应进一步提出观测检查的要求。

事故处理报告的内容

事故处理后,必须提交完整的事故处理报告,其内容包括:事故调查的原始资料、测试数据;事故的原因分析、论证;事故处理的依据;事故处理方案、方法及技术措施;检查验收记录;事故不需处理的论证以及事故处理结论等。

五、工程质量事故处理资料

(1)与事故有关的施工图。

(2)与施工有关的资料,如建筑材料试验报告、施工记录、试块强度试验报告等。

(3)事故调查分析报告。包括:

1)事故情况:出现事故的时间、地点;事故的描述;事故观测记录;事故发展变化规律;事故是否已经稳定等。

2)事故性质:应区分属于结构性问题还是一般性缺陷;是表面性的还是实质性的;是否需要及时处理;是否需要采取防护性措施。

3)事故原因:应阐明所造成事故的重要原因,如结构裂缝,是因地基不均匀沉降,还是温度变形;是因施工振动,还是由于结构本身的承载能力不足。

第十七章　建筑工程质量问题分析及处理

4) 事故评估:阐明事故对建筑功能、使用要求、结构受力性能及施工安全有何影响,并应附有实测、验算数据和试验资料。

5) 事故涉及人员及主要责任者的情况。

(4) 设计、施工、使用单位对事故的意见和要求等。

课后练习

一、填空题

1. 凡工程产品质量没有满足某个规定的要求,就称之为_____;而没有满足某个预期的使用要求或合理的期望,则称之为_____。

2. 工程质量事故处理的依据有_____、_____、_____、_____。

3. 工程质量事故处理方法有_____、_____、_____、_____。

二、选择题(有一个或多个答案)

1. 直接经济损失在10万元以上者属于(　　)。
　　A. 一般质量问题　　　　B. 一般质量事故
　　C. 重大质量事故　　　　D. 特别重大事故

2. 下列属于建筑施工方面法规的是(　　)。
　　A.《建设工程施工现场管理规定》
　　B.《建筑业企业资质管理规定》
　　C.《建设工程质量监督管理规定》
　　D.《工程项目建设管理单位管理暂行办法》

3. 可以不作处理的情况有(　　)。
　　A. 不影响结构安全和使用要求者
　　B. 有些不严重的质量问题,经过后续工序可以弥补的
　　C. 出现的质量问题,经复核验算,仍能满足设计要求者
　　D. 某些混凝土结构表面出现蜂窝麻面

三、简答题

1. 什么是工程质量问题?造成工程质量问题的原因主要有哪些?
2. 按造成损失的严重程度划分,工程质量事故有哪几种类型?
3. 如何进行工程质量问题分析?
4. 工程质量事故处理的依据主要有哪些?

建筑质量员专业与实操

5. 试述工程质量事故的处理程序。
6. 工程质量事故的处理有哪几种方法?
7. 工程质量事故性质的确定方法有哪几种?
8. 工程质量事故处理结论主要有哪些内容?

附录 《建筑质量员专业与实操》模拟试卷

模拟试卷(一)

第一部分 专业基础知识

一、填空题

1. 对于一个建筑工程来说,施工项目_____应对现场质量管理的实施全面负责。
2. 建筑施工图是由_____、_____、_____、_____、_____以及_____等内容组成的。
3. _____是描绘新建房屋所在的建设地段或建设小区的地理位置以及周围环境的水平投影图。
4. 力是物体间的_____,这种作用使物体的运动状态或形状发生改变。
5. 使物体处于平衡状态的力系称为_____。
6. 不论民用建筑还是工业建筑,房屋一般是由_____、_____、_____、_____、_____等几大部分组成。
7. 基础的种类较多,按其构造特点可分为_____、_____、_____和_____。
8. 现浇钢筋混凝土楼板按结构类型可分为_____、_____和_____三种。
9. 利用数理统计方法控制质量可以分为三个步骤,即_____、_____以及_____。
10. 分层的原则是_____。

二、单项选择题

1. 下列不属于质量员施工阶段质量控制工作内容的是（   ）。
   A. 完善工序质量控制，建立质量控制点
   B. 组织参与技术交底和技术复核
   C. 严格工序间交接检查
   D. 组织或参与组织图纸会审

2. 在与建筑物立面平行的铅直投影面上所做的投影图称为（   ）。
   A. 建筑平面图 B. 建筑立面图
   C. 建筑剖面图 D. 建筑详图

3. 在基础平面图中，被剖切到的基础墙轮廓要画成（   ）。
   A. 粗实线 B. 细实线 C. 虚线 D. 波浪线

4. （   ）是指作用于刚体上的两个力平衡的充分必要条件是这两个力大小相等、方向相反、作用线在同一条直线上（简称二力等值、反向、共线）。
   A. 加减平衡力系公理 B. 作用力与反作用力公理
   C. 二力平衡公理 D. 三力平衡汇交定理

5. 各横截面绕轴线转过的相对转角称为（   ）。
   A. 剪切角 B. 扭转角 C. 轴向角 D. 交定角

6. 当建筑物上部荷载较大，而建造地点的地基承载能力又比较差，以致墙下条形基础或柱下条形基础已不能适应地基变形的需要时，可将墙或柱下基础面扩大为整片的钢筋混凝土板状基础形式，形成（   ）。
   A. 墙下条形基础 B. 筏形基础
   C. 独立基础 D. 箱形基础

7. 若为伸缩缝，应将基础顶面以上的全部结构分开，缝宽一般在（   ）mm。
   A. 20～30 B. 30～40 C. 40～50 D. 50～60

8. 《建筑结构可靠度设计统一标准》（GB 50068—2001）将建筑结构分为（   ）安全等级。
   A. 三 B. 四 C. 五 D. 六

9. 配制混凝土时,同样的配合比,同样的设备,同样的生产条件,混凝土抗压强度可能偏高,也可能偏低。这属于(   )。
   A. 有限母体   B. 随机取样   C. 随机现象   D. 随机事件
10. 下列不属于分层法划分方法的是(   )。
    A. 按原材料分   B. 按人员分
    C. 按使用仪器具分   D. 按大小分

三、多项选择题

1. 质量员必须具备(   )素质,才能担当重任。
   A. 足够的专业知识
   B. 很强的工作责任心
   C. 较强的管理能力和一定的管理经验
   D. 较强的社交能力
   E. 较强的组织能力

2. 下列属于结构施工图的内容的是(   )。
   A. 结构设计说明   B. 结构布置平面图
   C. 基础平面图   D. 基础详图
   E. 基础施工图

3. 钢筋混凝土构件图是加工制作钢筋、浇筑混凝土的依据,其内容包括(   )。
   A. 模板图   B. 配筋图   C. 钢筋表   D. 文字说明
   E. 结构图

4. 根据荷载的作用性质,荷载可分为(   )。
   A. 集中荷载   B. 分布荷载
   C. 静力荷载   D. 动力荷载
   E. 活荷载

5. 下列说法正确的是(   )。
   A. 当截面上的剪力使脱离体有顺时针方向转动趋势时为正,反之为负
   B. 当截面上的剪力使脱离体有逆时针方向转动趋势时为正,反之为负

C. 当截面上的弯矩使脱离体凹面向上(使梁下部纤维受拉)时为正,反之为负

D. 当截面上的弯矩使脱离体凹面向下(使梁下部纤维受拉)时为正,反之为负

E. 求剪力和弯矩的基本方法为截面法

6. 下列属于空斗墙的特点的是(　　)。

 A. 节省材料　　　　　　B. 自重轻

 C. 整体性好　　　　　　D. 隔热效果好

 E. 施工技术水平要求低

7. 下列关于刚性防水屋面说法正确的是(　　)。

 A. 刚性防水屋面是以防水砂浆或细石混凝土等刚性材料为防水层的屋面

 B. 细石混凝土防水层是在屋面板上用 C20 细石混凝土浇筑 40~60mm 厚,内配 ϕ^23 或 ϕ^24 双向钢筋网

 C. 刚性防水层应设置分仓(格)缝,纵横缝的间距为 3~5m,每块面积不应大于 $30m^2$

 D. 防水砂浆防水层是在 1∶2 或 1∶3 的水泥砂浆中掺入 2%~5%的防水剂

 E. 涂膜防水屋面是用一种具有胶状弹性涂膜层达到防水用的

8. 随机抽样的具体方法有(　　)。

 A. 单阶段抽样法　　　　B. 分层随机抽样法

 C. 整群随机抽样法　　　D. 等距抽样法

 E. 多阶段抽样法

9. 下列关于排列图说法正确的是(　　)。

 A. 要注意所取数据的时间和范围

 B. 找出的主要因素最好是 3~4 个,最多不超过 5 个

 C. 遇到项目较多时,可适当合并一般项目

 D. 在 PDCA 循环过程中,为了检查实施效果需重新作排列图进行比较

 E. 排列图法主要应用于质量管理

10. 下列关于直方图的用途说法正确的是(　　)。
   A. 作为反映质量情况的报告
   B. 用于质量分析
   C. 用于计算工序能力
   D. 用于施工现场工序状态管理控制
   E. 用于数据点的排列

四、简答题
1. 质量员应具备哪些专业技能?
2. 建筑平面图的内容有哪些? 如何阅读建筑平面图?
3. 剪力和弯矩的正负号应符合哪些规定?
4. 在砌筑砖墙时,应遵循哪些原则?
5. 质量控制中常用的统计分析方法有哪些?

第二部分　建筑工程质量专业知识

一、填空题
1. 土方开挖施工质量控制点有_____、_____、_____、_____。
2. 砖砌体工程施工质量控制点有_____、_____、_____、_____、_____。
3. 模板工程施工质量控制点有_____、_____、_____。
4. 混凝土工程施工质量控制点有_____、_____、_____、_____、_____。
5. 钢零件及钢部件加工工作过程主要包括_____、_____和_____。
6. 屋面工程施工质量控制点有_____、_____、_____、_____。
7. 卷材防水层施工质量控制点有_____、_____、_____、_____、_____。
8. 水泥砂浆面层采用_____、_____,其强度等级不应低于_____级。

9. 天然大理石饰面板主要用于_____、_____的装饰。
10. 吊顶工程应对人造木板的_____进行复验。

二、单项选择题

1. 基坑挖好后,用锤把钢钎打入槽底的基土内,根据每打入一定深度的锤击次数,来判断地基土质情况。这种地基验槽方法是(　　)。
   A. 表面检查验槽法　　　　B. 钎探检查验槽法
   C. 洛阳铲钎探验槽法　　　D. 槽底检查验槽法
2. 砖砌体砌筑时水泥砂浆中水泥用量不应小于(　　)kg/m³。
   A. 100　　　B. 200　　　C. 300　　　D. 400
3. 浇灌芯柱的混凝土,宜选用专用的小砌块灌孔混凝土,当采用普通混凝土时,其坍落度不应小于(　　)mm。
   A. 70　　　B. 80　　　C. 90　　　D. 100
4. 混凝土的搅拌时间,每一工作班至少抽查(　　)次。
   A. 一　　　B. 两　　　C. 三　　　D. 四
5. 放样时,桁架上下弦应同时起拱,竖腹杆方向尺寸保持不变,吊车梁应按 $L/($ 　 $)$ 起拱。
   A. 200　　　B. 300　　　C. 400　　　D. 500
6. 保温层工程质量的重点是控制(　　),因为保温材料的干湿程度与导热系数关系很大。
   A. 含水率　　B. 吸热率　　C. 比容率　　D. 孔隙率
7. 防水混凝土工程中所用水泥品种应按设计要求选用,其强度等级不应低于(　　)级,不得使用过期或受潮结块水泥。
   A. 32.5　　B. 42.5　　C. 52.5　　D. 62.5
8. 地面灰土垫层施工时,灰土拌合料应适当控制含水量,铺设厚度不应小于(　　)mm。
   A. 70　　　B. 80　　　C. 90　　　D. 100
9. 抹灰常采用的水泥应用不小于(　　)级的普通硅酸盐水泥、矿渣硅酸盐水泥。不同品种水泥不得混用。
   A. 32.5　　B. 42.5　　C. 52.5　　D. 62.5

10. 吊顶工程应对人造木板的(　　)含量进行复验。
    A. 乙烯　　　B. 丁烯　　　C. 甲醛　　　D. 丙醛

三、多项选择题

1. 水泥粉煤灰碎石桩复合地基施工时,关于桩头处理规定的说法正确的是(　　)。
   A. 基槽开挖至设计标高后,多余的桩头需要剔除
   B. 当桩头质量不符合要求或者桩体断裂在设计标高以下时,必须采取补救措施
   C. 补救时可采用C30强度等级的细石混凝土接至设计桩顶标高
   D. 桩头处理后,桩间土和桩头处应在同一垂直高度内
   E. 剔除多余桩头时需找出桩顶标高线

2. 不得在下列墙体或部位设置脚手眼的位置(　　)。
   A. 120mm厚墙、料石清水墙和独立柱
   B. 过梁上与过梁成60°角的三角形范围及过梁净跨度1/2的高度范围内
   C. 宽度小于2m的窗间墙
   D. 梁或梁垫下及其左右400mm范围内
   E. 设计图中不允许设置脚手眼的部位

3. 模板及其支架应具有足够的(　　),能可靠地承受浇筑混凝土的重量、侧压力以及施工荷载。
   A. 抗震力　　B. 承载能力　　C. 刚度　　D. 稳定性
   E. 抗风性

4. 泵送混凝土时应注意(　　)。
   A. 泵送前应先用水灰比为0.7的水泥砂浆湿润导管,需要量约为$0.1m^3/m$。新换节管也应先润滑、后接驳
   B. 泵送过程可加水,严禁泵空
   C. 开泵后,中途可停歇,并应有备用泵机
   D. 应有专人巡视管道,发现漏浆漏水,应及时修理
   E. 泵机与浇筑点应联络工具,信号要明确

5. 下列关于紧固件连接施工说法正确的是( )。
   A. 高强度螺栓存放应防潮、防雨、防粉尘,并按类型、规格、批号分类存放保管
   B. 高强螺栓连接应对构件摩擦面进行喷砂、砂轮打磨或酸洗加工处理
   C. 高强螺栓的紧固应分两次拧紧(即初拧和终拧)
   D. 高强螺栓紧固后如发现欠拧、漏拧、超拧时,应补拧
   E. 高强螺栓紧固宜用手动板进行

6. 铺设保温层应注意( )。
   A. 铺设保温层的基层应平整、干燥和干净
   B. 保温层功能应避免出现保温材料表观密度过大、铺设前含水量大、未充分晾干等现象
   C. 施工选用的材料应达到保温的功能效果
   D. 保温层铺设时应避免材料在屋面上堆积二次倒运
   E. 保湿层养护时间不得少于 10d

7. 下列关于防水混凝土的配合比要求说法正确的是( )。
   A. 试配要求的抗渗水压值应比设计值提高 0.5MPa
   B. 水泥用量不宜小于 $260kg/m^3$;掺有活性掺合料时,水泥用量不应少于 $280kg/m^3$
   C. 砂率宜为 35%~40%,泵送时可增至 45%。灰砂比宜为 1:1.5~1:2.5
   D. 普通防水混凝土坍落度不宜大于 60mm,泵送时入泵坍落度宜为 100~150mm
   E. 水灰比不得大于 0.45

8. 在预制钢筋混凝土板上铺设找平层前,下列关于板缝填嵌的施工说法错误的是( )。
   A. 预制钢筋混凝土板相邻缝底宽不应小于 15mm
   B. 填嵌时,板缝内应清理干净,保持干燥
   C. 填缝采用细石混凝土,其强度等级不得小于 C20
   D. 当板缝底宽大于 50mm 时,应按设计要求配置钢筋

E. 混凝土强度等级达到 C15 时,方可继续施工
9. 在一般抹灰施工时,关于各分项工程的检验批划分及数量的说法正确的是( )。
   A. 相同材料、工艺和施工条件的室外抹灰工程每 500～1000m² 应划分为一个检验批,不足 500m² 也应划分为一个检验批
   B. 相同材料、工艺和施工条件的室内抹灰工程每 30 个自然间(大面积房间和走廊按抹灰面积 30m² 为一间)应划分为一个检验批,不足 30 间也应划分为一个检验批
   C. 室内每个检验批应至少抽查 10%,并不得少于 4 间;不足 4 间时应全数检查
   D. 室外每个检验批每 100m² 应至少抽查一处,每处不得小于 10m²
   E. 室外每个检验批每 100m² 应至少抽查三处,每次不得不小于 10m²
10. 关于玻璃幕墙使用的玻璃质量要求,下列说法正确的是( )。
    A. 全玻幕墙肋玻璃的厚度不应小于 12mm
    B. 幕墙的中空玻璃应采用双道密封
    C. 点支式玻璃幕墙夹层玻璃的夹层胶片厚度不应小于 0.76mm
    D. 8mm 以下的钢化玻璃应进行引爆处理
    E. 镀明框幕墙的中空玻璃应采用硅厚同结构密封胶及丁基密封胶

四、简答题
1. 土方开挖工程施工质量控制措施有哪些?
2. 砌筑用砂浆应符合哪些要求?
3. 采用振捣器捣实混凝土应符合哪些规定?
4. 柱身发生弯曲变形预防措施有哪些?
5. 板状材料保温层施工质量控制措施有哪些?
6. 水泥混凝土面层施工质量控制措施有哪些?

第三部分　建筑工程项目质量管理

一、填空题

1. 我国标准《质量管理体系　基础和术语》(GB/T 19000—2008)关于质量的定义是：_____。
2. 政府工程质量监督管理具有_____、_____、_____的特点。
3. 质量策划,是指_____的活动,致力于设定质量目标并规定必要的作业过程和相关资源,以实现质量目标。
4. 质量计划是质量管理的前期活动,是对整个质量管理活动的_____和_____。
5. 施工质量控制,就是按_____,围绕_____,对工程项目的施工进行有效的监督和管理。
6. 施工质量控制的方法,主要包括_____和_____等。
7. 施工准备的基本任务就是_____。
8. ( )是指为了保证工序质量而确定的重点控制对象、关键部位或薄弱环节。
9. 工程质量验收是_____的标志,也是全面考核建设成果的重要环节。
10. 凡是质量不合格的工程,必须进行返修、加固或报废处理,其造成直接经济损失低于5000元的称为_____。

二、单项选择题

1. ( )是指承建工程的适用价值,也就是施工工程的适用性。
   A. 工程质量　　　　　　B. 施工质量
   C. 工序质量　　　　　　D. 工作质量
2. "PDCA"循环模式中的 A 是指( )。
   A. 策划　　B. 处置　　C. 实施　　D. 检查
3. 总体策划由( )主持进行。
   A. 公司经理　B. 分公司经理　C. 项目经理　D. 总工程师
4. 质量计划应由( )主持编制。

A. 公司经理 B. 分公司经理 C. 项目经理 D. 总工程师

5. 在各工程对象正式施工活动开始前,对各项准备工作及影响质量的各因素进行控制,这属于( )。
   A. 事前控制　　　　　　　B. 事中控制
   C. 事后控制　　　　　　　D. 全过程控制

6. 下列不属于施工组织设计编制阶段质量控制工作的有( )。
   A. 研究和会审图纸及技术交底
   B. 签订承发包合同和总分包协议书
   C. 及时编制并提出施工材料、劳动力和专业技术工种培训,以及施工机具、仪器的需用计划
   D. 认真编制场地平整、土石方工程、施工场区道路和排水工程的施工作业计划

7. 实施对策计划,属于工序质量分析的第( )步骤。
   A. 一 B. 两 C. 三 D. 四

8. ( )是指重要性较高,其质量无法通过施工以后的检验来得到证实的质量控制点。
   A. 观察点 B. 测试点 C. 见证点 D. 停止点

9. 建筑工程质量检验主控项目,对应于合格质量水平的 α 和 β 均不宜超过( )。
   A. 5% B. 6% C. 7% D. 8%

10. 建筑物、构筑物或其他主要结构倒塌者,属于( )。
    A. 一般质量问题　　　　　B. 一般质量事故
    C. 重大质量事故　　　　　D. 特别重大事故

三、多项选择题

1. 工程项目的质量管理比一般工业产品的质量管理更难以实施,主要表现在以下( )方面。
   A. 影响质量的因素多　　　B. 容易产生质量变异
   C. 容易产生第二、三判断错误　D. 质量检查不能解体、拆卸
   E. 质量不受投资、进度的制约

2. 下列属于质量管理体系持续改进活动的是( )。

A. 通过质量方针和质量目标的建立,并在相关职能和层次中展开,营造一个激励改进的氛围和环境
B. 通过对顾客满意程度、产品要求符合性以及过程、产品的特性等测量数据,来分析其趋势、分析和评价现状
C. 利用审核结果进行外部质量管理体系审核,不断发现组织质量管理体系中的薄弱环节,确定改进的目标
D. 进行质量评审,对组织质量管理体系的适宜性、充分性和有效性进行评价,做出改进产品、过程和质量管理体系的决策,寻找解决办法,以实现这些目标
E. 采取纠正和预防的措施,避免不合格的再次出现或潜在不合格的发生

3. 质量策划的方法有( )。
   A. 成本/效益分析　　　　B. 比较
   C. 流程图　　　　　　　D. 直方图
   E. 模块类比

4. 编制施工项目质量计划应依据的资料有( )。
   A. 施工合同规定的产品质量特性、产品应达到的各项指标及其验收标准
   B. 施工项目管理规划
   C. 施工项目实施应执行的法律、法规、技术标准、规范
   D. 施工企业和施工项目部的质量管理体系文件及其要求
   E. 施工项目部既在规划

5. 下列属于有关质量检验与控制技术法规的是( )。
   A. 工程承包合同文件
   B. 有关质量管理方面的法律、法规和规章、文件
   C. 工程质量验收规范体系
   D. 有关工程材料、半成品和构配件质量控制方面的专门技术法规性依据
   E. 工程竣工验收资料

6. 材料质量控制的内容主要有( )。

A. 材料质量标准　　　　　B. 材料品种的检(试)验
　　C. 材料的选择　　　　　　D. 材料的使用
　　E. 材料性能
7. 质量控制点一般设置部位是(　　)。
　　A. 重要的和关键性的施工环节和部位
　　B. 质量不稳定、施工质量没有把握的施工工序和环节
　　C. 施工技术难度大的、施工条件困难的部位或环节
　　D. 质量标准或质量精度要求高的施工内容和项目
　　E. 质量员指定的位置和环节
8. 施工过程质量检查主要包括(　　)。
　　A. 施工操作质量巡视检查　　B. 工序质量交接检查
　　C. 隐蔽检查验收　　　　　　D. 工程施工过程
　　E. 工程施工预检
9. 施工现场应具有(　　)。
　　A. 健全的质量管理体系
　　B. 相应的施工技术标准
　　C. 施工质量检验制度
　　D. 综合施工管理水平评定考核制度
　　E. 业绩考核制度
10. 下列关于造成工程质量问题的成因有(　　)。
　　A. 违背建筑程序　　　　　B. 工程地质勘查原因
　　C. 设计计算问题　　　　　D. 自然灾害
　　E. 建筑物使用不当

四、简答题

1. 工程项目质量管理应遵循哪些原则？
2. 工程项目施工应达到的质量目标有哪些？
3. 质量总体策划的内容有哪些？
4. 现场质量检查包括哪些内容？
5. 分部工程质量验收合格应符合哪些规定？
6. 工程质量问题分析应按哪些基本步骤进行？

模拟试卷(二)

第一部分 专业基础知识

一、填空题

1. 质量员负责工程的_____,负责指导和保证质量控制度的实施,保证工程建设满足技术规范和合同规定的质量要求。

2. 建筑施工图是按照国家工程建设标准有关规定,用_____来表达工程物体的建筑、结构和设备等设计的内容和技术要求的一套图纸。

3. 用一个假想的水平剖切平面沿略高于窗台的位置剖切房屋后,移去上面部分,对剩下部分向 H 面做正投影,所得的水平剖面图,称为_____。

4. 力对物体的作用效应取决于三个要素:_____、_____、_____。

5. 荷载通常是指作用在_____上的外力。

6. 常见的组砌方式有_____、_____、_____、_____、_____等。

7. 民用建筑中常采用的屋面形式主要有_____和_____。

8. 在建筑中,由若干构件(如柱、梁、板等)连接而成的能承受荷载和其他作用(如温度变化、地基不均匀沉降等)的体系,称为_____。

9. 质量数据是指_____的质量数据集,在统计上称为变量。

10. 排列图又叫巴雷特图(Pareto),也称_____。它是从影响产品的众多因素中找出_____的一种有效方法。

二、单项选择题

1. 下列不属于质量员材料质量控制工作职责的是( )。
   A. 能够评价材料、设备质量

B. 参与材料、设备的采购
C. 负责核查进场材料、设备的质量保证资料
D. 负责监督、跟踪施工试验
2. 建筑（　　）主要表示房屋的内部结构、分层情况、各层高度、楼面和地面的构造以及各配件在垂直方向上的相互关系等内容。
   A. 平面图　　　B. 立面图　　　C. 剖面图　　　D. 详图
3. 钢筋编号是用阿拉伯数字注写在直径为（　　）mm 的细实线圆圈内，并用引出线指到对应的钢筋部位。
   A. 3　　　　　B. 4　　　　　C. 5　　　　　D. 6
4. 两物体直接接触，当接触面光滑，摩擦力很小可以忽略不计时，形成的约束就是（　　）。
   A. 柔索约束　　　　　　　　B. 光滑接触面约束
   C. 铰链支座约束　　　　　　D. 固定端支座约束
5. 剪应力，用符号（　　）表示。
   A. α　　　　B. β　　　　C. τ　　　　D. γ
6. 砖与砖之间搭接和错缝的距离一般不小于（　　）mm。
   A. 50　　　　　B. 60　　　　　C. 70　　　　　D. 80
7. 当房间接近方形时，便无主梁次梁之分，梁的截面等高，形成（　　）。
   A. 梁板式楼板　　　　　　　B. 井格式梁板结构楼板
   C. 无梁楼板　　　　　　　　D. 支撑楼板
8. （　　）是指由梁和柱以刚性连接而成的承重结构。
   A. 墙板结构　　　　　　　　B. 板柱结构
   C. 框架结构　　　　　　　　D. 剪力墙结构
9. 废品件数、不合格品件数、疵点数、缺陷数等，这些属于（　　）。
   A. 计量数据　B. 计数数据　C. 随机数据　D. 正态数据
10. 在排列图上，与频率（　　）相对应的为 C 类因素，属一般影响因素。
    A. 0～70%　　　　　　　　B. 0～80%
    C. 80%～90%　　　　　　　D. 90%～100%

三、多项选择题

1. 质量员在工序质量控制方面应具备的专业技能有（   ）。
   A. 能够识读施工图
   B. 能够确定施工质量控制点
   C. 能够独立编写质量控制措施等质量控制文件
   D. 能够进行工程质量检查、验收、评定
   E. 能够参与制定工程质量控制措施

2. 下列关于配置在钢筋混凝土结构构件中的钢筋作用的说法正确的是（   ）。
   A. 受力钢筋承受构件内拉、压应力的钢筋
   B. 架立筋一般设置在梁的受压区，与纵向受力钢筋平行，用于固定梁内钢筋的位置，并与受力筋形成钢筋集架
   C. 箍筋用于承受梁、柱中的剪力、扭矩，固定纵向受力钢筋的位置等
   D. 分布筋用于双向板、剪力墙中
   E. 在混凝土构件内沿长方向布置的钢筋多为受力钢筋

3. 基础结构施工图是进行（   ）的主要依据。
   A. 施工放线   B. 基槽开挖   C. 砌筑   D. 施工设计
   E. 施工预算

4. 轴向拉伸与压缩具有（   ）。
   A. 抗拉特征   B. 构件特征   C. 受力特征   D. 变形特征
   E. 抗折特征

5. 要提高梁的弯曲强度主要就是要提高梁的弯曲正应力强度，具体可从（   ）方面考虑。
   A. 选择合理的截面形状   B. 采用变截面梁
   C. 合理布置梁的支座   D. 合理布置荷载
   E. 合理安排梁的受力

6. 构造柱通常设在建筑物的（   ）。
   A. 外墙转角处   B. 楼梯间的四角
   C. 内外墙交接处   D. 某些薄弱部位

E. 靠近窗户口
7. 下列关于楼地层变形缝的构造说法正确的是(　　)。
   A. 当建筑物设置变形缝时,应在楼地层的对应位置设变形缝
   B. 变形缝应贯通楼地层的各个层次,并在构造上保证楼板层和地坪层能够满足美观和变形需求
   C. 楼地层变形缝的宽度应与墙体变形缝错开
   D. 顶棚处应用石板、金属调节片等做盖缝处理
   E. 盖缝板应与一侧固定,另一侧自由
8. 常用的质量统计调查表有(　　)。
   A. 分项工程作业质量分布调查表
   B. 合格项目调查表
   C. 不合格原因调查表
   D. 施工质量检查评定用调查表
   E. 施工人员技术等级调查表
9. 因果分析图又称为(　　)。
   A. 特殊要因图   B. 鱼刺图
   C. 树枝图   D. 直方图
   E. 矩阵图
10. 应用控制图进行分析判断时,如有以下(　　)情况,即表示生产工艺中存在异常因素。
    A. 数据点在中心线的一侧连续出现5次以上
    B. 连续7个以上的数据上升或下降
    C. 连续11个点中,至少有3个点(可以不连续)在中心线的同一侧
    D. 连续3个点中,至少有2个点(可以不连续)在控制界限外出现
    E. 树居点呈周期性变化

四、简答题

1. 质量员应具备哪些专业岗位知识?
2. 楼层结构布置平面图的内容有哪些?如何阅读楼层结构布置

平面图?
3. 什么是力的平行四边形法则?
4. 砖墙变形缝设置要点有哪些?
5. 建筑结构的安全等级有哪些?
6. 常用的抽样检验方案有哪些?

第二部分　建筑工程质量专业知识

一、填空题

1. 灰土地基施工质量控制点有＿＿＿＿、＿＿＿＿、＿＿＿＿、＿＿＿＿。
2. 混凝土小型空心砌块砌体工程施工质量控制点有＿＿＿＿、＿＿＿＿、＿＿＿＿、＿＿＿＿。
3. 钢筋连接施工质量控制点有＿＿＿＿、＿＿＿＿、＿＿＿＿。
4. 混凝土工程施工质量应符合＿＿＿＿的规定。
5. 钢材在进场后,质量检验方法有＿＿＿＿、＿＿＿＿、＿＿＿＿、＿＿＿＿四种。
6. 卷材防水层施工质量控制点有＿＿＿＿、＿＿＿＿、＿＿＿＿、＿＿＿＿。
7. 涂料防水层施工质量控制点有＿＿＿＿、＿＿＿＿、＿＿＿＿。
8. 抹灰工程可分为＿＿＿＿和＿＿＿＿。
9. 同一品种、类型和规格的金属门窗及门窗玻璃每＿＿＿＿樘应划分为一个检验批,不足＿＿＿＿樘也应划分为一个检验批。
10. 水性涂料涂饰工程的施工环境温度应控制在＿＿＿＿。

二、单项选择题

1. 灰土地基压实系数宜用环刀法抽样,取样点应位于每层(　　)的深度处,测定其干密度。
   　　A. 2/3　　　　B. 3/4　　　　C. 4/5　　　　D. 5/5
2. 下列关于砌体工作段的划分说法错误的是(　　)。
   　　A. 相邻工作段的分段位置,宜设在伸缩缝、沉降缝、防震缝构造柱或门窗洞口处

附录 《建筑质量员专业与实操》模拟试卷

  B. 相邻工作段的高度差,不得超过一个楼层的高度,且不得大于 4m
  C. 砌体临时间断处的高度差,不得超过两步脚手架的高度
  D. 砌体施工时,楼面堆载不得超过楼板允许荷载值
3. 填充墙砌体砌筑前块材应提前( )d 浇水湿润。
  A. 2   B. 3   C. 4   D. 5
4. 当浇筑高度超过( )m 时,应采用串筒、溜管或振动溜管使混凝土下落。
  A. 1   B. 2   C. 3   D. 4
5. 焊缝金属中的裂纹在修补前应用超声波探伤确定裂纹深度及长度,用碳弧气刨刨掉的实际长度应比实测裂纹长两端各加( )mm,而后修补。
  A. 50   B. 60   C. 70   D. 80
6. 屋面坡度较大时,宜采用( )施工。
  A. 干铺法   B. 粘贴法   C. 机械固定法   D. 焊接法
7. 卷材防水层施工时,两幅卷材短边和长边的搭接宽度均不应小于( )mm。
  A. 100   B. 200   C. 300   D. 400
8. 水泥砂浆面层的厚度应符合设计要求,且不应小于( )mm。
  A. 10   B. 20   C. 30   D. 40
9. 金属饰面板安装,当设计无要求时,宜采用抽芯铝铆钉,中间必须垫橡胶垫圈。抽芯铝铆钉间距以控制在( )mm 为宜。
  A. 10~15   B. 50~100   C. 100~150   D. 150~200
10. 一般溶剂型涂料涂饰工程施工时的环境温度不宜低于_____℃,相对湿度不宜大于_____%。横线上应填入的数值分别为( )。
  A. 5,30   B. 5,40   C. 10,50   D. 10,60

三、多项选择题
1. 下列关于钢筋混凝土预制桩施工质量的说法正确的是( )。

A. 打桩时注意桩顶与桩身由于桩锤冲击破坏
B. 在软土中打桩,在桩顶以下 2/3 桩长范围内常会因反射的张力波使桩身受拉而引起水平裂缝
C. 开裂的地方往往出现在吊点和混凝土缺陷处,这些地方容易形成应力集中
D. 采用轻锤低速击桩和较软的桩垫可减少锤击拉应力
E. 打桩时应注意桩身受锤击拉应力而导致的水平裂缝

2. 加气混凝土砌块不得在(　　)砌筑。
  A. 建筑物底层地面以下部位
  B. 长期浸水部位
  C. 受化学环境侵蚀部位
  D. 经常处于 60℃以上高温环境中
  E. 经常处于干燥部位

3. 钢筋电渣压力焊接头外观质量检查应注意(　　)。
  A. 钢筋与电极接触处,应无烧伤缺陷
  B. 四周焊包突出钢筋表面的高度不得小于 2mm
  C. 接头处的弯折角不得大于 5℃
  D. 接头处的轴线偏移不得大于钢筋直径的 0.1 倍,且不得大于 2mm
  E. 随时观察电源电压的波动情况

4. 下列关于在施工缝处继续浇筑混凝土时的说法正确的是(　　)。
  A. 已浇筑的混凝土,其抗压强度不应小于 $1.5N/mm^2$
  B. 在已硬化的混凝土接缝面上,清除水泥薄膜、松动石子以及软弱混凝土层,并用水冲洗干净,且不得积水
  C. 在浇筑混凝土前,铺一层厚度 10~20mm 的与混凝土内成分相同的水泥砂浆
  D. 新浇筑的混凝土应仔细捣实,使新旧混凝土紧密结合
  E. 后浇筑混凝土浇筑应按施工技术方案进行

5. 钢柱在制造过程中应严格控制长度尺寸,在正常情况下应做到

(　　)。
   A. 控制设计规定的总长度及各位置的长度尺寸
   B. 控制在允许的负偏差范围内的长度尺寸
   C. 控制正偏差和不允许产生正超差值
   D. 控制屋架跨度尺寸
   E. 控制钢柱高度
6. 下列关于机械固定法铺贴卷材说法正确的是(　　)。
   A. 卷材应采用固定件进行机械固定
   B. 固定件应设置在卷材搭接缝内,外露固定件应用卷材封严
   C. 固定件应垂直钉入结构层有效固定,固定件数量和位置应符合设计要求
   D. 卷材周边 500mm 范围内应满粘
   E. 卷材搭接逢应粘结或焊接牢固密封应严密
7. 下列关于热熔法铺贴卷材质量要求的说法正确的是(　　)。
   A. 火焰加热器加热卷材应均匀,不得过分加热或烧穿卷材
   B. 卷材表面热熔后应立即滚铺,排除卷材下面的空气,并辊压粘结牢固
   C. 滚铺卷材时接缝部位应溢出热熔的沥青胶料,并粘结牢固,封闭严密
   D. 铺贴卷材应平整、顺直,搭接尺寸正确,不得有扭曲、皱折
   E. 厚度小于 5mm 的高聚物改性沥青防水卷材严禁采用热熔法施工
8. 下列关于预制板块面层施工要求说法错误的是(　　)。
   A. 预制板块面层采用水泥混凝土板块、水磨石板块应在结合层上铺设
   B. 预制板块面层铺设时,其水泥类基层的抗压强度标准值不得小于 1.5MPa
   C. 预制板块面层踢脚线施工时,严禁采用石灰砂浆打底
   D. 出墙厚度应一致,当设计无规定时,出墙厚度不宜大于板厚且小于 20mm

E. 楼梯踏步和台阶板块的缝隙宽度一致、齿角整齐,楼层梯段相邻踏步高度差不应大于 20mm,防滑条顺直

9. 下列关于铝合金门窗的产品要求说法不正确的是(　　)。

   A. 铝合金门窗必须有出厂质量证书、准用证和抗压强度、气密性、水密性测试报告

   B. 铝合金门窗选用的铝合金材料的品种、规格、型号、开启方向必须符合设计的要求

   C. 组合门窗只采用拼樘料的组合形式,其构造应满足曲面组合的要求

   D. 产品进场和安装前必须进行检验,不得将不合格产品用于工程上

   E. 金属零附件应采用普通钢、轻金属或其他表面防腐处理的材料

10. 下列关于涂饰工程的基层处理要说法错误的是(　　)。

    A. 新建筑物的混凝土或抹灰基层在涂饰涂料前应涂刷抗碱封闭底漆

    B. 旧墙面在涂饰涂料前应清除疏松的旧装修层,并涂刷界面剂

    C. 涂刷乳液型涂料时,含水率不得大于 15%,木材基层的含水率不得大于 12%

    D. 基层腻子应平整、坚实、牢固、无粉化、起皮和裂缝

    E. 内墙腻子的粘结强度应符合《建筑室内用腻子》(JG/T 289—2010)的规定

四、简答题

1. 砂和砂石地基工程施工质量控制措施有哪些?
2. 砌筑施工时浇灌芯柱混凝土应符合哪些规定?
3. 施工缝的留置应符合哪些规定?
4. 如何进行屋架跨度尺寸控制?
5. 冷粘法铺贴卷材应符合哪些规定?
6. 装饰抹灰施工过程质量控制措施有哪些?

第三部分　建筑工程项目质量管理

一、填空题

1. 质量管理是指确定质量方针、目标和职责,并在质量体系中通过诸如_____、_____、_____和_____的全部管理职能活动。
2. 质量管理工作计划包括_____、_____、_____、_____、_____等内容。
3. 质量策划的依据有_____、_____、_____、_____、_____。
4. 开展质量策划,一般可以分_____和_____两个步骤进行。
5. 现场进行质量检查的方法有_____、_____和_____三种。
6. 机械设备的选用,应着重从_____、_____和_____三方面予以控制。
7. 工序质量是指施工中_____等对产品起综合作用的过程的质量,又称过程质量,它体现为产品质量。
8. _____,是进行成品保护的有效途径之一。
9. 建筑工程施工质量验收应依据_____和专业验收规范所规定的程序、方法、内容和质量标准。
10. 建筑工程质量事故发生后,主要应_____,_____,_____,_____。

二、单项选择题

1. 下列不属于政府的工程质量监督管理的特点的是(　　)。
    A. 权威性　　B. 强制性　　C. 综合性　　D. 主观性
2. 为了查明质量管理体系的实施效果是否达到了规定的目标要求,企业管理者应制定(　　),定期进行质量管理体系审核。
    A. 内部审核计划　　　　B. 内部考核核计划
    C. 内部管理计划　　　　D. 内部检查计划

3. 下列不属于细部策划内容的是（　　）。
   A. 分部、分项工程的策划　　B. 质量目标的分解
   C. 确定项目进度目标　　　　D. 文件、资料的配备
4. 分项、分部、单位工程质量达到既定的施工质量验收统一标准，合格率（　　）%。
   A. 70　　　B. 80　　　C. 90　　　D. 100
5. 用直尺、塞尺检查墙面、地面、屋面的平整度，这种质量检查方法属于（　　）。
   A. 目测法　　B. 实测法　　C. 试验法　　D. 经验法
6. 每道工序施工完成的工程产品是否达到有关质量标准，这属于（　　）。
   A. 工序活动条件的质量　　B. 工序活动环境的质量
   C. 工序活动品质的质量　　D. 工序活动效果的质量
7. 工序质量交接检查严格执行（　　）制度。
   A. 一检　　B. 二检　　C. 三检　　D. 四检
8. 对清水楼梯踏步，可以采取护棱角铁上下连接固定，这种成品质量保护措施属于（　　）。
   A. 防护　　B. 包裹　　C. 覆盖　　D. 封闭
9. 检验批应由（　　）组织施工单位项目专业质量检查员、专业工长等进行验收。
   A. 项目经理　　　　　　　　B. 总监理工程师
   C. 监理员　　　　　　　　　D. 专业监理工程师
10. 在工程质量未达到规定的标准或要求，有明显的严重质量问题，对结构的使用和安全有重大影响，而又无法通过修补的办法纠正所出现的缺陷情况下，可以做出（　　）的决定。
    A. 修补处理　B. 返工处理　C. 限制使用　D. 不作处理

三、多项选择题

1. 工程项目质量管理的基础工作不包括（　　）。
   A. 质量教育工作　　　　　　B. 标准化工作
   C. 计算工作　　　　　　　　D. 质量信息工作

E. 规范化工作
2. 下列属于见证性文件的是(　　)。
   A. 质量管理计划　　　　B. 质量岗位责任
   C. 质量记录　　　　　　D. 质量报告
   E. 质量策划书
3. 质量过程控制内容包括(　　)。
   A. 认真实施技术质量交底制度
   B. 实施首件样板制
   C. 对关键过程和特殊过程应该制定相应的作业指导书
   D. 设置质量控制点,并从人、机、料、法、环等方面实施非连续监控
   E. 必要时,开展 QC 小组活动进行质量攻关
4. 下列属于总体策划内容的是(　　)。
   A. 确定选聘项目经理、项目工程师
   B. 确定项目细部质量目标
   C. 项目质量、进度目标的控制方法
   D. 确定项目目标成本
   E. 物资供应
5. 下列属于现场质量检查的内容的是(　　)。
   A. 开工前检查　　　　　B. 工序交接检查
   C. 隐蔽工程检查　　　　D. 停工后复工前的检查
   E. 半成品保护检查
6. 下列属于工序施工条件(施工准备方面)的控制内容是(　　)。
   A. 人的因素　　　　　　B. 材料因素
   C. 施工机械设备的条件　D. 自然环境条件
   E. 施工方法及工艺
7. 下列关于合理安排施工顺序的说法正确的是(　　)。
   A. 遵循"先地下后地上"、"先浅后深"的施工顺序
   B. 地下管道与基础工程相配合进行施工
   C. 先在房心回填土后再做基础防潮层

D. 装饰工程采取自下而上的流水顺序

E. 门窗工程一般先安装玻璃再油漆

8. 下列属于覆盖成品质量保护措施的是( )。

A. 对于门口易碰部位,可以钉上防护条或槽型盖铁保护

B. 铝合金门窗可用塑料布包扎保护

C. 对地漏、落水口排水管等安装后可加以覆盖,以防止异物落入而被堵塞

D. 预制水磨石或大理石楼梯可用木板覆盖加以保护

E. 地面可用锯木苔布方式以防止喷浆污染

9. 检验批质量验收合格应符合( )规定。

A. 主控项目的质量经抽样检验均应合格

B. 一般项目的质量经抽样检验合格

C. 主控项目抽检合格,一般项目抽检不合格

D. 主控项目不合格,一般项目合格

E. 具有完整的施工操作记录、质量验收记录

10. 可以不作处理的情况一般有( )。

A. 有不明显的质量问题,对结构的使用和安全可能有重大影响

B. 不影响结构安全和使用要求者

C. 有些不严重的质量问题,经过后续工序可以弥补的

D. 出现的质量问题,经复核验算,仍能满足设计要求者

E. 外观不符合设计要求

四、简答题

1. 如何进行质量管理体系的持续改进?
2. 如何进行施工项目细部策划?
3. 质量控制点实施要点有哪些?
4. 当建筑工程施工质量不符合要求时,应按哪些规定进行处理?
5. 质量事故调查报告主要包括哪些内容?

参 考 文 献

[1] 国家标准.GB/T 50326—2006 建设工程项目管理规范[S].北京:中国建筑工业出版社,2006.
[2] 桑培东,亓霞.建筑工程项目管理[M].北京:中国电力出版社,2007.
[3] 赵庆华.工程项目管理[M].南京:东南大学出版社,2011.
[4] 项建国.建筑工程项目管理[M].2版.北京:中国建筑工业出版社,2008.
[5] 邱国林,宫立鸣.工程项目管理[M].北京:中国电力出版社,2010.
[6] 任宏.建设工程管理概论[M].武汉:武汉理工大学出版社,2008.
[7] 陈文晖.项目管理的理论与实践[M].北京:机械工业出版社,2008.
[8] 毛桂平,姜远文.建筑工程项目管理[M].北京:清华大学出版社,2007.
[9] 《建设工程项目管理规范》编写委员会.建设工程项目管理规范实施手册[M].2版.北京:中国建筑工业出版社,2006.
[10] 齐宝库.工程项目管理[M].大连:大连理工大学出版社,2007.
[11] 泛华建设集团.建筑工程施工项目管理指南[M].北京:中国建筑工业出版社,2007.
[12] 毛义华.建筑工程项目管理[M].北京:中央广播电视大学出版社,2006.

中国建材工业出版社
China Building Materials Press

我们提供

图书出版、图书广告宣传、企业/个人定向出版、设计业务、企业内刊等外包、代选代购图书、团体用书、会议、培训、其他深度合作等优质高效服务。

编辑部	宣传推广	出版咨询	图书销售	设计业务
010-68343948	010-68361706	010-68343948	010-88386906	010-68361706

邮箱：jccbs-zbs@163.com   网址：www.jccbs.com.cn

发展出版传媒　服务经济建设
传播科技进步　满足社会需求

（版权专有，盗版必究。未经出版者预先书面许可，不得以任何方式复制或抄袭本书的任何部分。举报电话：010-68343948）